KATHARINA SCHLEGL-KOFLER

Das große GU Praxishandbuch

HUNDE-ERZIEHUNG

- Das Nachschlagewerk zur Hunde-Erziehung
- Praxiserprobte Trainingsprogramme
- Schnell zum Ziel: Quickfinder von A bis Z

KATHARINA SCHLEGL-KOFLER

Das große GU Praxishandbuch

HUNDE-ERZIEHUNG

Fotos von Christine Steimer

Inhalt

1 Grundwissen zur Hunde-Erziehung

2 Auf du und du mit dem Hund

3

Grunderziehung – Lernen fürs Leben

4

Mit »fortgeschrittenen« Hunden trainieren

5

Mit dem Hund in der Öffentlichkeit

6

Sinnvoll spielen und beschäftigen

Probleme lösen, Besonderheiten meistern

7

8

Hundewissen von A bis Z

Vorwort

Der Hund wird als Freund des Menschen geboren – erfreuen wir uns an diesem Geschenk!

Liebe Leserinnen, liebe Leser,
der Hund gilt bekanntlich als der beste Freund des Menschen. Deshalb zählt er weltweit zu den beliebtesten Heimtieren. Allein in deutschen Haushalten leben vier bis fünf Millionen Hunde. Und das hat seine guten Gründe. Wir schätzen seine positiven Eigenschaften wie etwa seine Anhänglichkeit und seine stets gute Laune. Unser vierbeinige Freund ist einfach ein liebenswerter Allrounder: Egal, ob treuer Spielkamerad, Tröster in vielen Lebenslagen oder Fitnesscoach – seine Gegenwart ist wohltuend und bereichert unser Leben in vielerlei Hinsicht! Der positive Effekt eines Hundes auf Körper und Seele ist mittlerweile auch wissenschaftlich belegt.

Mensch und Hund – das ist schon seit langer Zeit ein gut eingespieltes Team. Der Hund ist ein Rudeltier. Er benötigt, damit er sich wohl fühlt, mehr als sein tägliches Futter und ein Plätzchen zum Schlafen. Er braucht Beschäftigung für Körper und »Köpfchen« und eine Art Leitfigur zur besseren Orientierung. Diese Position, die der Mensch ihm bieten sollte, ist in unseren Zeiten wichtiger als je zuvor. Großstadtlärm, Menschenmassen, brav im Restaurant liegen bleiben, Aufzug fahren – das alles soll der Hund meistern. Keine einfache Herausforderung! Da ist es wichtig, ihn mit diesen Situationen vertraut zu machen und ihm zu zeigen, wie er sich verhalten soll. Den Alltag gemeinsam möglichst gut zu bewältigen – das ist das Ziel seiner Erziehung. So wird Ihnen und Ihrem vierbeinigen Freund das Leben erleichtert.

Die intensive Beschäftigung mit Ihrem Hund sollte bereits vor der Anschaffung beginnen. Jede Rasse hat ihre speziellen Eigenschaften und Eigenarten. Passt der Hund, den Sie sich wünschen, zu Ihrem Lebensstil? Ist der Hund dann endlich da, beginnt vom ersten Tag an die Erziehung. Jetzt ist es wichtig, auch die Theorie zu kennen. Wie lernt denn eigentlich ein Hund? Auf was für Kommandos reagiert er? Was für eine Rolle spielen dabei Wortwahl, Stimmlage und Körpersprache? Aber auch: Wie kann ich meinen Hund besser verstehen? Es ist Zeit, eine gemeinsame Sprache zu finden. So entsteht schon bald ein gegenseitiges Vertrauen. Und das ist die Basis des gemeinsamen Miteinanders. Auf diese Weise wird Ihnen das Zusammenleben mit Ihrem Vierbeiner großen Spaß und Freude machen.

Ich wünsche Ihnen viel Erfolg bei der Erziehung und eine schöne gemeinsame Zeit mit Ihrem Hund!

Katharina Schlegl-Kofler

Grundwissen zur Hunde-Erziehung

Einen Hund erziehen – das hört sich eigentlich ganz einfach an. Doch da gibt es einiges zu beachten. Welcher Vierbeiner passt in mein Leben? Wo finde ich überhaupt den richtigen Hund? Wie »denkt« und lernt ein Hund eigentlich und in welchen Etappen entwickelt er sich? Es ist wichtig, dass Sie die Entwicklungsphasen Ihres Hundes kennen, denn vieles lässt sich schon im Welpenalter in die richtigen Bahnen lenken. In diesem Kapitel erfahren Sie alles, was rund um die Entwicklung und Erziehung Ihres neuen Gefährten wichtig ist. Mit diesem Know-how wird aus Ihnen und Ihrem Hund bestimmt ein Dream-Team!

1

Dream-Team Hund und Mensch

Schon immer war der Hund ein wichtiger Partner für den Menschen: Er bewachte den Hof, half bei der Jagd, hütete die Herden und beförderte sogar Lasten.

ANFANGS ZÜCHTETEN die Menschen in erster Linie Hunde, die sich für einen bestimmten Verwendungszweck besonders gut eigneten. Nach und nach spielte bei der Zucht auch das Aussehen eine Rolle. Rassestandards wurden aufgestellt und Zuchtverbände gegründet. Als Ergebnis gibt es heute rund 400 Hunderassen.

Im Lauf der Zeit wurde der Hund zum »arbeitslosen« Begleiter des Menschen. Früher waren das meist kleinere »Gesellschaftshunderassen« wie der Malteser, Pekingese oder Havaneser. Heute dienen zumindest in unserem Kulturkreis die meisten Rassen als reine Begleithunde – egal, ob sie sich dafür eignen.

Warum erziehen wichtig ist

Wie ich auf Seite 12 bereits erwähnte, begleitet uns der Hund heute in erster Linie im Alltag und in der Freizeit und lebt sehr eng mit dem Menschen zusammen. Es gibt eigentlich kein anderes Heimtier, das eine derart enge Verbindung mit dem Menschen eingeht und diesen als echten Sozialpartner sieht und sich allen möglichen Lebensbedingungen des Menschen anpassen kann. Auch in der Fähigkeit, sich mit dem Menschen zu verständigen, dürfte der Hund allen anderen Heimtieren deutlich überlegen sein.

Im Lauf der ▶ DOMESTIKATION (Seite 260) haben sich zwischen Wolf und Hund zwar deutliche Unterschiede entwickelt, allerdings gibt es im Verhalten noch immer viele Gemeinsamkeiten zwischen beiden. Dazu gehört beispielsweise, dass sowohl der Wolf als auch der Hund auf ein Leben in einem sozialen Verband ausgerichtet sind. Gerade diese Eigenschaft macht das enge Miteinander von Mensch und Hund erst möglich. Nun ist ein Wolfsrudel aber nicht etwa ein unorganisierter »Haufen«, sondern ein Verband unter der Führung meist zweier Leitwölfe, einem erfahrenen Paar. Intensive Bindungen der Mitglieder untereinander, strenge Regeln im Zusammenleben und Lernen der Jungen von den erfahrenen Alttieren tragen wesentlich dazu bei, das Überleben des Rudels zu sichern.

Unser Haushund verhält sich zeit seines Lebens in manchem ähnlich wie ein jugendlicher Wolf. Zum Teil bringt er auch deshalb eine anhaltende Umgänglichkeit mit und eine große Bereitschaft, sich in das menschliche »Rudel« einzufügen. Vorausgesetzt, es gibt einen Leitwolf, der ihm hundegerecht zeigt, welche Regeln im Zusammenleben gelten.

Im Gegensatz zu den meisten anderen Haus- und Heimtieren lebt der Hund nicht in einem Käfig, sondern quasi »frei« mit uns und begleitet uns nahezu überallhin. Damit ist eigentlich klar, dass der Hund lernen muss, nicht über Tische und Bänke zu gehen, sich nicht von unserem Essen zu bedienen und Teppiche, Möbel usw. nicht als Kauartikel zu missbrauchen. Auch darf er nicht allein seiner Wege gehen, weder jedem Menschen »um den Hals fallen« noch sie als »Feinde« betrachten. Ein gut in das »Rudel« integrierter Hund kann einige Stunden alleine bleiben, ohne das ganze Viertel zusammenzuheulen oder die Wohnung zu demolieren usw. Außerdem befolgt er bestimmte Kommandos – und zwar nicht nur dann, wenn er gerade Lust hat.

▶ INFO

Erziehungsberatung für Hunde

Brauchen Sie bei der Erziehung Hilfe, so wenden Sie sich an Hundeschulen oder -vereine. »Titel« wie Trainer, Hundeflüsterer, -psychologe usw. sagen dabei aber wenig aus, da es keine staatlich anerkannten Ausbildungen gibt. Einzig anerkannt ist die Zusatzausbildung für Tierärzte zum Fachtierarzt für Verhaltenskunde.

Nur wenn diese und viele weitere Dinge, die ich ab Seite 72 anspreche, in geordneten Bahnen verlaufen, ist ein problemloses Zusammenleben möglich. Da der Vierbeiner, wie Sie jetzt wissen, eine natürliche Bereitschaft mitbringt, Regeln zu akzeptieren, stellt Erziehung für den Hund auch nichts Negatives oder gar Artwidriges an sich dar, sie ist für ihn eigentlich ganz normal. Ja, sie ist sogar wichtig und notwendig, denn eine Linie, woran er sich orientieren kann, gibt ihm Sicherheit und Vertrauen. Zu einer artgerechten Erziehung gehört aber auch, dass man den Hund als

▷
Haben Sie Ihren Vierbeiner systematisch und gut erzogen sowie mit Umweltreizen vertraut gemacht, kann er Sie ohne Probleme selbst in belebteren Gegenden begleiten. Dieser Hund bleibt auch in der Fußgängerzone mit vielen Menschen gut bei Fuß.

solchen sieht. Ist er dagegen Kind- oder Partnerersatz oder eher »Schmusetier«, wird er meist vermenschlicht. Das wiederum kann zu Problemen in der Erziehung führen, da der Hund dann vieles anders versteht als wir.

Wie viel Gehorsam muss sein?

An dieser Frage scheiden sich häufig die Geister. Ein Grund dafür könnte sein, dass jeder unter »Gehorsam« etwas anderes versteht. So mancher assoziiert damit kasernenhofartigen Drill auf dem Hundeplatz und lehnt Umgang dieser Art mit seinem Hund zu Recht ab. Andere wieder meinen, der Hund als solcher ist prinzipiell »arm« dran, wenn man ihn in seiner Freiheit einschränkt, und blicken oft mitleidig auf gut gehorchende Hunde, während sie sich im Alltag mit dem eigenen »freiheitsgewohnten« Vierbeiner abmühen ...
So wurde ich kürzlich bei einer Familienfeier in einem Restaurant Zeuge eines Gesprächs zwischen zwei Hundehaltern. Sie unterhielten sich über Sinn und Unsinn der Hundeerziehung. Eine Dame hatte zwei sehr gut erzogene Hunde dabei, die brav unter und neben dem Tisch lagen. Der andere erzählte dieser Dame, er möchte keine solchen »funktionierenden« Hunde und keine systematische Erziehung. Das ginge auch anders. Währenddessen bellte und jaulte sein etwas abseits angebundener Hund zur »Freude« der Gäste ständig und zerrte an der Leine, woraufhin sein Besitzer immer wieder aufstand und zu ihm ging, um ihn zu beruhigen – natürlich ohne Erfolg.
Wie viel Gehorsam und Erziehung nötig ist, hängt unter anderem davon ab, wo sich der Hund im Allgemeinen aufhält. Ein Wachhund, der sein Leben womöglich in einem Zwinger auf einem Grundstück fristet oder lediglich den Hof bewacht, muss wenig oder kaum erzogen werden. Ein Vierbeiner allerdings, der mit seinen Menschen lebt, sie im Alltag begleitet und sich somit auch in der Öffentlichkeit aufhält, braucht unbedingt eine systematische Erziehung, damit er niemanden belästigt oder gar gefährdet. Je besser ein Hund erzogen ist, desto mehr Freiheiten kann er letztlich genießen. So darf ein gut erzogener Hund zum Beispiel viel öfter frei laufen als einer, der nicht zuverlässig auf Ruf kommt. Ein unerzogener Hund wird auch rasch zur Belastung für seinen Besitzer. Man kann vielleicht dieses oder jenes nicht mehr unternehmen, weil der Vierbeiner beispielsweise nicht allein bleibt oder sich außerhalb der heimischen Gefilde so »unpassend« verhält, dass man ihn kaum mitnehmen kann.
Außerdem hängt die Antwort auf die Frage »Wie viel Gehorsam muss sein?« von den eigenen Ansprüchen ab. So macht es dem einen nichts aus, ein Hörzeichen x-mal zu geben, bevor der Hund es endlich befolgt, oder bei Begegnungen mit anderen Hunden unter Umständen eine halbe Stunde zu warten, bis der Vierbeiner endlich fertig ist mit Spielen. Dagegen sehen aber viele Hundebesitzer zum Glück die Notwendigkeit, ihren Vierbeiner so zu erziehen, dass er zuverlässig gehorcht und sich in den unterschiedlichsten Situationen gut in den Alltag integriert. Solche Mensch-Hund-Teams können viel dazu beitragen, das arg angekratzte Image der Hundehalter in der Öffentlichkeit wieder aufzupolieren. Doch dazu ab Seite 153 mehr.

»Die« Erziehungsmethode gibt es nicht

In den vergangenen Jahren hat sich bei den Methoden der Hundeerziehung zum Glück viel getan. Einen wesentlichen Beitrag dazu leisteten die umfangreichen Beobachtungen von Verhaltensforschern an Wölfen. Viele Ergebnisse daraus fließen heute in die Hundeerziehung ein und machen sie wesentlich artgerechter und verständlicher für den Hund – im Gegensatz zu früheren Zeiten, als man noch überwiegend mit »Abrichtung« über STARKZWANGMETHODEN (Seite 273) arbeitete.

Welche der heutigen Methoden ist die richtige?

Diese Frage lässt sich nicht eindeutig beantworten. Denn »die« Methode gibt es nicht, ebenso wie es »den« Hund nicht gibt. Allerdings ist klar, dass eine Erziehung über reinen Starkzwang genauso wenig dem Wesen des Hundes entspricht wie die antiautoritäre Schiene. Es gibt mittlerweile verschiedene, ja sogar patentierte Erziehungsmethoden. Das bedeutet aber beileibe nicht, dass sie sich für alle Hunde eignen. Denn so variabel Hunde in ihrem äußeren Erscheinungsbild sind, so unterschiedlich präsentieren sie sich auch in ihrem Wesen. Neben sehr eigenwilligen Vierbeinern gibt es auch »Musterschüler«, die von sich aus stets bestrebt sind, alles richtig zu machen. Manche Hunde sind sehr eigenständige Typen, andere lassen sich leicht durch alles ablenken, und wieder andere orientieren sich von Natur aus stark an ihrem Menschen. Viele lassen sich über Futter sehr gut motivieren, andere mehr über Spielzeug und Spieltrieb, und dann gibt es solche, die generell schwer zu begeistern sind. Während die einen vor Temperament nur so sprühen, sind andere Vierbeiner eher von der gemütlichen Sorte. Und auch die Stärke des Jagdinstinkts variiert von Hund zu Hund.

So stellt jeder Vierbeiner andere Ansprüche an die Führungs- und Erzieherqualitäten seines Zweibeiners. Für die Praxis rate ich Ihnen: Stimmen Sie die Erziehung immer auf die Art Ihres Hundes ab – und nicht zuletzt auch auf sich selbst. Was erscheint Ihnen logisch, was können Sie gut umsetzen? Denn nur wenn Sie auch dahinterstehen, werden Sie auf Ihren Vierbeiner überzeugend wirken.

Gewisse Grundsätze in der Erziehung gelten natürlich immer, wie Sie ab Seite 83 noch lesen werden. Sehen Sie sich verschiedene Methoden und Trainer an und entscheiden Sie dann individuell, was davon für Ihren Hund und für Sie selbst am geeignetsten ist. Es lassen sich nämlich durchaus verschiedene Teile unterschiedlicher Methoden kombinieren. Ein Trainer sollte auf jeden Fall auf die individuellen Unterschiede der Hunde sowie auf das Mensch-Hund-Team eingehen können.

Ob Training oder Korrektur bei Problemen, etwa Schuhe klauen – die Methode sollte individuell auf das Mensch-Hund-Team abgestimmt sein. ▽

Bindung und Vertrauen aufbauen

Ihr Wunschziel: Mensch und Hund bilden ein Team, in dem der Mensch der übergeordnete Partner ist. Damit aus Ihnen und Ihrem Hund ein solches Dream-Team wird, ist eine intensive Bindung und gegenseitiges Vertrauen von großer Bedeutung. Dies ist eine der wichtigsten Grundlagen für das harmonische Miteinander von Zwei- und Vierbeiner.

Auch hier hat die Verhaltensforschung an Wölfen viel für die Hundehaltung gebracht. Im Wolfsrudel gibt es eine Vielzahl von Verhaltensweisen, die die Bindung der Wölfe untereinander fördern (→ Seite 38). Auf jeden Fall gehört dazu ein enger Kontakt zwischen den Tieren – auf Ihre Situation bezogen zwischen Mensch und Hund. Ich will das an zwei Beispielen erläutern:

▷ Ein Hund, der beispielsweise überwiegend und womöglich noch allein im Zwinger lebt, kann eine solche Bindung meist nicht aufbauen. Denn er bekommt vom Geschehen in seinem »Rudel« überhaupt nichts mit. Ein solcher Hund arbeitet vielleicht gut, weil er nach Stunden des »Kontaktentzugs« überaus froh ist, wenn sich endlich mal jemand mit ihm abgibt, aber eine richtige, echte Bindung kann dadurch kaum entstehen.

▷ Andererseits bauen Sie auch keine echte Bindung auf, wenn Sie den ganzen Tag nur den Hund »betütern«. Das ist dem Vierbeiner wiederum zu viel, und Zuwendung wird so für ihn eher uninteressant und lästig.

Die Mensch-Hund-Bindung aufbauen

»Bindung aufbauen« bedeutet, dass Sie sich gezielt mit Ihrem Vierbeiner beschäftigen. Das geschieht zum Beispiel durch gemeinsame Unternehmungen, ein gemeinsames Spiel, Training und Körperkontakt, aber auch, indem Sie Ihrem Hund Grenzen setzen, sich souverän verhalten und eine innere Autorität ausstrahlen. Diese drei Aspekte sind außerdem eine Voraussetzung dafür, dass der Vierbeiner Sie als übergeordneten Partner anerkennt und dadurch die Bereitschaft entwickelt, sich nach Ihnen zu richten. Darüber hinaus vermitteln diese »Leittierqualitäten« seines Menschen dem Vierbeiner Sicherheit und Vertrauen. Nur so fühlt sich Ihr Hund in seinem »Rudel« sicher und geborgen.

Zum Aufbau einer Bindung gehört auch eine gute Kommunikation mit dem Vierbeiner. Er muss verstehen, was Sie von ihm wollen, auf welche Weise er etwas machen und was er lassen soll. Außerdem sorgen Sie für sein Futter.

INFO

Bindung richtig aufbauen

Nicht jeder Welpe zeigt die gleiche Bindungswilligkeit. Manche »kleben« regelrecht, aber viele gehen eine »normale« vertrauensvolle Bindung ein, ohne sich »aufzugeben«. Und dann gibt es noch eigenständigere Welpen. Um ein gesundes Maß an Bindung aufzubauen, müssen Sie auf Ihren Welpen eingehen.

Diese Dinge müssen dann aber auch Bestand haben, also stets in gleicher Weise gültig sein, damit sich Ihr Hund darauf verlassen kann. Das betrifft auch Ihr Verhalten. Jähzorn, launisches Verhalten oder ein grober Umgang mit dem Hund wirken sich ungünstig aus, Ihr Vierbeiner kann Sie dann nicht einschätzen. Verhalten Sie sich jedoch klar, beständig, gerecht und konsequent, weiß der Hund immer, woran er ist. So kann er Vertrauen aufbauen und fühlt sich gut aufgehoben. Andernfalls wird er – je nach Typ – das tun, was er will, oder mit Verunsicherung reagieren.

Ein weiterer wichtiger Bindungsfaktor ist die gezielte Beschäftigung oder systematische Ausbildung des Vierbeiners, und zwar entsprechend seinen individuellen Anlagen. Und auf artgerechte Weise, versteht sich.

△
Alles, was dem vierbeinigen Gefährten Spaß macht, sollte er möglichst mit seinem Besitzer erleben. Das stärkt die Bindung im Mensch-Hund-Team, was sich wiederum positiv auf das Zusammenleben auswirkt.

Wie viel Hundekontakt ist gut?

Wie Sie jetzt schon wissen, ist der Hund ein Rudeltier, das die Gemeinschaft braucht. Nun ist es aber mit den Artgenossen nicht so wie etwa bei Wellensittichen oder Meerschweinchen. Für diese Heimtiere ist eine Einzelhaltung alles andere als artgerecht, denn der Mensch kann den tierischen Partner nicht ersetzen. Für den Haushund ist der Mensch zwar kein Ersatz für einen anderen Hund, er ist aber ein echter Sozialpartner, mit dem der Hund eine lebenslange enge Bindung eingeht und mit dem er kommuniziert.

Hunde sind äußerst anpassungsfähig, was das Leben mit dem Menschen betrifft. Durch die Domestikation haben sie die Fähigkeit entwickelt, Mimik, Körpersprache und Stimme von uns Zweibeinern ausgesprochen gut deuten zu können. Dennoch brauchen sie den Kontakt zu Artgenossen, um ihre angestammten Verhaltensweisen untereinander erlernen und anwenden zu können. Hat ein Hund dazu keine Möglichkeiten, kommt es bei Begegnungen mit Artgenossen leicht zu Missverständnissen und Problemen.

Erfahrungsgemäß haben aber Hunde oft eher zu viel Kontakt zu Artgenossen, bzw. Hundehalter gestalten diese Kontakte unbewusst so, dass darunter die Bindung zum Menschen leidet. Damit will ich sagen, dass sich ein Hund leicht zu sehr auf Artgenossen fixiert, wenn zum Beispiel die Mensch-Hund-Bindung samt Gehorsam nicht gefestigt ist, Ihr Vierbeiner grundsätzlich mit jedem anderen Hund Kontakt aufnehmen darf oder das Spiel mit Artgenossen seine einzige wirkliche Beschäftigung ist, die ihm Spaß macht. Eine überaus starke Bindung an andere Hunde kann zum Beispiel auch daraus resultieren, dass Sie häufig in größeren Gruppen spazieren gehen und der Hund seinen Spaß überwiegend im Spiel mit Artgenossen findet statt mit Ihnen. Ich habe festgestellt, dass viele Hundehalter oft kaum mehr mit ihrem Hund spielen, sobald dieser das Welpenalter überschritten hat.

Dem Vierbeiner signalisiert der Anblick anderer Hunde dann: »Juhuu, endlich Halligalli!« Und weg ist er. Und sein Zweibeiner interessiert ihn nicht mehr die Bohne, denn Spaß kann er auch ohne ihn haben ... Von vielen Hundehaltern höre ich dann oft: »Was ist bloß los mit meinem Hund. Er gehorcht super, wenn wir alleine sind, aber sobald ein anderer Vierbeiner nur am Horizont erscheint, hat er alles vergessen.«

Den richtigen Hund kaufen und auswählen

Sie möchten sich einen Hund zulegen. Zu diesem Entschluss gratuliere ich Ihnen. Doch der Kauf will gut überlegt sein, denn er ist ein wichtiger Schritt auf dem Weg zu einem möglichst unkomplizierten Mensch-Hund-Verhältnis. Leider sind sich darüber viele zukünftige Hundehalter nicht im Klaren. Auch nicht, dass der Kauf nicht ganz einfach ist. Welche Rasse, welches Individuum soll man wählen aus der Vielzahl der Hunde, die einen von den Züchter-Homepages im Internet entgegenstrahlen oder in Inseraten in Zeitungen und Hundezeitschriften angeboten werden? Nicht immer kann man gleich erkennen, was sich wirklich dahinter verbirgt.

Auf den Züchter kommt es an

Ein wichtiges Auswahlkriterium ist das ▶ WESEN (Seite 276) eines Hundes. Es setzt sich sowohl aus ererbten Eigenschaften als auch aus Erlebtem zusammen. Für die »Erbmasse« sind Züchter und Elterntiere verantwortlich, für das Erlebte anfangs der Züchter und nach der Übernahme natürlich Sie, denn bei Ihnen lebt der Hund dann.

Bei der Gesundheit spielen ebenfalls die Gene eine wichtige Rolle, aber auch die Aufzucht in den ersten Wochen. Hier ist demnach wieder der Züchter gefragt. Die acht Wochen, die der Welpe bei ihm verbringt, sind Teil einer sehr sensiblen Entwicklungsphase, in der man vieles günstig beeinflussen kann, in der aber auch vieles völlig schief gehen kann. Deshalb mein Rat: Wählen Sie einen Züchter, bei dem der Welpe nicht in einem Stall oder Ähnlichem aufwächst und der dem Kleinen die Möglichkeit gibt, Kontakte zu verschiedenen Menschen zu knüpfen und die Umwelt zu erkunden. Ein solcher Welpe hat einen guten Start in sein Leben, und das wirkt sich mitunter lebenslang positiv aus.

Beides, Gesundheit und Wesen, können sich allerdings nur dann bestmöglich entwickeln, wenn der Züchter darauf gezielt Wert legt, wenn also die Elterntiere rundherum gesund und vom Wesen her in Ordnung sind. Gerade wenn Sie eine bestimmte Rasse wegen ihrer Wesenseigenschaften ins Auge gefasst haben, sollten Sie entsprechend sorgfältig auch den Züchter auswählen – selbst wenn Sie nicht vorhaben, mit dem Hund auf Prüfungen oder Ausstellungen zu gehen.

Allerdings kann selbst der gewissenhafteste Züchter nicht für einen rundum gesunden Hund garantieren. Doch je strenger die Kontrolle, desto größer sind die Chancen, einen Vierbeiner zu bekommen, der so ist, wie Sie es sich wünschen.

Hier können Sie sich über Züchter informieren

Als erste Anlaufstelle empfehle ich deshalb den Verband für das Deutsche Hundewesen e.V. (▶ VDH, Seite 275), dem spezielle Rassehundzuchtverbände angegliedert sind. Diese sind auf eine oder mehrere verwandte Rassen spezialisiert. Die Züchter in diesen Verbänden sind überwiegend Hobbyzüchter, die sich aber strengen Zuchtbestimmungen unterwerfen müssen. Je nach Rasse gibt es ▶ WESENSTESTS (Seite 277) auf rassetypische und alltagstaugliche Eigenschaften, diverse Untersuchungen auf ▶ ERBKRANKHEITEN (Seite 262), ▶ PRÜFUNGEN (Seite 270) usw. Nur wenn ein Hund alle Stationen der Zuchtzulassung erfolgreich durchlaufen hat, darf der Züchter mit ihm züchten. Außerdem gibt es Auflagen für die Aufzucht sowie Alters- und Wurfbegrenzungen und vieles mehr. So wird zum Beispiel auch verhindert, dass Hündinnen als »Gebärmaschinen« missbraucht werden.

Wie überall ist natürlich auch der VDH nicht vor schwarzen Schafen gefeit. Ich rate Ihnen daher, mehrere Züchter zu besuchen und sich im Vorfeld gut über die Rasse zu informieren. In den Rassezuchtverbänden finden Sie dazu kompetente Ansprechpartner. Lassen Sie sich die Zuchtzulassungsunterlagen wie auch die Ahnentafeln der Eltern zeigen. Auf diesen sollten Sie außer dem Logo des Zuchtverbandes immer die beiden Abkürzungen VDH/ ▶ FCI (Seite 263) finden. Aber nur, wenn auch die Welpen eine Ahnentafel des VDH bekommen, züchtet der Züchter wirklich unter diesem Dachverband.

Doch ganz gleich, ob VDH oder nicht – jeder Züchter sollte bestimmte Kriterien erfüllen.

- **Hundezahl:** Der Züchter sollte nur wenige Hunde halten und nicht mehr als höchstens zwei Würfe gleichzeitig aufziehen.
- **Rassen:** Der Züchter sollte nicht mehr als höchstens zwei Rassen züchten.
- **Hündinnen:** Achten Sie auf das Aussehen der Hündinnen. Hängt das Gesäuge fast bis zum Boden? Das deutet auf viele Würfe hin und ist nicht gut.
- **Mutterhündin:** Lassen Sie sich auf alle Fälle die Mutter Ihrer Welpen zeigen. Erfüllt man Ihnen diesen Wunsch nicht, ist das meist ein schlechtes Zeichen. Wie alt ist die Hündin, wie viele Würfe hatte sie schon? Im VDH dürfen Hündinnen frühestens mit 20 Monaten zum ersten Mal gedeckt werden.
- **Wo leben die Hunde?** Leben sie in engem Familienkontakt oder in Zwingern, Freiläufen oder Scheunen? Wählen Sie nur Welpen, die mit Familienanschluss aufwachsen.
- **Vater Ihrer Welpen:** Er lebt nur selten beim Züchter, denn ein seriöser Züchter nimmt nur hin und wieder mehrmals gleiche Rüden. Viele nehmen weite Wege und hohe Kosten auf sich, um die Hündin vom Wunschpartner decken zu lassen.

Ich rate Ihnen, sich noch vor der Anschaffung des Hundes möglichst umfassend über Ihre Wunschrasse und Zucht zu informieren – nur dann können Sie den Züchter gezielt fragen und seine Aussagen beurteilen.

Viele Jagdhunderassen sind bei Jägern besser aufgehoben. Dieser Kleine Münsterländer bringt einen geschossenen Fasan schnell und passioniert zu seinem Menschen zurück. ▽

TEST

Haben Sie schon etwas Grundwissen über Hunde?

Um nicht beim Einzug Ihes Vierbeiners vor einem Berg von theoretischem Wissen zu stehen, rate ich Ihnen, sich schon vor der Anschaffung ein wenig in das Thema »Hund« einzuarbeiten. Denn einiges sollten Sie schon vor dem Kauf wissen. Kreuzen Sie die richtige Antwort an.

	ja	nein
1. Welche Voraussetzung ist für ein harmonisches Zusammenleben mit dem Hund wichtig?		
a) dass der Hund schön aussieht	○	○
b) dass seine Eigenschaften zu meinem Leben passen	○	○
c) den Welpen zu nehmen, der als Erster auf mich zuläuft	○	○
2. Welche Aussage ist richtig?		
a) Hunderassen unterscheiden sich nur im Aussehen.	○	○
b) Jede Rasse hat ihre spezifischen Eigenschaften immer von Natur aus.	○	○
c) Eine Rasse hat nur dann die erhofften Eigenschaften, wenn in der Zucht gezielt darauf geachtet wird.	○	○
3. Für die Beziehung Mensch–Hund ist wichtig, dass		
a) zwischen beiden eine vertrauensvolle Bindung aufgebaut wird	○	○
b) der Hund immer viel Kontakt zu Artgenossen hat	○	○
c) er im Zwinger gehalten wird	○	○

Auflösung:
1b) → Seite 18–20
2c) → Seite 18
3a) → Seite 16

Welche Rasse soll es sein?

Die Klärung dieser Frage ist wichtig, denn nicht jede Rasse passt in jedes Umfeld. Notieren Sie, welche Eigenschaften eines Vierbeiners zu Ihnen und Ihrer Familie, zu Ihrer Freizeitgestaltung oder Ihrem Wohnumfeld passen und welche nicht. Wohnen Sie zum Beispiel in einem dicht bebauten Gebiet oder gehen viele Leute bei Ihnen ein und aus, kann ein Hund mit starkem WACH- UND SCHUTZINSTINKT (Seite 278) zum Problem werden. Möchten Sie einen Hund als reinen Begleiter, der nicht gezielt beschäftigt oder trainiert wird, sollten Sie Rassen, die überwiegend auf Leistung gezüchtet werden, meiden, denn unterforderte Jagd- und GEBRAUCHSHUNDERASSEN (Seite 264) können schnell zur Belastung werden. Auch die Größe sollte in Ihre Überlegungen einfließen. Wohnen Sie beispielsweise im vierten Stock ohne Lift, kann ein großer, schwerer Hund Probleme bereiten, wenn er etwa verletzungsbedingt mal nicht laufen kann. Allerdings sind kleine Hunde nicht grundsätzlich einfacher zu halten als große. So fordern zum Beispiel die ziemlich in Mode gekommenen Jack Russell Terrier ihrem Zweibeiner meist ein sehr hohes Maß an Konsequenz und Durchhaltevermögen ab.
Bei Mischlingen lassen sich Eigenschaften und die spätere Größe nur dann in etwa voraussehen, wenn beide Eltern bekannt sind.

Den richtigen Welpen wählen

Haben Sie Ihren Züchter gefunden, gilt es nun, den passenden Welpen auszusuchen. Selten ist es der, der als Erster auf Sie zuläuft. Unerfahrenen Ersthundebesitzern rate ich, sich weder für den selbstbewusstesten noch für einen ängstlichen Welpen zu entscheiden. Ein guter Züchter kennt das Temperament seiner Welpen und berät Sie bei der Wahl des richtigen Kleinen.

Wenn Kinder und Hunde zusammenleben

Viele kaufen einen Hund als Spielgefährten für ihre Kinder. Und es ist erwiesen, dass sich eine gute Beziehung zwischen Kind und Hund sehr günstig auf die Entwicklung eines Kindes auswirken kann. Die Kinder lernen, ein Lebewesen zu respektieren und auf seine Bedürfnisse und Eigenschaften Rücksicht zu nehmen. Jedoch nur dann, wenn die Eltern dem Kind dies durch ihr eigenes Verhalten vermitteln können.
Die meisten Kind-Hund-Beziehungen verlaufen zum Glück harmonisch und unproblematisch. Dennoch passieren immer wieder Beißunfälle – die meisten durch den eigenen oder einen dem Kind bekannten Hund.
Wenn Sie Ihrem Kind zuliebe einen Hund anschaffen, sollten Sie die folgenden Aspekte berücksichtigen: Der Hund reagiert ganz anders als etwa ein Meerschweinchen oder Wellensittich. Er ist weder Kuscheltier noch Spielzeug. Ein Hund sieht in einem Kind keinen Artgenossen, auch keinen »Welpen« und schon gar keine »Respektsperson«.
Einen Hund bei sich aufzunehmen macht also nur dann Sinn, wenn auch Sie als Eltern voll dahinterstehen und bereit sind, die Erziehung des Hundes ganz und seine Versorgung und Pflege zum überwiegenden Teil zu übernehmen. Ein Kind ist dazu nicht in der Lage. Wie alt das Kind zum Zeitpunkt des Einzugs eines Vierbeiners sein soll, lässt sich nicht pauschal sagen. Ich rate Ihnen allerdings, mit der Anschaffung eines Hundes so lange zu warten, bis Ihre Kinder dem Kleinkindalter entwachsen und somit auch schon vernünftiger sind.

Ob Ihr Hund »kinderfreundlich« ist, hängt von seinem Wesen, von der Haltung sowie von guten, schlechten oder fehlenden Erfahrungen ab.
▽

Gibt es den kinderfreundlichen Hund?

Es gibt keine ○ RASSE (Seite 270), die a priori »kinderfreundlich« ist. Es gibt aber gewisse Eigenschaften, die eine Hunderasse für eine Familie mit Kindern geeigneter machen als eine andere. Sind Kinder im Haus, sollte der Hund ein ausgeglichenes und robustes Wesen mitbringen und sehr menschenbezogen sein. Lärm und Trubel dürfen ihm nichts ausmachen. Auch sollte er keinen ausgeprägten Jagd- und Beuteinstinkt haben. Kinder, besonders kleinere, laufen oft herum oder bewegen sich hektisch, kreischen, fallen hin usw. Diese Verhaltensweisen können beim Hund Beutefangverhalten auslösen.
Auch ein ausgeprägter Wach- und Schutzinstinkt kann zum Problem werden, wenn der Vierbeiner einen Unterschied zwischen Kindern des eigenen »Rudels« und fremden macht. Streiten die Kinder oder balgen sie sich, könnte er meinen, Partei ergreifen zu müssen ...

Krabbelkinder neigen zum Beispiel dazu, sich am Hund hochzuziehen oder ihn im Schlaf zu erschrecken usw. Kleinere Hunde können sich dann mitunter schneller bedroht fühlen als ein großer. Es gibt also eine Menge Situationen, die der Hund missverstehen könnte.

Haben Sie nach reiflicher Überlegung Ihre Wunschrasse gefunden, deren rassespezifische Eigenschaften zu Ihrer Familie mit Kindern passen, kommt nun wieder der Züchter ins Spiel. Wie Sie schon lesen konnten, setzt sich das Wesen eines Hundes aus ererbten Eigenschaften und einem Großteil Erfahrungen zusammen. Deshalb ist es für einen zukünftigen FAMILIENHUND (Seite 262) unerlässlich, dass er beim Züchter mit engem Familienanschluss aufwächst und schon in den ersten acht Wochen mit Kindern (überhaupt mit verschiedensten Menschen) sozialisiert wird und positive Erfahrungen macht. Ein Welpe, der bereits beim Züchter »Familienleben« erfährt, Kinder als etwas Angenehmes kennen lernt, sorgfältig an Geräusche, auch an laute, gewöhnt wird, kommt auch später viel besser damit zurecht als ein isoliert und reizarm aufgezogener Welpe. Natürlich ist es außerdem wichtig, dass der Hund auch später nur gute Erfahrungen mit Kindern macht.

TIPP

Auf Warnzeichen reagieren

Bemerken Sie Unstimmigkeiten zwischen Kind und Hund – wie zum Beispiel Knurren, auch wenn es nur ganz schwach ausgeprägt ist – oder aggressives Spiel, sollten Sie rasch professionelle Hilfe suchen. Das gilt vor allem dann, wenn Sie sich im Umgang mit dem Hund in einer solchen Situation nicht sicher sind.

Welpe oder erwachsener Hund?

Vorausgesetzt, er stammt aus einer guten Zucht, übernehmen Sie einen Welpen zu einer Zeit, in der er viel Positives erlebt und gelernt hat. Er wird nun auf Ihr Leben und Umfeld geprägt, wächst von klein an mit Kindern auf, sodass sich beide Seiten gut aneinander gewöhnen und aufeinander einstellen können. Sind die Kinder etwas zurückhaltender, dann tun sie sich allein schon von der Größe und vom Aussehen her mit einem Welpen leichter als mit einem Hund, der womöglich kaum kleiner ist als sie selbst. Das gilt übrigens auch für manche Erwachsene, insbesondere Ersthundehalter, die sich ja erst in einen Hund hineinfühlen müssen.

Ein erwachsener Hund mag weniger Arbeit machen, weil er bereits stubenrein und vielleicht auch schon erzogen ist. Allerdings hat er auch schon ein gewisses Vorleben. Je nachdem, woher der Hund stammt, lässt sich leider oft nicht eindeutig nachvollziehen, welche Erfahrungen, vor allem negative, den Hund geprägt haben und welche Situationen bei ihm unter Umständen problematisches Verhalten auslösen. Nicht immer erfährt man den wahren Grund, warum ein erwachsener Hund abgegeben wird. Probleme kann es außerdem geben, wenn der Vierbeiner aus einem bisher völlig anderen Umfeld, etwa als Seniorenhund, in eine Familie mit kleinen Kindern kommt.

Regeln sind wichtig

Einem harmonischen Zusammenleben von Kind und Hund steht nichts im Wege, wenn man etwas Umsicht walten lässt. Dazu gehört, dass Sie den Hund sorgfältig erziehen sowie eine klare Rangordnung innerhalb der Familie aufstellen. Auch ist es wichtig, dass alle Familienmitglieder in gleicher Weise mit dem Hund umgehen. Oberstes Gebot: Lassen Sie die Kinder, besonders kleinere, nie unbeaufsichtigt mit dem Hund spielen und sprechen Sie dem Vierbeiner keinesfalls »Baybsitteraufgaben« zu – etwa nach dem Motto: »Das Kind kann ruhig allein im Garten spielen, der Hund ist ja dabei und passt auf.« Vor allem kleinere Kinder experimentieren auch gern mal am Hund herum, natürlich ohne böse Absicht. Sie verstehen das alles ja noch nicht. Aber am Schwanz gezogen zu werden oder Finger in Augen und Ohren finden die meisten Hunde nicht so toll.

Ist das Kind in einem Alter, in dem es gewisse Regeln schon versteht, sollte es sich auch daran halten. Weisen Sie es darauf hin, dass es den Hund nicht stören darf, wenn er frisst oder schläft, und dass es ihm nie das Futter, einen Kauknochen oder Ähnliches wegnehmen darf. Zieht sich der Vierbeiner zurück, weil ihm irgendetwas zu viel geworden ist, muss das Kind ihn in Ruhe lassen.

Kind-Hund-Spiele

Machen Sie Ihren Kindern auch klar, dass ein Welpe kein Spielzeug ist – auch wenn manche zweifellos so aussehen … – und keine Puppe, die man herumschleppen, in den Puppenwagen legen, anziehen etc. kann.

Kinder möchten verständlicherweise mit dem vierbeinigen Kameraden spielen. Aber auch hier rate ich allen Eltern, dabeizubleiben. Kinder neigen manchmal dazu, den Hund so stark »zu puschen«, dass er zu stürmisch wird. Also rechtzeitig bremsen. Spiele, bei denen das Kind vor dem Hund, womöglich auch noch schreiend, wegläuft, sollten Sie sofort unterbinden. Besser ist es, wenn das Kind dem Hund zum Beispiel einen Ball zurollt, sofern er diese Dinge nicht verteidigt.

Viele Vierbeiner lieben Ziehspiele. Doch diese eignen sich nur dann für Kinder, wenn sie dem Hund kräftemäßig überlegen sind und der Hund bei dieser Art Spiel nicht in Kampfstimmung gerät. Etwas ältere Kinder können unter Anleitung der Eltern auch schon ein paar einfachere Übungen mit dem Hund machen, beispielsweise »Sitz« oder »Platz«, und den Hund mit Futter oder Spielzeug belohnen. Inwieweit Kinder mit dem Hund üben können, ist recht unterschiedlich und hängt sowohl vom Wesen des Hundes als auch von der Reife des Kindes ab.

Zum Schluss noch ein wichtiges Anliegen: Man sieht immer wieder, dass Hundehalter ihre Vierbeiner von den eigenen Kindern oder Nachbarskindern Gassi führen lassen. Dennoch rate ich davon dringend ab, vor allem bei größeren Hunden halte ich dies für unverantwortlich. Ein großer Hund ist einem Kind von der Kraft her immer überlegen und kann es an der Leine über Wiesen und Wege zerren, wenn er etwas Interessantes gerochen oder gesehen hat. Kinder haben einen Vierbeiner in keiner Situation unter Kontrolle. Das kann leicht zu Zwischenfällen führen.

△
Beachten Kind und Hund bestimmte Regeln, dann macht das gemeinsame Spielen beiden Spaß. Sie sollten aber beide stets im Auge behalten, damit keiner über die Stränge schlägt.

So lernt der Hund

Bevor es mit der praktischen Erziehung losgeht, erfahren Sie nun, in welchen Entwicklungsphasen Ihr Welpe groß wird und wie der Hund lernt. So wissen Sie, worauf es ankommt.

DENN NUR WENN SIE die Grundlagen des hündischen Lernverhaltens verstanden haben, können Sie sich dem Vierbeiner so verständlich machen, dass er immer weiß, was Sie von ihm wollen. Sind Ihnen diese Basics klar, wird es so manches »Aha-Erlebnis« geben – und vieles in der Hundeerziehung wird relativ einfach und schlüssig. Oft denkt man als Mensch nämlich viel komplizierter, als es eigentlich notwendig ist.

Leider handeln Hundehalter häufig zu emotional, sind zu wenig sachlich und vermenschlichen ihren Hund. Diese drei Tatsachen sind aber einer artgerechten Erziehung nicht dienlich. Gehören Sie ebenfalls dazu, rate ich Ihnen dringend, sich zu ändern und den Hund als Hund zu sehen. Ich kann Ihnen versichern, dass Sie keine Angst zu haben brauchen – Ihr Vierbeiner mag Sie trotzdem, oder besser, er mag Sie dann erst recht!

Die Entwicklungsphasen des Hundes

Bis ein Hund mit Eintritt der Geschlechtsreife erwachsen ist, durchläuft er besonders in der Welpenzeit wichtige Entwicklungsphasen.

Die neonatale Phase

Die ▶ NEONATALE PHASE (Seite 268) umfasst in etwa die ersten zwei Lebenswochen. Welpen kommen als ▶ NESTHOCKER (Seite 269) – blind und taub – zur Welt und sind vollkommen von der Brutpflege ihrer Mutter abhängig. Und doch haben die ▶ WELPEN (Seite 276) schon einige überlebenswichtige Fähigkeiten. Ihr Geruchssinn funktioniert ein wenig, sie haben ein Empfinden für Wärme und Kälte und können schon relativ flott »robben«. Diese Eigenschaften lassen sie sofort nach der Geburt selbstständig das Gesäuge der Mutter finden. Falls ein Welpe Hunger hat oder etwas abseits vom Wurf liegt, findet er von allein zur Mutter und zu den Geschwistern in der Wurfkiste. Diese Erfahrungen sind für die Welpen wichtig. Sie erleben bereits jetzt, dass sie aus eigener Anstrengung etwas für sich erreichen können. Deshalb sollte man als Züchter in solchen Situationen auch nicht vermeintlich »helfen«.

Die Sozialisierungsphase beginnt

Die ▶ SOZIALISIERUNGSPHASE (Seite 272) ist die entscheidende Entwicklungsphase. Sie beginnt im Lauf der zweiten bis dritten Woche. Allmählich öffnen sich die Augen, und auch die anderen Sinne nehmen immer stärker ihre Funktionen auf. Ab dieser Zeit nimmt der Welpe seine Umgebung bewusst wahr und beginnt darauf zu reagieren. Die Welpen spielen immer öfter miteinander und möchten immer mehr erkunden. Spätestens jetzt braucht der Welpe reichlich Kontakt mit Menschen.
Denn nur jetzt lernt der Welpe ▶ PRÄGUNGSÄHNLICH (Seite 269), also sehr nachhaltig. Dabei macht er sich sein Bild von der Umwelt und lernt die Regeln des Zusammenlebens und der Verständigung mit Artgenossen. Lernbereitschaft und Aufnahmefähigkeit sind sehr hoch. Das Gehirn ist in dieser begrenzten Zeitspanne besonders empfänglich für Erfahrungen und Reize und speichert alles nachhaltig und dauerhaft ab – Positives wie Negatives. Aber auch fehlende Erfahrungen, wie etwa mangelnder ▶ MENSCHENKONTAKT (Seite 268) oder ▶ REIZARME AUFZUCHT (Seite 270) ohne Erkundungsmöglichkeiten, wirken sich dauerhaft aus. Spätere Unsicherheit gegenüber der Umwelt und Menschen oder ein eingeschränktes Lernvermögen können die Folge sein. Die Sozialisierungsphase hat etwa in der achten Woche einen Höhepunkt. Sie endet, rasse- und individuenabhängig, spätestens mit der 20. Woche.

> ▶ **INFO**
>
> **Konstante Bezugsperson**
>
> Während der Sozialisierungsphase sollten Sie den Welpen möglichst nicht häufiger oder gar längere Zeit einem Fremden, also jemandem, der nicht bei Ihnen im Haushalt lebt, zur Betreuung überlassen. Wechselnde Bezugspersonen beeinträchtigen den Aufbau der Bindung zwischen Ihnen und Ihrem Hundekind.

Die Zeit als Junghund

An die Welpenzeit schließt sich die Junghundezeit an. In dieser Phase lernt der Hund weiter, sein Interesse an der Umwelt steigt. Die Bindung an den Menschen muss immer stärker gefestigt werden. Besonderes zur Pubertät finden Sie auf Seite 214.

Auf welche Weise lernt der Hund?

Das Lernverhalten an sich ist eine recht komplexe Thematik, die auch wissenschaftlich erforscht wird. Auf den folgenden Seiten möchte ich Ihnen das Wichtigste dazu, was den Hund betrifft, erläutern. Weiterführende Literatur finden Sie auf Seite 285.

Fachleute bezeichnen die Form des Lernens, die bei der Hundeerziehung angewandt wird, als ◐ KONDITIONIERUNG (Seite 267). Davon gibt es zwei Arten, die operante, auch instrumentelles Lernen genannt, und die klassische Konditionierung.

▷ **Die operante Konditionierung** wird in der Hundeerziehung am häufigsten eingesetzt. Sie geht auf den amerikanischen Verhaltensforscher und Psychologen B. F. Skinner zurück. Bei dieser Form der Konditionierung lernt der Hund durch Erfolg oder Misserfolg. ◐ POSITIVE VERSTÄRKUNG (Seite 269), etwa Lob, führt dazu, dass der Hund ein Verhalten häufiger zeigt. Bekommt er beispielsweise für das Kommen eine tolle Belohnung, wird der Anreiz zu kommen für ihn entsprechend hoch sein. Der Hund tut also das gern, was ihm etwas bringt. Das kann auch »beruhigendes« Streicheln oder Zureden sein, etwa wenn der Hund jemanden anknurrt. Achten Sie also darauf, wofür Sie Ihren Hund wirklich »loben«!

Lernen am Erfolg ist auch, wenn der Hund ein Verhalten zeigt, um dadurch eine negative Verstärkung (→ Seite 28) abstellen zu können. Lohnt sich ein Verhalten nicht, weil eine für den Hund negative Einwirkung folgt, wird er es seltener oder nicht mehr zeigen. Der Vierbeiner steht zum Beispiel aus dem Sitz unerlaubt auf, leichter Druck auf das Hinterteil korrigiert ihn.

▷ **Bei der klassischen Konditionierung** wird ein bisher neutraler Reiz zu einem so genannten ◐ BEDINGTEN REIZ (Seite 259). Das bekannteste Beispiel für diese Art der Konditionierung sind die Experimente an Hunden des russischen Physiologen Iwan Pawlow. Bemerkt der Hund Futter (= ◐ UNBEDINGTER REIZ, Seite 275), setzt sein Speichelfluss (= unbedingte Reaktion) ein. Wird das Futter stets mit einem Glockenton (zunächst ein neutraler Reiz) kombiniert, löst nach einiger Zeit allein der Glockenton (jetzt ein bedingter Reiz) bereits den Speichelfluss aus.

Viele Hunde dürfen zum Beispiel den fast leeren Joghurtbecher auslecken. Auch dies ist ein Beispiel für klassische Konditionierung. Denn die Hunde beginnen schon zu speicheln, wenn sie nur das Geräusch hören, das der Löffel im fast leeren Becher verursacht. Letzteres entspricht dem Glockenton, ist also ein bedingter Reiz. Und wenn Ihr Hund einen Freudentanz aufführt, weil Sie sich Ihre »Hundespaziergeh-Jacke« anziehen, dann ist das ebenfalls diese Form des Lernens.

Positive Motivation und Verstärkung

In der modernen Hundeerziehung wird heute überwiegend mit positiver ◐ MOTIVATION (Seite 268) gearbeitet. Das heißt, um dem Hund Neues beizubringen, gestaltet man die Situation so, dass der Vierbeiner durch Aussicht auf eine Belohnung von selbst das macht, was man von ihm möchte. Früher wurde hauptsächlich über ◐ MEIDEVERHALTEN (Seite 268), eine Art »Negativmotivation«, gearbeitet, wie Leinenruck oder Herunterdrücken des Hinterteils und Ähnliches.

Betrachten wir das Lernen über positive Motivation am Beispiel der Übung »Sitz « (→ Seite 88). Dabei halten Sie ein Leckerchen über den Kopf des Hundes und warten, bis er sich von selbst hinsetzt. Dann geben Sie ihm seine Belohnung. Der Hund ist so in einer freudigen Erwartungshaltung und lernt ohne negativen Stress. Die Belohnung, meist in Form von Futterhappen oder Spielzeug, ist der positive Verstärker.

Wichtig ist auch der gezielte Einsatz der Belohnung. Zur Verdeutlichung ein Beispiel:

Forschung & Praxis

Die Konditionierung auf den Komm-Pfiff

1

Damit der Hund lernt, zuverlässig auf einen Pfiff oder ein Wort hin zu kommen, muss er systematisch darauf konditioniert werden. Das habe ich mit unserem Wurf von neun Welpen gemacht, damit die zukünftigen Welpenbesitzer, die eh noch viel lernen mussten und müssen, wenigstens damit schon etwas weniger Arbeit hatten.
Mit knapp vier Wochen bekamen die Kleinen ihre ersten festen Mahlzeiten. Ich wartete nun ein paar Tage, bis sie sich daran gewöhnt hatten und die Mahlzeiten für sie zum »Highlight« geworden waren. Denn das ist ja die Voraussetzung dafür, dass der Pfiff den richtigen Stellenwert bekommt.

Zunächst rief ich die Kleinen mit unserem »normalen« Welpenlockruf und aus nächster Nähe zum Futter, da sie sich in dem frühen Alter noch schwer damit tun, ein weiter entferntes Geräusch zu orten. Auf den Lockruf irrten sie erst zwar aufgeregt, aber noch etwas planlos umher. Sobald alle neun dann aber schmatzend in der Mahlzeit versunken waren, hörten sie währenddessen zwei kurze Pfiffe hintereinander – für sie das lebenslängliche Signal, sofort zu kommen. Etwa eine Woche lang ging das bei jeder Mahlzeit so, also viermal täglich.
Dann kam die nächste Stufe: Nach dem Lockruf folgte nun der Doppelpfiff in dem Moment, in dem die Welpen bei mir waren und ich ihren Gemeinschaftsnapf auf den Boden stellte. Auch das machte ich etwa eine Woche lang auf diese Weise. Die Welpen und ihre Sinne entwickeln sich ja weiter, und so bekommen sie einen immer besseren Überblick über ihre Umgebung.
Als nächste Stufe der Konditionierung pfiff ich eine weitere Woche jedes Mal dann, wenn sich die Rasselbande auf den Lockruf hin in Bewegung gesetzt hatte, mich eindeutig wahrgenommen und direkt Kurs auf mich genommen hatte. In dieser Phase kam jetzt noch eine »zweite Fremdsprache« hinzu: Zusätzlich zum Doppelpfiff rief ich noch »Hier«. Mit zunehmender Sicherheit ihrer Ortungsfähigkeit kamen der Doppelpfiff und das »Hier« immer früher und letztlich kurz nachdem ich sie durch den Lockruf aufmerksam gemacht hatte. In den letzten eineinhalb Wochen gab es dann vor jeder Mahlzeit nur noch den Pfiff und das »Hier«. Die neun Hundekinder kamen zielsicher und egal, was sie gerade machten, ob sie miteinander spielten oder ob sie gerade schliefen, sofort und mit fliegenden Öhrchen zu mir gesaust.
Den Welpenbesitzern gab ich eine Pfeife mit derselben Frequenz mit und natürlich auch eine Anleitung , wie sie die Übung weiter festigen sollten. Die »Kleinen« sind jetzt knapp ein Jahr alt und kommen auf Pfiff sofort – sie haben es in der Sozialisierungsphase intensiv und systematisch prägungsähnlich gelernt.

◁ *Auch diese Züchterin konditioniert ihre Welpen auf ein Komm-Signal. Anfangs ertönt der Komm-Pfiff, während die Hundekinder in unmittelbarer Nähe der Züchterin fressen. Auf diese Weise können sie den Pfiff von Anfang an gut mit dem Futter verknüpfen.*

Neigt der Welpe dazu, sich aus dem Platz zu früh aufzusetzen, belohnen Sie das Sitzen entweder grundsätzlich nicht mehr mit einem Leckerchen oder zumindest nicht mehr das Aufsitzen nach dem Platz. Auch dann nicht, wenn der Hund es korrekt auf das Hörzeichen hin ausführt. Denn dann hätte der Hund immer wieder den Anreiz zum vorschnellen Aufsitzen, was Sie hier aber eigentlich vermeiden möchten. Dafür belohnen Sie den Hund aber besonders, wenn er im Platz liegen bleibt.

Negative Einwirkung

Im Gegensatz zur positiven Verstärkung gibt es auch die NEGATIVE VERSTÄRKUNG (Seite 268). Das heißt, der Hund erreicht mit einem bestimmten Verhalten, dass eine unangenehme Empfindung aufhört. Beispiel: Der Hund soll sich ins Platz legen. Sie verkürzen die Leine und treten darauf, dadurch entsteht eine Zugwirkung nach unten. Dieser unangenehmen Beeinflussung kann der Hund nur entgehen, indem er sich ins Platz legt. Der Hund ist dann auch motiviert, eine Übung auszuführen, denn dadurch kann er die unangenehme Einwirkung abstellen. Doch das ist dann eine »Negativmotivation«. Solche Hunde können zwar trotzdem freudig arbeiten, denn sie »freuen« sich letztlich, dass sie nun die unangenehme Einwirkung los sind.
Negative Verstärkung kann als Korrektur bei einem unwilligen Vierbeiner, der bereits weiß, was »Platz« bedeutet, durchaus mal notwendig und wirksam sein. Ich persönlich würde aber einem Hund nie etwas Neues über negative Verstärkung beibringen.
Zusammenfassend kann man sagen, dass der Vierbeiner über positive Motivation freudiger lernt und zu seinem Menschen ein besseres Vertrauensverhältnis aufbaut, als wenn das Lernen auf Angst und Meideverhalten (→ Seite 268) basiert.

Neues üben Sie mit positiver Motivation. Das Leckerchen an der richtigen Position, dazu »Fuß« – so lernt dieser Hund stressfrei, ordentlich bei Fuß zu gehen. ▽

Belohnen, aber wie?

Damit Ihr Hund ein Verhalten gern wiederholt, müssen Sie es relativ oft üben und eine gewisse Zeit lang jedes Mal belohnen.

Das richtige Timing

Das ▶ TIMING (Seite 274) ist wichtig, denn der Hund kann Belohnung und Verhalten nur dann verknüpfen, wenn er unmittelbar mit oder direkt im Anschluss an das Verhalten belohnt wird. Lernt der Hund zum Beispiel Sitzen, belohnen Sie ihn in dem Moment, in dem sein Hinterteil den Boden berührt und alle vier Beine am Boden sind. Das bedeutet, dass Sie die Belohnung immer parat haben und nicht erst aus der Tasche kramen müssen.

Exklusivität der Belohnung

Wollen Sie, dass Ihr Hund ein bestimmtes Verhalten gern wieder zeigt, müssen Sie mit einer für ihn reizvollen Belohnung arbeiten.

▷ **Fressbare Happen** müssen besonders gut schmecken, und der Hund muss Appetit haben. Außerdem ist es ratsam, Häppchen ausschließlich während des Trainings einzusetzen. Bekommt der Vierbeiner nämlich ein Leckerchen außerhalb des Trainings, etwa weil er gerade so nett schaut oder aus einem anderen Grund, dann wird seine Motivation, sich die leckeren Happen zu »erarbeiten«, nicht besonders hoch sein.

▷ **Verbales Lob, Streicheln** oder Belohnen mit einem Spielzeug: Auch dafür gilt das eben Gesagte. Wird der Hund eh den ganzen Tag »totgestreichelt«, »vollgesülzt« oder hat er das Belohnungsspielzeug stets zur freien Verfügung, werden Sie mit deren Einsatz als gezielte Belohnung keine besondere Auswirkung auf das Lernen erreichen.

Wie lange soll ich belohnen?

Sie müssen den Hund nicht lebenslang für jedes erwünschte und bereits gelernte Verhalten belohnen. Sitzt eine Übung zuverlässig, dann belohnen Sie den Hund variabel. Das heißt, mal bekommt er etwas, mal nicht. Für herausragende Leistungen, also wenn der Vierbeiner eine Übung beispielsweise unter besonderer Ablenkung oder besonders gut macht, gibt's auch mal eine extragroße Portion Leckerchen. So bleibt die Motivation für ihn hoch – ähnlich wie bei einem Spieler am Automaten, der immer wieder spielt in der Hoffnung, dass der Automat irgendwann reichlich Geld ausspuckt.

Artgerecht zurechtweisen – richtig korrigieren

Schon Welpen lernen, dass sie nicht alles dürfen. Hängen sie zum Beispiel an Mamas »Milchbar«, wenn diese gerade »geschlossen« ist, oder möchten sie an Mamas Kaustange, gibt's »eine auf den Deckel«. Das heißt in der Hundesprache, dass Mama einen entsprechenden Schnauzgriff (→ Seite 30) oder kräftigen Stoß mit der Schnauze verteilt, falls leichtere Verwarnungen wie Knurren nicht ausreichen. Keinesfalls lenkt sie die Kleinen mit Bällchen oder dergleichen ab.

Hundeerziehung ohne jeglichen ▶ »ZWANG« (Seite 277) oder ohne Korrektur ist also nicht möglich und auch nicht artgerecht. Doch auf das »Wie« kommt es an – und auf den Hund. Es gibt Vierbeiner, bei denen wirklich ein strenger Blick oder ein entsprechender Tonfall ausreichen. Für viele andere gilt das nicht, hier müssen Sie schwerere Geschütze auffahren. Eine wichtige Bitte: Ist das unerwünschte Verhalten angstbedingt, dürfen Sie den Hund keinesfalls »bestrafen«. Ansonsten verstärken

Sie nur seine Angst. Und das würde die Situation nur verschlimmern.
Es gibt verschiedene Möglichkeiten, um ein unerwünschtes Verhalten zu hemmen. Welche Methode nun die »beste« ist, lässt sich pauschal nicht sagen. Dies hängt letztlich vom Hund und von der Situation ab. Die gewählte Methode sollten Sie allerdings wohldosiert einsetzen. Das heißt, sie sollte so wirksam sein, dass der Hund das unerwünschte Verhalten möglichst sofort einstellt, er aber nicht zu stark beeindruckt ist. Um das richtig einschätzen zu können, ist es wichtig, dass Sie Ihren Hund sehr gut kennen.

Negative Strafe

Ein Verhalten kann man hemmen, indem man dem Hund etwas Angenehmes entzieht – etwa den in Aussicht gestellten Belohnungshappen oder das Spielzeug wieder in der Tasche verschwinden lässt. Dies nennt man »negative Strafe«. Klingt komisch, ist aber so. Ein Beispiel: Der Hund darf dem Ball hinterherrennen, wenn er vorher auf Kommando sitzt. Sie haben den Ball in der Hand, sagen »Sitz«, der Hund setzt sich aber nicht. Daraufhin verschwindet der Ball sofort in der Tasche. Das wirkt aber nur, wenn der Ball für den Hund das Highlight schlechthin ist und ihn nicht etwa das Mauseloch auf der Wiese stärker interessiert.

△ *Der Griff über die Schnauze ist bei Hunden weit verbreitet. Er kann spielerisch gemeint sein, dient aber häufig als Zurechtweisung.*

Positive Strafe

Im Gegensatz dazu versteht man unter »positiver Strafe«, dass das unerwünschte Verhalten durch eine unangenehme Einwirkung unterbrochen wird. Beispiele dafür sind der ➲ SCHNAUZGRIFF (Seite 271), der Griff ins Nackenfell, ein böses »Nein!«, Kontakt mit Weidezaun und Ähnliches. Der Hund setzt beispielsweise zur Jagd auf Kühe an und kommt dabei schmerzhaft mit dem unter Strom stehenden Weidezaun in Kontakt. Nun wird er zumindest diese Kühe meiden, im günstigsten Fall in Zukunft alle Kühe. Oder der Hund springt auf die Bank, um besser auf den Tisch zu sehen. Sie befördern ihn umgehend mit einem Griff ins Nackenfell oder am Halsband samt geknurrtem »Nein« ruckzuck wieder auf den Boden der Tatsachen.

▷ **Der Schnauzgriff** ist unter Hunden und Wölfen ein verbreitetes »Erziehungshilfsmittel«. Voraussetzung ist, dass der Hund die Hand des Menschen grundsätzlich durch Streicheln, auch im Bereich der Schnauze, und Füttern als etwas Positives kennt. Dann ist das etwas festere oder länger dauernde Umfassen der Schnauze, kombiniert mit einem strengeren »Nein«, für ihn eine artgerechte und verständliche Zurechtweisung. Bitte setzen Sie den Schnauzgriff keinesfalls bei jeder Kleinigkeit ein. Sinnvoll ist er zum Beispiel, wenn der Hund im Spiel zu fest zubeißt oder den Teppich anfrisst und wenn der Tonfall alleine nicht genügt. Leckt Ihnen der Hund danach die Hand bzw. stellt er sein Verhalten ohne Protest (etwa Nachschnappen) ein, haben Sie den Schnauzgriff richtig ausgeführt. Schnappt der Hund nach, war der Schnauzgriff zu wenig überzeugend, zu hektisch oder meist zu kurz.

▷ **Korrektur im Training:** Ziel der Ausbildung ist es, dass der Hund ein Kommando sofort befolgt und nicht erst dann, wenn er gerade Lust hat, und auch nicht erst, wenn Sie es fünfmal wiederholt haben. Sobald der Hund eine Übung über positive Motivation gelernt und komplett verstanden hat, sollte er sie spätestens auf das zweite Hörzeichen hin ausführen. Ein Beispiel: Der Vierbeiner will sich nicht setzen (obwohl er die Übung perfekt beherrscht) – dann helfen Sie durch leichten Druck auf das Hinterteil nach. Korrigieren Sie mit dieser Methode aber nur, wenn Sie sicher sind, dass der Hund die Übung komplett verstanden hat, und die Anforderungen nicht zu hoch sind. Sind Sie sich darin nicht sicher, bauen Sie die Übung besser noch mal neu auf oder gestalten sie leichter.

▷ **Timing:** Was für die Belohnung gilt, ist auch für die Korrektur wichtig. Die Einwirkung muss unmittelbar auf das unerwünschte Verhalten folgen oder schon währenddessen einsetzen. Wenn der Hund beispielsweise vom Tisch klaut, hilft die Einwirkung nur, wenn sie in dem Moment erfolgt, bevor der Hund das Fressbare im Maul hat. Nicht mehr, wenn er es schon gefressen hat.

△ *Die Welpen möchten an Mamas Kaustange. Eindeutig zeigt sie ihnen, was sie davon hält. Die Welpen beschwichtigen sie und machen sich etwas klein.*

Ignorieren

Das heißt, dass Sie nichts sagen, keinen Blickkontakt mit dem Hund haben und sich auch nicht in Richtung Hund bewegen. Das ist wichtig, denn die kleinste Form von Aufmerksamkeit könnte der Hund als »Lob« für das eigentlich unerwünschte Verhalten auffassen, selbst wenn es ein »Pfui« oder ein böses »Hörst du auf!« ist. Ignorieren eignet sich für Situationen, in denen der Hund mit einem bestimmten Verhalten und durch Sie (oder eine andere Person) ein bestimmtes Ziel erreichen möchte. Dazu gehören zum Beispiel Betteln am Tisch oder Anspringen von Personen. Durch Ignorieren lernt der Hund, dass er mit dem gezeigten Verhalten nichts erreicht. Letztlich wird er es einstellen. Wie rasch, ist von Hund zu Hund verschieden.

Ignorieren wirkt aber nur dann, wenn Sie ausdauernd genug sind. Geben Sie dem Hund aber nach, verstärkt sich sein Verhalten. Er lernt, dass er mit genügend Renitenz sein Ziel doch noch erreicht. Ausdauer Ihrerseits ist auch dann gefragt, wenn Sie ein bereits etabliertes Verhalten auslöschen möchten. Da der Vierbeiner ja mit seinem Tun schon Erfolg hatte, wird er es anfangs zunächst verstärken, um zum Ziel zu kommen. Ignorieren Sie ihn standhaft, wird er es allmählich einstellen. Also durchhalten, es lohnt sich!

SELBSTBELOHNENDE VERHALTENSWEISEN (Seite 272) oder Tätigkeiten, bei denen der Hund sich oder andere gefährdet, wie zum Beispiel das Kauen an einem Stromkabel oder Teppich, dürfen Sie auf keinen Fall ignorieren. Denn der Vierbeiner tut dies ja aus Lust an der Sache und nicht, um ein Ziel zu erreichen. Das gilt auch für das Jagen, egal, ob Jogger, Katzen oder sonst etwas. Hier bereitet dem Hund das Verfolgen an sich Lust – egal, ob er dabei etwas erwischt oder nicht.

10 Fragen zur Erziehung

Wir können unseren Welpen aus familiären Gründen erst vom Züchter holen, wenn er elf Wochen alt ist. Ist das ein Problem?
Sorgt der Züchter für eine gute Sozialisierung und Früherziehung, ist das okay, falls es nicht anders geht. Hält er den Welpen aber überwiegend in einem Zwinger, Stall oder nur im Haus und ohne Kontakt zu anderen Menschen und der Umwelt, wirkt sich das ungünstig auf die Entwicklung des Welpen aus.

Wir haben noch kleinere Kinder und möchten einen kleineren Hund. Nun haben wir einen Jack Russell Terrier gesehen. Sein Aussehen und die Größe gefallen uns recht gut. Wäre das etwas für uns?
Diese Rasse ist zurzeit in Mode, die Hunde sind aber nicht immer einfach. Es sind die reinsten Energiebündel, und sie können manchmal etwas heftig sein, etwa im Spiel. Kinder könnten damit überfordert sein, und Sie selbst werden sehr viel Ausdauer bei der Erziehung brauchen. Gelegentlich gibt es auch ruhigere Vertreter. Kaufen Sie keinen aus einer jagdlichen Leistungszucht. Besuchen Sie am besten mehrere Züchter.

Jack Russell Terrier sind aktive, meist mutige und selbstbewusste Hunde, deren Erziehung große Ausdauer und Konsequenz erfordert. Ihre Passion ist die Jagd auf Fuchs und Dachs.

Wird mein Hund Timo durch den Schnauzgriff nicht handscheu?
Hunde verständigen sich viel mit der Schnauze, wir nutzen dafür die Hand. Hunde untereinander werden auch nicht »schnauzenscheu«, wenn sie von einem anderen mit einem Schnauzgriff zurechtgewiesen werden. Da wir die Hand sonst ausschließlich positiv verwenden, wird der Hund durch den Schnauzgriff nicht handscheu. Wichtig ist allerdings, dass Sie zwar rasch, aber ohne jede Hektik und bestimmt reagieren.

Nächste Woche holen wir beim Züchter unseren kleinen Welpen ab. Könnten wir auch gleich noch ein Geschwisterchen mitnehmen?
Davon würde ich Ihnen abraten. Bei zwei Welpen wäre der Aufwand viel größer, um zu erreichen, dass jeder der beiden sich mehr dem Menschen als seinem Geschwisterchen anschließt. Sind die beiden dann erwachsen, kann es unter ihnen zu Rangordnungsproblemen kommen, die sich häufig nicht einfach beheben lassen.

Kann ich meinem Hund Ben beibringen, dass er als Lob nur ein bestimmtes Wort hört?
Wie ein Abbruchsignal können Sie auch ein Lob konditionieren: Sagen Sie etwa 15-mal hintereinander zum Beispiel »Fein« und geben ihm sofort nach jedem »Fein« ein Häppchen. Das machen Sie zweimal an diesem Tag, eventuell noch einmal am nächsten Tag. Dann hat Ben das Wort »Fein« als Lob verknüpft. Die Crux dabei ist, dass man mit dem Hund eh meist zu viel spricht, ein Wort deshalb nicht so markant ist. Oder es sagt gar jemand anderer dieses Wort zufällig zum Hund. Ich rate Ihnen deshalb, einen Clicker (→ Seite 192) einzusetzen.

△ *Damit aus diesen beiden Welpen gut erzogene Hunde werden, ist sehr viel mehr an Aufwand notwendig als bei einem Einzelwelpen.*

Kann ich meine Hündin Kimba auch ausschließlich über positive Motivation erziehen?
Dabei wird nur erwünschtes Verhalten, das der Hund von sich aus zeigt, verstärkt und unerwünschtes ignoriert. Um ausschließlich so zu erziehen, muss der Verstärker (etwa Futter, Spielzeug) für den Hund deutlich über allem anderen stehen. Bei manchen Spielfanatikern oder Workaholics oder bei extrem verfressenen Hunden klappt das. Jagt der Hund aber lieber Hasen, als dass er für ein »Sitz« belohnt wird, werden Sie keinen Erfolg haben.

Empfindet der Hund Anleinen als negativ?
Wenn Sie den Hund immer dann anleinen, wenn Sie sich über ihn ärgern und auf ihn einschimpfen, oder der Vierbeiner mangels Bindung lieber ohne Sie etwas macht, wird er die Leine natürlich nicht gerade positiv empfinden. Tut sich aber auch nach dem Anleinen bei Ihnen öfter was (etwa ein Spiel oder Leckerchen), dann wird Ihr Hund Anleinen positiv verknüpfen.

Unsere Kinder, 9 und 14 Jahre, wünschen sich einen Hund und möchten ihn auch selbst erziehen. Geht das?
Das kommt auf das Kind, aber auch auf den Hund an. Ein 9-jähriges Kind wird noch zu jung sein, bei einem 14-Jährigen kann es schon sehr gut gehen. Wichtig ist aber, dass das Kind die Zusammenhänge in der Hundeerziehung versteht. Gehört der Vierbeiner einer leichter erziehbaren Rasse an und orientiert sich gern am Menschen, hat das zusätzlich Vorteile. Sie sollten dennoch den Hauptteil der Erziehung übernehmen, denn die Interessen eines Kindes können sich im Lauf der Zeit ändern. Das heißt, die ganze Familie sollte einen Hund wollen.

In einigen Wochen bekommen wir Nachwuchs. Wird das für unseren Hund Balou ein Problem?
Ist er bisher der »Kronprinz«, sollten Sie den Umgang mit Balou umstellen. Führen Sie eventuelle Neuerungen ein, etwa dass der Hund nicht ins Kinderzimmer darf, bevor der Nachwuchs da ist. Ist er da, verbinden Sie die Beschäftigung mit dem Baby, zum Beispiel Baden oder Ausfahren, mit positiven Dingen für den Hund. Beim Baden gibt's für Balou einen Kauknochen, eine Ausfahrt heißt für ihn Spaziergang.

◁ *Da der Schnauzgriff unter Hunden der Erziehung dient, versteht ihn der Vierbeiner auch in der Mensch-Hund-Beziehung.*

Stimmt es, dass Halsbänder schädlich für den Hund sind und dass man besser ein Brustgeschirr verwenden sollte?
Ein Geschirr kann man für sehr kleine Rassen verwenden. Ein normales Halsband ist für einen Hund nicht schädlich. Ist er richtig erzogen, zieht er sowieso nicht. Ansonsten hilft zusätzlich ein Halti (→ Seite 223). Ist der Hund nicht erzogen, zieht er auch am Geschirr. Das macht ihm das Zerren angenehmer und er hat noch mehr Kraft.

Erziehungsgrundregeln

Wenn Sie im Alltag mit Ihrem vierbeinigen Freund ein paar wichtige grundlegende Regeln beachten, dann kann bei der Erziehung nichts mehr schief gehen.

DIE GRUNDREGELN, die ich Ihnen im Folgenden vorstellen möchte, sind technisch eigentlich nicht anspruchsvoll und somit im Prinzip theoretisch leicht umzusetzen. Aber wie heißt es so schön: Grau ist alle Theorie! Bequemlichkeit, Emotionen und der »innere Schweinehund« haben zur Folge, dass nicht wenige Hundehalter beim Umsetzen der Grundregeln immer wieder so manchen »Einbruch« erleiden … Wer in menschlichen Dimensionen denkt, sieht seinen Vierbeiner dazu oft völlig unnötig als sprichwörtlich »armen Hund« und tut damit weder sich noch seinem vierbeinigen Gefährten einen Gefallen.

Also, raffen Sie sich auf und halten Sie so gut wie möglich durch. Ich verspreche Ihnen, dass sich die folgenden Tipps sowohl auf Sie als auch auf Ihren Vierbeiner und das Zusammenleben mit ihm sehr positiv auswirken werden. Er wird Sie als sein »Idol« ansehen.

Bleiben Sie konsequent

Konsequenz, dieses »Zauberwort«, ist bei der Erziehung des Vierbeiners ganz wichtig. Sie macht vieles im Zusammenleben von Hund und Mensch einfacher und sicherer. Konsequenz heißt, Regeln aufzustellen, die dann auch weitestgehend bestehen bleiben. Dazu gehört außerdem, dass der Hund ein bereits zuverlässig gelerntes Kommando auch ausführen muss, egal, ob er nun gerade Lust hat oder nicht. Gelten Regeln immer und muss der Hund Signale (→ Seite 272) stets in der gleichen Weise befolgen, ist das für ihn verständlich und verbindlich und leichter zu erlernen. Das kann sich auch in gefährlicheren Situationen bewähren. Hat der Hund beispielsweise gelernt, dass es auf »Sitz« wirklich nichts anderes gibt, als sich sofort zu setzen, wird er das aller Voraussicht nach auch dann tun, wenn er etwa gerade im Begriff ist, den Weg eines Radfahrers zu kreuzen. Der Radler wird beeindruckt sein! Und weiß Ihr Hund, dass er trotz seines schmachtenden Blicks oder trotz des Anscheins, sofort zu verhungern, vom Tisch wirklich nie etwas bekommt, wird er auch nicht mehr betteln.

Die Folgen der Inkonsequenz

Aber wehe, Sie werden schwach. Halten Sie sich nicht an die einmal eingeführten Regeln, sind Sie also inkonsequent, wird der Hund seinen Halter und geltende Regeln immer wieder auf die Probe stellen. Oder er macht grundsätzlich eher das, was er für richtig hält. Das heißt, er stellt seine eigenen Regeln auf … Viele Hundebesitzer meinen, sie machen dem Hund eine Freude, wenn sie es nicht so genau nehmen. Oder sie glauben, der Hund mag sie nicht mehr, wenn sie »so streng« sind.

Da kommt wieder die Vermenschlichung zum Vorschein! Denn es ist genau andersherum. Ausnahmen kann der Hund anders als etwa ein Kind nicht deuten. Sie verunsichern ihn eher oder veranlassen ihn, wie eingangs schon gesagt, zu eigenständig zu werden. An klaren Vorgaben dagegen kann er sich orientieren, sie geben ihm Sicherheit. Überlegen Sie also noch vor Beginn der Erziehung, also eigentlich vor dem Einzug des Welpen oder älteren Hundes, was Sie von Ihrem Vierbeiner erwarten, welche Regeln er beachten und welche Kommandos er können soll. Diese Dinge sollten Sie dann aber auch konsequent umsetzen.

Einheitlicher Umgang mit dem Hund

Konsequenz betrifft natürlich nicht nur die Hauptbezugsperson des Vierbeiners, sondern die ganze Familie. Ausnehmen möchte ich Kinder, denn sie sollten am Hund nicht »herumerziehen«, außerdem können sie sich gegen ihn auch nicht durchsetzen.

Am besten setzen sich alle zusammen und vereinbaren, was der Hund tun soll und was nicht, welche Hör- oder Sichtzeichen verwendet werden usw. Nur wenn alle einheitlich mit dem Hund umgehen, wird sich ein entsprechender Erfolg einstellen. Das gilt schon beim Einzug eines Welpen wie auch später für den erwachsenen Hund.

◁ *Bei dieser Situation heißt es den Hund konsequent zu ignorieren, damit er das Betteln einstellt. Auch schon einen kurzen Blickkontakt oder eine Handbewegung in seine Richtung kann der Vierbeiner jetzt als Erfolg für sich werten.*

Die Frage der Rangordnung

Dass der Mensch der übergeordnete Partner im Mensch-Hund-Team sein muss, wird vermutlich jedem klar sein. Aber was macht nun einen guten »übergeordneten Partner« aus?
Ein solcher Partner strahlt eine innere Autorität aus. Er tritt souverän und klar auf, ist beständig, konsequent, gerecht und vertrauensvoll. Initiativen zum gemeinsamen Spiel, zum Streicheln, zum Öffnen der Terrassentür usw. gehen überwiegend vom Menschen aus. Bestimmte Bereiche wie das Schlafzimmer können für den Hund tabu sein. Gleichzeitig sorgen Sie aber auch für sein Futter und seine Sicherheit. Durch all diese Dinge wirken Sie auf den Vierbeiner »dominant«.
Ob Sie sich richtig verhalten, merken Sie am Hund. Denn er ist dann vertrauensvoll bereit, sich nach Ihnen zu richten, sich also »unterzuordnen«, statt Sie zu ignorieren oder sich aufzulehnen. Stimmt die Rangordnung, wird der Vierbeiner auch nicht ständig etwas fordern, etwa dass Sie ihn in den Garten lassen, mit ihm spielen oder ihn streicheln usw. Außerdem wird er keine ◘ PRIVILEGIEN (Seite 270) für sich beanspruchen, wie die gelegentliche Nutzung des Sofas, oder Spielzeug und Futter ernsthaft verteidigen.
Allerdings kann man auch in Sachen Rangordnung nicht alle Hunde über einen Kamm scheren. Es gibt Hunde, die sich völlig problemlos in das ◘ RUDEL (Seite 271) einordnen und auch »Schwachstellen« nicht gleich ausnutzen. Andere wiederum brauchen eine sehr konsequente Führung, da sie jede kleinste »Nachlässigkeit« rasch zu ihrem eigenen Vorteil ausnutzen würden.
Dazu ein Beispiel aus meinen Kursen: Kürzlich fragte mich eine Hundehalterin, was sie denn tun sollte, denn ihr Rüde verlässt häufiger das Grundstück, weil irgendwo eine Hündin läufig ist. Es lag so viel Schnee, dass der Gartenzaun nur noch als »Zäunchen« herausragte und somit kein wirkliches Hindernis für den Hund darstellte. Ich gab ihr den Rat, den Hund doch einfach im Haus zu lassen. Nein, das könne sie nicht, er wäre doch so gern auch im Garten und winselt und kratzt dann an der Tür … Also, wenn der Mensch beschließt, der Hund bleibt drin, dann bleibt er eben drin. Lesen Sie dazu noch mal den Abschnitt über das Ignorieren auf Seite 31.

▷ *Reagieren Sie nicht immer, wenn der Vierbeiner meint, er müsse in den Garten – etwa weil ein anderer Hund vorbeigeht. Sie bestimmen, wann er raus darf und wann nicht. Darf er, lassen Sie ihn aber als Vorleistung fürs Öffnen vorher sitzen.*

Indirekte Rangeinweisung

Ist der Hund von den Qualitäten seines »Leitmenschen« überzeugt, wird er in der Regel keinen Anlass sehen, eigene Vorstellungen nachhaltig durchzusetzen. Dann macht es auch nichts, wenn er zum Beispiel mal mit auf das Sofa darf oder dieses in Ihrer Abwesenheit nutzt und somit ein Privileg eines Ranghöheren genießt – solange er es auf Verlangen sofort und kommentarlos wieder räumt.
Es gibt allerdings Hunde, die so unterordnungsbereit und ◘ FÜHRIG SIND (Seite 263), dass es ihnen widerstrebt – und die man durchaus in einen Konflikt bringen kann –, wenn sie neben ihrem »Chef« auf dem Sofa oder in dessen Bett kuscheln sollen – während

ihnen das Gleiche auf dem Boden aber total gefällt. Zwingen Sie einen solchen Hund nicht, seine Distanz zu Ihnen als dem »Ranghöheren« zu überwinden. »Kontaktliegen« Sie mit ihm am besten auf neutralem Boden.

Ist die Rangordnung allerdings nicht klar, weil Sie zum Beispiel einfach nicht so auftreten können, wie es notwendig wäre, weil Sie Ihren Hund nicht einschätzen können oder weil Sie einen Hund neu oder aus zweiter Hand übernommen haben, dann rate ich, ihm vorerst keine Privilegien zuzugestehen. Gerade bei Hunden aus zweiter Hand kann man anfangs schwer abschätzen, was sie bisher erlebt und verknüpft haben, und es besteht noch kein soziales Gefüge zwischen Ihnen und dem Vierbeiner. Nutzen Sie zunächst INDIREKTE RANGEINWEISUNGEN (Seite 265) als Hilfe bzw. stellen Sie dann bestimmte Regeln auf.

Zu diesen indirekten Rangeinweisungen gehört, dass der Hund keine erhöhten Liegeplätze nutzen darf und keinen Liegeplatz an strategisch wichtiger Stelle bekommt, also nicht im Eingangsbereich oder neben Treppenauf- und -abgängen usw. Engstellen wie Türen passiert der Mensch vor dem Hund. Spiel- oder »Schmuseaufforderungen« und ähnliche Verhaltensweisen des Hundes ignorieren Sie zum großen Teil. Sie sollten hauptsächlich von Ihnen ausgehen und auch von Ihnen wieder beendet werden. Außerdem: Füttern Sie den Hund nicht unmittelbar, bevor Sie essen, sondern gegebenenfalls danach – denn zuerst isst der »Chef«.

Sind Sie durch konsequentes Verhalten am Ziel Ihrer Wünsche angekommen, heißt das:

- Die Rangordnung ist klar.
- Sie besitzen die nötige Sicherheit im Umgang mit dem Hund.
- Sie strahlen die Souveränität eines »fähigen Rudelführers« aus.

Erst jetzt können Sie einzelne Regeln, wenn Ihnen danach ist, wieder etwas lockern. Werfen Sie aber bitte nicht alle komplett über Bord. Gerade das gemeinsame Kuscheln auf dem Sofa oder im Bett ist eigentlich eher Balsam für die Seele des Zweibeiners als für die des Hundes, denn er leidet nicht wirklich darunter, wenn er nicht auf die Couch oder mit ins Bett darf. Abgesehen davon sollte man dabei auch noch hygienische Aspekte bedenken – ganz zu schweigen vom Platzproblem ab einer bestimmten Hundegröße …

Gewähren Sie dem Hund jedoch solche Bevorzugungen, ohne dass die Rangordnung optimal stimmt, können daraus Probleme entstehen. Etwa indem der Hund durch eindeutiges Drohen bestimmt, wer Zugang zum Sofa oder Bett hat … Solche Probleme wieder in den Griff zu bekommen kann dann recht schwierig werden (→ ab Seite 235).

△

Bei Beutespielen sollten überwiegend Sie der »Sieger« sein. Auf Ihr Hörzeichen hin soll der Vierbeiner den Spielgegenstand, wie zum Beispiel ein Tau, sofort loslassen. Keinesfalls darf er den Gegenstand verteidigen.

Forschung & Praxis

Erkenntnisse über den Wolf

Einen wichtigen Stellenwert in der Erforschung von Wolfs- und Hundeverhalten haben die Beobachtungen an Gehegewölfen und -hunden der Arbeitsgruppe »Vergleichende Verhaltensforschung« des Instituts für Haustierkunde der Universität Kiel unter der Leitung von Dr. Dorit Feddersen-Petersen (→ Literatur Seite 285) und die Freilandbeobachtungen in Kanada von Günter Bloch (→ Literatur Seite 285) und anderen. Ihm gelang es, Wölfe an die Gegenwart des Autos zu gewöhnen, und so konnte er ihr Leben das ganze Jahr über verfolgen.
Beide Arten der Forschungsarbeit ergeben zusammen wertvolle Infos über Wölfe, Hunde und ihre Bedürfnisse.

Der Wolf ist der alleinige Stammvater unserer Haushunde. Nachdem er lange ausgerottet war, gibt es nun seit einigen Jahren in Deutschland wieder zwei Rudel wild lebende Wölfe, die aus Polen eingewandert sind. Sie haben schon mehrfach Nachwuchs bekommen.

Im Folgenden möchte ich Ihnen einen kurzen Exkurs zum derzeitigen Wissensstand geben: Ein Wolfsrudel besteht meist aus einer Familie, zu der die Eltern und der Nachwuchs der letzten zwei, drei Jahre gehören. Die Eltern führen die Familie souverän, verfügen über viel Erfahrung und leben dem Nachwuchs vor, was wichtig und richtig im Leben ist. Allein schon dadurch wirken sie »dominant«. Je nach Motivation führen Vater (etwa bei Gefahr) oder Mutter (auf der Suche nach einer sicheren Wurfhöhle) die Gruppe, manchmal laufen aber auch die Jungwölfe voraus. Wobei auf einer Gruppenjagd dennoch meist die Leittiere letztlich zum »Angriff blasen«.
Welpen genießen in den ersten Wochen innerhalb ihrer Familie »Welpenschutz«, das heißt, sie können tun und lassen, was sie wollen. Das ändert sich dann aber, und sie lernen, was sie dürfen und was nicht. Zur Durchsetzung ihrer Vorstellungen nutzen die Eltern dreierlei Maßnahmen: Ignorieren, Schnauzgriff und Auf-den-Boden-Drücken in der Reihenfolge ihrer Häufigkeit. Das gilt etwa die ersten acht Wochen, ab dann herrscht eine »härtere Gangart«, das heißt eine andere Reihenfolge der elterlichen Maßnahmen: Schnauzgriff, Auf-den-Boden-Drücken, Ignorieren.
Junge Wölfe spielen sehr viel, aber auch die Eltern spielen hin und wieder mit ihrem Nachwuchs, je nachdem, wie viel Energie sie für die Jagd brauchen. Die Leittiere liegen auf bevorzugten Ruheplätzen (auf denen sie auch bestehen) und gern im Körperkontakt mit jungen Welpen und untereinander. Die anderen Gruppenmitglieder müssen aber eine bestimmte Individualdistanz zu ihnen einhalten, gelegentlich gibt es aber auch Kontaktliegen (→ Seite 47) mit älterem Nachwuchs.
Stellt ein geschlechtsreifer Jungwolf oder eine Jungwölfin die soziale Position von Vater oder Mutter infrage, hat er keine andere Wahl – er muss abwandern.
Geht das Rudel auf Jagd, bleibt eine rangniedrige, ältere Schwester als Babysitterin bei den Kleinen und nutzt in dieser Zeit schon mal privilegierte Liegeplätze der Ranghohen. Oder sie »erzieht« die Keinen. Sobald die Alten aber auftauchen, wird der Platz geräumt und die Welpen in Ruhe gelassen.

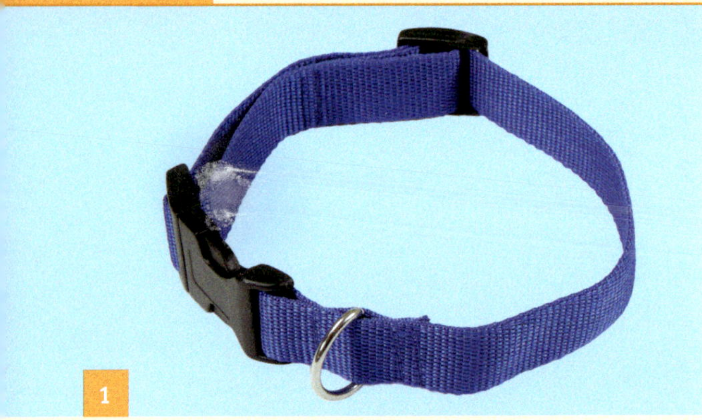

1 Das Halsband darf nicht zu schmal sein und sollte einen stabilen Verschluss haben. Vor allem bei jungen Hunden muss es in der Weite zu verstellen sein.

2 Die Leine sollte stabil, aber nicht zu schwer sein. Mithilfe eines zweiten Karabiners lässt sie sich in der Länge variieren.

3 Die Pfeife besteht am besten aus Horn oder stabilem Kunststoff. Kaufen Sie sich gleich zwei identische, so haben Sie eine in Reserve.

Das richtige Zubehör

Für die Erziehung und Ausbildung des Hundes ist eine gewisse Grundausstattung nötig.

▷ **Das Halsband** sollte nicht zu schmal sein. Für den Welpen eignet sich am besten eines, das sich in der Weite verstellen lässt, damit er nicht zu rasch herauswächst. Aber nach einigen Wochen brauchen Sie auf jeden Fall ein größeres. Das Material ist Geschmackssache. Achten Sie aber auf einen stabilen Verschluss. Auch die Weite muss stimmen. Es darf nicht eng sein, aber nur so locker, dass der Hund nicht herausschlüpfen kann – ein Finger sollte noch zwischen Hals und Halsband passen.

▷ **Als Führleine** eignet sich eine, die sich mittels eines zweiten Karabiners und mehrerer Metallringe in der Länge verstellen lässt. Die Leine sollte besonders für den Welpen nicht zu schwer sein. Auch hier gibt es verschiedene Ausführungen. Wichtig sind jedoch stabile Karabinerhaken, die nicht gleich bei stärkerem Zug brechen. Wird der Hund größer, brauchen Sie noch mal eine neue Leine.

▷ **Die Hundepfeife** ist für das Üben sinnvoll. Mit dem richtigen Training lässt sich dem Hund ein zuverlässiges Komm-Signal beibringen. Die Betonung liegt bewusst auf »Training«, denn nur richtig trainiert versteht der Hund exakt, was er auf den Pfiff hin tun soll. Ohne gezieltes Training kommt er lediglich zufällig auf Pfiff und somit unzuverlässig, weil er das Geräusch interessant findet. Die Stärke der ▶ HUNDEPFEIFE (Seite 265) liegt einerseits darin, dass der Pfiff ein »exklusives« Kommando ist – im Gegensatz zum Hörzeichen, das oft unklar und uneindeutig gegeben wird. Ein langer Pfiff ist immer ein langer Pfiff. Andererseits geht man mit der Pfeife nicht so verschwenderisch um wie mit der Stimme.

Ein weiterer Pluspunkt ist ihre größere Reichweite. Auf Entfernung klingt sie viel deutlicher als ein »Hier«. Mein Tipp: Wählen Sie eine Pfeife, die Sie selbst auch hören können. Dann wissen Sie, dass sie auch funktioniert.

TEST: RUND UM DIE ERZIEHUNG

Sind Sie fit, was die Grundlagen der Hundeerziehung betrifft, dann lassen sich häufige Fehler leicht vermeiden.

1. Welche artgerechten Möglichkeiten gibt es, unerwünschtes Verhalten zu beeinflussen?

a) Sie sperren den Vierbeiner in den Keller.
b) Sie ignorieren den Hund.
c) Sie lassen zur Strafe eine Mahlzeit des Hundes ausfallen.

2. Welche Zeit in der Entwicklung des Hundes ist für die Erziehung besonders wichtig?

a) das ganze Leben
b) die ersten zwei Jahre
c) die 3. bis 16. Lebenswoche

3. Der Vierbeiner lernt etwas Neues, indem Sie

a) ihn mit Leinenruck oder Ähnlichem dazu bringen, das Gewünschte zu tun.
b) die Situation so gestalten, dass der Hund über positive Motivation von selbst das macht, was Sie möchten.
c) ihm alles möglichst ausführlich erklären.

4. Was ist wichtig für ein effektives Lernen des Hundes?

a) eine Atmosphäre, die frei von Angst und negativem Stress ist
b) kasernenhofartiger Drill
c) Inkonsequenz

5. Welche der folgenden Situationen können Sie mit Ignorieren beeinflussen?

a) Der Hund verbellt am Zaun Passanten.
b) Der Vierbeiner bellt, um Futter von Ihnen zu bekommen.
c) Er kaut Ihren wertvollen Teppich an.

6. Wodurch erkennt der Hund in Ihnen den übergeordneten Partner?

a) Sie schüchtern ihn möglichst oft ein und ordnen ihn so unter.
b) Sie lassen ihn überwiegend tun, was er will.
c) Sie verhalten sich souverän und »cool« und bestehen auf bestimmten Regeln.

7. Ihr Hund sitzt mit Hypnoseblick vor Ihnen, während Sie ein Stück Kuchen essen. Wie reagieren Sie richtig?

a) Sie behandeln ihn wie Luft, ignorieren ihn also.
b) Sie geben ihm vom Kuchen etwas ab, damit er Ruhe gibt.
c) Sie tadeln ihn mit dem Schnauzgriff.

8. Sie entdecken im Garten Ihren zerbissenen Schuh. Wie reagieren Sie am besten?

a) Sie zeigen den Schuh dem Hund und schimpfen ihn aus.
b) Sie räumen Ihre Schuhe in Zukunft weg und reagieren jetzt gar nicht.
c) Sie geben dem Hund mit dem zerbissenen Schuh einen Klaps.

Auflösung:

1b) → Seite 31 3b) → Seite 26 5b) → Seite 31 7a) → Seite 31
2c) → Seite 25 4a) → Seite 26, 35 6c) → Seite 36 8b) → Seite 29–31

Auf du und du mit dem Hund

Sie wollen verstehen, was Ihr Hund Ihnen sagen möchte, wenn er zum Beispiel mit dem Schwanz wedelnd vor Ihnen steht und laut bellt. Oder wenn er immer sofort Fersengeld gibt, sobald er den stolzen Hund aus der Nachbarschaft sieht, während er fremde Vierbeiner ausgiebig beschnüffelt. Begleiten Sie mich auf einem kurzen Exkurs durch die Welt der hündischen Kommunikation. Doch zuvor müssen wir noch einen Abstecher zum Wolf machen, dem Stammvater der Hunde. Denn um den Hund zu verstehen, ist ein Blick auf den Wolf nützlich.

2

So verständigen sich Hunde

Wölfe kommunizieren untereinander über Laute und Gerüche, überwiegend setzen sie aber eine differenzierte Körpersprache ein mit einer Vielzahl an Ausdrucksmöglichkeiten.

WIE DIE BEKANNTE Verhaltensforscherin Dr. Dorit Feddersen-Petersen (→ Literatur Seite 285) schreibt, zeigt der Wolf allein 60 verschiedene Gesichtsausdrücke, der Deutsche Schäferhund nur zwölf. Mit dieser differenzierten »Sprache« regeln die Wölfe ihr soziales Miteinander im Rudel. Sie festigen damit zum Beispiel die Bindung untereinander, machen ihren sozialen Status deutlich, »erziehen« die Welpen oder vermeiden schon im Vorfeld »Handgreiflichkeiten«. Letzteres ist für ein Rudel überlebenswichtig, denn verletzte Mitglieder fehlen bei der Nahrungsbeschaffung und würden so den Jagderfolg aller gefährden.

Die Körpersprache des Hundes

Der Hund hat im Laufe der Zuchtgeschichte das vielfältige ▶ AUSDRUCKSVERHALTEN (Seite 259), das der Wolf (→ Seite 38) zeigt, zum Teil eingebüßt, denn im engen Zusammenleben mit dem Menschen ist dies nicht mehr in dem Maße notwendig wie beim Wildtier. Treffen Hunde aufeinander, kann sich diese Vergröberung der Ausdrucksmittel bisweilen negativ bemerkbar machen: Zusätzlich zum Verlust mancher Verhaltensweisen verfügen viele Rassen zuchtbedingt nicht mehr über die körperlichen Voraussetzungen, um sich wie ein Wolf auszudrücken. So erschweren beispielsweise Hängeohren oder ein verkürzter Schädel die Kommunikation. Falten im Gesicht, sehr ausgeprägte Lefzen, angezüchtete Schwanzhaltungen, die falsche Stimmungen vermitteln, und ein langes Fell haben die gleiche ungünstige Wirkung. Hängen die langen Haare dem Vierbeiner auch noch ins Gesicht, macht das die Verständigung doppelt schwer, denn ein solcher Hund kann nicht nur weniger ausdrucksvolle Botschaften aussenden, er kann auch kaum die Signale seiner Artgenossen sehen. Das begünstigt natürlich Missverständnisse.

Will ein Hund seinen Artgenossen richtig verstehen, muss er (wie auch der Mensch) stets dessen Gesamtkörperausdruck betrachten. Denn eine Botschaft besteht immer aus mehreren Signalen. Solche Signale werden zum Beispiel durch die Ohren- und Schwanzhaltung, Lefzenform, Körperhaltung und Ähnliches vermittelt. Alle Signale zusammen ergeben dann je nach Kombination eine ganz bestimmte Botschaft und veranlassen den Artgenossen zu reagieren.

Neutrale Stimmung und Aufmerksamkeit

Ist gerade »Sendepause« und erregt nichts die Aufmerksamkeit des Hundes, befindet er sich in einer neutralen Stimmung. Diese erkennen Sie daran, dass der Vierbeiner insgesamt gelassen wirkt. Der Schwanz ist in der Grundhaltung (meist unten, kann je nach Rasse aber unterschiedlich sein), das Gesicht ist entspannt, die Ohren ebenso. Der Fang kann leicht geöffnet sein. Vielleicht »döst« der Hund sogar ein wenig vor sich hin.

Erregt etwas seine Aufmerksamkeit, hebt sich der Schwanz ein wenig, und der Fang wird geschlossen. Dann bringt der Hund seine Ohren aufmerksam nach vorn in »Hab-Acht-Stellung«. Die ganze Körperhaltung wirkt insgesamt leicht angespannt.

INFO

Schwanzwedeln

Wedeln ist nicht nur freundlich gemeint. Kurze Ausschläge, erhobener Schwanz: oft Teil des Imponierens. Rasches Wedeln, tiefer Schwanz: häufig Unterwürfigkeit. Ausladendes Wedeln: Teil freudiger Begrüßung. Langsames Wedeln, waagerecht oder tief: unsichere, abwartende Haltung. Beachten Sie die Körpersprache.

Imponierverhalten

Dieses Verhalten können Sie gut beobachten, wenn sich Rüden begegnen. Die Körperhaltung ist angespannt, die Bewegungen wirken steif und langsam. Den Schwanz tragen die Tiere, manchmal leicht wedelnd, mehr oder weniger hoch. Zusätzlich drücken sie die Gelenke durch und machen sich dadurch »größer«. Die Ohren deuten leicht nach vorn, der Blick ist vom Artgenossen abgewandt – man möchte ja nicht gleich Streit anzetteln. Gleichzeitig versuchen sie sich gegenseitig an der Schnauze oder am Hinterteil zu beschnüffeln,

um genauere Informationen über ihr Gegenüber zu erhalten.
Sind sich die beiden Hunde sympathisch, kann sich ein Spiel anschließen. Ist keiner am anderen interessiert, geht jeder wieder seiner Wege, hebt dabei vielleicht hier und da noch das Bein, um noch mal deutlich zu machen, dass man hier war. Um dies noch zu unterstreichen, scharrt mancher Vierbeiner danach mehr oder weniger ausgiebig.

Drohverhalten

Sind sich die Kontrahenten nicht grün, kommt es meist nicht sofort zum Kampf, sondern sie drohen sich zunächst an. Dabei gibt es zwei verschiedene Formen des Drohens: Je nachdem, ob der Hund glaubt, der Stärkere oder der Schwächere zu sein, droht er entweder defensiv oder offensiv.

▷ **Defensiv drohen:** So droht der unterlegene Hund. Er macht sich klein, die Körperhaltung ist also geduckt. Gleichzeitig zieht er den Schwanz mehr oder weniger stark ein und legt die Ohren dicht an den Kopf. Die Rückenhaare können gesträubt sein. Die Zähne werden gefletscht, die Mundwinkel dabei je nach Intensität leicht oder deutlich nach hinten gezogen, sodass auch die Backenzähne zu sehen sind. Wenn sich der Hund sehr eingeengt und bedroht fühlt, kann es sein, dass er jetzt unvermittelt zubeißt. Oder er flüchtet.

▷ **Offensiv drohen:** So droht der Stärkere. Dies erkennen Sie daran, dass er weiterhin groß wirkt und sich steifbeinig bewegt. Den Schwanz trägt er nach oben gerichtet, die Rückenhaare sind gesträubt. Die Mundwinkel sind kurz und rund, nur die vorderen Zähne werden gefletscht. Der Blick ist jetzt direkt auf den Gegner gerichtet.

▷ **Mischformen im Drohverhalten:** Dazu kommt es, wenn keiner der Hunde eindeutig unter- oder überlegen ist oder wenn sich das

Die Hündin ordnet sich unter, ist aber entspannt, da der andere Hund nicht droht. Ihr Schwanz ist nicht eingeklemmt, und sie schaut zum Artgenossen hin.
▽

Blatt im Verlauf der Begegnung gar wendet. Wie die Sache letztlich ausgeht, hängt von mehreren Faktoren ab – zum einen von der Reaktion der Halter (mehr dazu ab Seite 172), zum anderen vom individuellen Verhalten der Hunde. In der Natur dient das Drohverhalten dazu, »handgreifliche« Auseinandersetzungen zu vermeiden. Je nach Veranlagung und Sozialisierung klappt das bei Haushunden mal mehr, mal weniger. Manche neigen letztlich eher zum »Raufen«. Gelegentlich gibt es sogar Hunde, die das Drohen gar nicht mehr beherrschen und die sozusagen ohne Vorwarnung zubeißen.

Passive Unterwerfung

Bleibt es bei einer Begegnung beim Drohritual, kann es nun sein, dass sich der Unterlegene eindeutig unterwirft. Er legt sich dazu meist auf den Rücken und wendet den Blick vollkommen vom Gegner ab. Den Schwanz klemmt er bis zum Bauch ein. Der Fang ist geschlossen, die Mundwinkel sind schmal nach hinten gezogen, die Ohren liegen nach hinten an. Das ganze Gesicht wirkt glatt. Gibt sich der »Sieger« damit zufrieden, geht er seiner Wege, und der Unterlegene darf wieder aufstehen.

Aktive Unterwerfung

Dieses Verhalten zeigen Hunde zum Beispiel bei der Begrüßung eines überlegenen Artgenossen oder auch eines bekannten Menschen. Sie möchten damit den anderen freundlich stimmen.
Ein Vierbeiner, der sich aktiv unterwirft, wirkt verspielt und freundlich. Er hält seinen Körper leicht geduckt und wedelt mit dem Schwanz ausladend »auf Halbmast«. Die Ohren sind zurückgelegt, die Augen wirken klein, und der Hund leckt die Schnauze des anderen oder steckt gar die eigene Schnauze in die des anderen. Oft »pfötelt« er dabei, das heißt, er hebt eine Pfote. Ist das Verhalten besonders ausgeprägt, setzen vor allem Welpen und Junghunde dabei etwas Urin ab.

Verständigung durch Körperkontakt

So wie Menschen einander durch Berührung zu verstehen geben, dass sie zusammengehören, machen es auch die Hunde. Sie festigen die Bindung untereinander über Berührungen, innerhalb eines Rudels sogar besonders ausgiebig. Gegenseitiges Beknabbern des Fells, Umfassen der Schnauze, Anstupsen, Lecken von Ohren und Schnauze unterstreichen das Zusammengehörigkeitsgefühl.
Auch das ▶ KONTAKTLIEGEN (Seite 267), bei dem die Hunde eng aneinander gekuschelt liegen und schlafen oder dösen, zeigen Vierbeiner. Das stärkt ebenfalls das Gefühl, zusammenzugehören.

▶ TIPP

Überschäumende Begeisterung

Mancher Junghund benimmt sich recht respektlos und animiert jeden Vierbeiner zum Toben – ohne darauf zu achten, ob der nun will oder nicht. Ignoriert er dessen Signale, kann es durchaus eine heftigere Verwarnung geben. Beobachten Sie die Situation und rufen Sie den Jungspund rechtzeitig zur Ordnung.

Der Körperkontakt kann aber auch im »negativen« Sinn eingesetzt werden. So ist das Auflegen des Kopfes auf den Rücken eines Artgenossen bei entsprechender dominanter Körpersprache (→ Seite 45) eine ▶ DOMINANZGESTE (Seite 261). Ebenfalls negativ gemeint sind Abdrängen oder Anrempeln des anderen. Diese Verhaltensweisen zeigen Hunde überwiegend bei Auseinandersetzungen.
In der Erziehung der Welpen gibt es den etwas festeren Griff über den Fang als eine Art Zurechtweisung sowie das Festhalten am Nacken und Auf-den-Boden-Drücken.

Wie Hunde »reden«

Hunde nutzen eine differenzierte Lautsprache zur Kommunikation. Aber diese ist nicht bei allen gleich ausgeprägt, sondern sie hängt oft von der Veranlagung und der Rasse ab. Es gibt »gesprächigere« und »stummere« Typen.

Bellen

Wölfe bellen kaum, Hunde nutzen dagegen ein breites Spektrum von Bell-Lauten. Grundsätzlich bedeutet Bellen, dass der Hund erregt ist. Je schneller er bellt, desto aufgeregter ist er. Am häufigsten bellen Hunde aus ihrem Wachinstinkt heraus – sie melden damit, dass sich ein »Eindringling« ihrem Territorium nähert. Aber auch als Spielaufforderung, bei Unsicherheit, bei der Begrüßung oder vor Aufregung vor der Fütterung oder dem Spaziergang kann der Hund bellen. Was das Bellen im Einzelfall signalisiert, lässt sich aus der dazu gezeigten Körpersprache ableiten (→ Seite 45).

Manche Hunde heulen, wenn sie Sirenen oder andere markante Töne hören. Warum das so ist, weiß man leider nicht. ▷

Knurren

Ernstes Knurren ist immer eine Warnung und wird sowohl bei der offensiven als auch bei der defensiven Drohung eingesetzt. Es kann auch mit Bellen vermischt sein. Manche Hunde zeigen auch spielerisches Knurren, welches aber nicht so drohend klingt. Um das Knurren richtig zu deuten, müssen Sie bzw. der Artgenosse wieder auf den Gesamtkörperausdruck und die Situation achten. Knurrt Ihr Hund beispielsweise spielerisch während eines Ziehspiels (→ Foto Seite 37), ist dies nicht drohend gemeint.
Manche Hunde »grunzen«, wenn sie ihnen liebe Menschen begrüßen. Das wird häufig als Knurren fehlinterpretiert.

Winseln und Jaulen

Winselnd kann der Hund Freude, Stress, Ungeduld, Langeweile oder auch Schmerz ausdrücken. Rüden winseln oder jaulen oft tagelang, wenn in der Nähe eine Hündin läufig ist. Die »Winselfreudigkeit« ist individuell sehr verschieden.
Jaulen ist gewissermaßen eine Steigerung des Winselns. Auch das kann durch Schmerzen ausgelöst werden, aber auch bei Langeweile, Trennungsangst, forderndem Verhalten usw. gezeigt werden. Zur »Freude« der Nachbarn jaulen häufig solche Vierbeiner, die Probleme mit dem Alleinsein haben.

Heulen

Heulen beherrscht der Wolf sehr gut. Es dient dem Zusammenhalt des Rudels. Haushunde heulen eher selten, allerdings zeigen nordische Rassen, etwa der Siberian Husky oder der Alaskan Malamute, dieses Erbe ihres Stammvaters noch. So manche Vierbeiner werden jedoch durch bestimmte akustische Reize, wie Kirchenglocken oder Sirenen, zum Heulen animiert.

Botschaften senden über Gerüche

Auch Gerüche dienen bei unseren Vierbeinern der Kommunikation. Da wir Menschen nicht über die entsprechenden Fähigkeiten einer Hundenase verfügen, können wir das ganze »Ausmaß« dieser Kommunikationsform nicht ganz nachempfinden.
Hunde haben an verschiedenen Körperstellen Duftdrüsen, durch deren Sekrete sie Duftbotschaften versenden können. Beim gegenseitigen Beschnüffeln der Gesichts- und Analregion werden diese Informationen gelesen. Außerdem spielen Urin und Kot eine große Rolle, denn bei deren Absetzen werden Sekrete aus Drüsen am After beigemischt.

△
Eine typische Hundebegegnung – jeder beschnüffelt jeden, bevorzugt am Hinterteil. Auf diese Weise versuchen Hunde, möglichst genaue Informationen über ihr Gegenüber zu bekommen.

Geruchsbotschaften

Anders als bei der Körpersprache braucht ein Hund für Geruchsbotschaften keinen direkten Kommunikationspartner – er kann die Botschaft auch noch lesen, wenn der »Absender« schon lange wieder weg ist. Seine eigene entsprechende Nachricht kann so natürlich auch noch gelesen werden, wenn er selbst schon lange wieder zu Hause ist. Über eine solche »Hunde-SMS« bekommt der Vierbeiner eine ganze Reihe von Infos: Er erkennt beispielsweise das Geschlecht des anderen, den hormonellen »Zustand« einer Hündin, den sozialen Status des Absenders, er weiß, ob ein Welpe oder ein erwachsener Hund, ob Freund, Feind oder Fremder hier war.
Setzt der Hund eine Geruchsbotschaft in flüssiger Form ab, nennt man das »markieren«. Dabei hebt der Rüde an allen möglichen Stellen sein Bein und hinterlässt ein paar Urinspritzer. Im Gegensatz zur Hündin entleert er seine Blase nicht auf einmal, sondern in vielen kleinen Portionen. Damit informiert er andere Vierbeiner aber nicht nur über sich, sondern er »überschreibt« damit auch eine fremde Urinmarke und steckt sein Revier ab. Je ausgeprägter der Hund markiert und je höher er dabei das Bein hebt, desto selbstbewusster ist er. Es gibt sogar Hündinnen, die das Bein heben.
Selbstbewusste Rüden scharren dann oft nach dem Verrichten ihres Geschäfts noch ausgiebig, sodass die Grasbüschel gerade so fliegen – ihre Nachricht soll sich schließlich möglichst großräumig verbreiten.
Hündinnen, die kurz vor der ▶ LÄUFIGKEIT (Seite 267) stehen, setzen ebenfalls häufiger Urinmarken ab. Mit dieser Duftspur informieren sie möglichst viele potenzielle »Verlobte« über ihren Zustand und hoffen zur richtigen Zeit auf entsprechenden Besuch …

Wie Sie Ihr Hund versteht

Ihr Hund soll Ihre Worte und Gesten richtig verstehen? Dann müssen Sie wissen, wie Ihre Signale von Ihrem Vierbeiner wahrgenommen werden. Lernen Sie »hündisch«!

DER HUND HAT durch die Domestikation eine besondere Fähigkeit entwickelt, unser Verhalten zu interpretieren. Allerdings wertet er alles aus »Hundesicht« und reagiert entsprechend darauf.

Unsere Botschaften an den Hund bestehen aus Körperhaltung, Bewegung, Mimik und Stimme. Damit alles, was wir dem Hund mitteilen möchten, richtig bei ihm ankommt, müssen diese Elemente passend kombiniert werden. Dies müssen Sie bitte bedenken und umsetzen, noch bevor Sie eine Botschaft versenden. Überlegen Sie also zuerst, was Sie genau erreichen wollen.

2

Mit dem Körper sprechen

Der Hund erkennt feinste Nuancen unserer Körpersprache. Er registriert sehr genau, ob Sie Sicherheit und Souveränität ausstrahlen oder zögerlich und unsicher sind. Er merkt, wenn Sie nicht gut drauf, gestresst, nervös oder ärgerlich sind. Genauso erkennt er natürlich auch Ihre gute Laune, ob Sie konzentriert bei der Sache sind oder nur halbherzig. Entsprechend ernst nimmt er Sie – oder auch nicht. Deshalb mein Rat: Werden Sie aktiv und setzen Sie Ihre Körpersprache bewusst ein, dann wird Ihr Hund darauf reagieren.

Welche »Dosierung« richtig und notwendig ist, hängt vom Naturell Ihres Hundes ab. Ist er eher von der gemütlicheren Sorte, müssen Sie ihn beispielsweise stärker motivieren, damit er in die Gänge kommt. Allerdings tun Sie sich dann leichter, wenn ruhiges Verhalten erwünscht ist. Einen sehr temperamentvollen oder gar nervösen Hund müssen Sie dagegen nicht groß motivieren, sich zu bewegen. Ist aber ruhiges Verhalten gefragt, müssen Sie ganz besonders viel Ruhe vermitteln. Dann dürfen Sie sich nicht von der Stimmung des Hundes anstecken lassen.

Die nötige Intensität der Körpersprache hängt aber auch davon ab, wie sensibel oder dickfellig bzw. willensstark der Hund ist. Die Körpersprache muss deutlich sein, darf den Hund aber nicht verunsichern.

Die Mimik richtig einsetzen

Direktes Anstarren mit ernstem oder bösem Gesichtsausdruck wirkt auf den Hund genauso bedrohlich wie auf einen Menschen. Ihren eigenen Hund können Sie – je nach Wesen – mit einem solchen Blick, evtl. kombiniert mit einem Räuspern, durchaus dazu veranlassen, ein unerwünschtes Verhalten zu unterbrechen. Starren Sie dagegen einen fremden Hund an, kann er sich bedroht fühlen. Ein freundliches Gesicht dagegen wirkt auch auf den fremden Hund positiv.

Körperhaltung und Bewegung

Auch durch diese Mittel können Sie Ihren Hund gut beeinflussen, etwas zu tun oder zu unterlassen bzw. anders zu machen. Gehen Sie mehr oder weniger forsch direkt auf Ihren Hund zu, hemmt ihn das und veranlasst ihn je nach Grad der Forschheit, zu stoppen oder zurück- bzw. auszuweichen (→ Foto Seite 50). Umgekehrt wird Ihr Vierbeiner nicht freudig auf Ruf zu Ihnen kommen, wenn Sie dabei drohend auf ihn zugehen. Bewegen Sie sich dagegen vom Hund weg, animiert ihn dies zu folgen. Je schneller Sie sich wegbewegen, desto deutlicher und rascher wird der Hund folgen. Ebenfalls hemmend bis bedrohlich wirkt es auf den Hund, wenn Sie sich über ihn beugen bzw. vor ihm »aufblasen«, also drohend aufrichten. Auch diese Signale veranlassen ihn, eher etwas Distanz zu halten oder auszuweichen. In die Hocke gehen, sich also klein machen, wirkt besonders auf Welpen und Junghunde sehr einladend, und sie kommen mit fliegenden Öhrchen angeflitzt.

Möchten Sie also zum Beispiel, dass der Hund zu Ihnen kommt, sollten Sie sich immer von

INFO

Damit Ihr Hund Sie versteht

Passen Sie Ihre Körpersprache dem Wesen Ihres Hundes an. Bei manchen Vierbeinern genügen feine Signale, andere brauchen ausdrucksstärkere Bewegungen, dann muss sich der Zweibeiner mehr ins Zeug legen. Das fällt nicht jedem leicht. Probieren Sie es dann doch einfach »heimlich« allein mit dem Hund aus.

So nähern Sie sich fremden Vierbeinern richtig: Ihre Körperhaltung ist seitlich zum Hund hin-, der Blick vom Hund abgewandt, die Hand ihm entgegengestreckt. So wirken Sie nicht bedrohlich. Behalten Sie den Hund aber aus dem Augenwinkel im Blick.

ihm entfernen. Dann wird er mit viel größerer Wahrscheinlichkeit bemüht sein, Anschluss zu halten, als wenn Sie einfach nur auf ihn warten oder ihm gar nachlaufen.
Je nach Intensität Ihrer Bewegung können Sie entweder Ruhe oder Aktivität ausdrücken.

▷ **Immer wenn Sie ein ruhiges Verhalten** vom Hund wünschen, sollten Sie dies auch in Ihren Bewegungen vermitteln. Soll Ihr noch in der Ausbildung stehender Hund zum Beispiel ruhig im Platz liegen bleiben, dürfen Sie nicht aufgeregt um ihn herumspringen, sonst wird er begeistert mittoben und sich über das tolle Spiel freuen … Wünschen Sie sich ein ruhiges Verhalten von Ihrem Hund, sollten auch Sie die Ruhe in Person sein.

▷ **Möchten Sie, dass Ihr Vierbeiner aktiv** wird, dann zeigen Sie ihm das. Wenn der Hund etwa freudig bei Fuß laufen soll, dann müssen Sie Enthusiasmus, Entschlossenheit und Aktivität ausstrahlen. Das signalisiert Ihrem Vierbeiner: »Hoppla, da ist was los, da mache ich mit.« Dagegen wird gelangweiltes Dahingehen auch ihn »einschläfern« oder veranlassen, seine Aufmerksamkeit unterwegs auf interessantere Dinge, wie zum Beispiel Gerüche am Boden oder Artgenossen, zu lenken. Bewegungsintensive Action ist auch dann angesagt, wenn Sie möchten, dass Ihr Hund rasch zu Ihnen kommt (→ auch Seite 51).

▷ **Auch völlig neutrales Verhalten** kann als Signal für Ihren Hund dienen. Stellen Sie sich folgende Situation vor: Sie gehen mit Ihrem Hund Gassi. Unterwegs nimmt er einen optischen Reiz wahr – etwa eine flatternde Folie oder einen auffällig gekleideten Menschen –, und er überlegt kurz, ob er sich nun aufregen soll oder nicht. Bleiben Sie in dieser Situation entspannt und reagieren Sie gar nicht auf das auffällige Objekt, dann signalisieren Sie dadurch dem Hund: »Es besteht kein Grund zur Aufregung.« Der Hund wird sich ebenfalls entspannen. Voraussetzung ist natürlich, dass die Bindung zwischen Ihnen und Ihrem Vierbeiner stimmt und er nicht grundsätzlich recht ängstlich oder misstrauisch ist.
Die Körpersprache kommt auch bei Hand- oder Sichtzeichen zum Einsatz. Eine nach oben gerichtete Bewegung veranlasst den Hund hochzuschauen, das Hinterteil geht fast automatisch nach unten – der Hund sitzt. Eine deutlich nach unten gerichtete Handbewegung unterstützt den Hund dabei, sich hinzulegen. Mehr dazu lesen Sie ab Seite 102.

Berührungen

Sie spielen nicht nur unter Hunden, sondern auch von Mensch zu Hund eine große Rolle. Streicheln an Kopf und Körper, Bürsten oder Kontaktliegen (→ Seite 267) sind Berührungen, die den Zusammenhalt fördern. Das ist besonders beim Welpen und Junghund wichtig, denn dadurch festigen Sie die Bindung zu Ihnen als Bezugsperson.
Wie ich bereits auf Seite 47 ausgeführt habe, können Berührungen auch »negativ« eingesetzt werden. Das gilt zwischen Mensch und Hund ebenfalls. So können Sie Ihren Hund korrigieren, indem Sie ihn wegdrängen (etwa von einem »strategisch« wichtigen Liegeplatz) oder anrempeln (wenn der Hund zum Beispiel ignorant und unaufmerksam ist), seinen Fang mit einem entsprechenden Hörzeichen fest umfassen oder den Vierbeiner festhalten.

2

Die Stimme richtig einsetzen

Auch die Stimme ist ein sehr wichtiges Kommunikationsmittel. Da Stimme und Sprache für uns Menschen das Kommunikationsmittel schlechthin sind, neigen wir allerdings dazu, sie dem Hund gegenüber oft zu verschwenderisch und zu wenig gezielt einzusetzen.

Der Hund versteht jedoch nicht die Wörter. Er orientiert sich am Klang und am Tonfall der Stimme und kann daraus verschiedene Signale ablesen. Mit Erklärungen, Schimpftiraden und Lobesreden kann der Vierbeiner dagegen nichts anfangen. Er wird seine Ohren auf Durchzug stellen und mit der Zeit nicht mehr gut auf die Stimme reagieren. Sprechen Sie Ihren Hund deshalb möglichst gezielt an.

Klare Signale geben

Je klarer und unmissverständlicher Sie ein ▶ SIGNAL (Seite 272) geben, desto leichter lernt es der Hund. Wählen Sie für jede Übung ein bestimmtes Hörzeichen, das sich von den übrigen deutlich unterscheidet. Wenn Sie dem Vierbeiner ein Hörzeichen geben, dann nur dieses, also zum Beispiel ein freundliches, verbindliches »Sitz« – ohne jegliche Ausschmückungen wie »Jetzt mach mal schön Sitz«.

Das Hörzeichen »Komm« benutzen viele Hundehalter, wenn der Hund zu ihnen kommen soll. Nun verwendet man dieses Wort auch im täglichen Sprachgebrauch häufig, der Hund hört es also mehrmals, ohne etwas für sich damit zu verbinden. Oft wird »Komm« auch unbewusst als »Füllwort« bei anderen Hörzeichen benutzt, wie »Komm, Platz«, »Komm, Fuß« usw. Den Vierbeiner irritiert ein solches Kommando, denn er weiß nicht, ob er nun kommen oder Platz machen soll. Das hat zur Folge, dass er eher zufällig und sporadisch gehorcht.

Den richtigen Tonfall treffen

Am Tonfall erkennt der Hund, ob Sie freundlich mit ihm reden, verärgert sind oder sich freuen, weil er etwas gut gemacht hat. Setzen Sie den Tonfall Ihrer Stimme daher ganz gezielt ein. Wie stark Sie den Tonfall differenzieren müssen, hängt wieder vom Hund ab. Ob Sie richtig liegen, erkennen Sie an seinen Reaktionen. So sollte dem Vierbeiner seine Freude anzusehen sein, wenn Sie ihn zum Beispiel loben.

Auch Freude können Sie entweder ruhig oder überschwänglich ausdrücken. Je nachdem, ob Sie den Hund gerade für ein ruhiges Sitzen loben oder dafür, dass er auf Ruf oder Pfiff in Höchstgeschwindigkeit aus einem Spiel mit Artgenossen zu Ihnen kommt. Auf der anderen Seite muss ein »Nein« oder »Pfui« entsprechend streng klingen, damit der Hund es richtig einordnen kann.

Übrigens: Laut müssen Sie beim Hund kaum werden. Er hört besser als wir.

Ganz Ohr? Dem Klang unserer Stimme kann der Vierbeiner viel entnehmen. Aber nur dann, wenn wir sie gezielt und bewusst einsetzen. ▷

Die Signale richtig kombinieren

Damit der Vierbeiner die an ihn gerichtete Botschaft eindeutig entziffern kann, müssen Sie die einzelnen Elemente der Kommunikation angemessen kombinieren. Das heißt nichts anderes, als dass Ihre Körpersprache zu Ihrer Stimme passen muss.

Die Stimme richtig anpassen

Sie wollen zum Beispiel mit dem Hund üben, dass er an einer bestimmten Stelle liegen bleiben soll. Dazu nennen Sie das Hörzeichen »Bleib« ganz ruhig und bewegen sich ruhig und ohne Hektik von ihm weg. Würden Sie dagegen angespannt »Bleib, Bleib, Bleib« sagen und sich hektisch von ihm wegbewegen, würde Ihr Vierbeiner bestimmt aufstehen und zu Ihnen kommen, da Sie ihm eindeutig Aufregung signalisieren. Oder wenn Sie mit dem Hund Bei-Fuß-Gehen üben, gehört zu Ihrem engagierten Losgehen auch ein aufmunterndes Hörzeichen, andernfalls registriert Ihr Hund womöglich gar nicht, dass etwas los ist.

Noch ein Beispiel: Sie möchten Ihrem Hund etwas wegnehmen, etwa ein Kinderspielzeug oder einen abgenagten Knochen. Dazu nennen Sie das Hörzeichen »Aus« ruhig und bestimmt und nehmen dem Hund den Gegenstand ebenso ruhig und bestimmt ab. Sagen Sie nur das Hörzeichen richtig, trauen sich aber nicht so recht, dem Hund etwas abzunehmen, und bewegen sich deshalb zögerlich und unsicher, dann wirken Sie nicht überzeugend auf Ihren Vierbeiner. Mit der Folge, dass er mit dem Spielzeug eher weglaufen wird, um es in Sicherheit zu bringen.

Und ein letztes Beispiel: Sie möchten, dass Ihr Junghund, der gerade an einer Duftmarke schnüffelt, auf Ihren Ruf zu Ihnen kommt. Sie laufen richtig von ihm weg, rufen aber in einem strengen Tonfall »Hier«. In dieser wenig verlockenden Situation wird Ihnen der Hund kaum nachlaufen. Wenn Sie allerdings weglaufen und ihn mit einer ganz spannenden, interessanten Stimme rufen, wird er sofort kommen. Denn das signalisiert dem Hund (bei guter Bindung an Sie): »Da muss ich hin, sonst verpasse ich etwas ganz Tolles.« Und da hat er auch Recht, denn es erwartet ihn ja eine leckere Belohnung!

Als Fazit eine Empfehlung: Arbeiten Sie an sich, damit Sie Informationen deutlich genug dem Hund übermitteln. In meinen Kursen habe ich festgestellt, dass sich vor allem Männer häufig etwas schwerer tun, den Hund mit überschwänglicher Stimme zu loben oder mit interessantem Tonfall auf sich aufmerksam zu machen. Frauen haben dagegen meist die Schwierigkeit, die nötige Autorität auszustrahlen, was Männern oft schon allein durch die Stimme leichter fällt.

Geruchsbotschaften mit der Stimme kombinieren

Gerüche spielen zwischen Mensch und Hund ebenfalls eine Rolle, lassen sich aber von uns nur schwer bewusst einsetzen. Der Hund kann unserem Körpergeruch dagegen vieles entnehmen – unter anderem riecht er, ob wir im Stress sind oder Angst haben. Dies kann zu problematischen Situationen führen, zum Beispiel wenn Sie sich bemühen, körpersprachlich locker zu sein und auch die passende Stimme dazu zu kombinieren, doch Ihnen steht der Angstschweiß auf der Stirn. So wirken Sie auf Ihren Hund nicht überzeugend und souverän.

Ein Beispiel dazu: Sie haben ziemliche Angst vor großen Hunden, wollen Ihrem Hund aber vermitteln, dass er sich vor dem entgegenkommenden großen Vierbeiner nicht zu fürchten braucht. Das wird Ihnen kaum überzeugend gelingen, da der Hund Ihre Angst am Geruch erkennt. Außerdem registriert er natürlich auch noch an feinsten Nuancen in Ihrer Körpersprache, dass Ihnen dieser große Hund nicht ganz geheuer ist.

Der Mensch als »Rudelführer«

Auf Seite 36 hatte ich ja bereits das Thema »Rudelführer und Rangordnung« angesprochen. Im Bereich Kommunikation möchte ich noch einmal darauf eingehen und Ihnen ans Herz legen, auch wirklich der »Rudelführer« zu sein, um den Hund kontrollieren zu können. Jeder Hund, der in einer Familie oder in irgendeiner Weise in der »Öffentlichkeit« lebt, braucht das.

Was den Rudelführer ausmacht

Körpersprache und Stimme sind es letztlich, mit denen Sie Souveränität und Autorität ausstrahlen. Sie dürfen auf Ihren Vierbeiner ruhig etwas »überheblich« wirken. Ein Teil dieser Überheblichkeit besteht aus ignorantem Verhalten, das heißt, Sie gehen – wie schon auf Seite 36 erwähnt – nicht auf jede Spielaufforderung oder »Schmuseeinladung« Ihres Vierbeiners ein. Oder Sie ignorieren ihn, wenn er Sie bellend oder durch »Hypnose« eindringlich an den Spaziergang und die Fütterungszeit erinnert.

Springen Sie nämlich bei letzterem Beispiel mit schlechtem Gewissen auf, entschuldigen sich intensiv streichelnd beim Hund und eilen in die Küche, um rasch die Mahlzeit in den Napf zu bekommen, wirken Sie wenig »dominant«, sondern eher sehr »unterwürfig«. Ignorieren Sie aber den Hund, bis er sein forderndes Verhalten aufgibt, und richten dann das Fressen her, wirken Sie ähnlich souverän wie der Leitwolf, mit dem Unterschied, dass dieser natürlich keine Mahlzeit zubereitet.

WAS TUN, WENN ...

... sich mein Hund nicht für mich interessiert?

Sind Sie immer für ihn da und gehen kaum mal an ihm vorbei, ohne mit ihm zu reden oder ihn zu streicheln? Dann versuchen Sie, ihn bewusst weniger zu beachten, sich dafür aber ganz gezielt mit ihm zu beschäftigen. Spielen Sie zum Beispiel mit Ihrem Hund mindestens einmal am Tag und beschäftigen Sie sich vor allem auch unterwegs mit Ihrem Vierbeiner. Das ist auch dann wichtig, wenn Sie das Gefühl haben, dass die Bindung nicht stark genug ist.

Wie ist sein Tagesablauf? Ist ständig Action? Spielen die Kinder den ganzen Tag mit ihm? So hat der Hund zu wenig Ruhe und ist von der vielen Action so »erschlagen«, dass er keinen Anreiz und keine Energie mehr hat, sich auf Sie zu konzentrieren. Sorgen Sie in diesem Fall dafür, dass Ihr Hund mehr Ruhe hat. Lassen Sie ihn nicht etwa dauernd im Garten mit den Kindern toben, sondern behalten Sie ihn im Haus. Sie können ihm bei Bedarf auch eine Auszeit in der Box (→ Seite 75) verschaffen. Ist Ihr Vierbeiner von Natur aus ein eigenständiger Typ, dann hilft oft die Motivation über Futter, um den Hund wieder an sich zu erinnern. Überprüfen Sie auch die Rangordnung und ändern Sie, wenn notwendig, den Umgang mit dem Hund.

Da mein jüngerer Sohn unserer Hündin gelegentlich trotz Verbots heimlich etwas vom Tisch füttert, sitzt sie von Zeit zu Zeit versuchsweise zwar diskret, aber mit eindeutigem »Bettelblick« neben dem Tisch. Dann reicht ein strenger Blick samt einem leise »geknurrten« »Nein« oder auch ein »Knurren« allein von mir als »Rudelführerin«, und sie legt sich sofort und mit abgewandtem Blick unter den Tisch oder auf ihr Bett und döst vor sich hin.

Wenn Sie dagegen versuchen, dem Hund ständig alles recht zu machen, büßen Sie Ihr Ansehen bei ihm ein. Ihr Vierbeiner lernt dadurch, dass er Sie manipulieren kann, und tut das, was er will. Wenn nötig, fordert er es sogar mit Nachdruck ein.

Aber der Hund verhält sich nicht aus »Bosheit« so, es liegt einfach in seiner Natur. Er kann also gar nicht anders.

Ein paar Worte zur Dominanz

DOMINANZ (Seite 261) bedeutet nicht Aggression oder Demonstrieren von körperlicher Stärke. Wer dominant ist, hat es nicht nötig aggressiv zu sein, sondern er demonstriert seine Überlegenheit durch das oben geschilderte Auftreten wie auch dadurch, dass er Grenzen setzt und Privilegien beansprucht. Auf der anderen Seite gehört dazu auch, dass der »Chef« für die anderen sorgt und sie vor Gefahren schützt. Deshalb prüft zum Beispiel der Mensch, wer an der Tür ist, und nicht der Hund. Oder ein anderes Beispiel: Meine vierjährige Hündin (sie ordnet sich eher unter) wurde kürzlich von einer einjährigen Rhodesian-Ridgeback-Hündin ernsthaft angedroht. Meine Hündin drohte zwar zurück, wollte aber auch beschwichtigen und einen Konflikt vermeiden. Nachdem die andere Hündin aber massiver wurde und keine Anstalten machte »einzulenken«, ging ich als »Chef« dazwischen und drängte diese ab.

Pfotenauflegen bedeutet hier »Fordern«. Dennoch muss der Hund nicht dominant sein. Vermutlich hat er so schon häufiger Ihre Aufmerksamkeit erhalten.

Mit fremden Hunden richtig umgehen

Sie haben Ihren Hund so erzogen, dass er unkompliziert und vertrauensvoll mit allen möglichen Situationen umgeht. Darüber können Sie sich glücklich schätzen, denn nicht alle Hunde sind so. Besonders Kinder, die mit einem Vierbeiner aufwachsen, gehen oft relativ unbedarft auf fremde Hunde zu. Das kann problematisch sein, wenn er dann anders reagiert als der eigene Hund. Aber auch Ihr Vierbeiner kann Fremden gegenüber eine andere Reaktion zeigen als in seiner Familie.
Möchten Sie zu einem Ihnen unbekannten Hund Kontakt aufnehmen, sollten Sie grundsätzlich immer zuerst den Besitzer fragen, ob er damit einverstanden ist.

Signale, die »bedrohlich« wirken

Menschen legen einige Verhaltensweisen an den Tag, die einem Hund unangenehm sind oder ihm bedrohlich erscheinen können – besonders dann, wenn er ängstlich ist, erschrickt oder wenn er seinen Besitzer »bedroht« sieht.
Die meisten Menschen beugen sich über einen Hund, wenn sie Kontakt mit ihm aufnehmen möchten. Doch das mögen nicht alle Hunde. Auch von oben am Kopf gestreichelt zu werden, wirkt auf manche Vierbeiner unangenehm. Spricht man den Hund laut an, läuft direkt auf ihn zu oder bewegt sich hektisch, kann er sich ebenfalls bedroht fühlen. Das Gleiche gilt auch, wenn man den Vierbeiner durch direkten Blickkontakt fixiert.
Kennen Sie einen Hund nicht, gehen Sie nicht etwa dicht bei ihm in die Hocke. Rücken Sie einem Hund nämlich so dicht auf die Pelle, kann er sich leicht zu sehr bedrängt fühlen und unter Umständen mit Beißen reagieren.
Ein Vierbeiner mit ausgeprägtem Schutzinstinkt kann schon eine etwas stürmischere Begrüßung seines Menschen durch Umarmen oder einen Klaps auf die Schulter als Angriff auf seinen Zweibeiner missdeuten und abwehrend reagieren. Auch aus einem Schreck heraus kann dies passieren, etwa wenn der Hund plötzlich von hinten angefasst oder angerempelt wird.

So nähern Sie sich richtig

Haben Sie den Hundebesitzer gefragt, ob es in Ordnung ist, wenn Sie den Hund streicheln, dann sprechen Sie den Vierbeiner am besten gleich ruhig und freundlich mit seinem Namen an. Bewegen Sie sich langsam auf ihn zu, schauen Sie ihm aber keinesfalls direkt in die Augen. Zeigt der Hund Interesse, lassen Sie ihn Ihre Hand beschnuppern. Beugen Sie sich dabei aber nicht über den Hund (→ Foto Seite 52). An seinem Körperausdruck können Sie nun erkennen, wie er drauf ist, und danach Ihr weiteres Verhalten ausrichten.
Ist der Hund desinteressiert, weicht aus oder knurrt, dann sollten Sie ihn in Ruhe lassen.
Möchten Sie einem fremden Hund ein Leckerchen geben, empfehle ich Ihnen ebenfalls, vorher den Besitzer um dessen Einverständnis zu fragen, auch wenn's nur »ein ganz kleines« Leckerchen ist. Nicht jeder will, dass sein Vierbeiner von Fremden gefüttert wird, denn viele Hunde hängen dann wirklich jedem an der Jackentasche und betteln auf Teufel komm raus. Doch einen aufdringlichen Hund und eine versabberte Jacke finden nicht alle Passanten wirklich lustig.

Huch, ein frei laufender Hund!

Sind Sie mit Ihrem Hund unterwegs und treffen auf einen frei laufenden Vierbeiner ohne Besitzer in Sichtweite, richtet sich Ihr Verhalten nach der Situation (→ auch Seite 69):

- ▷ Erscheint Ihnen der Vierbeiner nicht geheuer, sollten Sie rechtzeitig ausweichen und so einen direkten Kontakt vermeiden.
- ▷ Ist der fremde Hund okay, Ihr Hund aber angeleint, leinen Sie ihn ab (→ Seite 168).

Allerdings gibt es keine »beste« Reaktion. Entscheiden Sie also nach Lage der Dinge.

So spricht der Hund zum Menschen

Eingezogener Schwanz oder liebevolles Pföteln und Sie wissen nicht, was das bedeutet? Hier lernen Sie das Verhalten des Hundes verstehen. Werden Sie zum Hunde-Dolmetscher!

WIE SEINEN ARTGENOSSEN signalisiert der Vierbeiner in seiner »Sprache« auch uns Menschen seine Stimmungen und Empfindungen. Ob er Stress oder Angst hat, sich freut, etwas von Ihnen will oder zeigen möchte, dass er zu Ihnen gehört: All das kann er uns mitteilen. Aber auch aufkommende Probleme lassen sich dadurch rechtzeitig erkennen, wenn Sie die Anzeichen richtig deuten können und dann auch ernst nehmen. Anfangs ist es vielleicht nicht so einfach, den Vierbeiner zu verstehen, aber wenn Sie sein Verhalten genau beobachten, werden Sie die Hundesprache bald deuten können.

2

So erkennen Sie Vertrauen und Angst

In einem optimalen Mensch-Hund-Team hat der Vierbeiner eine gute Bindung und Vertrauen zu seinem Menschen und ist gern in dessen Nähe. Er orientiert sich stets an seinem Menschen, denn dieser ist sein Lebensmittelpunkt. Dies zeigt sich auch daran, dass er unterwegs aus freien Stücken im näheren Umkreis seines Zweibeiners bleibt und von sich aus immer wieder schaut, ob dieser auch noch da ist – ohne dass man sich groß bemerkbar machen muss.
Solche Hunde lieben häufig engen Körperkontakt. Sie legen zum Dösen gern Kopf oder Pfote auf den Fuß ihres Zweibeiners. Legt man sich auf den Teppich, robben sie gern ganz nah heran, um auf Tuchfühlung ein Schläfchen zu halten – möglichst mit dem Kopf auf einem Körperteil des Zweibeiners. Das erlebte ich, als ich auf dem Teppich in Bauchlage ein paar Übungen für meine Wirbelsäule machen wollte. Dabei quetschte sich meine Hündin eng neben mich und legte den Kopf auf meinen Rücken, um ein Nickerchen zu halten – ein Hundekopf kann auf Dauer ganz schön schwer sein!

So zeigt der Hund Vertrauen

Begrüßt ein Vierbeiner seinen Menschen vertrauensvoll, wedelt er mit dem ▶ SCHWANZ (Seite 271) so ausladend, dass häufig das ganze Hinterteil mit hin- und herschwingt. Den Schwanz hält er dabei waagerecht oder leicht nach unten. Der Hund vermeidet direkten Blickkontakt, indem er den Kopf etwas nach unten nimmt oder »kleine« Augen macht und blinzelt, die Ohren werden nach hinten gezogen. Manche Hunde »pföteln« zusätzlich, indem sie eine Vorderpfote anheben. Viele Hunde versuchen, wie unter ihresgleichen, die Mundwinkel des Menschen zu lecken, falls er in der Hocke sitzt.
Ist ein Hund sehr unterwürfig, hält er den Schwanz beim Wedeln ziemlich weit unten, er wirkt insgesamt verhaltener und macht sich klein. Bei Welpen und unterwürfigen Junghunden kann es vorkommen, dass sie bei der Begrüßung vor allem Fremder etwas Urin verlieren. Dieses Verhalten dient der Beschwichtigung. Bitte schimpfen Sie deshalb nicht mit Ihrem Hund! Am besten ist es, ihn gar nicht zu beachten und dafür zu sorgen, dass der Vierbeiner nur wohldosiert begrüßt wird bzw. zunächst ignoriert und erst nach einigen Minuten ruhig begrüßt wird. Das fällt sicher vielen Besuchern nicht leicht, denn Welpen wirken nun mal sehr anziehend, aber vielleicht akzeptieren sie es, wenn Sie ihnen die Zusammenhänge erklären.

Wie sich Angst ausdrückt

Der Übergang zwischen Unterwürfigkeit und Unsicherheit, der Vorstufe von Angst, ist fließend. Ein unsicherer Hund wirkt oft »kriecherisch«, der Schwanz ist dann mehr oder weniger eingezogen. Begrüßt ein Hund seinen Menschen oder Menschen überhaupt mit eingeklemmtem Schwanz, dann ist das Vertrauen nicht sehr groß. Dies kann das Ergebnis schlechter Erfahrungen oder isolierter Aufzucht sein, aber auch eine gewisse Veranlagung als Ursache haben. Je nach Ausprägung dieser Einflüsse kann es sein, dass der Hund

◁ *Der Schwanz ist eingezogen, die ganze Körperhaltung wirkt unsicher – dieser Vierbeiner ist stark verunsichert. Vielleicht hat er etwas gesehen, das ihm Angst macht. Er scheint zu überlegen, ob er flüchten oder abwarten soll.*

△
Dieser Vierbeiner zeigt einen unterwürfigen, leicht ängstlichen Gesichtsausdruck: Seine Ohren hat er nach unten hinten gezogen, das Gesicht ist glatt, wirkt jedoch angespannt. Seine Augen erscheinen »klein«.

den Kontakt zum Menschen sogar mehr oder weniger ganz meidet.

Richtige Angst äußert sich durch eine geduckte Körperhaltung, der Blick ist abgewandt oder ungerichtet, also auf nichts Bestimmtes gerichtet. Seinen Kopf hält der ängstliche Hund gesenkt, der Schwanz ist stark eingezogen. Zusätzlich kann der Hund zittern oder hecheln. Fühlt sich ein solcher Hund in die Enge getrieben, kann es sein, dass er angstbedingt droht. Vorsicht – ein solcher Vierbeiner kann dann unvermittelt zubeißen! Kommen Sie ihm deshalb nicht zu nahe.

Unsicherheit und Angst gegenüber Menschen, Objekten, Geräuschen oder in bestimmten Situationen kann je nach Ausprägung ein echtes Problem darstellen. Wenn der Hund beispielsweise panisch auf Geräusche oder optische Einflüsse reagiert und kopflos flüchtet, sich über keine glatten Böden zu gehen traut, sich unter Menschen unwohl fühlt usw., kann das im Alltag zu belastenden, aber auch gefährlichen Situationen führen. Und auch der Hund leidet darunter, denn er gerät dadurch oft unter großen Stress. Lesen Sie dazu mehr von Seite 237 bis 239.

Richtig umgehen mit dem ängstlichen Hund

Je nach Ursache und Ausprägung lässt sich die Angst durch gezieltes Training manchmal lindern. Bei leichter Unsicherheit kann schon ein souveräner Rudelführer, der dem Vierbeiner allein durch seine »Ausstrahlung« Sicherheit und Geborgenheit vermittelt, helfen. Allerdings rate ich dringend davon ab, den unsicheren oder ängstlichen Vierbeiner zu »trösten« oder zu »bemitleiden«. Denn wenn Sie ihn beruhigend streicheln oder tröstend auf ihn einreden und den Vierbeiner womöglich noch rasch von dem »gefährlichen« Objekt wegbringen, um ihm den Anblick zu ersparen, dann bestätigen Sie durch diese Art der Zuwendung das Verhalten des Hundes. So verstärken Sie letztlich die Unsicherheit und Angst, anstatt sie abzubauen.

Ermuntern Sie dagegen lieber den Vierbeiner mit interessanter, freundlicher Stimme, das Angst-Objekt zusammen mit Ihnen zu erkunden, und berühren Sie es selbst. Oder lenken Sie ihn mit einem Spiel oder Spielzeug ab – je nachdem, wie die Situation ist. Verhalten Sie sich locker und entspannt, dann signalisieren Sie Ihrem Hund, dass es keinen Grund gibt, sich aufzuregen.

Bei größeren Problemen dieser Art, etwa wenn sich der Hund durch nichts aus seiner Angst »herausholen« lässt, wenden Sie sich am besten Hilfe suchend an einen speziell verhaltenskundlich ausgebildeten Tierarzt oder an eine kompetente Hundeschule.

Richtig reagieren auf Aufforderungen

2

Hunde verstehen es sehr gut, ihre Menschen mit Blicken und anderen Gesten so zu »trainieren«, dass sie früher oder später ihr Ziel erreichen. Hoppla, sollte das nicht andersherum laufen? Ja, das sollte es. Und damit Sie erkennen, wann Ihr Vierbeiner Sie mal wieder um den Finger wickelt, finden Sie hier einige Beispiele zum Thema Aufforderungen. Bedenken Sie bitte – der, der auffordert und agiert, ist eigentlich der »Chef« …

Wenn der Hund Forderungen stellt – Beispiele aus dem Alltag

Ich habe Hunger! Es naht die Fütterungszeit, und der Hund klebt wie ein Schatten an Ihren Fersen. Oder er sitzt plötzlich unübersehbar wie eine Statue vor Ihnen und hypnotisiert Sie durchdringend. Manche Vierbeiner versuchen auch, ihren Menschen am Arm zu nehmen und in die Küche zu dirigieren, oder sie bellen. Fordert der Hund seine Mahlzeit so ein, reagieren Sie richtig, wenn Sie ihn so lange ignorieren, bis er seine Bemühungen einstellt und sich wieder normal verhält. Halten Sie durch, auch wenn es eine Zeit lang dauert, der Hund verhungert nicht! Erst danach ergreifen Sie die Initiative und richten das Futter für den Vierbeiner her.

Bitte einmal spielen oder streicheln! Bringt der Hund sein Spielzeug an und legt es Ihnen vor die Füße, bellt Sie an oder zwickt gar in die Hose, so fordert er Sie deutlich zum Spielen auf. Um Aufmerksamkeit zu bekommen und gestreichelt zu werden, stupst der Hund seinen Menschen an oder schiebt zum Beispiel den Kopf unter dessen Arm. Manche Vierbeiner machen das prinzipiell dann, wenn man sich mit etwas anderem beschäftigt, sich etwa nett unterhält und gerade eine volle Kaffeetasse in der Hand hat …

Natürlich ist es wichtig, mit dem Hund zu spielen und ihn auch zu streicheln. Aber nicht immer oder nur dann, wenn der Vierbeiner das will, sondern in erster Linie dann, wenn Sie Lust dazu haben. Ignorieren Sie also seine Bemühungen häufig.

Hunde, die großen Bettler

Betteln beherrschen viele Vierbeiner perfekt. Der Hund sitzt neben dem Tisch oder legt Pfote oder Kopf auf den Schoß des Menschen. Im »fortgeschrittenen Stadium« bellt er vielleicht noch dazu, um seiner Forderung Nachdruck zu verleihen … Wenn Sie verhindern wollen, dass sich das Betteln verstärkt, dann darf der Hund nie damit Erfolg haben. Das bedeutet für Sie: eisern ignorieren oder den bereits ausgebildeten Hund während Ihrer Mahlzeiten auf seinem Platz ablegen.

Wie sich Aufforderungen noch ausdrücken

Manche Hunde werden zum Beispiel allzu übermütig, wenn die Zeit des Spaziergangs naht, und drängen ihren Menschen, sich endlich fertig zu machen. Oder sie wollen dauernd zur Terrassentür oder einer anderen Tür hinaus und wieder herein und fordern dies mit Kratzen oder Bellen und Jaulen.

◁ *Die Pfote auf Frauchens Arm, den Blick gezielt vermutlich auf ein Spielzeug oder auf Frauchens Wurstbrötchen gerichtet – das ist eine eindeutige Aufforderung nach Hundeart. Reagieren Sie meistens darauf, lernt der Hund, Sie auf diese Weise zu manipulieren.*

Bleiben Sie dann konsequent. Sie bestimmen immer den Zeitpunkt des Spaziergangs. Machen Sie sich erst fertig, wenn der Hund sein forderndes Verhalten eingestellt hat. Sie bestimmen auch, ob der Hund nun unbedingt den Vogel im Garten verjagen muss oder nicht. Möchten Sie ihn hinauslassen, dann nur, wenn er sich vorher zum Beispiel ruhig hinsetzt. Liegen Sie gerade gemütlich auf dem Sofa und haben keine Lust aufzustehen, der Hund aber meint, er muss jetzt vom Wohnzimmer wieder in die Diele, dann bleibt er eben im Wohnzimmer.
Achten Sie im Alltag einmal bewusst darauf, wann der Hund etwas von Ihnen fordert. Sie werden überrascht sein, wie häufig er es probiert. Hat der Hund mit seinen Forderungen meist Erfolg, wird er diese verstärken, wenn der Mensch nicht gleich »gehorcht«, und sie auch auf andere Bereiche ausdehnen. Dann kann es sein, dass einem der Vierbeiner mit der Zeit über den Kopf wächst.

Konflikt- und Beschwichtigungssignale

Wie unter Artgenossen zeigt der Hund auch im Umgang mit dem Menschen bisweilen Signale, die Konflikte, Stress oder Überforderung bedeuten können.

▷ **Hechelnd** reguliert der Hund seine Körpertemperatur. Ist ihm warm oder hat er Fieber, hechelt er. Aber nicht immer liegt es an der Temperatur. Hecheln kann auch Aufregung bedeuten, im positiven wie im negativen Sinn. Sieht der Hund etwa seinen geliebten Ball, kann es sein, dass er aus freudiger Erwartung darüber, dass er ihm bald hinterherjagen darf, hechelt.
Hecheln kann aber auch ein Zeichen für Stress sein. Sieht sich ein unsicherer Hund einer Situation ausgesetzt, die ihm sehr unangenehm ist, kann es sein, dass er hechelt, weil ihn dies stresst. Um die Ursache des Hechelns zu ergründen, sollten Sie auf die Körpersprache (→ Seite 47) achten.

▷ **Gähnen** vor Müdigkeit – das gibt es auch beim Hund. Häufiger ist Gähnen beim Hund jedoch Zeichen eines inneren Konflikts, eine so genannte ⊳ ÜBERSPRUNGSHANDLUNG (Seite 274). Ein Beispiel: Der Hund möchte mit Artgenossen spielen, Sie lassen ihn aber neben sich sitzen. Als Folge kann es sein, dass er als Ausdruck des inneren Zwiespalts gähnt.

▷ **Mit Kratzen** verhält es sich ähnlich wie mit dem Gähnen. Sicher juckt es den Hund ab und an. Aber nicht selten zeigt er das Kratzen als Übersprungshandlung bei einem inneren Konflikt. Sie sagen zum Beispiel zum Hund »Platz«, er würde aber lieber etwas anderes tun – und beginnt sich zu kratzen.

▷ **Beim Züngeln** leckt sich der Hund den vorderen Schnauzenbereich. Dieses Verhalten kann ebenfalls bei einem inneren Konflikt auftauchen, kann aber auch Unsicherheit signalisieren. Oder der Hund will sein Gegenüber beschwichtigen. Züngeln kombiniert mit sich klein machen und mit tief gehaltenem Schwanz wedeln wird gern als »schlechtes Gewissen« gedeutet. Aber es ist nur eine ⊳ BESCHWICHTIGUNGSGESTE (Seite 259), um den schimpfenden Menschen zu besänftigen.

▷ **Splitten** kann der Hund zeigen, wenn sich Menschen in seinen Augen zu eng umarmen. Dann kann es sei, dass er sich dazwischenquetscht. Sieht ein Hund seinen Besitzer »bedroht«, weil ein anderer Mensch oder Vierbeiner auf ihn zugeht, kann er sich vor seinen Zweibeiner stellen.

So reagieren Sie richtig

Wie Sie nun im Einzelnen auf solche Signale reagieren, hängt von der Situation ab:

▷ Zeigt ein Hund Unsicherheit durch Züngeln oder Abwenden des Blicks, wenn Sie sich ihm nähern, sollten Sie auf Distanz bleiben.

Forschung & Praxis

Kommunikationspannen

Auch wenn es oft aussieht, als würde der Hund menschlich denken – es ist nicht so. Viele Zweibeiner denken aber im Umgang mit dem Vierbeiner menschlich, was eigentlich verständlich ist. Dadurch kommt es aber nicht selten zu Missverständnissen, und man erreicht mit dem eigenen Verhalten letztlich genau das Gegenteil davon, was man wollte. Das ist unter anderem deshalb so, weil der Hund sich, wie Sie schon wissen, nur an Ihrem Tonfall und Verhalten orientieren kann – er versteht jedoch nicht, was Sie sagen.

▷ Angenommen, Ihr Hund bellt zu ausgeprägt, wenn es an der Wohnungstür klingelt. Sie rufen ärgerlich: »Jetzt hör sofort auf!«, und laufen rasch zur Tür, damit das Bellen aufhört. Welche Botschaft haben Sie Ihrem Vierbeiner mit Ihrer Reaktion aus Hundesicht vermittelt? Ihr aufgeregter Tonfall und dadurch, dass Sie zur Tür liefen, haben dem Vierbeiner signalisiert: »Alarm – es ist etwas sehr Aufregendes an der Tür.« Und er bellt mit und sieht zu, dass er ebenfalls möglichst rasch an die Eingangstür kommt.

Um den Hund ruhiger zu bekommen, wäre es daher wichtig, betont entspannt und ruhig zur Tür zu gehen. Oder Sie bitten einen Bekannten, dass er über mehrere Tage hinweg einige Male im Abstand von fünf oder zehn Minuten klingelt, und Sie selbst reagieren dann darauf überhaupt nicht.

▷ Ähnlich ist es damit: Sie kommen vom Einkaufen heim, Ihr Hund ist außer Rand und Band vor Freude, er springt wie ein Gummiball an Ihnen hoch, die Teppiche rutschen, die Bodenvase fliegt. Sie sehen zu, dass Sie die Einkaufstaschen möglichst rasch abstellen und widmen sich dann intensiv der Begrüßung des Vierbeiners, um das Chaos zu beenden. Daraus lernt er, dass Sie sich umso schneller mit ihm beschäftigen, je mehr er »überschäumt«. Abhilfe schaffen Sie dagegen dadurch, dass Sie ruhig in die Wohnung kommen, kommentarlos am Hund vorbeigehen und Ihre Einkaufstüten in Ruhe abstellen. Anschließend nehmen

◁ *Der Hund leckt sich die Schnauze. Das kann einen inneren Konflikt oder Unsicherheit anzeigen. Beachten Sie seine übrige Körpersprache, um die Ursache zu ergründen. Loben Sie ihn nicht durch »Beruhigen« unbewusst für unerwünschtes Verhalten wie Angst.*

Sie sich die Zeitung, setzen sich an Ihren Tisch und lesen. Hat der Vierbeiner sich auf ein normales Maß »heruntergefahren«, bekommt er ruhige Aufmerksamkeit.

▷ Auch beim Kommen gibt es ähnliche Missverständnisse. Angenommen, Sie sind mit Ihrem Vierbeiner unterwegs, er läuft voraus und sieht etwas sehr Interessantes – etwa ein frisch gejauchtes Feld. Sie rufen ihn im Weitergehen, er schaut kurz und läuft weiter, Sie laufen ihm aufgeregt rufend »Ja, wo willst du denn schon wieder hin, kommst du jetzt sofort hierher!« hinterher. Der Hund versteht aber: »Super, Frauchen läuft mit und feuert mich auch noch an. Nichts wie ab in die Gülle!«

Hier gibt es nur eins: Rufen, umdrehen und nichts wie weg Richtung Horizont! Bei guter Bindung wird der Hund bald folgen.

- Zeigt der Hund Stress in alltäglichen Situationen (etwa durch Hecheln), rate ich Ihnen, den Hund schrittweise so langsam an die entsprechenden Situationen oder Reize zu gewöhnen, dass kein Stress auftritt. Wie das geht, lesen Sie auf Seite 238.
- Übersprungshandlungen (→ Seite 274) im Training deuten darauf hin, dass die Ablenkung noch zu hoch oder die Übung an sich noch zu schwer ist. Senken Sie die Anforderungen zunächst oder bauen Sie die Übung neu und langsamer auf.
- »Beschützt« Ihr Hund Sie, sollten Sie für sich abwägen, inwieweit Sie das überhaupt möchten. Je nach Naturell des Hundes und ob er für sein Verhalten bewusst oder unbewusst belohnt wird, können schwierige Situationen entstehen, etwa wenn der Hund einen anderen Menschen als Feind ansieht. Ein Hund mit starkem Schutztrieb sollte immer aufs Wort gehorchen. Zusätzlich zum Gehorsamstraining kann ein Maulkorb weitere Sicherheit bieten. Mehr dazu lesen Sie auf Seite 227.

Sprechen Sie »hündisch«

Einige der auf Seite 62 genannten Signale können Sie auch selbst bei der Kommunikation mit Ihrem oder einem fremden Hund anwenden. Indem Sie zum Beispiel bei »Unstimmigkeiten« rechtzeitig, also deutlich bevor es ernst wird, zwei Hunde durch Splitten auseinander drängen. Dies ist aber nicht in jeder solchen Situation ratsam und nur, wenn Sie sich sicher genug sind.
Und noch ein Beispiel, wie Sie die Signale im Alltag einsetzen können: Gehen Sie beispielsweise auf einen unsicher wirkenden Hund zu, können Sie ihm durch Ausweichen und Abwenden des Blickes signalisieren, dass Sie ihm nichts Böses wollen.

Probleme rechtzeitig erkennen

Die allermeisten Hunde leben »störungsfrei« mit ihren Zweibeinern zusammen. Sie passen sich ihren Lebensbedingungen an, fügen sich in ihr »Rudel« ein und genießen das bequeme Haushund-Dasein. Wenn es jedoch zu Zwischenfällen mit Hunden kommt, gab es in den allermeisten Fällen schon lange davor Anzeichen für Probleme. Oft werden diese aber vom Hundehalter nicht erkannt oder nicht ernst genommen. Natürlich führt nicht jede »Schieflage« zum folgenschweren Zwischenfall, aber auch weniger gravierende Dinge können im Zusammenleben mit dem Hund zur Belastung werden.
Erkennt man die Anzeichen rechtzeitig, lassen sich viele »Problemchen« noch lösen, bevor sie sich zur wirklichen Beeinträchtigung auswachsen oder gar zur Gefahr werden.

INFO

Das »schlechte« Gewissen

Reagiert der Hund auf Tadel, zum Beispiel nachdem er erst auf mehrmaliges Rufen gekommen ist, sehr unterwürfig und beschwichtigend, wird dies oft als »schlechtes Gewissen« gewertet – als wüsste er, was falsch war. Mitnichten! Er kommt und wird dafür gestraft, das verunsichert ihn. Zukünftig kommt er noch weniger ...

Was sind nun »Alarmzeichen«?

- **Ignorantes Verhalten** ist beispielsweise ein Indiz dafür, dass die Mensch-Hund-Harmonie gestört ist. Der Vierbeiner behandelt seinen Menschen wie Luft, sofern der nicht gerade etwas hat, was ihn brennend interessiert.

△
Dieser Vierbeiner droht vermutlich einem Artgenossen. Einerseits zeigt er offensives Drohen – die vorderen Zähne sind sichtbar, der Gegner wird fixiert –, er droht aber auch leicht defensiv, denn die Ohren sind nach hinten gezogen.

Er überhört Kommandos und macht mehr oder weniger sein Ding. Auf Nachfrage stellt sich oft heraus, dass der Hund Mittelpunkt der Familie ist mit Rundum-Animations- und Verwöhnprogramm und dass jeder bemüht ist, dem Hund das Leben so komfortabel wie möglich zu machen.

Lässt sich ein Hund nicht leiten und kontrollieren, kommt es im Alltag früher oder später zu Problemen.

▷ **Forderndes Verhalten** des Hundes in allen möglichen Situationen kann sich ebenfalls zu einer Schieflage entwickeln, vor allem, wenn es vom Menschen erwidert wird und dieser so immer nur der reagierende Partner ist – womöglich auch noch mit oben genanntem Verwöhnprogramm. Dadurch wird der Hund immer eigenständiger und baut, je nach Typ, seine Freiräume ständig weiter aus. Mit der Folge, dass sich der Vierbeiner zum dominanten Rudelführer entwickelt. Denn dominant kann letztlich nur derjenige sein, der andere dominieren kann.

Das kann dann so aussehen, dass der Hund ohne Skrupel über Tische und Bänke geht, sich alles Fressbare holt oder zum Beispiel protestiert, wenn Sie telefonieren, statt ihm Ihre uneingeschränkte Aufmerksamkeit zu schenken. Dieses Schaffen von Freiräumen kann im »fortgeschrittenen Stadium« durchaus dazu führen, dass die Freiräume des Menschen vom Hund begrenzt werden. Dann kann es sein, dass er bestimmte Privilegien für sich beansprucht und zum Beispiel versucht, Sie durch Kopfauflegen, Fixieren durch Blickkontakt oder Drohen von Ihrem eigenen Sofa oder Bett zu verdrängen. Allerspätestens dann sollten Ihre Alarmglocken läuten!

▷ **Auch Verteidigen und Protest** sind Drohgesten und als solche Alarmsignale. Wenn der Hund etwa sein Futter oder einen Kauknochen knurrend verteidigt, sollten Sie sich Rat holen und auf keinen Fall das Verhalten des Hundes »respektieren« und auf Abstand bleiben. Bedenklich finde ich es auch, wenn der Hund sein Spielzeug verteidigt oder im Zerrspiel mit Ihnen »überdreht«, sich ernsthaft knurrend in das Spielzeug verbeißt oder womöglich sogar nach Ihnen schnappt.

Protestiert er beim Bürsten oder Pfotenabputzen mit Knurren oder gar Schnappen, ist ebenfalls etwas nicht in Ordnung. Das gilt auch, wenn der Hund zum Beispiel nach Ihnen schnappt, weil er ein Kommando nicht befolgen möchte.

▷ **Wenn der Hund versucht,** strategisch wichtige Bereiche zu kontrollieren, wird es ebenfalls problematisch. Hat der Hund beispielsweise den Eingangsbereich zu seinem Hauptliegeplatz auserkoren und bestimmt, wer zur Tür herein darf und wer nicht, artet

jeder Besuch in Stress aus. Mit der Folge, dass wahrscheinlich bald kein Besuch mehr zu Ihnen kommen wird …
Auch Treppenauf- und -abgänge werden gern kontrolliert und ungebetene Benutzer dann bellend verwarnt. Dieses Verhalten kann der Hund auch auf »futterverdächtige« Bereiche ausdehnen, wie die Küche oder den Aufbewahrungsort des Hundefutters. Hier hilft oft die Verlagerung des Liegeplatzes an eine »unwichtige« Stelle.

▷ **Neigt Ihr Hund dazu,** Menschen zu bedrohen, sei es aus Angst oder übertriebenem Wach- und Schutzinstinkt (→ Seite 276), ist das ein sehr ernstes Problem. Das gilt ganz besonders dann, wenn sich der Hund Kindern gegenüber – egal, ob den eigenen oder fremden – so verhält. Dann ist Gefahrenvermeidung oberstes Gebot, das heißt, der Hund sollte dann auf jeden Fall einen Maulkorb tragen. Darüber hinaus rate ich Ihnen dringend, rasch kompetente Hilfe in Anspruch zu nehmen, um Unfälle zu vermeiden. Möglicherweise ist es sogar besser, sich von einem solchen Hund zu trennen.

Stimmt die Rangordnung?

Sollten Sie eines der oben genannten Alarmzeichen in Ihrem Zusammenleben mit dem Hund erkannt haben, empfehle ich Ihnen, zunächst einmal die Rangordnung zu überprüfen. Dreht sich alles oder das meiste um den Vierbeiner? Können Sie diese Frage bejahen, überlegen Sie weiter, ob Sie sich unbewusst vom Hund manipulieren lassen. Registrieren Sie dazu mal ein paar Tage lang alle möglichen Situationen des Alltags bewusst. Kommen Sie dann zu dem Schluss, dass Ihr Hund zu viele Privilegien genießt, sollten Sie Ihr Verhalten dem Hund gegenüber verändern. Vermeiden Sie aber bitte jede körperliche Auseinandersetzung mit ihm. Nicht selten lösen sich allein schon durch einen dominanteren Umgang mit dem Vierbeiner manche Probleme von selbst. Lösungsvorschläge für konkrete Problemfälle finden Sie ab Seite 228.

TEST

Verstehen Sie Hunde?

Um den Hund zu verstehen und mit ihm so zu kommunizieren, dass er auch Sie versteht, sollten Sie sein Verhalten richtig deuten können. Testen Sie, wie gut Sie die Hundesprache schon beherrschen.

	ja	nein
1. Sie kommen morgens aus dem Schlafzimmer und sehen, dass Ihr Hund nachts Ihren Teppich angekaut hat. Verärgert gehen Sie zu ihm und schimpfen ihn ordentlich. Er macht sich klein, zieht den Schwanz fast ein, »züngelt« und legt die Ohren zurück. Weiß er, warum Sie ihn tadeln?	○	○
2. Ein Hund, der Artgenossen oder Menschen gegenüber droht oder sich in anderer Weise aggressiv verhält, ist immer dominant. Stimmt diese Aussage?	○	○
3. Ihr Vierbeiner liegt auf dem Sofa. Sie nähern sich, er fixiert Sie mit angespannter Körperhaltung. Sollten Sie das Sofa nun zur Tabuzone erklären, da er die Tendenz zeigt, es zu verteidigen?	○	○
4. Ihr Hund jagt »volle Kanne« einer Katze hinterher, die hinter einen Zaun flüchtet. Ihr Hund bleibt starr und schwanzwedelnd vor der Katze stehen. Zeigt das, dass er die Katze freundlich begrüßen möchte?	○	○

Auflösung:
1) nein → Seite 62
2) nein → Seite 46
3) ja → Seite 66
4) nein → Seite 45+ 271

10 Fragen zur Hundesprache

Bei der freudigen Begrüßung zeigt unser Hund oft kurz die oberen Zähne. Ist das bedenklich?
Manche Hunde zeigen ein »Lachen« zur Begrüßung. Der Vierbeiner zieht dabei bei ansonsten freundlicher Körpersprache kurz die Oberlippe hoch, sodass die Zähne zu sehen sind. Man vermutet eine genetische Disposition, da dieses »Lachen« zum Beispiel beim Dalmatiner besonders häufig zu beobachten ist. Dieses Verhalten hat sich erst im Lauf der Domestikation entwickelt und wird nur dem Menschen gegenüber gezeigt.

Unterwegs bedrohte ein älterer Hund unseren drei Monate alten Welpen. Er hat doch bis zum sechsten Monat den Welpenschutz, oder?
Der ▶ WELPENSCHUTZ (Seite 276) gilt in der Natur nur für Welpen des eigenen Rudels. Hunde, die Sie unterwegs treffen, sind aber rudelfremd. Die meisten Hunde sind zwar Welpen gegenüber mehr oder weniger tolerant, es gibt aber innerhalb dieser Toleranz große Unterschiede. Und manche Vierbeiner kommen überhaupt nicht mit Welpen zurecht und wollen mit ihnen nichts zu tun haben. Wie ein Hund sich Welpen gegenüber verhält, hängt vom individuellen Wesen, aber auch von seinen eigenen Erfahrungen ab.

Unser Rocky ist ein selbstbewusster Hund. Manchmal hebt er sein Bein an meinem und markiert mich. Ist das normal?
Sie sollten unbedingt die Rangordnung überprüfen und umstellen. Wenn er Sie markiert, ist das eine grobe Respektlosigkeit und ein Symptom dafür, dass etwas schief läuft zwischen Ihnen und dem Hund. Er betrachtet Sie gewissermaßen als sein Eigentum.

Unser Hund Sam reagiert oft unsicher auf Artgenossen, seit ihm sein langhaariges Fell über die Augen hängt. Kann das eine Rolle spielen?
Wenn er dieses Verhalten mit kürzerem »Jugendfell« nicht zeigte und er keine wirklich negative Erfahrung mit Artgenossen hatte, kann die Unsicherheit durchaus an der eingeschränkten Sicht liegen. Verhelfen Sie Sam mittels Haarspange oder Kürzen der Haare zu einer freien Sicht.

Sind wir mit unserem Vierbeiner unterwegs, schnüffelt er an jeder Duftmarke und hebt auch angeleint überall das Bein. Muss das so sein?
Wenn Ihr Hund frei läuft, kann er nach Lust und Laune die Nachrichten »lesen« und selbst welche hinterlassen. Wenn er aber ein Kommando von Ihnen bekommen hat, wie zum Beispiel »Bei Fuß«, dann hat er nicht zu markieren und auch keine Duftbotschaften zu prüfen – egal, ob er angeleint ist oder nicht. Sie können auch einführen, dass er angeleint grundsätzlich nicht markiert oder schnüffelt – vorausgesetzt, er hat jeden Tag genügend Gelegenheit, frei zu laufen. Andernfalls lassen Sie ihn »kommandolos« auch mal »lesen« und markieren. Lassen Sie sich aber nirgends hin-

▷ *Spielaufforderung, Warnung oder Begrüßung? Beachten Sie ähnlich wie beim Schwanzwedeln auch beim Bellen die ganze Körpersprache des Vierbeiners, um es richtig deuten zu können.*

△
Den Hund am Nackenfell zu schütteln ist keine artgerechte Erziehungsmethode. Den Schnauzgriff dagegen versteht der Vierbeiner – er wird von Hunden selbst praktiziert.

zerren und bestimmen überwiegend Sie, wann weitergegangen wird.

Wie verhalte ich mich, wenn ein frei laufender Hund ohne Besitzer auf mich zukommt?
Hier müssen Sie situationsbedingt entscheiden. Bedroht Sie der Hund, etwa weil Sie auf seinem Territorium sind, bleiben Sie stehen und wenden den Blick ab. Beruhigt er sich etwas, gehen Sie langsam weg. Verhält ein Hund sich unauffällig, gehen Sie ohne ihn zu beachten einfach weiter. Erscheint er Ihnen nicht geheuer, weichen Sie ihm rechtzeitig aus und vermeiden so einen direkten Kontakt.

Mein Welpe hat Angst vor anderen Hunden, obwohl sie freundlich sind. Was kann ich tun?
Welpen reagieren hier fast wie Kinder – manche gehen unbeschwert auf andere Kinder oder Erwachsene zu, andere wieder brauchen länger, bis sie »auftauen«. Da sich Hunde ja stark am Verhalten des Menschen orientieren, ist es günstig, wenn Sie sich selbst auch mit den anderen Welpen oder einem älteren Hund, der Ihnen begegnet, fröhlich und entspannt beschäftigen. Dadurch zeigen Sie Ihrem Hundekind, dass es keine Angst haben muss. Eine gewisse Zurückhaltung bei Begegnungen mit fremden Hunden ist aber durchaus in Ordnung.

Wie kann ich erkennen, dass sich unser Vierbeiner wohl fühlt?
Das erkennen Sie an seinem Komfortverhalten. Dazu gehört, dass er sich wohlig auf dem Rücken wälzt oder auch auf dem Rücken schläft, aber sich auch ausgiebig streckt; so mancher Hund ächzt und stöhnt dazu noch wohlig. Wenn er sich schüttelt, bekundet er ebenfalls Wohlbefinden. Das tun viele Hunde nach dem Schlafen oder zum Beispiel wenn ein Spaziergang kurz bevorsteht.

Muss ich meinem Hund die Kommandos möglichst laut geben, damit er sie befolgt?
Der Hund hat ein viel besseres Gehör als der Mensch. Deshalb reicht, außer beim Heranrufen, eine ganz leise bis normale Lautstärke, kombiniert mit der richtigen Spannung, dem richtigen Tonfall und der Mimik. Probieren Sie es bewusst aus – Sie werden erstaunt sein, wie wenig Lautstärke Sie benötigen.
Eine hohe Lautstärke sollten Sie sich für Notfälle aufsparen.

◁
Einem drohenden Hund geht man tunlichst aus dem Weg. Wenden Sie den Blick ab und bewegen Sie sich ohne Hektik.

Kann ich meinen Welpen am Nackenfell schütteln, um ihn zurechtzuweisen?
Das versteht der Hund nicht. Umfangreiche Beobachtungen von Verhaltensforschern haben ergeben, dass diese »Erziehungsmaßnahme« von Wolfseltern nicht angewendet wird und veraltet ist. Dieses Verhalten zeigen Welpen im Spiel mit ihresgleichen, sie üben dadurch spielerisch das Totschütteln der Beute für spätere Jagdzüge ein.

Grunderziehung – Lernen fürs Leben

Sie wünschen sich, dass aus Ihrem Vierbeiner einmal ein alltagstauglicher Hund wird, der Ihnen vertraut und Ihnen zuverlässig gehorcht. Mit der richtigen Erziehung kein Problem – allerdings ist Ihr Engagement gefragt. Das systematische, bewusste Aufbauen von Sozialisierung und Erziehung kostet zwar Zeit, Geduld und Ausdauer. Aber am Ende werden Sie belohnt: Denn Sie sehen, dass sich diese Mühe im Zusammenleben mit Ihrem vierbeinigen Freund vielfach auszahlt. Und außerdem macht das Üben mit dem Welpen viel Spaß!

3

Den Welpen aufs Leben vorbereiten

Wenn ein Hundekind ins Haus kommt, stellt das den gewohnten Alltag erst einmal auf den Kopf. Und für den Welpen beginnt jetzt ein neues, spannendes Leben.

WIE SIE SCHON im ersten Kapitel lesen konnten, befindet sich der Hundezwerg, wenn er zu Ihnen kommt, in einer sensiblen, sehr wichtigen Entwicklungsphase, in der er prägungsähnlich (→ Seite 25) lernt. Ich lege Ihnen ans Herz, die Zeit und den Aufwand zu investieren und diese Phase optimal und gezielt zu nutzen. Es wird sich später in vielfacher Weise für Sie und den Vierbeiner auszahlen. Lassen Sie sich vom Aussehen des Welpen nicht irreleiten: Dieses putzige Kuscheltier ist schon ein richtiger Hund, voller Neugierde und Interesse an seiner Umwelt und ausgestattet mit einer sehr hohen Lernbereitschaft.

Sozialisierung – die wichtigste Phase

3

Sozialisierung bedeutet, den Welpen mit seiner Umwelt vertraut zu machen. Die damit verbundenen Reize und Situationen sollen für ihn etwas ganz Normales werden und bleiben. In der Natur lernt ein Wolfswelpe in dieser Zeit unter anderem seinen Lebensraum kennen. Er erkundet die nähere Umgebung mit all ihren Geländestrukturen, spielt mit den Geschwistern, lernt, was man sich den »Erwachsenen« gegenüber herausnehmen darf und was man besser lässt.
Was das Hundekind nun als seinen Lebensraum kennen lernen sollte, hängt von seinem individuellen Umfeld ab. Wünschen Sie sich einen Familienhund (→ Seite 22), der Sie überallhin begleiten soll, muss die Sozialisierung anders ausfallen als etwa bei einem späteren »Hofhund«, der sich vermutlich nur rund ums Haus aufhalten wird. Wollen Sie Ihren Welpen zum Jagdgebrauchshund ausbilden, lernt er in dieser Zeit Federn und Fell kennen, ein zukünftiger Reitbegleithund dagegen sollte bereits erste Kontakte zu hundegewohnten Pferden knüpfen können.
Die meisten Vierbeiner führen allerdings ein Leben als so genannte Begleithunde. Das heißt, sie sind fast überall dabei, ob beim Einkaufen in der Stadt, in Bus und Bahn, ob beim Joggen, im Urlaub, in Restaurants oder wenn die Kinder herumgefahren werden. Das bedeutet, dass für den Vierbeiner eine ganze Palette von Situationen »normal« sein muss, damit er sich Menschen und seiner Umwelt gegenüber vertrauensvoll und zuverlässig verhält. Außerdem erweitert das sozusagen seinen Horizont, und er wird dann auch später gut und weitgehend stressfrei mit unbekannten Situationen zurechtkommen.

Den Welpen mit Menschen sozialisieren

Hier hat hoffentlich der Züchter schon die wichtigsten Grundlagen gelegt und seinen Welpen reichlich und ausschließlich positiven Kontakt zu verschiedenen Menschen ermöglicht. Das sollten Sie jetzt fortsetzen. Hat der Welpe sich nach einigen Tagen eingewöhnt und seine neuen Bezugspersonen kennen gelernt, empfehle ich Ihnen, ihm nun zusammen mit Ihnen Kontakt zu Menschen in ihren vielfältigen »Erscheinungsformen« zu gewähren – zu sich »normal bewegenden« Zweibeinern, aber auch zum Beispiel zu Menschen mit Krücken oder Gehstock, zu »vollbärtigen«, zu Kindern verschiedenen Alters usw. Berücksichtigen Sie dabei aber, welchen Typ Hund Sie haben. Einen offenen, extrovertierten Welpen, der sich grundsätzlich über jeden freut, können Sie nicht so leicht überfordern wie einen unsicheren.

Das Hundekind mit verschiedenen Böden vertraut machen

Zur Sozialisierung gehört auch, dass der Welpe verschiedene ▶ BODENSTRUKTUREN (Seite 260) kennen lernt, damit er später keine Angst vor glatten Böden, Treppen oder Ähnlichem hat. Wäre das der Fall und Ihr Hund zu schwer, um ihn mal rasch unter den Arm zu klemmen, haben Sie später eventuell ein Problem. Zeigen Sie ihm also glatte Stein- und Holzböden, schmalere Stege, Waldboden oder Blumenwiese und unterschiedliche Arten von

◁ *Zur Sozialisierung gehört auch das Erlernen der »hündischen« Umgangsformen. Im Spiel üben die Welpen das Sozialverhalten ein. Mal ist der eine oben, mal der andere. Wird einer zu grob, spielt der andere nicht mehr mit.*

WAS TUN, WENN ...

... sich der Welpe nicht traut?

Belohnen Sie schon kleinste Schritte. Angenommen, der Welpe traut sich nicht, über ein am Boden liegendes Kompostgitter zu laufen. Oder sich einem ihm unheimlichen Objekt, etwa dem Rasenmäher, zu nähern.
Animieren Sie ihn mit einem leckeren Happen, den Sie direkt vor seine Nase halten, das Gitter zu betreten oder sich das Leckerchen aus der Nähe des ruhig stehenden und ausgeschalteten Rasenmähers zu holen – alles ohne Leine und Kommando, nur mit motivierender Stimme. In dem Moment, in dem der Welpe nur eine Pfote aufs Gitter oder in Richtung Rasenmäher setzt, gibt's schon eine Belohnung.
Nun versuchen Sie mit einem neuen Leckerchen, ihn einen Schritt weiter zu locken. Vielleicht läuft er aber auch schon ganz übers Gitter oder holt sich den Keks direkt vom Rasenmäher. Traut er sich nicht weiter, zwingen Sie den Welpen nicht, sondern versuchen Sie es später noch einmal.

Treppen. Tragen Sie ihn dazu je nach Treppenlänge zwei Drittel oder mehr hinauf oder hinunter und lassen Sie ihn ein paar Stufen (mehr Treppen sollte ein Welpe nicht laufen) selbst gehen. Motivieren Sie ihn mit Leckerchen, die ungewohnten Böden zu betreten.
Wichtig: Belohnen Sie Ihr Hundekind mit dem Leckerchen, solange es sich auf dem ungewohnten Untergrund befindet, nicht erst, wenn es wieder auf »normalem« Boden steht.

Sozialisierungsausflüge unternehmen

Gehen Sie mit dem Welpen immer wieder mal in die Stadt oder an andere belebtere Plätze. Tun Sie das am besten nur wegen des Welpen, nehmen Sie sich also nichts vor. Und wählen Sie anfangs nicht gerade die Rushhour. So wird der Welpe nicht überfordert.
Planen Sie dabei zum Beispiel auch die eine oder andere Fahrt mit einem öffentlichen Verkehrsmittel ein. Oder setzen Sie sich in ein Straßencafé und lassen Sie so die Geräusche und Menschen auf den Kleinen wirken. Nehmen Sie den Welpen ruhig auch mit, wenn Sie Bekannte besuchen oder zum Essen gehen. Es muss ja nicht gleich ein viergängiges Menü sein, eine Pizza reicht auch, dann dauert das Essen nicht zu lange.
Planen Sie solche Ausflüge und machen Sie nicht zu viel Programm auf einmal. So ist es nicht ratsam, einen längeren Restaurantbesuch mit einer Stadtexkursion an einem Tag zu kombinieren. Teilen Sie größere Unternehmungen besser auf verschiedene Tage auf.

So bereiten Sie den Ausflug vor

Nehmen Sie bei Stadtgängen immer Tüten mit, um etwaige »dringende Geschäfte« Ihres Hundekinds problemlos zu entsorgen. Vergessen Sie auch Leckerchen nicht, um ihn zu belohnen (→ links). Ins Restaurant oder zu Bekannten empfehle ich Ihnen, auch das Bettchen Ihres Welpen mitzunehmen. Zudem sollte er etwas müde sein und sich zuvor lösen können. So fällt es ihm leichter, eine Zeit lang Ruhe zu geben.

Die ersten Lektionen

Zu den ersten Aspekten, die beim Einzug des Welpen im Vordergrund stehen, gehören die Stubenreinheit und dass der Kleine auf seinen Namen hört. Diese zwei Punkte sind doch recht wichtig für ein harmonisches Zusammenleben zwischen Hund und Mensch.

So wird der Welpe stubenrein

Die Stubenreinheit ist für die frisch gebackenen »Hundeeltern« zunächst das elementarste Thema. Doch ich kann Sie beruhigen: Jeder Hund wird stubenrein. Ob aber nun nach einer oder vier Wochen, das hängt in erster Linie davon ab, wie gut Sie aufpassen. Etwas länger kann es auch dauern, wenn der Welpe beim Züchter keine Möglichkeit hatte, für sein Geschäft ein Stück von seinem Lager wegzugehen, oder wenn der Untergrund dort der Beschaffenheit des Bodenbelags bei Ihnen zu Hause ähnelt.

So gehen Sie vor: Am günstigsten ist es, wenn der Welpe immer mit Ihnen im selben Raum ist. So merken Sie, wenn er unruhig wird oder sich in eindeutiger Haltung auf der Stelle dreht. Nehmen Sie ihn dann sofort hoch und bringen Sie ihn hinaus. Während er sein Geschäft macht, sagen Sie jedes Mal ein bestimmtes Hörzeichen, zum Beispiel »Beeil dich« oder »Mach Häufchen«. Er verknüpft dies dann mit der entsprechenden Tätigkeit, und nach einiger Zeit wirkt das Hörzeichen dann sozusagen unterstützend verdauungsfördernd. Routinemäßig sollten Sie ihn morgens als Erstes hinausbringen, außerdem nach jedem Aufwachen, nach dem Fressen und während des Spielens. Das letzte Mal sollte er relativ spät, also so gegen Mitternacht, noch mal hinaus. Loben Sie ihn jedes Mal, wenn er draußen »erfolgreich« ist.

Passiert das eine oder andere Malheur im Haus, beseitigen Sie es kommentarlos. Wenn Sie ihn in flagranti erwischen, nehmen Sie ihn sofort und ohne Schimpftirade hoch und bringen ihn nach draußen. Schimpfen hilft nichts, schon gar nicht, wenn Häufchen oder Pfützchen schon länger zurückliegen. Ja, es kann sogar schaden, wenn der Welpe den Tadel damit verbindet, dass er sich überhaupt löst. Dann kann es nämlich sein, dass sich der arme Wicht verkriecht, um sich zu lösen.

Zum Lernen in die Box

Manche Welpen schlafen von Anfang an durch, manche müssen mal raus, mal nicht, und wieder andere müssen längere Zeit nachts raus, und das vielleicht nicht nur einmal. Aber auch das wird besser! Dazu können Sie selbst einiges beitragen.

Lassen Sie nachts den Welpen in Ihrer unmittelbaren Nähe schlafen, außerdem darf er nur wenig Aktionsradius haben. Dann meldet er sich nämlich, wenn er muss, weil er normalerweise sein Bett nicht beschmutzen will. Kann er seinen Schlafplatz verlassen oder schläft er gar ganz woanders in der Wohnung als Sie, wird der Welpe nachts einfach ein Stück von seinem Bett weggehen und dort »müssen«. Dann dauert es länger, bis er stubenrein ist. Ich habe die beste Erfahrung damit gemacht, den Welpen nachts in einer ➲ BOX (Seite 260) unterzubringen. Drückt ihn etwas, wird er unruhig oder er winselt. Dann können Sie ihn hinausbringen.

Eine Box ist auch tagsüber in bestimmten Fällen nützlich, wenn Sie zum Beispiel allein mit dem Welpen sind und in Ruhe duschen oder telefonieren möchten und dann keine Zeit für ihn haben. Tagsüber stellen Sie die Box samt Bettchen darin in den Wohnbereich, nachts neben Ihr Bett. Hundeboxen gibt es in unterschiedlichen Ausführungen, als Gitterboxen oder aus Kunststoff. Letztere ist an den Seiten »blickdicht«, was ihr den Charakter einer Höhle verleiht. Das mögen viele Hunde. In der Gitterbox hat der Hund einen Rundumblick (schätzen auch viele Hunde), bei Bedarf lässt sich daraus durch Darüberlegen einer Decke ebenfalls eine Höhle zaubern. Wählen Sie die Box auch genügend groß. Der Hund sollte sich ausgestreckt hineinlegen und auch stehen können. Soll die Box »mitwachsen«, gehen Sie von der Endgröße des Hundes aus.

An die Box gewöhnen: Zuerst richten Sie die Box gemütlich ein mit einem weichen Bettchen und Hundespielzeug. Wird der Kleine tagsüber müde, locken Sie ihn mit Leckerchen oder einer Kaustange in die Box zum Schlafen. Die Tür bleibt zunächst offen. Erst wenn er freiwillig hineingeht, schließen Sie sie für wenige Minuten. Nachts schließen Sie sie immer, wenn Sie zu Bett gehen. Wenn der Welpe richtig müde ist, wird er nachts kaum Theater machen – außer, er muss mal. Falls das Hundekind tagsüber in der Box bei geschlossener Tür zunächst jammert, sollten Sie zwar in der Nähe bleiben, aber den Knirps ignorieren. Öffnen Sie die Tür erst, wenn der Kleine einige Momente ruhig war. Ansonsten lernt der Welpe, dass er etwas erreicht, wenn er nur laut genug protestiert. Damit Sie keine Probleme mit der richtigen Interpretation des Winselns bekommen, rate ich Ihnen, dass sich der Welpe vor dem Aufenthalt in der Box entsprechend lösen konnte.

TIPP

Langsam eingewöhnen

Zieht der Welpe ein, sind sicher schon alle Freunde und Nachbarn neugierig auf ihn. Das ist verständlich. Aber das Hundekind hat erst einmal die Trennung von Mutter und Geschwistern zu verkraften. Lassen Sie ihm deshalb zunächst Zeit, sich in den ersten Tagen in Ruhe einzugewöhnen und nur seine Menschen kennen zu lernen.

Wichtig: Der Aufenthalt in der Box muss immer positiv besetzt sein. Sperren Sie den Welpen also nie zur Strafe dort ein!

So hört der Welpe auf seinen Namen

Der Name gehört sozusagen von Anfang an zum Welpen. Dass er von allen beim gleichen Namen gerufen werden muss, versteht sich von selbst.

Suchen Sie einen möglichst kurzen, prägnanten Namen aus, am besten nicht länger als zwei Silben. Einen solchen Klang kann sich der Hund am besten einprägen. Hat Ihr Welpe eine AHNENTAFEL (Seite 258), dann steht darin schon ein Name. Gefällt er Ihnen, können Sie diesen als Rufnamen beibehalten. Oftmals sind diese Namen aber recht lang und »blumig«. Dann wählen Sie einfach einen anderen aus (→ Literatur Seite 285).

Damit das Hundekind lernt, wie es heißt, muss es den Namen erst mal mit sich in Verbindung bringen. Denn sucht man sich einen Namen aus und möchte den Kleinen dann schon damit zu sich rufen, wird er zunächst nicht darauf reagieren. Woher sollte er auch wissen, dass er damit gemeint ist?

Um den Welpen an seinen Namen zu gewöhnen, sprechen Sie ihn gezielt damit an, wenn Sie sich mit ihm beschäftigen – das heißt, wenn Sie mit ihm kuscheln oder ihn streicheln, wenn Sie ihm ein Leckerchen geben oder mit ihm spielen. Nennen Sie den Namen immer nur dann, wenn Sie sich positiv mit dem Hundekind beschäftigen, und stets mit freundlicher Stimme. Also nicht, um ihn zu ermahnen, wenn er zum Beispiel gerade die Teppichfransen rupft.

Nach einigen Tagen können Sie dann ja mal testen, ob der Kleine schon reagiert, wenn Sie ihn mit seinem Namen ansprechen. Reagiert er, sollten Sie auch immer etwas Positives für den Welpen parat halten (zum Beispiel streicheln, spielen). Sprechen Sie den Hund häufig einfach nur so, also grundlos, mit seinem Namen an, wird er mit der Zeit nicht mehr besonders darauf hören.

Eine positive Bindung aufbauen

Eine vertrauensvolle ◉ BINDUNG (Seite 260) zwischen Ihnen und Ihrem Vierbeiner, bei der Sie der übergeordnete Partner sind, ist die Grundlage für die Erziehung und für jede Art von Ausbildung. Bindung bedeutet, dass der Hund sich an Ihnen orientiert und gern mit Ihnen zusammenarbeitet, Sie also sein Lebensmittelpunkt sind. Der Vierbeiner darf aber nicht so stark von Ihnen abhängig sein, dass er womöglich gleich einen Nervenzusammenbruch erleidet, wenn Sie mal nicht da sind. Das wäre zu eng.

Wie können Sie nun eine optimale Bindung fördern? Ein Welpe bringt die besten Voraussetzungen mit. Zum einen deshalb, weil der Hund an sich ein Rudeltier ist, zum anderen, weil der Welpe auf sich allein gestellt gar nicht überleben könnte. Er ist auf Fürsorge angewiesen und hat in diesem Alter deshalb von Natur aus eine sehr ausgeprägte Bindungsbereitschaft. Das gilt aber meist nur dann, wenn er beim Züchter bereits ausreichend mit Zweibeinern sozialisiert worden ist.

Die ersten Tage: Wenn der Welpe mit idealerweise acht oder neun Wochen bei Ihnen einzieht, sollte er in den ersten Tagen nur seine direkten Bezugspersonen kennen lernen. So weiß er, wohin er gehört, und kann schon beginnen, eine Beziehung zu Ihnen aufzubauen. Beschäftigen Sie sich viel mit ihm. Erkunden Sie mit ihm sein neues Zuhause und den Garten und gewöhnen Sie ihn an seinen Namen (→ Seite 76). Außerdem lernt er, wo Futter- und Schlafplatz sind.

Halten Sie bitte von Anfang an die Regeln ein, die Sie mit Ihrer Familie für den Welpen festgelegt haben. Soll der Welpe beispielsweise bestimmte Räume nicht betreten oder grundsätzlich nicht auf das Sofa, dann machen Sie auch anfangs keine Ausnahme davon. Sorgen Sie auch für die nötige Ruhe. Ein Welpe braucht viel Schlaf und klappt, wenn er müde ist, oft regelrecht zusammen. Diese Ruhepausen sind für seine Entwicklung wichtig, deshalb sollte er dann nicht gestört werden.

▷ *Ein Welpe bringt naturgemäß eine große Lernbereitschaft mit, hat meist eine gute Bindungsbereitschaft und ist sehr neugierig. Diese Eigenschaften können Sie gezielt nutzen, um ihn optimal auf das Leben mit Ihnen und unserer Umwelt vorzubereiten.*

Ganz wichtig: Körperkontakt

Wie Sie ja schon auf Seite 47 gelesen haben, spielt der Körperkontakt für die Entwicklung des Zusammengehörigkeitsgefühls eine große Rolle. Streicheln und kraulen Sie den Welpen häufig und ruhig – zum Beispiel, wenn Sie mit ihm auf dem Teppich oder im Garten auf dem Rasen liegen. Viele Welpen kuscheln sich, wenn sie müde sind, eng an ihren Menschen, um ein Nickerchen zu machen. Kontaktliegen (→ Seite 47) ist wie das Streicheln sehr bindungsfördernd. Auch das Bürsten mit einer weichen Bürste oder einem Massagehandschuh für Hunde dient der sozialen Kommunikation. Achten Sie aber bitte darauf, langhaarige Welpen nicht zu ziepen, weil der Welpe das Bürsten sonst negativ verknüpft!

Auch Spielen fördert die Bindung. Balgen Sie mit dem Welpen mit oder ohne Spielzeug, vermeiden Sie aber, dass er »überdreht«. Schnappt er nach Ihren Händen oder Ihrer Kleidung, brechen Sie das Spiel sofort ab.

Mit Spaziergängen die Bindung aufbauen

Der Welpe zeigt einen starken Nachfolgeinstinkt, denn er »weiß«, dass er alleine nicht überleben kann. Deshalb wird er unterwegs besonders darauf bedacht sein, Anschluss zu halten. Wenn Sie dieses »Programm« systematisch durchziehen, haben Sie einen guten Grundstein dafür gelegt, dass der Hund draußen auch später von sich aus schaut, wo Sie sind – und nicht umgekehrt Sie ständig Ausschau nach Ihrem Hund halten müssen.

Beginnen Sie mit den Bindungsspaziergängen, sobald sich der Welpe einige Tage eingewöhnt hat und weiß, dass Sie jetzt seine neue »Mama« oder sein »Papa« sind. Darauf sollten Sie dabei bitte achten:

▷ Bindungsspaziergänge mit dem Welpen macht nur die Hauptbezugsperson bis mindestens zur 18. Lebenswoche, und zwar am besten einmal täglich, mindestens aber jeden zweiten Tag.

▷ Die Dauer richtet sich nach dem Alter des Hundes. Für einen neun Wochen alten Welpen empfehle ich eine Dauer von etwa fünf bis sieben Minuten. Allmählich dehnen Sie dann die Zeit auf etwa 10 bis 20 Minuten aus.

▷ Wechseln Sie immer wieder mal das Gelände, denn je unbekannter die Umgebung, desto enger hält der Hund Anschluss. Dies ist besonders bei selbstständigeren Welpen wichtig.

Und so funktioniert es: Tragen Sie den Welpen weit genug vom Haus weg ins Grüne oder fahren Sie mit dem Auto ein Stück hinaus. Wählen Sie zunächst ein übersichtliches Gelände, etwa eine Wiese mit wenig Gebüsch, das weit weg vom Verkehr und möglichst frei von Ablenkungen ist. Setzen Sie den Welpen auf den Boden. Er trägt nur das Halsband, keine Leine. Gehen Sie nun »souverän« los. Der Welpe wird Ihnen folgen. Ändern Sie alle paar Schritte unangekündigt die Richtung. Besonders dann, wenn der Kleine gerade im Begriff ist, Sie zu überholen (nicht erst, wenn er Sie schon überholt hat), oder wenn er sonst wie nicht auf Sie achtet. Warten Sie nicht auf ihn. Er soll, krass ausgedrückt, lernen, dass Sie weg sind, falls er nicht auf Sie achtet. Verstecken Sie sich, wenn er unaufmerksam ist, zum Beispiel hinter einem kleinen Gebüsch. Hat er Sie »verloren« (falls es überhaupt so weit kommt …), rufen Sie nicht sofort. Beobachten Sie ihn. Lassen Sie ihn ruhig etwas suchen. Eventuell rufen Sie ihn leise. Nur wenn der Welpe panisch reagiert, zeigen Sie sich gleich wieder. Im Lauf der Zeit wird der Welpe besser darauf achten, Anschluss zu halten.

Verlegen Sie die Bindungsspaziergänge nun auch in Gebiete mit mehr Geländestrukturen, also mit viel Büschen oder einem Wäldchen.

Normalerweise läuft ein Welpe nicht weg. Falls Sie sich aber trotzdem nicht sicher sind oder der Welpe Umweltreizen gegenüber besonders ängstlich ist, binden Sie ein dünneres, etwa drei Meter langes Seil (ohne Schlaufe am Ende) an das Halsband, das der Welpe hinter sich herzieht. Damit lässt er sich bei Bedarf leichter »einfangen«.

△ *Den Nachfolgeinstinkt des Welpen nutzen Sie systematisch durch regelmäßige Bindungsspaziergänge. So gewöhnen Sie ihn daran, stets darauf zu achten, wo Sie sind.*

Lehrreiche Erkundungsspaziergänge

Diese gezielten Spaziergänge dienen dazu, den Welpen mit Umweltgegebenheiten vertraut zu machen und um ihn zu ermuntern, Unbekanntes auszuprobieren. Erfährt er, dass er unbekannte Situationen meistern kann, stärkt das seine Selbstsicherheit. Das wirkt sich gerade bei eher unsicheren Hunden günstig aus. Deshalb mein Rat: Unternehmen Sie solche Erkundungsspaziergänge mehrmals während der Sozialisierungsphase.

Wenn Sie nun folgende Punkte noch beachten, lernt Ihr Welpe nicht nur schneller, sondern auch mit größerer Freude:

- ▷ Gehen Sie stets mit einem hungrigen Hund und einer entsprechenden »Ladung« reizvoller Futterhappen los. Wenn ihm nämlich etwas nicht ganz geheuer ist, können Sie den Welpen häufig mittels Leckerchen doch noch »überreden«, sich etwas zu trauen.
- ▷ Hat er ein Spielzeug, das er sehr gern mag, nehmen Sie auch das mit. Damit können Sie ihn eventuell von etwas ablenken.

STADTSPAZIERGANG

Tragen Sie den angeleinten Kleinen zur nächsten Bushaltestelle, am besten zu einer Zeit, in der die Busse nicht voll sind. Dort trifft er andere Leute. Möchte ihn jemand streicheln und der Welpe will das auch, lassen Sie ihn Kontakt aufnehmen. Der Bus kommt, Sie steigen ein. Der Hund bleibt auf dem Boden bei Ihnen. Ist er ganz klein, können Sie ihn auch auf den Schoß nehmen.

In der Stadt steigen Sie aus. Sie sind nun zum Beispiel in der Nähe einer Fußgängerzone. Zunächst können Sie einfach ein paar Minuten stehen bleiben und das Drumherum auf den Welpen wirken lassen. In der Nähe spielt vielleicht ein Straßenmusikant. Ist der Welpe erkundungsfreudig, lassen Sie ihn angeleint am Boden und an Gegenständen schnüffeln oder Kontakt zu Menschen aufnehmen.

Ist der Welpe ängstlich, bringen Sie ihn zunächst ein paar Meter weg in eine etwas ruhigere Ecke und lassen von dort aus alles auf ihn wirken. Eventuell können Sie ihn durch ein Spiel mit Ihnen fröhlich stimmen. Sobald er sich entspannt hat, geben Sie ihm ein Leckerchen und gehen locker und fröhlich allmählich wieder etwas näher an den belebteren Bereich heran. Verlassen Sie die Situation erst, wenn der Welpe in entspannter Stimmung ist und so seine Angst »besiegt« hat.

Nun steuern Sie ein Straßen-Café an und gönnen sich einen Cappuccino und Ihrem Hundekind zum Beispiel ein Kauröllchen. Danach erkunden Sie beispielsweise das Erdgeschoss eines Kaufhauses mit glattem Boden noch ein bisschen. Am besten tragen Sie den Welpen dorthin. Ist er freudig und unbeeindruckt, gehen Sie mit ihm ein wenig hin und her und lassen ihn die neue Umgebung erkunden. Ist der Kleine unsicher auf dem glat-

Ist dem Welpen die Musik etwas suspekt, versuchen Sie ihn durch ein ausgelassenes Spiel mit Ihnen in eine entspannte Stimmung zu versetzen.
▽

△
Richtig begeistert ist der Welpe nicht. Aber durch die Bindung und das Vertrauen zu Ihnen folgt er freiwillig ins seichte Wasser.

ten Boden, lassen Sie ein paar Leckerchen darüberkullern, die er fangen kann. So wird er über den Hunger und den Bewegungsreiz positiv gestimmt. Hat er sich weitgehend entspannt, können Sie das Kaufhaus verlassen.
So, das reicht für heute. Zu Hause wird der Kleine jetzt ein Schläfchen machen – nutzen Sie das gleich für eine Runde Kontaktliegen!

NATURSPAZIERGANG

Bringen Sie den angeleinten Welpen ins Grüne. Wählen Sie für den Spaziergang ein Gelände, auf dem sich ein paar interessante Dinge wie Baumstümpfe, Reisig, ein kleiner Bach usw. erkunden lassen. Liegen die »Erlebnisstationen« weiter auseinander, sollten Sie den Welpen zwischendurch tragen.
Suchen Sie sich ein kleines Wäldchen. Leinen Sie den Welpen ab, er läuft hinter Ihnen her. Locken Sie ihn zu einem nicht zu hohen Baumstumpf und ermuntern Sie ihn, daraufzuklettern. Motivieren Sie ihn gegebenenfalls mit Leckerchen. Ist er oben, freuen Sie sich und loben ihn. Hat er überhaupt keine Lust oder ist er sehr ängstlich, zwingen Sie ihn nicht zum Hochklettern. Wichtig ist, dass das Hundekind alles freiwillig tut.
Jetzt machen Sie eine kleine Pause auf »normalem« Boden oder auf einer Parkbank. Der Welpe bleibt angeleint bei Ihnen.

Pause vorbei und etwas erholt? Nun geht es weiter. Hoppla, was ist denn das? Ihr Welpe bleibt mit gesenktem Schwanz und leicht gesträubten Rückenhaaren stehen und überlegt, ob er den Rückwärtsgang einlegen soll? Vielleicht liegt vor ihm ein auffälliger Heuballen? So etwas hat er noch nicht gesehen. Gehen Sie selbst fröhlich zu diesem Heuballen, berühren Sie ihn und zeigen Sie dem Welpen so, dass das nichts Gefährliches ist. Kommt er und interessiert sich für das »Ungetüm«, belohnen Sie ihn. Ist er unsicher, bleiben Sie mit ihm in der Nähe des Heuballens und versuchen Sie, ihn durch Spielen in eine lockere Stimmung zu versetzen und abzulenken. Hat er sich entspannt, versuchen Sie im Spiel ein Stück näher an den Heuballen heranzugehen. Gehen Sie erst weiter, wenn der Welpe sich »im Angesicht des Objekts« entspannt. Er muss aber nicht ganz hingehen, falls ihm das zu viel ist.
So, nun geht's wieder zurück. Unterwegs sehen Sie einen Spaziergänger kommen. Möchte der Passant Kontakt aufnehmen, lassen Sie den Welpen zu ihm, wenn er daran interessiert ist. Der Zweibeiner sollte in die Hocke gehen, damit ihn der Hund nicht anspringt.
Nun hat Ihr Hundekind wieder einiges erlebt und braucht Erholung. Gönnen Sie ihm zu Hause eine ausgiebige Runde Schlaf.

▷
Das freiwillige Erkunden unterschiedlicher Geländearten fördert Motorik und Selbstsicherheit und stärkt die Muskulatur. Auch wenn dieser Welpe noch etwas skeptisch dreinschaut – letztlich wird seine Neugierde und die Lust am Ausprobieren siegen.

Den Grundgehorsam mit dem Hund üben

Nicht nur die Sozialisierung im Alltag ist wichtig. Der Welpe lernt jetzt auch problemlos die ersten Gehorsamsübungen. Dies erreichen Sie am besten über positive Motivation.

MIT POSITIVER MOTIVATION (→ Seite 33) erlebt der Welpe stressfrei und positiv, dass es sich für ihn stets lohnt, auf Sie zu hören. Außerdem lernt er prägungsähnlich (→ Seite 25), wie Sie bereits wissen, sodass sich systematisches Üben in altersgerechter Dosis auch auf die weitere Ausbildung vorteilhaft auswirkt. Der Aufbau der folgenden Übungen gilt aber nicht nur für Welpen, sondern auch für Hunde, die schon älter, aber trotzdem noch »Anfänger« sind. Übrigens: Die Ansicht, dass man mit dem Gehorsamstraining erst später beginnen und mit dem Welpen gar nichts tun soll, ist überholt. Also, packen Sie es an!

Sinnvoll üben – mit System

Soll der Vierbeiner Sie im Alltag begleiten? Dann muss er vor allem dort einen zuverlässigen ➲ GRUNDGEHORSAM (Seite 264) zeigen. Was nützt es, wenn er im Hundesport zwar Pokale erringt, Sie aber ansonsten an der Leine durch die Siedlung zerrt? Oder wenn er nicht ruhig unter dem Tisch liegen kann, während Sie in einem Restaurant essen oder bei Freunden zu Besuch sind? Alle Übungen haben also einen Bezug zum Alltag.
Darauf sollten Sie bitte achten: Üben Sie während der täglichen Spaziergänge oder, etwa bei »Hundewetter«, auch zu Hause. Leinen Sie den Welpen zum Üben besser an und halten Sie die Leine stets locker in der Hand. Sie dient nicht dazu, den Welpen in eine Position zu bringen, sondern verhindert, dass er schnell mal woanders hinlaufen kann und Sie ihn erst wieder »einfangen« müssen.

Übungsaufbau in drei Schritten

1. Die Übung richtig planen: Überlegen Sie, welche Übung Sie sich vornehmen. Welches Ziel möchten Sie erreichen und welche Schritte führen dorthin? Nehmen Sie sich die Zeit und die Ruhe, die nötig sind, und üben Sie nur, wenn Sie »gut drauf« und fit sind. Das gilt natürlich auch für den Hund. Legen Sie die Trainingseinheiten so, dass der Hund hungrig ist, das heißt also, dass Sie am besten vor dem Fressen üben. Verwenden Sie gegebenenfalls »exklusive« Häppchen.
2. Die Übung exakt ausführen: Lassen Sie den Hund die Übungen immer gleich exakt ausführen. Nur dann weiß er genau, was Sie von ihm wollen, und lernt es entsprechend gut. Nehmen Sie es nämlich mit der Ausführung nicht so genau, wird der Hund nicht zuverlässig gehorchen. Ihre innere Haltung ist ebenfalls von Bedeutung, denn nur wenn Sie aktiv und engagiert agieren, kommt das beim Hund an. Mit Ihrer Körpersprache können Sie nur das ausdrücken, hinter dem Sie innerlich auch stehen. Ist es Ihnen aber eigentlich egal, ob sich Ihr Hund zum Beispiel bei der Übung »Platz« wirklich hinlegt, dann verhalten Sie sich anders und wirken auf den Hund körpersprachlich entsprechend »lasch«.
3. Anfang und Ende bestimmen: Prinzipiell bestimmen Sie, wann und wie lange geübt wird. Berücksichtigen Sie dabei aber bitte Alter und ➲ KONZENTRATIONSFÄHIGKEIT (Seite 267) Ihres Hundes. Bei Welpen reichen wenige Minuten. Sollte Ihr Hund mal keine Lust mehr haben, dann lassen Sie ihn noch eine Übung machen, die einfach ist und die er kann, dann beenden Sie das Training.

So gestalten Sie das Üben positiv

Es übt sich leichter mit positiver Einstellung dazu. Das gilt auch für Ihren Hund. Starten Sie deshalb das Training stets mit einer Übung, die der Hund schon gut kann. Anschließend können Sie eine neue Übung beginnen oder an einer schwereren weiterarbeiten. Auch an den Schluss des Trainings sollten Sie eine Übung stellen, die der Hund erfolgreich absolviert, dann hat er das Üben positiv in Erinnerung. Will eine Übung partout nicht klappen, brechen Sie sie ohne Verärgerung ab. Beenden Sie das Training dann mit einer einfacheren Variante, die der Hund beherrscht.
Vom Vokabelnbüffeln wissen Sie, dass das nicht ohne Wiederholungen geht, bis das Pensum sitzt. Das gilt auch für den Hund. Für Sie bedeutet das, dass Sie zum Beispiel Sitz oder Platz zehnmal täglich über den Tag verteilt üben können – dabei aber bitte nicht öfter als zwei-, dreimal hintereinander. Stupides Wiederholen am Stück langweilt nicht nur Sie, sondern auch den Hund.

Anforderungen langsam steigern

Erfahrungsgemäß klappt eine Übung besser, wenn Sie sie in kleinen Schritten von leicht bis schwer aufbauen. Gehen Sie immer erst dann eine Stufe weiter, wenn der Hund das Vorherige zuverlässig beherrscht. Klappt etwas gar nicht, rate ich Ihnen, die Übung noch mal in kleinen Schritten aufzubauen, anstatt den Hund wieder und wieder zu korrigieren. Sehr wahrscheinlich hat er überhaupt nicht verstanden, was Sie von ihm wollen, und gerät durch das ständige Korrigieren unter Stress.

Ich möchte das am Beispiel »Bleib« erläutern: Der Hund soll allein an einer bestimmten Stelle sitzen oder liegen bleiben, während Sie sich von ihm entfernen. Gehen Sie nun zu früh zu weit oder zu lang vom Hund weg, wird er aufstehen, weil er überfordert ist. Auch wenn Sie ihn nun korrigieren, wird der Hund nicht verstehen, warum er bleiben soll, weil er es nicht schrittweise lernen konnte.

Leckerchen wieder abbauen

Zu Beginn jeder Übung motivieren Sie den Hund über Futter in der Hand, eine Übung zu befolgen. Allerdings wollen Sie ja nicht, dass er lebenslang nur dann etwas tut, wenn eine Belohnung lockt. Um die Leckerchen wieder abzubauen, behalten Sie die motivierende Handbewegung bei, wenn der Hund nach einiger Zeit genau verstanden hat, worum es geht, und stets prompt und zuverlässig reagiert, jedoch ohne leckeren Inhalt. Befolgt er Sicht- und Hörzeichen, bekommt er kurze Zeit später mit der anderen Hand ein Leckerchen. Allmählich gehen Sie dazu über, den Vierbeiner nur noch VARIABEL ZU BELOHNEN (Seite 275), das heißt, manchmal bekommt er etwas, manchmal nicht. Für eine einfache Übung wird er weniger belohnt, für eine schwerere zunächst wieder häufiger. Ein normales »Platz« wird zum Beispiel nicht mehr groß belohnt. Bleibt der Hund aber bei großer Ablenkung ruhig bei Ihnen liegen, bekommt er am Ende ein Häppchen.

Sobald Sie rufen oder pfeifen, lässt ein Helfer den Welpen los. Er kommt freudig zu Ihnen. Ist er ganz nah bei Ihnen, stellen Sie den Napf auf den Boden. ▽

Der Hund kommt auf Ruf und Pfiff

Im Alltag gibt es eine Vielzahl von Situationen, bei denen es wichtig ist, dass der Vierbeiner auf Ruf und Pfiff möglichst sofort und ohne Überlegen zu Ihnen kommt – etwa wenn Ihnen ein Radfahrer entgegenkommt.

Voraussetzungen: Der Welpe muss bereits wissen, wo sein Futterplatz ist, und er soll hungrig sein bzw. bestimmte Happen besonders gern mögen. Auch muss er eine gewisse Bindung an Sie haben.

Das ist wichtig: Wie Sie schon wissen, lernt der Hund im Welpenalter prägungsähnlich. Deshalb muss er in dieser wichtigen Zeit erleben, dass es auf dieses Hörzeichen nie etwas anderes gibt, als sofort und freudig zu Ihnen zu kommen. Erlebt er aber, dass er genauso gut noch einen Abstecher zum Mauseloch machen kann, dann lernt er eben das sehr nachhaltig. Mit der Folge, dass er später nur kommt, wenn er Lust hat. In meinen Kursen erlebe ich immer wieder, dass viele Hundehalter außerdem kein eindeutiges Signal verwenden. Mal sagen sie »Komm«, dann wieder »Jetzt komm her« usw. Der Hund weiß oft gar nicht, was er eigentlich tun soll. Benutzen Sie deshalb immer dasselbe Hörzeichen.

So klappt die Übung

Suchen Sie sich zuerst ein Hörzeichen aus. Am besten ist »Hier«, weil man das sonst selten verwendet und der Hund es so eindeutig auf sich beziehen kann. Gute Dienste leistet auch eine Hundepfeife (→ Seite 40). Ich empfehle Ihnen, den Zwerg »zweisprachig« zu erziehen, indem Sie »Hier« rufen und sofort danach zum Beispiel zweimal kurz pfeifen.

▷ Naht die Fütterungszeit – Ihr Welpe kennt sie wahrscheinlich schon –, gehen Sie als Hauptbezugsperson in die Küche und bereiten die Mahlzeit zu. Sie können das auch mit spannender Stimme »kommentieren«. Währenddessen hält jemand aus der Familie den Welpen einige Meter vom Futterplatz entfernt und ohne irgendein Kommando am Halsband fest. Der Welpe wird einen starken Drang zu Ihnen haben und ist in positiver Erwartungshaltung – also ideale Voraussetzungen für freudiges Kommen.

▷ Ist sein Futter fertig, rufen Sie ihn mit »Hier« und Pfiff, den Napf oder die Happen halten Sie in der Hand. Das Familienmitglied lässt den Welpen los, und er flitzt zu Ihnen. Nun loben Sie ihn überschwänglich und geben ihm sofort sein Futter. Er muss vorher nicht sitzen, denn sonst liegt die Belohnung für das Kommen schon wieder zu weit zurück und Sie belohnen den Welpen eigentlich für das Sitzen. Das machen Sie etwa eine Woche bei jeder Fütterung so.

▷ Dann kommt Stufe zwei: »Bewaffnen« Sie sich tagsüber mit einer Ladung leckerer Happen und der Pfeife, falls Sie eine verwenden. Zusätzlich zur Fütterung rufen Sie den Welpen jetzt auch außerhalb dieser Zeiten, aber

INFO

Das Auflösungshörzeichen

Dieses Signal (»Lauf«, »Fertig« oder Ähnliches) brauchen Sie, um dem Vierbeiner zu sagen, dass er jetzt keine Übung mehr befolgen muss, sondern frei ist. Das kann an- und abgeleint der Fall sein. Haben Sie ihn zum Beispiel zu sich gerufen, muss er solange bei Ihnen bleiben, bis Sie ihn mit dem Auflösungshörzeichen wieder freigeben. Beenden Sie eine Übung, ohne dass sich eine andere anschließt, lösen Sie sie mit diesem Hörzeichen auf.

1 *Rufen Sie den Welpen draußen mit »Hier« oder Pfiff erst, wenn Sie im Haus ausreichend trainiert haben und nur dann, wenn Sie absolut sicher sind, dass er sofort und ohne Umwege zu Ihnen kommt.*
2 *Ist er bei Ihnen angekommen, geben Sie ihm innerhalb von ein, zwei Sekunden sein Häppchen ganz nah bei Ihnen und loben ihn sehr. Dann lassen Sie ihn sitzen.*

ausschließlich im Haus ab und an zu sich, wenn er gerade ein Stück von Ihnen entfernt ist. Ohne Ablenkung, versteht sich. Die Entfernung zu Ihnen darf aber nicht zu groß sein, der Welpe soll ohne groß herumzusuchen direkt zu Ihnen kommen können.

▷ Klappt auch das, folgt Stufe drei: Haben Sie einen Garten, rufen Sie den Welpen von dort auf die Terrasse oder ins Haus. Auch hier darf der Welpe nicht zu weit von Ihnen entfernt sein, da ihm der Überblick noch fehlen könnte. Haben Sie keinen Garten, rufen Sie den Welpen vom Balkon in die Wohnung.

▷ Läuft bis hierhin alles wie geschmiert, verlagern Sie jetzt die Übung allmählich nach draußen. Sind Sie mit dem Hundekind unterwegs und möchten Sie es zu sich rufen, machen Sie es nur mit spannender Stimme, aber unbedingt ohne das »Hier« oder den Pfiff auf sich aufmerksam. Schaut es nach Ihnen, bewegen Sie sich von ihm weg. Animieren Sie es weiter mit interessanter Stimme, Ihnen zu folgen. Sobald Sie merken, dass der Vierbeiner in voller Fahrt Kurs auf Sie nimmt und nur noch ein, zwei Meter von Ihnen entfernt ist und keinerlei Tendenzen zeigt, noch abzubiegen, nennen Sie das Hörzeichen.

▷ Mit der Zeit rufen Sie das Kommando, wenn der Welpe noch weiter von Ihnen entfernt ist – aber immer nur dann, wenn Sie sicher sind, dass er direkt und ohne Umwege zu Ihnen kommt. Und dann bitte Loben und Häppchen nicht vergessen! Erst während er seine Belohnung frisst und Sie ihn streicheln, nehmen Sie ihn am Halsband. Falls Sie nämlich gleich danach greifen, wenn er noch im »Anflug« ist, weicht er möglicherweise aus. Anschließend können Sie ihn bei Bedarf sitzen lassen. Falls Sie ihn wieder wegschicken möchten, dürfen Sie das Auflösungshörzeichen »Lauf« (→ Seite 85) nicht vergessen! So lange muss der Welpe bei Ihnen bleiben.

Wenn die Übung mal nicht klappt

Überlegen Sie, ob sich der Welpe noch nicht so auskennt bei Ihnen zu Hause oder vielleicht noch keine Bindung aufgebaut hat. Dies kann bei einem sehr kontaktarm aufgezogenen Welpen durchaus der Fall sein. Bekommt er zu viel Futter, oder war das Leckerchen nicht Ansporn genug? Testen Sie verschiedene Wurst- und Käsesorten (immer nur kleine Stückchen geben) bzw. reduzieren Sie das Futter etwas. Funktioniert die Übung draußen noch nicht, festigen Sie das Ganze noch einmal systematisch ein paar Tage zu Hause. Vermutlich sind Sie zu rasch vorgegangen.

▷ *Konzentriert sich weder der Welpe auf seinen Menschen noch dieser auf seinen Vierbeiner, ist eine Kommunikation zwischen beiden nicht möglich. Ein Hörzeichen wäre jetzt sinnlos. Also muss der Kleine lernen, sich bei Bedarf auf Sie zu konzentrieren.*

▷ *Machen Sie den Welpen mit spannender Stimme (etwa »Schau mal«) auf sich aufmerksam. Er schaut auf das Häppchen und dabei automatisch in Ihr Gesicht. Nach wenigen Sekunden bekommt er es. So lernt er, dass es sich lohnt, auf Sie zu schauen.*

Den Welpen auf sich aufmerksam machen

Um sich mit dem Vierbeiner verständigen zu können, muss er auf Sie achten. Hat er gelernt, sich auf ein Hörzeichen hin ganz auf Sie zu konzentrieren, dann kommt zum Beispiel das Hörzeichen »Platz« auch bei ihm an. Nennen Sie »Platz« dagegen, wenn er gerade interessiert einem Schmetterling nachschaut, wird er sich kaum hinlegen.

Voraussetzungen: Der Welpe sollte eine gute Bindung an Sie haben und hungrig, aber nicht zu gierig sein.

Das ist wichtig: Üben Sie ohne jegliche Ablenkung und am besten in einem Zimmer.

So funktioniert die Übung

▷ Nehmen Sie ein Leckerchen und machen Sie den Welpen mit spannender Stimme, etwa mit »Schau mal«, Betonung auf »Sch«, neugierig. Er wird sich Ihnen zuwenden. Das Hörzeichen können Sie bei den ersten Malen noch mit seinem Namen kombinieren. Dann lassen Sie den Namen besser weg, denn den sagt man sowieso meist zu häufig.

▷ Halten Sie nun das Leckerchen so, dass es auf einer Linie zwischen Hund und Ihrem Gesicht liegt. Dann schaut der Welpe automatisch auch auf Sie. Zunächst bekommt er das Häppchen in dem Moment, in dem er seine Aufmerksamkeit auf Sie richtet. Denn das muss sich stets für den Hund lohnen.

▷ Nach einigen Malen warten Sie mit der Belohnung ein paar Sekunden, während Sie das Hörzeichen wiederholen. Geben Sie ihm das Leckerchen aber, so lange er noch ohne Unterbrechung zu Ihnen schaut. Dehnen Sie die Dauer des Blickkontakts im Lauf der Wochen langsam aus. Eventuell können Sie auch schon eine leichte Ablenkung, etwa eine Person in der Nähe, einbauen. Doch das richtet sich nach Ihrem Vierbeiner.

Wenn die Übung mal nicht klappt

Prüfen Sie, ob das Leckerchen attraktiv genug ist. Oder ist Ihre Stimme nicht spannend genug? Erfahrungsgemäß müssen viele Hundehalter noch an ihrer Stimme feilen. Eventuell ist der Welpe einfach nur müde. Versuchen Sie es noch einmal, wenn er richtig fit ist. Ist auch wirklich keine Ablenkung rundum? Das ist sehr wichtig.

Der Welpe lernt »Sitz«

Es ist im Alltag häufig notwendig, dass sich der Hund auf ein Hör- oder Sichtzeichen hin rasch setzt. Etwa, wenn es an der Tür klingelt und Sie vermeiden möchten, dass der Hund als Erster hinausrennt, oder wenn der Tierarzt dem Hund in die Ohren schauen möchte.
Voraussetzungen: Der Welpe sollte hungrig sein und eine gewisse Bindung an Sie haben.

1 *Halten Sie dem Welpen ein Leckerchen über seinen Kopf. Sagen Sie dabei nichts, denn er kann ja mit einem Hörzeichen jetzt noch nicht das Richtige verknüpfen.*
2 *Genau in dem Moment, in dem er sich von selbst setzt und alle vier Pfoten auf dem Boden sind, sagen Sie »Sitz« und geben ihm die Belohnung. Danach heben Sie die Übung wie gewohnt auf.*

So klappt die Übung

Diese Übung lernen Hunde sehr rasch.

▷ Zeigen Sie dem Welpen ein leckeres Häppchen und halten Sie es dann ein kleines Stück über seinen Kopf. Nennen Sie noch kein Hörzeichen, er kennt es ja noch nicht und verknüpft dann nicht das, was Sie wollen.
Vielleicht versucht das Hundekind zunächst mit Springen und dergleichen, das Leckerchen zu ergattern. Lassen Sie die Hand ruhig an Ort und Stelle, aber schließen Sie sie einfach, sodass das Leckerchen darin verschwindet. Bewegen Sie nämlich die Hand hin und her, bringen Sie Unruhe in die Übung.

▷ Haben Sie Geduld! Innerhalb kurzer oder etwas längerer Zeit wird sich Ihr Hund setzen. Genau in diesem Moment sagen Sie »Sitz« und geben dem Kleinen seine Belohnung. Während er nun ein paar kurze Momente sitzt, wiederholen Sie das Hörzeichen ein-, zweimal. Dann nennen Sie rasch das Auflösungshörzeichen »Lauf« und lassen den Kleinen wieder flitzen.

▷ Nach wenigen Tagen wird sich Ihr Welpe auf »Sitz« setzen. Nun können Sie dazu übergehen, mit der Belohnung ganz allmählich immer länger zu warten, zunächst einige Sekunden, dann dehnen Sie den Zeitraum langsam, je nach Hund, aus. So lernt der Kleine, immer länger ruhig zu sitzen.
Bitte nicht vergessen – den Happen gibt's immer erst am Ende der Übung, also kurz vor dem Auflösungshörzeichen!

Wenn die Übung Schwierigkeiten macht

Ist der Welpe nicht genügend an der Belohnung interessiert? Dann versuchen Sie es wieder, wenn er hungrig ist, oder Sie probieren es mit einem »exklusiveren« Häppchen. Vielleicht ist der Welpe zu unruhig. Dann sind Sie selbst wahrscheinlich zu unruhig. Versuchen Sie, bewusst Ruhe in die Übung zu bringen. Oder lenkt den Welpen etwas ab?

1

Lassen Sie den Welpen neben sich sitzen und halten Sie ihm ein für ihn sehr reizvolles Leckerchen direkt vor die Nase. Er darf daran schnuppern, bekommt es aber noch nicht.

2

Führen Sie das Häppchen nun langsam dicht vor dem Hund gerade oder etwas seitlich neben ihm in Richtung Boden. Der Welpe folgt mit der Schnauze und legt sich ins Platz.

Den Welpen ins Platz legen

»Platz« brauchen Sie immer dann, wenn Sie sich längere Zeit irgendwo befinden und der Hund ruhig neben Ihnen bleiben soll, etwa im Restaurant oder wenn Sie zu Besuch sind.
Voraussetzungen: Der Hund sollte »Sitz« schon beherrschen und hungrig sein.

So klappt die Übung

▷ Lassen Sie den Hund sitzen. Halten Sie ihm einen Happen direkt vor die Nase. Ist er interessiert daran, führen Sie diesen nah am Hund, aber nicht zu schnell, gerade nach unten zum Boden. Der Welpe folgt der Hand und legt sich so ins Platz. Statt gerade können Sie Ihre Hand auch etwas schräg in Richtung Hund nach unten oder direkt am Hund leicht seitlich nach hinten führen. Dadurch muss er sich etwas krümmen, um an das Leckerchen zu kommen, und »fällt« fast automatisch ins Platz. Bewegen Sie die Hand jedoch schräg nach vorn vom Hund weg, steht er auf!

▷ In dem Moment, in dem er richtig liegt, nennen Sie ein paar Mal das Hörzeichen »Platz« und geben ihm die Belohnung. Lassen Sie die Hand dabei am Boden. Während er frisst, streichen Sie ihm mit der anderen Hand ruhig über den ganzen Rücken.

▷ Kurz bevor er fertig ist mit dem Leckerchen, lassen Sie ihn mit dem Hörzeichen »Sitz« und einer Handbewegung nach oben, eventuell samt weiterem Häppchen, wieder aufsitzen und dann laufen. Achten Sie darauf, dass Sie die Übung rechtzeitig beenden – der Welpe darf nicht »unerlaubt« aufstehen.

▷ Legt sich der Vierbeiner nach einigen Tagen auf »Platz« samt Handbewegung hin, bekommt er sein Leckerchen nicht mehr sofort, sondern erst, wenn er einige Momente ruhig im Platz liegen geblieben ist. Dann beenden Sie die Übung wie gewohnt durch »Sitz«.

Wenn's mal nicht funktioniert

Hat der Welpe nicht die nötige Ausdauer, weil der Happen zu wenig reizvoll ist? Nehmen Sie etwas Besseres. Hat er zu viel Energie? Üben Sie, wenn er etwas müde ist. Bleiben Sie bewusst ruhig und geduldig und bewegen Sie die Hand ruhig. Lassen Sie sie dort, wohin der Welpe sich orientieren soll. Wichtig: Belohnen Sie ihn nicht mehr für das Sitzen.

Erste »Bleib«-Übungen trainieren

Der Welpe soll lernen, an einer bestimmten Stelle sitzen oder liegen zu bleiben, auch wenn Sie ein Stück entfernt sind. Das ist zum Beispiel nützlich, wenn der Hund schmutzig ist und Sie ihn deshalb vor der Tür kurz sitzen oder liegen lassen, um ein Tuch aus der Wohnung zum Abputzen zu holen.

Voraussetzungen: Der Welpe sollte bereits etwa eine Minute ruhig neben Ihnen sitzen und im Platz liegen können, ohne dass Sie ihn irgendwie beeinflussen müssen. Erst dann hat er die nötige Gelassenheit, an einer Stelle zu bleiben, während Sie ein kleines Stück weggehen. Auch sollte er schon ein paar Momente Blickkontakt zu Ihnen halten können. Für diese Übung darf der Welpe nicht zu jung sein; etwa zwölf Wochen wäre gut, denn je jünger er ist, desto schwerer fällt es ihm, Ihnen nicht hinterherzulaufen.

Das ist wichtig: »Bleib«-Übungen erfordern viel Ruhe vom Hund, denn er soll gelassen und entspannt allein an der ihm zugewiesenen Stelle bleiben. Achten Sie deshalb bewusst auf eine ruhige Körpersprache, das heißt ruhige, entspannte Bewegungen, keine Hektik. Auch das Hörzeichen soll ruhig und dämpfend klingen. Leinen Sie den Welpen dabei nicht ab, denn sollte er wirklich aufstehen, haben Sie ihn gleich wieder unter Kontrolle. Die Leine muss aber stets locker durchhängen, damit keine Zugwirkung entsteht. Dieser würde der Hund nachgeben und aufstehen.

So klappt »Bleib« im Sitzen

▷ Lassen Sie den Hund an der Seite sitzen, auf der Sie ihn in Zukunft auch bei Fuß führen (→ Seite 94) werden. Nun machen Sie ihn kurz auf sich aufmerksam, sagen »Bleib« und stellen sich direkt und aufrecht vor den Hund. Und zwar so, dass Sie ihm gegenüber stehen. So »blockieren« Sie ihn – obwohl Sie Ihre Position verändert haben, kann er Ihnen nicht nachlaufen. Auf diese Weise gestalten Sie die Übung gleich von Anfang an so, dass der Kleine sie praktisch automatisch richtig macht.

▷ Nach wenigen Sekunden gehen Sie wieder zurück an seine Seite. Loben Sie ihn jetzt ruhig, Ihr Zurückkommen reicht als Belohnung

1

Stehen Sie zu Beginn der Übung dicht vor dem Hund, kann er praktisch keinen Fehler machen. Er lernt automatisch, an einer Stelle zu bleiben, wenn Sie nicht neben ihm sind.

2

Beherrscht er den ersten Schritt und bleibt gelassen sitzen, stellen Sie sich ein Stück weiter von ihm entfernt vor ihn. Dehnen Sie die Zeit und die Entfernung nur langsam aus.

– Ihr Vierbeiner ist ja gern in Ihrer Nähe. Denn entfernen Sie sich samt Happen in der Hand von ihm oder kramen vor ihm stehend in der Tasche danach, fällt es dem Vierbeiner schwer, an Ort und Stelle zu bleiben. Wollen Sie ihm dennoch unbedingt ein Leckerchen geben, nehmen Sie es erst dann aus der Tasche, wenn Sie wieder neben ihm stehen.

▷ Klappt die Übung auf dieser niedrigen Stufe, dehnen Sie zunächst die Dauer, die Sie vor dem Welpen stehen, langsam aus. Richten Sie sich dabei nach Ihrem Hund. Gehört er zu den gemütlicheren, ruhigeren Typen, können Sie den Zeitraum rascher ausdehnen als bei einem eher temperamentvollen oder hektischeren Hund. Beenden Sie die Übung stets, solange der Hund noch entspannt sitzt.

▷ Haben Sie die Zeit etwas ausgedehnt, dehnen Sie nun auch die Entfernung zum Hund aus. Stellen Sie sich jetzt ein, zwei Schritte vor ihn. Dann wieder die Zeit etwas ausdehnen, wenn es klappt, ist die Entfernung dran. Gehen Sie jedoch bei einem Welpen bitte nicht weiter als maximal Leinenlänge von ihm weg.

1 Auch beim »Bleib« im Platz stellen Sie sich zunächst dicht vor den Hund. Achten Sie darauf, dass die Leine locker durchhängt. Erhöhen Sie das Niveau langsam.
2 Am Ende der Übung gehen Sie an die Seite des Hundes zurück, er bleibt im Platz liegen. Ein »Platz«, kurz bevor Sie wieder bei ihm sind, erinnert ihn noch einmal daran, liegen zu bleiben.

So lernt der Hund »Bleib« im Platz

▷ Gehen Sie vor, wie unter »Bleib« im Sitzen beschrieben, nur legen Sie den Hund vor dem Weggehen ins Platz. Bleiben Sie aufrecht vor dem Hund stehen, beugen Sie sich also nicht zu ihm hinunter. Wenn Sie zu Ihrem Vierbeiner zurückgehen, soll er im Platz liegen bleiben. Gegebenenfalls nennen Sie das Hörzeichen »Platz«, kurz bevor Sie neben ihm stehen. Sind Sie wieder dort, warten Sie einige Momente, dann animieren Sie ihn mit einer aktivierenden Bewegung (jetzt wollen Sie ja, dass der Hund sich wieder bewegt) und einer ebensolchen Stimme zum Sitzen.

Wenn die Übung mal nicht klappt

Steht der Hund aus dem Bleib vorzeitig auf, liegt das meist daran, dass er das normale Sitzen oder Ablegen noch nicht gut genug beherrschte. Dann sollten Sie die Basics erst noch mal vertiefen. Oder Sie haben Dauer und Entfernung zum Hund zu schnell ausgedehnt. Am besten gehen Sie dann ein oder mehrere Schritte zurück und bauen die Übung wieder sorgfältig auf. Überlegen Sie, ob Sie den Hund während des Bleibens angesprochen haben, womöglich noch mit seinem Namen. Das kann ihn leicht zum Aufstehen und Kommen veranlassen. Gehen Sie nur so weit und so lange weg, wie der Hund völlig entspannt bleibt und keine weitere Unterstützung nötig ist.

Egal, ob Welpe oder älterer Hund, ob Duftmarke, Artgenosse oder Mensch – geben Sie dem Ziehen an der Leine nach (es reichen schon ein, zwei Schritte), lernt Ihr Hund, dass er damit Erfolg hat. Und er wird es immer wieder tun.

Bleiben Sie jedes Mal (!), wenn sich die Leine strafft, kommentarlos stehen. Und ignorieren Sie den Hund, das heißt, sagen und tun Sie nichts. Verdutzt dreht sich der Vierbeiner ein Stück um – die Leine hängt wieder locker durch.

Sobald die Leine wieder locker hängt, gehen Sie mit dem Vierbeiner weiter. Dem Hund signalisieren Sie auf diese Weise: Ist die Leine locker, komme ich weiter, wenn ich ziehe, komme ich dagegen nicht mehr vom Fleck.

Der Welpe lernt, an der Leine zu gehen

Der Welpe kann zwar noch nicht längere Zeit bei Fuß gehen. Er soll aber lernen, dass er an der Leine nicht zerren darf. Beim Gehen soll die Leine immer locker durchhängen. Auch ältere Vierbeiner müssen lernen, selbst dann an lockerer Leine zu laufen, wenn sie nicht bei Fuß gehen müssen.

Voraussetzungen: Der Vierbeiner ist an Leine und Halsband gewöhnt.

Das ist wichtig: Ähnlich wie »Kommen auf Ruf« ist auch diese Übung den Hundehaltern sehr wichtig, meist schleichen sich aber unbewusst rasch »folgenschwere« Fehler ein.

Gehen Sie grundsätzlich mit dem angeleinten Welpen nur relativ kurze Strecken. Je weniger Gelegenheiten er hat zu zerren, desto besser. Wie Sie ja schon wissen, lernt der Hund überwiegend durch Erfolgserlebnisse. Wenn er an der Leine zieht und dadurch sein Ziel erreicht, lernt er, dass sich dieses Verhalten lohnt. Also wird er wieder zerren, und zwar verstärkt.

So klappt die Übung

Um Ihnen zu erläutern, wie Sie vorgehen können, möchte ich ein paar Beispiele aus der Praxis bringen:

▷ Gestatten Sie Ihrem Hund, egal, ob Welpe oder älterer Hund, an der Leine keinen Kontakt zu Artgenossen. Wenn die Welpenbesitzer in meine Welpengruppe kommen, möchten die zunächst angeleinten Kleinen natürlich zueinander. Dürfen sie aber nicht. »Ach, nur ganz kurz zur Begrüßung« höre ich dann manchmal, und schon wird dem Ziehen nachgegeben – und der Welpe hat ein Superlernerlebnis … Der Welpe soll aber lernen, dass Ziehen nichts bringt. Um das zu erreichen, braucht man in dieser Situation einfach nichts zu tun. Die Welpenbesitzer bleiben also in etwa drei, vier Meter Abstand zueinander stehen, lassen die Leine auf normaler Länge und sagen auch nichts zum Welpen – er würde jetzt eh nicht darauf reagieren. Er braucht auch kein Kommando auszuführen, denn er ist noch zu klein, um etwa ein paar Minuten ruhig an der Seite seines Zweibeiners zu sitzen. Die Welpen ziehen also noch an der Leine, hüpfen oder winseln. Aber alles hilft nichts, sie kommen nicht zueinander. So hören sie nach meist gar nicht so langer Zeit damit auf und verhalten sich ruhig.

▷ Wenn der Welpe während des Gehens an der Leine zerrt, bleiben Sie am besten sofort kommentarlos stehen. Warten Sie jetzt, bis er sich so verhält, dass die Leine wieder locker hängt. Vielleicht setzt er sich verdutzt oder kommt ein Stück zu Ihnen zurück. Erst jetzt gehen Sie weiter und loben ihn kurz. Es kann sein, dass Sie zwei Schritte später schon wieder stoppen müssen. Eilig dürfen Sie es dabei also nicht haben …

▷ Eine andere Möglichkeit für ältere Hunde, nicht für Welpen, ist die, rasch auf dem Absatz kehrt zu machen, kurz bevor sich die Leine spannt. Läuft der Hund wieder an lockerer Leine, loben Sie ihn und kehren in Ihre ursprüngliche Richtung um. Passen Sie die Stärke der Kehrtwendung Ihrem Hund an. Er soll den dadurch entstehenden Ruck spüren, aber nicht durch die Luft fliegen …

▷ Manchmal hilft auch ein mahnendes Räuspern, um den Hund zu bremsen, kurz bevor die Leine sich spannt. Loben Sie ihn, wenn er darauf reagiert. Immer wenn der Hund an lockerer Leine geht, können Sie das mit freundlichem, ruhigem Lob und einem dämpfenden Hörzeichen, etwa »Langsam«, bestärken.

Wenn es Probleme mit der Übung gibt

Hat Ihr Vierbeiner zu viele unerwünschte Erfolgserlebnisse? Diese sollten Sie soweit irgend möglich abstellen. Haben Sie nur eine Methode ausprobiert und diese nicht genügend lange und konsequent? Dann probieren Sie auch die anderen aus, nicht jeder Hund reagiert gleich. Hat Ihr Hund grundsätzlich zu viel Energie? Sorgen Sie für mehr Auslastung und genügend Freilauf. Klappt gar keine Methode, hilft ein Halti (→ Seite 223).

WAS TUN, WENN …

… der Hund an der Leine zerrt?

Überlegen Sie: Gibt es doch Situationen, in denen der Hund ziehen darf, etwa, wenn ihn ein Geruch plötzlich ins Gebüsch zieht? Oder zieht er zu Anfang des Spaziergangs bis zur Freilauffläche und wird dann noch mit Freilauf belohnt?

Lösung 1: Versuchen Sie, den Hund solche Strecken konzentriert am Leckerchen bei Fuß gehen zu lassen. Ist die Strecke für ihn noch zu lang, dann fahren Sie mit dem Auto ein Stück weit. Gestalten Sie die Fuß-Übungen interessanter, sodass der Vierbeiner dazu animiert wird, aufmerksam zu gehen. Bauen Sie dazu beim älteren Junghund und später viele Links-rechts-Wendungen ein und gehen Sie stets entschlossen und zügig. Hilfreich sind auch kleine Kreise zu der Seite, auf der der Hund bei Fuß läuft. So schneiden Sie ihm praktisch den Weg ab. Sobald er verdutzt zu Ihnen schaut, loben Sie ihn überschwänglich.

Lösung 2: In »harten Fällen« hilft das Halti (→ Seite 223).

So geht der Hund richtig bei Fuß

Sind Sie in einer belebteren Gegend unterwegs, etwa in der Stadt oder an einer Straße, sollte der Hund dicht an Ihrer Seite bleiben.
Voraussetzungen: Der Hund muss hungrig sein oder ein Spielzeug besonders gern mögen. Außerdem sollte er Sitzen und schon Blickkontakt zu Ihnen halten können.
Das ist wichtig: Entscheiden Sie sich, auf welcher Seite Ihr Vierbeiner »Bei Fuß« laufen soll – entweder immer links oder immer rechts.

So funktioniert es:

▷ Angenommen, Sie haben sich für links entschieden. Nehmen Sie ein Leckerchen in die linke Hand und setzen Sie den Hund an Ihre linke Seite. Machen Sie ihn nun auf das Häppchen aufmerksam. Die Leine halten Sie so in der rechten Hand, dass sie etwas durchhängt. Ihr linker Arm hängt samt Leckerchen an Ihrem Bein entlang herunter. So läuft der Hund an der richtigen Stelle neben Ihnen.
▷ Interessiert sich der Welpe für das Häppchen, gehen Sie relativ zügig los. Läuft er aufmerksam mit, nennen Sie das Hörzeichen »Fuß« und loben den Kleinen motivierend. Während des Gehens darf der Hund am Häppchen lecken und knabbern. Wichtig ist, die Hand mit dem Häppchen ruhig zu halten, denn wenn Sie sie immer wieder hochnehmen, beginnt der Hund danach zu springen.
▷ Passen Sie die Dauer der Übung dem Konzentrationsvermögen und dem Ausbildungsstand Ihres Hundes an. Je jünger er ist, desto kürzer die Übung. Beim Welpen reichen anfangs wenige Meter oder gar nur wenige Schritte. Beenden Sie die Übung, bevor er unaufmerksam wird. Dann lassen Sie ihn sitzen, und er bekommt das Häppchen ganz. Geben Sie es ihm dagegen während des Gehens, kann es passieren, dass der Hund zum Fressen stehen bleibt und so dafür belohnt wird.
▷ Üben Sie das Bei-Fuß-Gehen anfangs geradeaus, bauen Sie aber schon bald kleine Kreise, Schlangenlinien und Wendungen ein.
▷ Läuft der Vierbeiner nach einer gewissen Übungszeit schön mit, gehen Sie allmählich dazu über, Leckerchen abzubauen. Machen Sie den Hund auf sich aufmerksam und gehen Sie los, die Hand ist in der Tasche. Geht er richtig bei Fuß und achtet kontinuierlich auf Sie, loben Sie ihn nach ein paar Metern oder auch nur wenigen Schritten während des Gehens mit der Stimme. Holen Sie dann, bevor er unaufmerksam wird, ein Leckerchen aus der Tasche und geben Sie es ihm. Lassen Sie ihn dafür am besten sitzen. Dehnen Sie die leckerchenfreien Strecken allmählich aus.

▷ *Machen Sie den Welpen zunächst auf sein Leckerchen aufmerksam. Ist er interessiert, lassen Sie die Hand mit dem Leckerchen an Ihrem Bein entlang nach unten hängen. Dann läuft der Hund in der richtigen Position. Die Leine hängt locker durch.*

Wenn die Übung mal nicht klappt

Prüfen Sie, ob Ihren Vierbeiner etwas ablenkt. Ist der Happen nicht reizvoll oder der Hund nicht hungrig genug? Dann sollten Sie vor der Fütterung üben. Motiviert Ihren Hund ein Spielzeug mehr zum Mitlaufen als ein Leckerchen, dann halten Sie dieses in der Hand. Läuft er konzentriert – anfangs wenige Momente –, werfen Sie es und schicken ihn mit dem Auflösungshörzeichen »Lauf« hinterher.

Den Hund richtig an- und ableinen

Wollen Sie den Hund ab- oder anleinen, sollte das immer in der gleichen Weise und mit Ruhe geschehen. Wenn Sie den Hund anleinen möchten, weil beispielsweise ein Radfahrer entgegenkommt, der Vierbeiner aber dabei wild vor Ihnen herumhüpft, kann das gefährlich werden.

Voraussetzungen: Der Hund sollte bereits »Sitz« können und auf ein Hörzeichen hin Blickkontakt zu Ihnen aufnehmen.

Das ist wichtig: Sowohl das An- als auch das Ableinen sollten mit Ruhe geschehen.

So klappt die Übung

Anleinen: Wollen Sie den Vierbeiner anleinen und haben ihn zu sich gerufen, lassen Sie ihn zunächst sitzen. Erst wenn er ruhig sitzt, leinen Sie ihn ebenso ruhig an und loben ihn anschließend. So wird auch das Anleinen zu einem »Highlight«. Viele Hundehalter greifen bereits mehr oder weniger hektisch nach dem Halsband, während der Hund noch im Kommen ist. Das mögen Hunde nicht und versuchen sich dann dem Anleinen zu entziehen. Das Anleinen wird dadurch negativ besetzt, was es aber nie sein sollte.

Ableinen: Sie gehen dabei ähnlich vor wie beim Anleinen. Lassen Sie den Hund sitzen und leinen ihn ab (anfangs eventuell leicht am Halsband festhalten). Nun sollte er so lange sitzen bleiben, bis Sie ihm mit dem Auflösungshörzeichen »Lauf« erlauben aufzustehen. Er darf nicht das »Klick« des Ableinens als Startzeichen zum Losstürmen verstehen – Sie möchten ja sicher, dass er später auch ohne Leine seine Übungen absolviert.

Ideal wäre es, wenn der Vierbeiner vor der Auflösung noch kurz Blickkontakt zu Ihnen aufnimmt. So gibt es für das ruhige Warten und Konzentrieren auf den Besitzer als Belohnung die »Freiheit«. Was Ihr Hund lernt, wenn Sie ihn ableinen, obwohl er an der Leine zieht und zerrt, brauche ich Ihnen unterdessen sicher nicht mehr zu sagen!

△

Zum An- und Ableinen lassen Sie den Hund am besten sitzen. Er soll dann jeweils so lange sitzen bleiben, bis Sie dies durch ein weiteres Signal aufheben.

Wenn's Schwierigkeiten gibt

Weicht Ihr Hund beim Anleinen aus, lassen Sie ihn nur noch mit einer mehrere Meter langen Schnur oder Leine laufen, die er hinter sich herzieht. Bevor Sie ihn anleinen möchten, treten Sie auf das Ende und rufen dann den Hund zu sich. Verfahren Sie so, wie links beschrieben, und gehen Sie wirklich bewusst ruhig vor. So lernt der Vierbeiner, dass er Ihnen nicht »entkommen« kann und dass Anleinen nichts »Böses« ist.

Klappt das Ableinen nicht, ist vielleicht die Ablenkung zu hoch. Üben Sie zunächst ohne jegliche Ablenkung. Möglicherweise beherrscht Ihr Hund ja auch das Sitzen und die Aufmerksamkeitsübung noch nicht so gut. Dann trainieren Sie diese Übungen noch mal.

Was der Welpe sonst noch lernen muss

Mit dem Aufbau der Bindung und dem Training der Grundübungen zum Gehorsam ist das Lernpensum Ihres kleinen Rackers noch nicht zu Ende.

Den Körper abtasten lassen

Ihr Vierbeiner muss sich von Ihnen jederzeit überall anfassen lassen. Schließlich kann er sich mal einen Dorn eintreten oder eine Zecke einfangen. Oder er muss etwa wegen einer Ohrenentzündung vom Tierarzt untersucht werden. Ist er das nicht gewöhnt und hat er auch noch Schmerzen, wird der Tierarztbesuch für alle Beteiligten zum Stress.

So klappt es: Kontrollieren Sie »prophylaktisch« mehrmals in der Woche bei Ihrem Welpen die Ohren, die Augen und das Gebiss. Untersuchen Sie seine Pfoten, auch zwischen den Zehen, und »nesteln« Sie ein wenig im Fell herum. Dadurch gewöhnen Sie ihn an diese Art der Berührungen. Wählen Sie für diese Tätigkeit ein beliebiges Hörzeichen, mit dem Sie dem Welpen dann immer signalisieren, was nun kommt. Machen Sie diese kleinen Übungen am besten dann, wenn der Welpe müde ist. Wichtig: Loben Sie ihn, wenn er sich alles brav »gefallen« ließ.

Wenn's mal nicht klappt: Wehrt sich der Welpe, machen Sie mit der gerade begonnenen Übung, zum Beispiel der Pfotenkontrolle, ruhig so lange weiter, bis er sich ganz oder zumindest einigermaßen beruhigt hat. Dann hören Sie für dieses Mal auf. Lernt er nämlich, dass er sich der Kontrolle mit Herumgehampel entziehen kann, wird er diese Taktik verstärkt anwenden. Achten Sie das nächste Mal darauf, dass er wirklich müde ist.

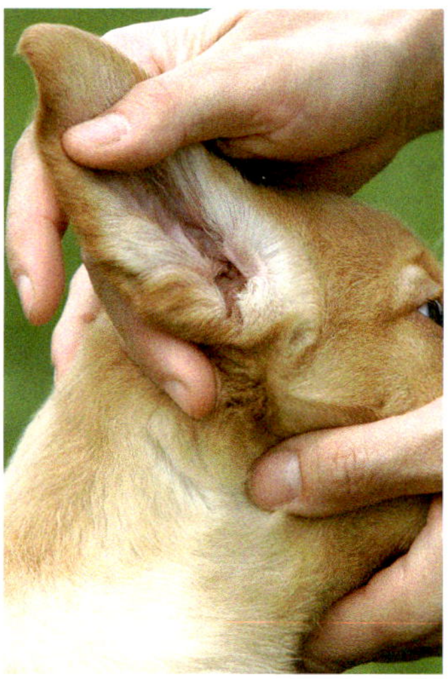

▷ *Ihr Hund sollte sich von Ihnen jederzeit überall anfassen lassen. Üben Sie das mit Ohren, Pfoten, Zähnen, Fell usw. regelmäßig und am besten schon ab dem Welpenalter. Damit verhindern Sie auch, dass die Besuche beim Tierarzt in Stress ausarten.*

Keinen Unrat fressen

Viele Welpen sind lebende »Müllschlucker«. Das kann gefährlich werden. Außerdem ist es meist recht unappetitlich, lässt sich aber oft nicht so leicht abstellen.

So klappt es: Versuchen Sie es mit einem Abbruchsignal (→ Seite 248). Das hilft auch in anderen Situationen, in denen Sie unerwünschtes Verhalten unterbrechen möchten.

▷ Nehmen Sie eine Hand voll Leckerchen. Geben Sie dem Kleinen einige nacheinander aus der offenen Hand. Hat er vier, fünf bekommen, legen Sie das nächste auf die Hand. Kurz bevor er es nimmt, schließen Sie die Hand abrupt und sagen dann zum Beispiel »Stopp«. Frustriert sitzt er nun da und wartet. Bohrt er in Ihrer Hand, warten Sie, bis er damit aufhört. Nun loben Sie ihn und geben ihm mit der anderen Hand ein Leckerchen.

▷ Das machen Sie ein paar Mal am Tag und einige Tage hintereinander. Damit erreichen Sie, dass er auf »Stopp« auch aus der offenen Hand nichts nimmt.

▷ Klappt das zuverlässig, lassen Sie ein Leckerchen direkt bei sich auf den Boden fallen und sagen »Stopp«. Will Ihr Vierbeiner trotzdem danach schnappen, treten Sie rasch auf das Leckerchen – der Hund darf es keinesfalls erwischen. Geben Sie ihm dann mit der Hand ein anderes Häppchen.

▷ Hat der Vierbeiner gelernt, auf »Stopp« das Leckerchen nicht zu beachten, auch an verschiedenen Stellen, verlegen Sie die Übung nach draußen. Legen Sie, ohne dass der Hund zusieht, auf einem Feldweg oder einer Wiese einen »Köder« aus. So wissen Sie genau, wo etwas liegt, und können gezielt reagieren. Gehen Sie anschließend mit dem angeleinten Hundekind in diesen Bereich und beobachten Sie ihn gut. In dem Moment, in dem er den verlockenden Köder wahrgenommen hat, sagen Sie »Stopp«. Reagiert er und schaut oder kommt gar zu Ihnen, loben Sie ihn deutlich und belohnen ihn. Sie können ihn dann auch sitzen lassen und ihn für dieses erwünschte Verhalten belohnen.

Alternative: Ist Ihnen dieses Procedere zu aufwändig, können Sie auch versuchen, den Hund mit einem leichten Leinenimpuls samt knurrigem »Nein« zu beeindrucken. Aber immer, bevor er den »Köder« im Maul hat!

Wenn's mal nicht klappt: In Extremfällen, wenn er etwa ständig Steine fressen möchte, kann es notwendig werden, dem Hund zu seiner eigenen Sicherheit lange genug einen Maulkorb (→ Seite 227) anzuziehen, damit er sich daran gewöhnt, nichts aufzunehmen – auch wenn er es riecht und sieht.

Lernen, Gegenstände herzugeben

Auch wenn Sie noch so sehr darauf achten, kann es immer wieder mal geschehen, dass Ihr Welpe etwas im Mäulchen hat, das für ihn nicht geeignet ist. Sei es ein Spielzeug der Kinder oder eine tote Maus, die die Katze mit nach Hause brachte.

Wenn Sie nun drohend auf den Hund zulaufen und mit ihm schimpfen, erreichen Sie allenfalls, dass er sich samt Beute schnellstens aus dem Staub macht. Erwischen können Sie ihn höchstens noch, solange er noch recht jung ist. Außerdem rate ich von solchen Fang-Aktionen ab, wenn der Hund später vielleicht apportieren soll. Denn damit schaffen Sie es mühelos, dem Vierbeiner das Bringen sozusagen gleich im Vorfeld abzugewöhnen …

△
Dieser Vierbeiner hat angesichts des leckeren Häppchens sein Spielzeug bereitwillig abgegeben. Das klappt bei Welpen genauso wie bei erwachsenen Hunden.

So klappt es: Trägt der Hund etwas, das er nicht haben soll, sollten Sie auf alle Fälle versuchen, ihn mit interessanter Stimme zu sich zu locken. Am besten bewegen Sie sich dabei ein Stück vom Hund weg. Kommt er in Ihre Nähe, bieten Sie ihm im Austausch, je nach Vorlieben des Vierbeiners, ein leckeres Häppchen oder sein Lieblingsspielzeug an. Als Hörzeichen verwenden Sie beispielsweise »Aus« oder »Danke«.

Wenn's mal nicht klappt: Gibt der Welpe wirklich mal etwas nicht her und kann nicht »flüchten«, dann veranlassen Sie ihn durch den Schnauzgriff, sein Maul zu öffnen. Dazu umfassen Sie den Fang von oben und drücken mit den Fingern in dem Bereich hinter den Fangzähnen gegen seine Lefzen – nicht zu leicht, aber auch nicht zu fest und ohne Hektik. Nehmen Sie ihm den Gegenstand mit dem Hörzeichen »Aus« ruhig aus dem Maul und loben Sie ihn anschließend.

Verteidigen ist unerwünscht

Sie als Rudelführer müssen Ihrem Vierbeiner aber jederzeit etwas wegnehmen können, ohne dass er Sie anknurrt. Beugen Sie vor!

So klappt es: Sobald Ihr Welpe auf Ruf bei Mahlzeiten zuverlässig kommt (→ Seite 85), lassen Sie ihn zunächst sitzen, bevor Sie ihm den Napf auf den Boden stellen. Er muss so lange sitzen bleiben, bis Sie ihm per Auflösungshörzeichen (→ Seite 85) die Erlaubnis zum Fressen geben. Hin und wieder sollten Sie im Napf rühren, während der Hund frisst, und ruhig in seiner Nähe bleiben.

Nehmen Sie ihm auch sein Spielzeug oder einen Kauknochen gelegentlich ab. Verfahren Sie dabei so, wie auf Seite 97 unter »Lernen, Gegenstände herzugeben« beschrieben.

Wenn's mal nicht klappt: Knurrt der Welpe dabei, dürfen Sie sich nicht davon beeindrucken lassen. Sie müssen weiter machen, sonst heißt es 1:0 für den Hund. Er bekommt den Kauknochen oder das Spielzeug erst wieder, wenn er sich freundlich verhält.

Was ich gerade beschrieben habe, gilt nur für Welpen. Verteidigt ein älterer Hund sein Futter oder dergleichen, lesen Sie dazu bitte auf Seite 251 weiter.

Lernen, alleine zu bleiben

Da Sie der Vierbeiner nicht überallhin begleiten kann, muss er lernen, auch mal einige Stunden alleine zu bleiben.

So klappt es: Achten Sie schon beim Welpen darauf, dass er innerhalb der Wohnung eine gewisse Distanz zu Ihnen aushalten kann. Wenn Sie zum Beispiel ins Bad gehen, muss er nicht mit. Jammert er, sollten Sie so lange im Badezimmer bleiben, bis er ruhig ist. So lernt er, dass »Geschrei« nichts bringt. Würden Sie zu ihm gehen, wenn er jault, wird er das, zur »Freude« Ihrer Nachbarn, vermutlich weiter verstärken. Die meisten Welpen akzeptieren allerdings diese Distanz von Anfang an.

Zum Üben können Sie auch eine Box verwenden (→ Seite 75). Bleiben Sie zunächst in der Nähe des Welpen, dann gehen Sie auch mal kurz aus dem Zimmer. Sagen Sie dabei, auch später, zum Beispiel »Warten«.

Erst wenn der Welpe innerhalb der Wohnung problemlos aushält, dass Sie nicht im gleichen Raum sind, gehen Sie ein paar Minuten ohne ihn aus dem Haus. Wählen Sie dazu am besten eine Zeit, in der der Kleine müde ist, aber nicht schon im Tiefschlaf liegt, sonst merkt er ja nichts von der Übung. Sagen Sie »Warten«, tragen zum Beispiel den Müll hinaus und bleiben einige Minuten draußen. Ist er ruhig, kommen Sie zurück. Jault er, kommen Sie erst zurück, wenn er einige Momente ruhig ist.

Dehnen Sie das Alleinbleiben langsam aus, machen Sie aber weder ums Weggehen noch um das Zurückkommen viel Aufhebens. Das Alleinbleiben soll für den Hund etwas ganz Normales sein. Als Faustregel gilt: Mit sechs Monaten kann der Hund etwa drei bis vier Stunden alleine bleiben.

Wenn's mal nicht klappt: Haben Sie doch auf sein Jaulen reagiert? Oder war der Welpe noch zu aktiv? Warten Sie, bis er müde ist. Hier noch ein Trick: Versuchen Sie es zunächst im Auto. Steigen Sie aus zu einem Kurzeinkauf und sagen Sie »Warten«. Im Auto bereitet das Alleinbleiben vielen Hunden keine Probleme. Nach einigen »Einkaufsfahrten« probieren Sie es dann zu Hause

TIPP

Besuch beim Tierarzt

Planen Sie einen »Sozialisierungsbesuch« beim Tierarzt ein. Hier soll der Welpe Tierarzt und Praxis ohne eine Spritze, Schmerzen oder ein sonstiges negatives Erlebnis kennen lernen. Haben Sie schon das Körperabtasten geübt, wird ihm auch eine »Übungsuntersuchung« durch den Tierarzt nichts ausmachen.

Kleine Übungen für mehrere Welpen

Schon der Welpe sollte erfahren, dass Artgenossen nicht immer »Halligalli« bedeuten. Auch wenn ein anderer Vierbeiner in der Nähe ist, sollte sich der Welpe auf seinen Zweibeiner konzentrieren. Ideal ist es, wenn Sie ein oder zwei Hundebesitzer kennen, die ebenfalls einen Welpen haben, dann können Sie ja gemeinsam ein paar Übungen machen. Ich weiß, dass es netter ist, sich zu unterhalten und dabei dem Spiel der putzigen Welpen zuzusehen. Doch glauben Sie mir, es könnte sich später rächen, wenn Sie versäumen, mit Ihrem Welpen auch ein wenig unter »tierischer« Ablenkung zu trainieren. Deshalb mein Rat: Überwinden Sie sich und legen Sie vor dem Spielen und zwischendurch ein paar kleine Übungen mit allen Welpen ein, die der Kleine allein schon kann.

Aufmerksamkeit üben: Stellen Sie sich mit ein paar Metern Abstand zueinander auf. Ignorieren Sie, wenn die Welpen zueinander zerren. Sobald sie damit aufgehört haben, macht jeder seinen Welpen auf sich aufmerksam und übt den Blickkontakt.

Sitz und Platz: Üben Sie gemeinsam das eine oder andere Sitz oder Platz. Achten Sie darauf, dass die Abstände groß genug sind, sonst lenken sich die Welpen gegenseitig ab.

Bei Fuß: Üben Sie miteinander Bei-Fuß-Gehen. Mit Leckerchen klappt es besser. Dehnen Sie aber die Übung nicht zu lange aus. Auch hier bitte wieder auf entsprechend große Abstände achten. Gehen Sie nicht direkt aufeinander zu oder knapp aneinander vorbei!

Mensch-Hund-Spiel: Dabei spielt jeder Besitzer mit seinem Welpen – am besten an lockerer Leine, damit er nicht zum anderen Welpen laufen kann. Animieren Sie ihn mit Spielzeug und spannender Stimme, mit Ihnen zu spielen. Wichtig: Wählen Sie den Abstand zu den anderen Teams groß genug! Hören Sie auf, solange der Kleine noch begeistert mitmacht. Das können auch nur ein, zwei Minuten sein. Hat er keine Lust, sollten Sie das Spielen zu Hause erst noch fördern (→ ab Seite 187).

Richtig ableinen: Vergessen Sie bitte nicht, den Jungspund nach den kleinen Übungen kontrolliert abzuleinen (→ Seite 95). Halten Sie ihn gegebenenfalls noch leicht am Halsband fest. Animieren Sie ihn zu einem kurzen Blickkontakt mit Ihnen, dann darf er flitzen und mit den anderen Welpen spielen.

1

2

1 *Noch ziehen die Welpen an der Leine zum Spielkameraden. Nun ist es wichtig, dass die Besitzer kommentarlos stehen bleiben, keinen Schritt mitgehen und nicht mehr Leine geben.*

2 *Nach kurzer Zeit haben die Welpen begriffen, dass Zerren nichts bringt, und hören damit auf. Jeder konzentriert sich jetzt bereitwillig auf seinen Zweibeiner.*

Auf dem Weg zum Familienhund

Haben Sie die Welpenzeit optimal genutzt, haben Sie den Grundstein für das weitere Zusammenleben mit Ihrem Hund gelegt. Jetzt können Sie die Grunderziehung ausbauen.

NUN HEISST ES AM BALL zu bleiben, damit das bisher Gelernte gefestigt und vertieft wird. Alles, was der Hund gut beherrscht, müssen Sie in den nächsten Monaten ausbauen und unter zunehmender Ablenkung trainieren. Aber bitte immer so, dass der Hund nicht überfordert wird. Ihre Signale sollte der Vierbeiner möglichst sofort befolgen. Er hat über positive Bestärkung gelernt, welche Übung er wie machen soll. Nun bauen Sie die Leckerchen allmählich ab. Für »banale« Übungen wie »Sitz« loben Sie ihn nur noch mit der Stimme, ein einfaches »Platz« können Sie mal mit Häppchen belohnen, mal nicht.

Die Bindung weiter vertiefen

Die Bindungsspaziergänge in der Welpenzeit, die gezielte Beschäftigung mit dem Hundekind durch Spiel, Kontaktliegen usw. haben sich gelohnt: Ihr Kleiner hat sich Ihnen schön angeschlossen. Nun wird er aber älter und somit auch unabhängiger. Deshalb dürfen Sie sich nun nicht auf Ihren Lorbeeren ausruhen. Spielen mit dem Hund und soziale Kommunikation durch Kontaktliegen, Bürsten oder gezieltes Streicheln sind weiterhin wichtig – eigentlich das ganze Hundeleben lang. Unternehmen Sie viel alleine mit dem Hund und beschäftigen Sie sich unterwegs mit ihm. Spielen Sie mit ihm, erkunden Sie ähnlich wie in der Welpenzeit besonderes Gelände. Lassen Sie ihn über Baumstämme balancieren, rufen Sie ihn über nicht zu anspruchsvolle Hindernisse (etwa einen nicht zu dicken, liegenden Baumstamm, Schneehaufen und Ähnliches) zu sich. Und bauen Sie zwischendurch ein paar Übungen ein. Alles, was ihm Spaß macht und wozu er Sie braucht, festigt die Bindung.

Richtungsänderungen einbauen

Nach wie vor können Sie ähnlich wie in der Welpenzeit in die Bindungsspaziergänge Richtungsänderungen einbauen. Der Junghund wird zwar nicht mehr so an Ihrem Schuh kleben wie noch vor ein paar Wochen, er darf auch durchaus ein paar Meter vorauslaufen, sollte aber immer wieder von selbst nach Ihnen schauen. Ich weiß, dass es schwierig ist, immer in fremdem Gelände unterwegs zu sein. Deshalb rate ich Ihnen, auf Ihrer gewohnten Strecke »Überraschungen« für den Hund einzubauen. Indem Sie zum Beispiel plötzlich umkehren, ohne etwas zu sagen, und in die andere Richtung weitergehen. Das empfiehlt sich gerade dann, wenn der Hund weiter weg etwas Interessantes gesehen hat. Oder biegen Sie an einer Weggabelung gerade nicht in die Richtung ab, die Ihr Vierbeiner »vorgeben« wollte. Ist er Ihnen nachgekommen, drehen Sie nach ein paar Metern wieder in die Richtung um, in die Sie eigentlich wollten. Tipp: Bauen Sie solche »Überraschungen« nicht immer an denselben Stellen ein!

Kontakt mit anderen Hunden

Sicher ist es wichtig, dass Ihr Vierbeiner mit Artgenossen Kontakt hat und spielen kann (→ auch Seite 17). Aber warum bei jeder Begegnung? Es gehört zu seinem Lernprogramm, nur dann mit anderen Hunden zu spielen, wenn Sie es erlauben, bzw. an anderen angeleinten Hunden vorbeizugehen, ohne mit ihnen Kontakt aufzunehmen. Darf er zu jedem Hund hin, wird er auch dann darauf bestehen, wenn der Artgenosse auf der anderen Straßenseite läuft …

Spielt Ihr Junghund mit einem Artgenossen, rate ich Ihnen, nicht jedes Mal stehen zu bleiben, bis er fertig ist. Gehen Sie einfach weiter. Ist Ihr Hund gewohnt, selbst darauf zu achten, dass er Anschluss an den »Rudelführer« hält, wird er das auch im Spiel mit Artgenossen tun. Und sehr wahrscheinlich wird er Ihnen nach kurzer Spielzeit von selbst folgen.

INFO

Spielen ist Lernen

Beim Spielen zählt nicht nur der Spaßfaktor. Spielen mit »seinem« Menschen fördert die Bindung, bedeutet für den Junghund aber auch das Lernen von sozialem Miteinander und ist so Teil der Erziehung. Erlernt werden muss etwa die Beißhemmung (→ Seite 259). Spielen sollte daher einen festen Platz im Tagesablauf haben.

So führen Sie Sichtzeichen ein

Wie ich bereits auf Seite 45 erklärt habe, spielt die Körpersprache bei der Verständigung der Hunde untereinander wie auch zwischen Hund und Mensch eine große Rolle. Diese Form der Kommunikation können Sie besonders nutzen und neben insgesamt deutlichen Körperbewegungen auch ⊙ SICHTZEICHEN (Seite 272) mit der Hand in die Erziehung Ihres Vierbeiners einbauen.

Sichtzeichen haben den Vorteil, dass sie Abwechslung ins Training bringen und die Aufmerksamkeit des Hundes fördern. Sichtzeichen können das verbale Signal zusätzlich unterstreichen, indem Sie den Hund zum Beispiel beim Bleib im Sitz oder Platz aus der Entfernung mit dem entsprechenden Sichtzeichen unterstützen. Sie können das Hörzeichen aber auch ersetzen. Mit Sichtzeichen können Sie dem Hund zum Beispiel bedeuten, bei Fuß zu gehen, ohne Ihr Gespräch unterbrechen zu müssen.

Das ist wichtig: Die einzelnen Sichtzeichen müssen so eindeutig sein, dass sie der Vierbeiner problemlos zuordnen kann. Den Grundstein dafür legen Sie bei den Grundkommandos fast automatisch durch den gezielten Einsatz der Leckerchen und wie Sie dabei Ihre Hand führen.

So klappt die Übung

▷ Um dem Hund ein Sichtzeichen (→ rechts) beizubringen, benutzen Sie es anfangs immer zusammen mit dem verbalen Signal. Nach einer gewissen Zeit reagiert der Hund dann sowohl allein auf das Sichtzeichen als auch nur auf das verbale Signal. Sie erziehen ihn somit »zweisprachig«.

▷ Wollen Sie einem älteren Hund Sichtzeichen beibringen, der bisher nur verbale Signale kennt, nennen Sie zuerst das Hörzeichen und zeigen ihm anschließend das Sichtzeichen. Voraussetzung ist, dass er die verbalen Signale gut beherrscht.

Beenden Sie bitte ein Sichtzeichen rechtzeitig, indem Sie die Handhaltung ändern, sobald der Hund die gewünschte Position eingenommen hat, spätestens aber, wenn die Übung zu Ende ist bzw. ein anderes Kommando folgt. Und bitte nicht vergessen: Klappt eine Übung zuverlässig, bauen Sie die Leckerchen ab oder verwenden Sie sie variabel, wie bei den Übungen von Seite 83 bis 95 beschrieben.

Sichtzeichen, die wichtig sind

▷ **Sitz:** Die Hand ist deutlich nach oben gerichtet, egal, ob Sie ein Leckerchen halten oder nicht. Ob Sie nun dafür den »erhobenen Zeigefinger« verwenden oder die ganze Hand heben, bleibt Ihnen überlassen. Die ganze Hand ist jedoch ein deutlicheres Signal. Auch wie hoch Sie die Hand heben, können Sie für sich entscheiden. Soll der Hund auf Entfernung sitzen (→ Seite 137) oder wollen Sie ihn beim Bleib unterstützen, rate ich: Je höher, desto besser – der Hund schaut nach oben, sein Hinterteil geht nach unten.

▷ **Platz:** Ihr Hund beherrscht das »Sitz« auf Sichtzeichen. Machen Sie nun, ähnlich wie schon beim Welpen, eine abwärts gerichtete Bewegung mit dem Arm und der flachen Hand und sagen Sie »Platz«. Anfangs ist die Bewegung sehr deutlich und die Hand geht bis zum Boden, mit der Zeit reicht eine kleinere Abwärtsbewegung. Damit »drücken« Sie den Hund optisch nach unten.

▷ **Bei Fuß:** Klopfen Sie sich beim Start und während des Bei-Fuß-Gehens mit Leckerchen immer mal wieder mit der Hand gegen den Oberschenkel und sagen Sie gleichzeitig »Bei Fuß«. Tun Sie das aber nur, wenn der Vierbeiner konzentriert mitläuft. Auch ohne Leckerchen versteht er dieses Signal mit der Zeit als Aufforderung, bei Fuß zu laufen. Besonders, wenn Sie eine Wendung gehen, bei der der Hund außen mitläuft, motiviert dieses Signal den Hund zusätzlich.

▷ **Bleib:** In dem Moment, in dem Sie »Bleib« sagen, halten Sie dem Hund kurz die flache Hand senkrecht vor das Gesicht. Dafür brauchen Sie kein Leckerchen. Der Hund soll weder Ihrer Hand noch Ihnen folgen, das Sichtzeichen dient als eine Art Stoppschild.

▷ **Hier:** Wenn Sie den Hund zu sich rufen, werden Sie das in erster Linie mit Worten tun. Denn wenn er Sie nicht ansieht, können Sie ihm auch kein Sichtzeichen geben. Aber Sie können das Kommen, während er unterwegs zu Ihnen ist, zusätzlich mit Sichtzeichen unterstützen, indem Sie sich zum Beispiel auf den Bauch klopfen (→ Foto Seite 112 oben) oder die Arme seitlich leicht nach unten gerichtet ausstrecken. Hat der Vierbeiner das Signal nach einiger Zeit gelernt, können Sie ihn ab und zu als reines Training aus dem Sitz nur mit dem Sichtzeichen zu sich rufen.

▷ **Weitere Sichtzeichen:** Grundsätzlich können Sie Ihrem Vierbeiner zu jedem Hörzeichen auch ein entsprechendes Sichtzeichen beibringen. Überlegen Sie aber vorher genau, wie es am besten aussehen könnte, damit der Hund es auch versteht.

Wenn's mal nicht klappt

Vielleicht haben Sie zu viele Sichtzeichen auf einmal in Angriff genommen. Oder Ihr Hund ist damit noch gar nicht vertraut, dann ist ihm das vermutlich zu viel. Üben Sie eines nach dem anderen ein. Überprüfen Sie, ob er die verbalen Signale zuverlässig beherrscht und gut unterscheiden kann.

Testen Sie bei Problemen auch, ob Sie die »Zeichensprache« deutlich genug einsetzen. Ich stelle immer wieder fest, dass gerade der erhobene Zeigefinger häufig für alles Mögliche verwendet wird. Viele Hundehalter neigen dazu, dieses Sichtzeichen unbewusst immer dann zu verwenden, wenn sie dem Hund etwas besonders eindringlich sagen möchten – egal, um welche Übung es sich gerade handelt. Für den Hund wird es dann natürlich schwierig herauszufinden, worauf er nun wie reagieren soll.

1 *So sieht das Sichtzeichen für »Sitz« aus. Bei einer nach oben gerichteten Handbewegung schaut der Hund nach oben, das Hinterteil geht fast automatisch nach unten.*
2 *Das Sichtzeichen für »Platz« – eine abwärts gerichtete Handbewegung – veranlasst den Vierbeiner, sich nach unten zu orientieren und sich dadurch ins Platz zu legen.*
3 *Halten Sie bei der »Bleib«-Übung dem Hund beim Weggehen die flache Hand einen Moment lang vor das Gesicht, so wirkt das auf ihn wie eine Art Stoppschild.*

Trainieren in der Nähe von anderen Tieren

Ihr Hund kann sich in Gefahr bringen oder sogar Schaden anrichten, wenn er beispielsweise einem Huhn oder einem anderen Tier hinterherläuft. Meist geschieht das gerade dann, wenn Sie nicht darauf vorbereitet sind und durch die »Schrecksekunde« nicht mehr rasch genug reagieren können. Mit gezieltem Training lässt sich der Gehorsam des Hundes festigen, sodass Sie ihn auch in solchen Situationen besser unter Kontrolle haben.

Voraussetzungen: Ihr Vierbeiner sollte alle Grundkommandos zumindest ohne größere Ablenkung sicher und zuverlässig beherrschen. Ist in Ihrer Nähe ein Hof mit Geflügel, ein Teich mit Enten oder vielleicht ein Wildpark? Oder leben hundegewohnte Katzen in Ihrer Umgebung? Das wären sehr günstige Übungsbedingungen.

So funktioniert's

Stimmen Sie Ihren Hund zunächst auf »Arbeit« ein, indem Sie ohne Ablenkung durch andere Tiere ein paar Übungen machen. Ist er schön konzentriert, gehen Sie mit ihm in Richtung Ihrer »Übungsobjekte«, bleiben aber noch weit genug entfernt. Ihr Vierbeiner soll die Tiere zwar bemerken, seine Aufmerksamkeit aber trotzdem auf Sie richten können. Lassen Sie ihn dabei unbedingt an der Leine, damit er nicht durchstarten kann.

▷ **Aufmerksamkeit üben:** Setzen Sie Ihren Hund nun neben sich und motivieren Sie ihn, einige Momente Blickkontakt mit Ihnen zu halten. Belohnen Sie ihn dafür.

▷ **Bei Fuß gehen:** Dann üben Sie zum Beispiel Bei-Fuß-Gehen mit ihm. Gehen Sie zunächst von den Tieren weg. Klappt das, versuchen Sie, parallel zur »Beute« zu gehen. So nimmt der Vierbeiner die Tiere schon besser wahr. Klappt auch das, gehen Sie ein Stück auf die Tiere zu. Wenn nötig, nehmen Sie zunächst noch Leckerchen zu Hilfe.

▷ **Sitz und Platz üben:** Nun üben Sie, dass Ihr Hund längere Zeit ruhig neben Ihnen sitzen bzw. auch im Platz liegen bleibt. Das ist jetzt schon etwas schwieriger, weil der Hund nicht mehr in Bewegung ist wie beim Bei-Fuß-Laufen und nicht durch Fordern von

1

Trotz der Schafe im Hintergrund achtet dieser Hund auf seine Besitzerin. Vor allem wenn Ihr Hund am Jagen interessiert ist, sollten Sie »tierische Begegnungen« zum Üben nutzen.

2

Üben Sie Bei-Fuß-Gehen zum Beispiel auch so, dass Sie zwischen dem Hund und den Schafen gehen. Halten Sie so viel Abstand zur tierischen Ablenkung, dass der Hund entspannt läuft.

Blickkontakt abgelenkt wird. Er hat jetzt also Zeit, sich auf die »Beutetiere« zu konzentrieren. Achten Sie bitte darauf, dass der Hund jeweils parallel und nah an Ihrer Seite sitzt bzw. liegt (→ Seite 106). Üben Sie nun wie oben unter Bei-Fuß-Gehen beschrieben: zuerst mit dem Rücken zu den Tieren, dann parallel dazu. Kann Ihr Vierbeiner ganz entspannt sitzen oder im Platz liegen, ohne sich den Kopf nach der »Beute« zu verrenken, üben Sie so, dass er die Tiere im Blickfeld hat. Aber bitte in angemessenem Abstand!

▷ **Bleiben:** Sitz und Platz im Bleib ist noch einen Tick schwieriger, denn Ihr Vierbeiner soll ruhig sitzen oder liegen bleiben, während Sie ein Stück von ihm entfernt sind. Behalten Sie auch jetzt die Reihenfolge aus den vorangegangenen Übungsvarianten bei – also zuerst von den Tieren abgewandt üben, dann parallel zu ihnen. Erst wenn diese Variationen klappen, setzen oder legen Sie den Hund mit direktem Blick auf die »Beute« ab. Üben Sie zunächst mit einer kleineren Distanz zwischen Ihnen und Ihrem Vierbeiner und einer kürzeren Dauer, als es ohne Ablenkung durch Tiere geht. Mit zunehmendem Fortschritt dehnen Sie beides allmählich wieder aus.

3

Beim »Bleib« legen Sie den Hund zuerst so ab, dass er keinen direkten Blick auf die Schafe hat. Sitzt der Gehorsam sehr zuverlässig, können Sie ohne Leine üben.

Klappt die Übung nicht?

Testen Sie, ob die Übungen ohne tierische Ablenkung wirklich schon zuverlässig genug sitzen. Bevor das nicht der Fall ist, kann es natürlich mit einer so reizvollen Ablenkung nicht klappen. Dann heißt es also gegebenenfalls »Back to the roots!«. Vielleicht waren Sie ja zu »risikofreudig« und haben sich schon zu nahe an die tierische Ablenkung gewagt. Halten Sie zunächst mehr Abstand.

Neigt Ihr Hund zum Durchstarten und nimmt Kurs auf die »Beute«? Eine Hundebesitzerin fragte mich einmal, was sie denn tun könnte, wenn ihr Hund Enten scheucht. Sie käme auf ihrem täglichen Spaziergang an einem Bach vorbei, auf dem immer Enten sind. Und jedes Mal startet ihr Hund durch und kommt dann auch nicht mehr auf Ruf zu ihr zurück. Eigentlich ist dieses Problem einfach zu lösen, nämlich den Hund rechtzeitig, wenn nötig schon 200 Meter oder mehr vor der betreffenden Stelle, anzuleinen. So verhindert man unerwünschten Jagderfolg des Hundes und kann die Situation gleich super zum gezielten Üben nutzen.

Vermeiden Sie zum Beispiel auch, dass Ihr Vierbeiner Krähen und andere Vögel aufscheucht und Katzen jagt. Das machen ja viele Hunde sehr gern. Denn hat er trotz des Trainings zwischendurch immer wieder derart lustvolle Jagderlebnisse, schmälert das den Erfolg des Trainings erheblich. Nutzen Sie solche Situationen besser auch gleich zum Üben (falls die Vögel länger am Boden bleiben) oder lenken Sie die Aufmerksamkeit des Hundes rechtzeitig mit Spielzeug oder Leckerchen auf sich. Ist beides noch nicht möglich, meiden Sie solche Stellen lieber oder leinen den Hund, wie bei dem oben genannten Beispiel, rechtzeitig an.

Klappt die Übung gar nicht, dann gehört Ihr Vierbeiner wahrscheinlich zu denen, die einen sehr starken Jagdinstinkt (→ Seite 266) in ihren Genen haben, oder es spielen noch andere Ursachen mit hinein. Lesen Sie dazu mehr auf Seite 243 über das Jagen.

Für längere Zeit im Sitz und Platz bleiben

Diese Übung ist immer dann nützlich, wenn der Hund eine Zeit lang ruhig neben Ihnen sitzen und warten muss. Etwa, wenn Sie eine Straße überqueren wollen, und die Ampel steht auf Rot oder der Verkehr ist zu dicht. Ansonsten könnte es für ihn und auch für Sie gefährlich werden. Sind Sie in einem Café oder zu Besuch, sollte der Hund dort nicht herumlaufen, sondern bei Ihnen liegen bleiben können. Wie es sonst enden kann, erzählte mir eine Bekannte: Der Hund ihres Besuches lief in der fremden Wohnung umher und fand bei dieser Gelegenheit in einem anderen Zimmer den Apfelkuchen für den Nachmittagskaffee. Unbemerkt verleibte er sich von diesem mehr als die Hälfte ein ...

Voraussetzungen: Ihr Vierbeiner sollte Sitz und Platz an sich zuverlässig und ohne Leckerchen können. Außerdem ist es günstig, wenn er vor einem Restaurantbesuch oder bevor Sie ihn zu anderen Leuten mitnehmen, genug Auslauf und Beschäftigung hatte. So fällt es ihm leichter, sich länger ruhig zu verhalten. Bei beiden Übungsvarianten ist es sehr wichtig, dass Sie selbst viel Ruhe ausstrahlen.

So klappt die Übung

▷ **Sitzen:** Zunächst können Sie wieder zum Leckerchen als positive Verstärkung greifen. Lassen Sie den Hund ohne Ablenkung und ohne Leckerchen an Ihrer Seite sitzen. Achten Sie darauf, dass er parallel zu Ihnen sitzt, damit er sich später, wenn Sie mit mehr Ablenkung üben, nicht so hinsetzt, dass er die Ablenkung gut im Blick hat und sich darauf konzentriert. Sitzt der Hund, warten Sie einige Momente. Wie lange, hängt vom Hund ab. Einen ruhigeren Typ können Sie anfangs länger sitzen lassen als ein Temperamentsbündel. Beenden Sie die Übung mit einem Leckerchen, noch bevor der Hund unruhig wird. Bitte unbedingt beachten: Er bekommt es jetzt also nicht mehr in dem Moment, in dem er sich setzt, sondern erst am Ende der länger ausgeführten Übung. Der Hund lernt dadurch, dass sich längeres Sitzen lohnt.

Dehnen Sie die Dauer langsam auf ein paar Minuten aus und bauen Sie allmählich Ablenkungen ein. Wenn Sie unterwegs zum Beispiel jemanden treffen, mit dem Sie sich unterhalten möchten, lassen Sie Ihren Vierbeiner währenddessen neben sich sitzen. Belohnen Sie ihn dafür wieder eine Zeit lang jedes Mal, dann variabel, also zunächst mit, dann auch immer mal wieder ohne Leckerchen.

▷ **Platz:** Hier gehen Sie im Prinzip wie beim längeren Sitzen vor. Wichtig: Wollen Sie Ihren Vierbeiner mit einem Leckerchen belohnen, bekommt er es erst am Ende der Übung, also kurz bevor Sie das Platz auflösen. Geben Sie es ihm aber ganz am Boden, damit er sich nicht nach oben orientiert. Geben Sie auch hier Belohnungshäppchen variabel (→ oben). Klappt die Übung ohne Ablenkung, bauen Sie auch leichtere Ablenkungen ein, indem Sie zum Beispiel in der Nähe von Personen üben.

Wenn die Übung Schwierigkeiten bereitet

Überdenken Sie, ob Sie genug Ruhe ausstrahlen oder ob der Hund noch zu »energiegeladen« ist. Haben Sie eventuell zu früh mit Ablenkung geübt oder die Dauer zu rasch gesteigert? Gehen Sie wieder einige Schritte zurück. Wenn Sie den Eindruck haben, dass Ihr Vierbeiner keine Lust hat, sitzen oder liegen zu bleiben, obwohl er die Übung an sich kann und nicht überfordert wird, haben Sie nun verschiedene Möglichkeiten: Bei sensiblen, unsicheren oder ängstlichen Hunden empfehle ich, noch längere Zeit ausschließlich über Belohnung für die richtige Übungsausführung zu arbeiten.

Dickköpfe und andere härter gesottene Vierbeiner sollten Sie auch »härter« korrigieren:

▷ **Sitzen:** Bringen Sie den Hund zum Beispiel durch Druck auf das Hinterteil sowie mit

1

Der Hund muss lernen, einige Minuten ruhig neben seinem Menschen liegen zu bleiben, ohne zwischendurch aufzustehen oder immer wieder daran erinnert werden zu müssen.

2

Ist der Vierbeiner lange genug ruhig im Platz liegen geblieben, bekommt er am Schluss der Übung, also kurz bevor Sie Ihren Hund wieder aufsitzen lassen, eine Belohnung.

3

Im Alltag ist es nützlich, dass Ihr Hund längere Zeit ruhig neben Ihnen sitzen kann, wenn Sie sich zum Beispiel unterwegs mit jemandem kurz unterhalten möchten.

4

Ein gut erzogener Hund bleibt auch dann länger ruhig bei Ihnen im Platz liegen, während Sie sich beispielsweise eine gemütliche Lesepause auf einer Parkbank gönnen.

einem strengen, aber ruhigen »Nein« rasch wieder in die Sitzposition.

▷ **Platz:** Steht der Hund aus dem Platz auf, gestalten Sie die Übung zum Beispiel so, dass der Hund unter Ihrem angewinkelten Bein Platz machen muss. So kann er nicht mehr aufstehen. Ist aber etwas anstrengend …
Stattdessen können Sie auch, wenn der Hund im Platz liegt, ein Bein auf die Leine stellen. Und zwar so, dass sie locker ist, wenn der Hund liegt, sich aber strafft, wenn er sich aufsetzen will. Sie sagen nichts. Er kann selbst entscheiden, ob er das aushalten möchte oder sich nicht doch lieber wieder bequem hinlegt.

Wichtig: Benützen Sie für diesen Korrekturvorschlag ausschließlich ein relativ breites Halsband ohne jegliche Zugwirkung, denn Starkzwang ist fehl am Platz.

Längeres »Bleib« mit größerer Distanz zu Ihnen

Diese Übung ist nützlich, wenn Sie zum Beispiel möchten, dass Ihr Hund während des Essens ein Stück entfernt vom Tisch liegen bleibt. Oder wenn Sie beispielsweise die Wohnung wischen und vermeiden wollen, dass Ihr Hund über den noch nassen Boden läuft.

Voraussetzungen: Ihr Vierbeiner sollte das »Bleib« im Sitzen und im Platz in einer Entfernung von drei bis vier Metern und etwa zwei Minuten lang ohne Probleme können.

Ihr Hund ist es nun schon gewohnt, dass Sie vor ihm stehen. Als Nächstes gewöhnen Sie ihn daran, dass Sie sich vor ihm bewegen.

So klappt »Sitz und Bleib«

▷ Der Hund ist angeleint. Lassen Sie ihn neben sich sitzen. Geben Sie das Signal für Bleib (verbal und Sichtzeichen) und entfernen Sie sich ein paar Schritte nach vorn vom Hund. Die Leine legen Sie in maximaler Länge nach vorn auf dem Boden aus. So haben Sie gegebenenfalls eine »Notbremse«, falls der Vierbeiner aufsteht, und Sie können ihn rasch wieder an die ursprüngliche Stelle bringen. Nun bleiben Sie einen Moment ruhig stehen. Ist der Hund entspannt, gehen Sie jetzt parallel zu ihm und ohne Hektik ein wenig hin und her. Richten Sie die Dauer nach Ihrem Hund und gehen Sie zu ihm zurück, solange er noch kein Zeichen von Ungeduld zeigt. Bauen Sie zunächst erst wieder die Dauer der Übung aus, dann auch die Distanz.

▷ Können Sie in mehreren Metern Entfernung zwei, drei Minuten hin- und hergehen, beginnen Sie einen Halbkreis um den Hund zu gehen. Erst wenn auch das klappt, ohne dass der Hund unruhig wird, dehnen Sie die Übung weiter aus, bis Sie schließlich den Hund ganz umkreisen. Dabei verschwinden Sie für einen Moment aus seinem Blickfeld. Bleibt er sitzen, ohne sich mit dem ganzen Körper mit Ihnen mitzudrehen, hat er bereits ein recht hohes Schwierigkeitsniveau erreicht. Gratuliere.

▷ Jetzt können Sie beginnen, diese Übung auch unter Ablenkung zu trainieren. Zum Beispiel auf einer Wiese neben einem Weg, auf dem einige Spaziergänger vorbeigehen.

1

Wollen Sie »Bleib« ausbauen, gewöhnen Sie den Hund zuerst daran, dass Sie vor ihm ohne Hektik hin- und hergehen. Zuerst nur ein paar Meter vor dem Hund, dann weiter entfernt.

2

Klappt das, beginnen Sie damit, den Hund zu umkreisen – zuerst ebenfalls wieder näher bei ihm, dann weiter weg. Der Hund darf den Kopf drehen, aber seinen Platz nicht verlassen.

»Bleib« mit Ablenkung beginnen Sie wieder auf niedrigem Niveau. Bleiben Sie etwas abseits des Weges ein paar Meter vor dem Hund stehen, während Spaziergänger vorbeigehen.

Bleibt Ihr Hund zuverlässig liegen, legen Sie ihn ein Stück neben dem Weg ab und Sie stellen sich auf die andere Seite; die Spaziergänger gehen nun zwischen Ihnen und dem Vierbeiner vorbei.

Oder auch zu Hause, wenn andere Familienmitglieder durch die Wohnung oder den Garten gehen.

»Platz und Bleib« trainieren

▷ Im Platz funktioniert die Übung nach dem gleichen Schema wie beim Sitzen. Und bitte denken Sie daran – wenn Sie zum Hund zurückgehen, muss er im Platz liegen bleiben. Sicherheitshalber können Sie beim Zurückgehen das Handzeichen für Platz zeigen oder noch mal »Platz« sagen. Erst wenn Sie wieder an seiner Seite stehen und das Signal für Sitz gegeben haben, darf sich der Hund setzen. Ich empfehle Ihnen, dabei zu variieren – mal darf er sich eher aufsetzen, mal bleibt er länger neben Ihnen im Platz. Je stärker Ihr Vierbeiner dazu neigt, zu früh aufzusitzen, desto länger warten Sie damit, ihn sitzen zu lassen.

▷ Bauen Sie auch im Platz allmählich Ablenkungen ein, sobald Sie Ihren Vierbeiner umkreisen können, ohne dass er Anzeichen von Unruhe zeigt.

Wenn die Übung mal nicht klappt

Bleibt der Vierbeiner nicht sitzen oder liegen, dann beherrscht er wahrscheinlich das Bleib an sich noch nicht genug. Gehört Ihr Hund zu denen, die schneller im Sitzen bleiben können als im Platz, dann rate ich Ihnen, zunächst nur das normale Platz noch eine Zeit lang zu üben, bevor Sie mit dem Bleib im Platz beginnen.

Klappt das Bleib mit Bewegung nicht so gut, kann es sein, dass Sie sich zu rasch und zu unruhig bewegen. Wichtig ist, betont ruhig und gelassen vor dem Hund auf- und abzugehen. Wird Ihr Hund während der Übung unruhig, dann zeigen Sie ihm zur Unterstützung das Handzeichen für Sitz bzw. Platz (→ Seite 102) und gehen zu ihm zurück.

Wenn der Hund unruhig ist oder aufsteht, sollten Sie auch überdenken, ob Sie ihn vielleicht unbewusst dazu veranlasst haben. Sprechen Sie nicht mit ihm, während Sie von ihm entfernt sind und solange er in der gewünschten Position ist. Schaut er in eine andere Richtung, ist das okay, solange er nicht aufsteht. Sprechen Sie ihn nämlich an, womöglich noch mit seinem Namen, oder machen Sie einen Locklaut, um ihn vermeintlich zu konzentrieren, kann er das leicht als Aufforderung missverstehen und aufstehen, um zu Ihnen zu kommen.

1 *Wenn Sie »Bei Fuß« unter Ablenkung üben, halten Sie zunächst Abstand zu Spaziergängern oder anderer Ablenkung, und bleiben Sie etwas abseits vom Weg.*
2 *Mit zunehmendem Können Ihres Vierbeiners verringern Sie die Entfernung zu den Ablenkungsreizen. Gehen Sie auf dem Weg und üben Sie auch dann, wenn wie auf dem Foto etwas mehr los ist.*

»Bei Fuß« mit Ablenkung

Diese Übung sollte der Hund auf jeden Fall beherrschen, wenn Sie mit ihm in der Öffentlichkeit unterwegs sind. Also zum Beispiel in der Stadt oder wenn etwa ein Reiter oder Jogger des Weges kommt.

Voraussetzungen: Ihr Hund sollte ohne Ablenkung und ohne Leckerchen zuverlässig bei Fuß gehen. Erst dann kann er es auch unter mehr Ablenkung lernen.

So klappt die Übung

▷ Üben Sie mit Ihrem angeleinten Vierbeiner zur Einstimmung kurz ohne Ablenkung. Dann suchen Sie zum Beispiel einen Weg, auf dem Spaziergänger oder ab und zu ein Radfahrer unterwegs sind. Bleiben Sie ein Stück neben dem Weg und üben Sie so in einem zunächst größeren Abstand zum Geschehen das Bei-Fuß-Gehen. Da dies eine schwierigere Situation ist, können Sie den Hund zunächst für das korrekte, konzentrierte Gehen wieder mit Leckerchen oder Spielzeug belohnen – je nach Typ für eine kürzere oder längere Strecke. Bitte beachten Sie dabei wieder, dass Sie den Hund nur dann belohnen, solange er ununterbrochen auf Sie achtet.

▷ Klappt die Übung, steigern Sie die Ablenkung allmählich. Gehen Sie nun näher an den Weg heran. Sie können parallel zum Weg üben oder auch im rechten Winkel dazu mal auf die Leute zu, mal wieder weg von ihnen.

▷ Lässt sich Ihr Vierbeiner nicht ablenken, üben Sie direkt auf einem Weg, auf dem mehrere Menschen entgegenkommen oder Sie überholen. Noch schwieriger wird es, wenn Sie an Passanten mit einem angeleinten Hund vorbeigehen. Zieht dieser zu Ihrem oder kläfft auch noch, wird die Übung zur echten Herausforderung. Vergrößern Sie gegebenenfalls den Abstand. Lässt sich Ihr Vierbeiner dennoch nicht ablenken, hat er eine Extraportion Belohnungshappen verdient, solange er noch aufmerksam neben Ihnen läuft.

Wenn die Übung mal nicht klappt

Überlegen Sie, ob der Hund das Bei-Fuß-Gehen ohne Ablenkung wirklich ganz verstanden und lange genug eingeübt hat. Falls nicht, sollten Sie erst noch eine Zeit lang üben. Vielleicht sind Sie ja auch zu passiv und deshalb zu »uninteressant« für Ihren Vierbeiner. Gehen Sie engagiert und motivieren Sie ihn so mit Ihrer Stimme, dass er Ihnen seine Aufmerksamkeit schenkt. Haben Sie die Ablenkung zu rasch gesteigert? Richtiges Bei-Fuß-Gehen erfordert viel Üben.

Den Hund kommen und vorsitzen lassen

Nehmen wir an, Sie haben eine Katze gesehen und konnten Ihren Hund noch rechtzeitig zu sich rufen. Ist er bei Ihnen, ist es auch zu seiner eigenen Sicherheit wichtig, dass er sich nicht sofort wieder nach der Katze umdreht und so vielleicht doch noch »durchstartet«.

Voraussetzungen: Ihr Vierbeiner sollte grundsätzlich auf »Hier« zuverlässig und freudig zu Ihnen kommen und das »Bleib und Sitz« längere Zeit und in größerer Entfernung von Ihnen können.

Das ist wichtig: Im Alltag werden Sie den Hund überwiegend aus dem Freilauf rufen. Um das VORSITZEN (Seite 276) mit System zu üben, beginnen Sie damit aus dem Bleib im Sitzen. Üben Sie ohne Ablenkung, damit Ihr Hund sich auf Sie konzentrieren kann.

Und so geht's

▷ Lassen Sie den Hund an Ihrer Seite sitzen und entfernen Sie sich nun einige Meter. Am besten nehmen Sie während des Weggehens schon ein paar Leckerchen in die Hand. Drehen Sie sich zum Hund um und warten Sie einige Momente. Rufen Sie ihn jetzt, indem Sie rückwärts weglaufen und sich mit beiden Händen auf den Bauch klopfen. Das Weglaufen wirkt, wie Sie ja schon wissen, beschleunigend auf Ihren Vierbeiner. Da Hunde ihre Aufmerksamkeit gern auf Bewegungen richten, wird er sich, während er auf Sie zuläuft, auf die Bewegungen Ihrer Hände konzentrieren. Rufen Sie ihn mit motivierendem »Hier« oder der Hundepfeife. Erst wenn er fast bei Ihnen ist, bleiben Sie aufrecht stehen.

WAS TUN, WENN …

… der Hund nicht kommt?

Kommt der Hund nicht zuverlässig auf Ihren Ruf, ist das nicht immer ein isoliertes Problem, sondern kann zum Beispiel mit seiner zu großen Eigenständigkeit zusammenhängen. Hier hilft oft eine Veränderung im Umgang mit dem Hund (→ Seite 242). Aber es kann auch an anderen Dingen liegen.

Lösung 1: Klingt Ihre Stimme deutlich und überzeugend genug? Vor allem bei Frauen ist es oft so, dass die Stimme schon in einer Entfernung von 10 oder 15 Metern nur noch recht »dünn« und leise klingt und gerade bei Ablenkung auf den Hund dann nicht wirklich motivierend und interessant wirkt. Ist das der Fall, benutzen Sie am besten eine Hundepfeife.

Lösung 2: »Weiß« der Hund, dass Sie sowieso auf ihn warten und das »Hier« gern noch siebenmal wiederholen? Schaffen Sie das ab und entfernen Sie sich nach dem ersten Rufen rasch. Greifen Sie auch bewusst auf das Prinzip »Hunger« zurück und belohnen Sie Ihren Hund mit ganz besonderen Häppchen, die er dann aber nur für das Kommen bekommt.

Lösung 3: In hartnäckigen Fällen lassen Sie den Hund ein oder zwei Tage hungern (keine Angst, das schadet ihm nicht!). Er bekommt seine gesamte Futterration nur noch über den Tag verteilt und über längere Zeit ausschließlich dann, wenn er das Komm-Signal befolgt.

1 *Rufen Sie den Hund aus dem Sitz zu sich, laufen Sie mit motivierendem »Hier« oder Pfiff rasch rückwärts. Klopfen Sie sich dabei mit den Händen auf den Bauch.*
2 *Erst wenn der Hund ganz dicht vor Ihnen ist, bleiben Sie aufrecht stehen, sonst bremst er schon zu früh. Der Hund setzt sich und bekommt direkt vor Ihnen seine Belohnung.*

Strecken Sie sich bitte nicht dem Hund entgegen, sonst bremst er zu weit vor Ihnen ab. Ihre Hände halten Sie weiter auf Bauchhöhe, der Hund riecht das Leckerchen. Viele Hunde setzen sich nun schon von selbst, weil sie sich nach oben zum Leckerchen orientieren. Ansonsten sagen Sie einfach »Sitz«. Nun geben Sie Ihrem Vierbeiner das Häppchen und loben ihn, er muss aber sitzen bleiben! Er darf nicht etwa seinen Happen abholen und sofort wieder abdüsen.

▷ Da der Hund nun dicht vor Ihnen sitzt und sich auf Sie konzentriert, haben Sie seine Aufmerksamkeit zum Beispiel in Richtung Katze unterbrochen. Denn auch seitlich kann er jetzt nicht so leicht an Ihnen vorbei.
▷ Während er seine Belohnung verspeist, leinen Sie ihn wieder an. Anschließend lassen Sie ihn mit dem Signal »Fuß« wieder an Ihre Seite kommen und dort sitzen. Das können Sie gut mit einem weiteren Leckerchen machen. Sagen Sie »Fuß« und rangieren Sie den Hund mit dem Leckerchen in einem Bogen nach außen, dann nach hinten, sodass er von dort an Ihrer Seite wieder einparkt.
▷ Erst jetzt ist die Übung zu Ende. Entweder gehen Sie nun bei Fuß weiter oder Sie lassen ihn wieder laufen, je nach Situation.
Diesen Ablauf sollten Sie immer so beibehalten, damit die Übung wirklich stets klappt. In der Praxis erlebe ich leider immer wieder, dass die meisten Hundehalter im Lauf der Zeit nachlässig werden und es irgendwann dabei bewenden lassen, wenn der Vierbeiner auf »Hier« so einigermaßen in ihre Nähe kommt. Aber dann haben Sie ihn nicht wirklich unter Kontrolle, und gegebenenfalls ist er schnell wieder weg.
Wichtig: Rufen Sie den Hund nicht jedes Mal aus dem Sitz und Bleib. Das Bleiben soll nicht darunter leiden. Holen Sie ihn etwa zur Hälfte wie gewohnt ab.

Wenn die Übung mal nicht klappt

Läuft der Hund an Ihnen vorbei? Dann haben Sie Ihre Hände vermutlich seitlich und nicht vorne auf Ihrem Bauch gehalten. Läuft der Hund trotz korrekter Handhaltung vorbei, empfehle ich Ihnen, vor einer Wand oder Hecke zu üben, dann kann der Hund nicht an Ihnen vorbeilaufen. Setzt er sich schief vor Sie? Auch hierfür liegt die Ursache oft in einer falschen Handhaltung. Lassen Sie die Hände vorne auf Ihrem Bauch und laufen Sie noch einmal mit »Hier« oder Pfiff ein Stück rückwärts weg. So können Sie die Position Ihres Hundes korrigieren.

Radfahren mit dem Hund

Reicht die Zeit nicht für einen ausgiebigen Spaziergang, können Sie dem Hund ebenso Bewegung verschaffen, indem er neben dem Rad herläuft. Außerdem halten die meisten Hunde besonders gut Anschluss, weil man mit dem Rad schneller weg ist.

Voraussetzungen: Für das Laufen neben dem Rad eignen sich mittelgroße bis große Hunde, die aber nicht zu massig sein dürfen. Außerdem sollten die Gelenke gesund sein. Der Hund sollte bei Fuß gehen können und einen guten Grundgehorsam (→ Seite 83) haben, außerdem etwa ein Jahr alt sein.

Das ist wichtig: Möchten Sie, dass der Hund auch auf befahrenen Straßen am Rad mitläuft, sollte er das Kommando »Rad« oder »Rechts« lernen. Am Rad läuft der Vierbeiner immer rechts, weil er sich dann auf der dem Verkehr abgewandten Seite befindet. Führen Sie ihn bereits schon rechts bei Fuß, brauchen Sie kein zusätzliches Kommando.

So lernt's Ihr Hund

▷ Schieben Sie das Rad zunächst auf Ihrer rechten Seite und lassen Sie den Hund mit dem Hörzeichen »Rad« rechts vom Fahrrad angeleint laufen. Üben Sie anfangs genauso wie beim Bei-Fuß-Gehen beschrieben (→ Seite 94), also zuerst mit Leckerchen, dann allmählich ohne.

▷ Klappt das, suchen Sie sich einen ruhigen Weg und fahren langsam ein Stück, während der Hund neben dem Fahrrad herläuft. Lassen Sie ihn vorher etwas toben, damit er bei der ersten Ausfahrt nicht vor Energie platzt und dann vielleicht Flausen im Kopf hat. Das könnte für Sie gefährlich werden, wenn er Sie vom Rad reißt. Halten Sie die Leine locker in der Hand, damit Sie sie notfalls rasch loslassen können. Sobald Sie stoppen, sollte sich der Hund setzen.

Überfordern Sie den Hund nicht. Dehnen Sie die Strecken nur langsam aus und fahren Sie nicht bei Hitze und nicht zu schnell. Der Hund sollte locker nebenhertraben können. Auf Feldwegen ohne Verkehr darf der Hund natürlich auch frei neben dem Rad laufen. Dann kann er unterwegs auch mal schnüffeln oder mit einem Artgenossen spielen, wird aber gut darauf achten, den Anschluss nicht zu verlieren.

Sind Sie häufiger samt Hund und Rad unterwegs, empfehle ich Ihnen, sich eine speziell für das Fahrrad entwickelte Vorrichtung zulegen, den so genannten Springer. Dieses Zubehör erhalten Sie in Zoofachgeschäften oder auch in speziellen Fahrradgeschäften.

INFO

So macht Radfahren Spaß

Ist der Hund an das Rad gewöhnt, beginnen Sie damit, etwa zehn Minuten langsam zu fahren. Passen Sie Dauer und Länge der Fahrt der Kondition und dem Alter Ihres Hundes an. Der Vierbeiner sollte nicht immer auf Asphalt laufen, weil er sehr hart ist. Fahren Sie auch auf Feld- oder Waldwegen. Ist es recht warm, radeln Sie mit dem Hund nur morgens oder wieder am Abend. Ist Ihr Hund übergewichtig, sollte er vor dem Fahrradtraining abnehmen.

Wenn's mit dem Radfahren nicht klappt

Ist Ihr Hund zu übermütig? Lasten Sie ihn vor Beginn des Fahrradtrainings gut aus. Kann er noch nicht zuverlässig genug bei Fuß laufen? Erst wenn er das beherrscht, macht es Sinn, ihn an das Rad zu gewöhnen.

Wichtige Übungen für mehrere Hunde

Kennen Sie das auch? Ihr Hund gehorcht, solange keine Artgenossen zu sehen sind, er schaltet aber auf Durchzug, sobald ein anderer Vierbeiner am Horizont erscheint, und muss unbedingt dorthin? Das kann lästig, ja sogar gefährlich werden. Etwa wenn Sie an einer Straße entlanggehen und Ihr Hund kein »Fuß« oder »Sitz« mehr kennt, sondern in die Leine Richtung Fahrbahn springt, weil er auf der anderen Seite einen Artgenossen erspäht hat. Auch wenn Sie zum Beispiel in einem Biergarten oder Ausflugslokal sitzen und noch andere Hunde in der Nähe sind, ist es angenehm, wenn der eigene Vierbeiner problemlos liegen bleibt, anstatt ständig die Artgenossen auf sich aufmerksam machen zu wollen.

Voraussetzungen: Die Hunde sollten bereits alle Grundkommandos ohne und mit leichter, aber »hundeloser« Ablenkung zuverlässig beherrschen. Sind die Ausbildungsniveaus unterschiedlich, sollte jeder Hund nur die Übungen machen, die er schon gut kann.

Das ist wichtig: Gestatten Sie Ihrem Vierbeiner an der Leine grundsätzlich keinen Kontakt zu Artgenossen. Ich habe es schon mehrfach angesprochen, dass der Hund am Erfolg lernt. Aber auch, was dabei herauskommt, wenn er an der Leine zu einem anderen Hund zerrt und Sie mitgehen, damit er ihn kurz »begrüßen« kann ... Richtig – dass er mit der entsprechenden Anstrengung sein Ziel erreicht und er dies deshalb bei jeder solchen Situation wieder versuchen wird. Wenn Ihr Hund außerdem gewöhnt ist, dass Sie ihn sofort ableinen, damit er ja keine Spielgelegenheit verpasst, verschärfen Sie gewissermaßen die »Lage« noch. Lesen Sie dazu eventuell noch mal Seite 95. Abgesehen davon macht man nicht wirklich jedem anderen Hundebesitzer eine Freude, wenn der eigene Hund jeden anderen begrüßt. Lesen Sie dazu weiter auf Seite 166.

Nutzen Sie deshalb unterwegs entsprechenden »Hundegegenverkehr«, um gezielt zu üben. Noch besser ist es, wenn Sie sich mit einem oder mehreren Hundehaltern zusammentun, deren Vierbeiner etwa den gleichen Ausbildungsstand haben wie Ihrer. So können Sie in den täglichen Spaziergang ohne zusätzlichen Zeitaufwand einige sehr nützliche Übungseinheiten einbauen. Der »Unterhaltungsteil« nimmt dadurch zwar etwas ab, aber den können Sie ja vielleicht anschließend bei einer Tasse Kaffee nachholen.

TIPP

Richtig motivieren

Denken Sie bei Übungen mit anderen Hunden daran, dass Sie den Hund gut positiv motivieren, damit er auf Sie achtet. Nehmen Sie zum Beispiel sehr interessante Leckerchen mit. Läuft er dagegen nur an strammer Leine oder müssen Sie Kommandos dauernd wiederholen, lernt der Hund nicht effektiv.

So klappen die Übungen

- Lassen Sie die Hunde bei diesen Übungen stets angeleint, damit währenddessen keiner die Gelegenheit zu einem unerwünschten Erfolg hat, nämlich zu einem raschen Besuch beim Artgenossen.
- Nehmen Sie sich für jeden Treff nicht mehr als ein oder zwei Übungen vor. Dazwischen kann ruhig eine Pause sein. Die können Sie zum Beispiel dafür verwenden, um mit Ihrem Hund zu spielen. Ist es recht warm, kann jeder die Pause für eine Runde Kontaktliegen mit dem Hund im Gras nutzen.
- Legen Sie die erste Übungseinheit gleich zu Anfang ein – ohne die Hunde vorher mitei-

nander spielen zu lassen. Der Vierbeiner soll ja lernen, dass er sich auf Sie konzentrieren muss, ohne andere anwesende Hunde ausreichend begrüßen oder mit ihnen spielen zu können. Denn das ist im Alltag häufig einfach nicht möglich. Die Vierbeiner akzeptieren das sehr schnell und sind ihren Zweibeinern deshalb keinesfalls »beleidigt«.

▷ Das Einzige, was es beim gemeinsamen Üben zu überwinden gilt, ist der eigene innere Schweinehund. Denn es ist natürlich bequemer, miteinander spazieren zu gehen und ein Pläuschchen zu halten, während die Vierbeiner über die Wiese toben. Aber gemeinsames Üben macht auch Spaß und ist darüber hinaus noch nützlich.

Wenn Sie mal eine gute Hundeschule besucht haben, werden Sie sicher schon festgestellt haben, dass sich der Vierbeiner relativ rasch daran gewöhnt, sich nach Ihnen zu richten, auch wenn Artgenossen da sind. Sogar dann, wenn er mit seinen »Mitschülern« zwischendurch ein paar Minuten spielen darf.

Aufmerksam sein trotz anderer Hunde

Damit Sie auch bei Anwesenheit anderer Artgenossen einen »Draht« zu Ihrem Vierbeiner haben, sollte er sich selbst bei »hundlicher« Ablenkung auf Sie konzentrieren können. Dazu stellen Sie sich zunächst mit den anderen Teams in entsprechendem Abstand zueinander auf. Dieser sollte so groß sein, dass sich die Hunde gegenseitig nicht ablenken können. Nun macht jeder seinen Hund auf sich aufmerksam und hält Blickkontakt. Nehmen Sie dazu bei Bedarf zunächst wieder ein Leckerchen oder ein Spielzeug in die Hand. Üben Sie anfangs gegebenenfalls etwas kürzer, als Ihr Hund die Übung ohne Ablenkung schon beherrscht. Belohnen Sie den Hund auf jeden Fall, solange er noch Blickkontakt zu Ihnen hält. Mit der Zeit können Sie die Dauer des Blickkontakts verlängern und die Abstände zwischen den Teams verringern.

Wenn das den Vierbeinern keine Schwierigkeiten mehr bereitet, können Sie die Ablenkung erhöhen. Nun übt ein Team, Blickkontakt halten, das andere Team zum Beispiel Bei-Fuß-Gehen. Halten Sie den Abstand zum stehenden Team wieder groß genug und verringern Sie ihn erst ganz allmählich! Gestalten Sie die Übungen so, dass die Hunde möglichst keinen Fehler machen.

Üben zu dritt: Zwei Teams üben die Aufmerksamkeit, während eines umhergeht. Wenn das klappt, gehen zwei Teams umher und das dritte übt die Aufmerksamkeit. Auch

1 *Zuerst üben Sie unter geringerer Ablenkung: Nur ein Mensch-Hund-Team ist in Bewegung, die anderen beiden Hunde konzentrieren sich auf ihre Zweibeiner.*
2 *Klappt das, steigern Sie nun die Ablenkung: Nur einer der Vierbeiner soll sich auf seinen Menschen konzentrieren, während die beiden anderen Teams in seiner Nähe Bei-Fuß-Gehen üben.*

1 *Bevor diese drei Teams »durcheinander bei Fuß gehen« üben, ist es wichtig, dass jeder Hundebesitzer erst einmal in Ruhe, am besten im Sitzen, seinen Hund auf sich konzentriert.*
2 *Diese Teams haben schon eine Zeit lang geübt, die Abstände zueinander sind schon ziemlich klein. Beginnen Sie die Übung allerdings mit größeren Abständen.*

hier sollten Sie wieder darauf achten, die Abstände zueinander so groß zu halten, dass die Hunde die Übung erfolgreich absolvieren.

Durcheinander »bei Fuß« gehen

Stellen Sie sich mit genügend Abstand zueinander auf. Der Abstand zwischen den Mensch-Hund-Teams ist dann groß genug, wenn sich die Hunde ohne große Probleme auf ihre Besitzer konzentrieren. Nehmen Sie bei Bedarf zunächst Leckerchen zu Hilfe.

Zuerst macht jeder seinen angeleinten Hund auf sich aufmerksam. Sind die Hunde konzentriert, geht jeder für sich los. Bewegen Sie sich durcheinander. Halten Sie auch während des Gehens zunächst größere Abstände zueinander ein. Nur wenn kein Hund zum anderen zerrt, können Sie allmählich näher aneinander vorbeigehen. Auch bei den direkten Begegnungen sollten Sie zunächst einen größeren Abstand einhalten und diesen allmählich verkleinern. Dabei ist es ratsam, anfangs so zu gehen, dass die Hunde an den Außenseiten laufen. Mit zunehmendem Können dürfen die Hunde direkt aneinander vorbeilaufen, die Zweibeiner gehen außen.
Behalten Sie beim gemeinsamen Bei-Fuß-Gehen bitte immer im Hinterkopf, dass Sie ja jetzt in gewisser Weise verlockende Konkurrenz haben. Deshalb stets engagiert und aktiv gehen und den Hund immer loben, wenn er korrekt bei Fuß geht. Sie müssen Schwung in die Übung bringen, damit Ihr Enthusiasmus den Hund sozusagen mitreißt.

»Platz« und »Sitz« mit »Bei-Fuß-Gehen«

Bei der vorherigen Übung haben alle Teams das Gleiche getan. Jetzt wird es etwas schwieriger: Ein Team bleibt ruhig stehen, der Hund sitzt korrekt an der Seite seines Zweibeiners. Das andere Team übt Bei-Fuß-Gehen. So erhöht sich die Ablenkung jeweils für den Hund, der nicht in Bewegung ist. Damit sich die Hunde nicht gegenseitig ablenken, sollte das Team, das in Bewegung ist, auch bei dieser Übung wieder genügend Abstand zum wartenden Team einhalten. Erst allmählich verringern Sie den Abstand, aber immer nur so weit, dass die Hunde die Übung problemlos meistern. Da jedes Team natürlich mal Sitzen und mal Bei-Fuß-Gehen üben will, sollten Sie sich regelmäßig abwechseln.
Die Abstände können sich übrigens individuell unterscheiden. Es kann also gut sein, dass ein Hund zum Beispiel beim Bei-Fuß-Gehen einen kleineren Abstand zum anderen Vierbeiner aushalten kann, als wenn er sitzt

und der Artgenosse geht vorbei. Sobald bei einem Team die Übung im Sitzen gut funktioniert, kann es mit »Platz« weiterüben, während das andere Team bei Fuß geht.

Mein Tipp: Auch wenn das im Sitzen gut geklappt hat – beginnen Sie »Platz« wieder mit einer größeren Entfernung zum gehenden Team. Ein zu geringer Abstand veranlasst den Hund unter Umständen, leicht aus dem Platz aufzustehen.

Üben zu dritt: Hier empfiehlt es sich, die Übungen so aufzubauen, dass zunächst nur ein Team bei Fuß übt und zwei Teams ihren Hund neben sich sitzen oder im Platz liegen lassen. Klappt das gut, erhöhen Sie den Schwierigkeitsgrad. Dann bewegen sich zwei Teams, und nur eines macht die Sitz- oder Platz-Übung, was wieder mehr Ablenkung für den »bewegungslosen« Hund bedeutet.

»Bleib« im Sitz oder Platz

Als Ausgangsposition stellen sich alle Teams mit mindestens zwei Meter Abstand, bei Bedarf aber auch mehr, nebeneinander auf. Die Hunde sitzen korrekt parallel neben ihren Menschen. Nun gibt jeder Hundebesitzer seinem Vierbeiner das Signal zu bleiben und geht auf maximale Leinenlänge nach vorn vom Hund weg. Die Leine legen Sie als »Notbremse« nach vorne auf dem Boden aus. Nun bleiben Sie einige Momente, je nach Ausbildungsstand auch länger, ruhig vor den Hunden stehen. Gehen Sie dann zu den Hunden zurück. Hat das gut funktioniert, machen Sie die gleiche Übung im Platz.

Ob Sie diese Übung gleich anschließen oder erst nach ein paar weiteren Trainingseinheiten im Sitz versuchen, richtet sich nach dem Ausbildungsstand der Hunde. Für einen erfolgreichen Übungsverlauf ist es wichtig, dass der Hund auch unter dieser Ablenkung so lange

Perfekt erzogen: Auch wenn ein anderer Hund relativ nah an lockerer Leine an ihm vorbeigeht, bleibt dieser Vierbeiner schön im Platz liegen.
▽

1

2

3

1 »Bleib« mit mehreren Hunden: Am Anfang bleibt jeder Besitzer ein paar Meter vor seinem Hund ruhig stehen. Unterhalten Sie sich nicht miteinander.
2 Bleiben alle Vierbeiner entspannt sitzen, treffen sich die Besitzer vor den Hunden zu einem kleinen Plausch. Jeder behält seinen Vierbeiner unauffällig im Auge.
3 Klappt auch das, geht zunächst jeder Zweibeiner vor seinem Hund auf und ab. Dann dehnen Sie die Übung aus: Jeder geht vor allen Hunden auf und ab.

im Platz bleibt, bis Sie wieder neben ihm stehen und das Signal mit »Sitz« aufheben.
Haben die Hunde die Übung begriffen, steigern Sie die »Action«. Die Hunde sitzen bzw. liegen nebeneinander im Bleib, die Zweibeiner gehen wieder wie oben beschrieben weg. Doch jetzt bleiben Sie nah beieinander vor den Hunden stehen und unterhalten sich ein wenig. Die Hunde hören so Ihre Stimmen, was für sie eine stärkere Ablenkung bedeutet. Kehren Sie nach zunächst eventuell nur einer halben Minute zu Ihrem Hund zurück. Allmählich dehnen Sie die Zeit aus.
Variante: Damit kommt noch mehr Bewegung in die Übung. Die Hunde sitzen bzw. liegen nebeneinander im Bleib, jeder Besitzer geht vor seinem Hund ein wenig hin und her. Mit der Zeit können Sie die Abstände zwischen den Hunden sicherlich verringern. Beginnen Sie aber auch dann wieder damit, im Sitz und im Platz vor dem Hund ruhig stehen zu bleiben. Klappt die Übung, das heißt, sind die Vierbeiner entspannt und steht keiner von ihnen auf, gehen Sie vor den Hunden auf und ab. Klappt das, dann geht jeder Besitzer nicht mehr nur vor seinem Vierbeiner, sondern auch vor den anderen hin und her. Insgesamt ist viel Bewegung vor den Hunden.

Ein Vierbeiner wird abgelegt, die anderen Hunde bewegen sich

Mit dieser Übung lässt sich das Bleiben noch etwas anspruchsvoller gestalten. Geben Sie Ihrem Hund das Signal für »Sitz«. Dann entfernen Sie sich zwei, drei Meter von ihm und legen die Leine nach vorne aus. Bleiben Sie ruhig vor Ihrem Hund stehen. Währenddessen übt das andere Team Bei-Fuß-Gehen, anfangs mit mindestens drei Meter Abstand zu Ihnen. Das Gleiche können Sie mit dem Hund auch im Platz üben. Außerdem sollten die Teams auch Rollen tauschen.
Bleibt der Hund trotz Ablenkung sitzen oder liegen, kann das Team, das gerade Bei-Fuß-Gehen übt, auch zwischen dem bleibenden Hund und dessen Zweibeiner durchgehen.

Üben zu dritt: Zuerst üben zwei Teams »Bleib«, das dritte geht bei Fuß umher. Wenn das klappt, macht ein Team »Bleib« und zwei bewegen sich. Auch hier sollten Sie immer wieder die Rollen tauschen.

Schafft das jeder Hund mit Bravour, setzen Sie der Ablenkung noch eins drauf: Ihr Hund sitzt oder liegt, das andere Team übt bei Fuß, und Sie gehen nun relativ nah vor Ihrem Hund hin und her. Nun ist alles um den bleibenden Hund herum in Bewegung.

Mit zunehmendem Können der Hunde dehnen Sie beim Bleiben den Abstand zwischen Hund und Mensch aus. Den Abstand vom wartenden Hund zu den vorbeigehenden Teams können Sie dagegen allmählich etwas verringern.

Kommen unter leichter Ablenkung

Bei den bisherigen Übungen für mehrere Hunde hatte jeder Besitzer seinen Vierbeiner noch schön unter Kontrolle. Entweder weil der Hund neben Ihnen war oder weil Sie ihn wie beim Bleiben mit »Sitz« oder »Platz« an einer bestimmten Stelle »festgeklebt« hatten. Jetzt trainieren Sie, dass Ihr Vierbeiner auf Ruf zu Ihnen kommt, wobei er an einem oder mehreren Artgenossen vorbeilaufen muss.

Stimmen Sie die Vierbeiner zunächst mit ein paar anderen Übungen auf »Arbeit« ein.

Können Sie die anderen Hunde nicht so gut einschätzen, weil Sie nicht genau wissen, was sie schon beherrschen, empfehle ich, mit einer leichteren Variante zu beginnen. Alle Teams stellen sich mit entsprechendem Abstand auf. Dann lässt einer nach dem anderen seinen Hund »Sitz und Bleib« machen und ruft ihn wie gewohnt zu sich. Wie ich bereits auf Seite 111 und 112 erläutert habe, ist es wichtig, auf richtiges Vorsitzen zu achten und die Übung korrekt zu Ende zu bringen.

Kommt jeder Hund freudig und ohne Zwischenstopps zu seinem Menschen, steigern Sie den Schwierigkeitsgrad etwas. Ein Team bleibt stehen, der Hund macht Sitz, das oder die anderen Teams stellen sich als Ablenkung ungefähr auf halber Höhe der Strecke auf, die der Hund zurücklegen muss, der nachher abgerufen wird. So muss dieser an einem anderen Vierbeiner vorbei. Je nach Ausbildungsstand steht das Ablenkungsteam direkt an dieser Strecke oder es ist zunächst noch etwas weiter davon entfernt.

Wenn Sie Ihren Hund nun zu sich rufen, tun Sie das besonders engagiert und laufen dabei rückwärts weg. Denn je interessanter Sie jetzt auf Ihren Hund wirken, desto besser kann er

1 *Zuerst lernt der Hund unter leichterer Ablenkung durch Artgenossen liegen zu bleiben: Zwei Vierbeiner sind abgelegt, nur ein Mensch-Hund-Team geht bei Fuß in deren Nähe umher.*

2 *Bleiben die abgelegten Vierbeiner entspannt, steigern Sie die Ablenkung durch Artgenossen. Nur ein Hund übt »Bleib«, zwei Teams gehen in der Nähe »Bei Fuß«.*

△
Nicht ganz einfach – ein Hund lässt sich an Artgenossen vorbei zu seinem Besitzer rufen, die wartenden Hunde bleiben liegen. Beginnen Sie mit größerer Distanz zwischen den wartenden Teams und dem kommenden Hund.

der Versuchung widerstehen, auf dem Weg zu Ihnen zu seinem Artgenossen abzubiegen. Beobachten Sie ihn unterwegs gut. Falls er auch nur ansatzweise in die Richtung des anderen Hundes blickt, wiederholen Sie sofort das Komm-Signal.

Üben zu dritt: Bei drei Teams kann man die Übung noch interessanter gestalten, indem auf jeder Seite der Abrufstrecke ein Team als Ablenkung steht. Für die Ablenkungsteams gilt natürlich, dass ihre Hunde ruhig sitzen oder im Platz liegen bleiben, auch wenn der abgerufene Hund an ihnen vorbeiflitzt. Wechseln Sie durch, damit jeder mal Ablenkung »spielt« und gerufen wird.

Wenn die Übungen nicht funktionieren

Wenn die Hunde bisher gewohnt waren, bei Begegnungen immer miteinander spielen zu dürfen, kann es sein, dass sie zunächst ausdauernd versuchen, zueinander zu kommen. Wählen Sie dann die Abstände groß genug und beginnen Sie, wenn nötig, wie auf Seite 99 beim Welpen beschrieben. Das heißt, dass Sie dem Ziehen und Zerren nicht nachgeben, sondern es einfach ignorieren, bis sich die Hunde beruhigt haben. Sind in der Gruppe arge Dickköpfe, dann treffen Sie sich weiterhin mit den anderen Teams und üben »Zerren ignorieren« – und zwar ohne die Hunde vorher oder hinterher miteinander spielen zu lassen. Üben Sie dies so lange, bis nach ein paar Treffen deutlich mehr Ruhe in die kleine Gruppe kommt. Erst wenn Sie merken, dass Ihre Vierbeiner sich nun auf Sie konzentrieren, beginnen Sie mit der eigentlichen Übung.

Wenn eine Übung nicht klappt, kann das daran liegen, dass sie auch ohne Ablenkung noch nicht gut genug sitzt. Dann ist es ratsam, diese Übung zuerst noch ohne Ablenkung zu vertiefen. Vielleicht haben Sie ja auch den Schwierigkeitsgrad zu schnell erhöht, sprich die Abstände zwischen den Hunden zu schnell verkleinert bzw. beim Bleib zwischen Hund und Besitzer zu stark vergrößert. Dann sollten Sie sich Zeit nehmen und die Anforderungen wieder zurückschrauben. Ganz wichtig ist auch, dass Sie die Schwierigkeit individuell dem jeweiligen Hund anpassen. Denn was der eine schon kann, muss beim anderen noch lange nicht klappen.

Bringen Sie für Ihren Hund genügend Spannung in die Übung? Falls Sie zu passiv sind, ist der Anreiz für Ihren Vierbeiner, seine Aufmerksamkeit auf Sie zu richten, nicht groß genug. Machen Sie ihn, sobald er im Begriff ist, sich durch einen Artgenossen ablenken zu lassen, wieder wie auf Seite 87 beschrieben auf sich aufmerksam. Vergessen Sie nicht, ihn mit Stimme und Leckerchen zu loben, wenn er das dann tut.

Ausflüge sinnvoll gestalten

Lernen fürs Leben – das gilt auch für Ihren Vierbeiner. Alles, was Sie ihm in der letzten Zeit beigebracht haben, sollten Sie regelmäßig in den Alltag und in die Spaziergänge einbauen. Gestalten Sie die gemeinsamen Spaziergänge außerdem so abwechslungsreich, dass Sie auch unterwegs für Ihren Vierbeiner wichtig und interessant bleiben. So hat er es nicht nötig, sich selbst unter Umständen wenig sinnvolle Beschäftigungen zu suchen.

NATURSPAZIERGANG

Sie lassen den Hund zu Hause sitzen, leinen ihn an und gehen mit ihm an lockerer Leine samt Häppchen und Spielzeug zur Tür hinaus. Auf Ihrem Weg ins Grüne kommen Sie an einem Garten vorbei, in dem ein Hund kläffend am Zaun hin- und herrennt. Sie nehmen Ihren Hund bei Fuß, lenken ihn mit einem Leckerchen ab und gehen entspannt und zügig an diesem Grundstück vorbei.

Sie kommen nun auf eine Grünfläche. Gehen Sie noch ein paar Meter bei Fuß. Nun darf Ihr Hund frei laufen. Lassen Sie ihn sitzen und leinen Sie ihn ab. Er bleibt sitzen. Damit er nicht schon immer weiß, was jetzt kommt, lassen Sie ihn hin und wieder einige Momente warten und leinen ihn wieder an. Nach weiteren Momenten leinen Sie ihn erneut wie vorher ab. Während der Vierbeiner kurz Blickkontakt zu Ihnen aufnimmt, geben Sie ihm das Auflösungssignal (→ Seite 85). Nun darf er laufen. Nach ein paar Minuten, der Hund ist nicht abgelenkt, rufen oder pfeifen Sie ihn zu sich. Kommt er nicht sofort, laufen Sie dabei weg. Er kommt, sitzt vor und Sie loben ihn. Beenden Sie die Übung (→ Seite 112) und lassen ihn dann wieder laufen.

Sie kommen an ein kleines Waldstück und biegen ohne Vorankündigung flugs hinter einem dicken Baum ab. Nach kurzem Suchen findet Ihr Vierbeiner Sie und ist erleichtert. Sie begrüßen und loben ihn. Oh, da liegt ja ein schöner Baumstamm am Boden! Sie setzen den Hund ein Stück davor ab und gehen über den Stamm auf die andere Seite. Nach kurzem Warten rufen oder pfeifen Sie den Vierbeiner zu sich. Er gibt Gas und springt begeistert über das Hindernis. Das macht Spaß! Beenden Sie die Übung wieder korrekt mit Vorsitzen und anleinen.

Anschließend kurven Sie mit ihm bei Fuß noch ein wenig um die Bäume. Sie kommen wieder aus dem Wald heraus, da sehen Sie eine Bekannte mit vierbeinigem Spielgefährten. Sie begrüßen sich und unterhalten sich kurz. Beide Hunde bleiben bei Fuß sitzen. Nun leinen Sie die Hunde ab, und die beiden dürfen etwas toben. Dann gehen Sie weiter. Ihr Vierbeiner folgt von selbst, da er gewöhnt ist, von sich aus zu schauen, wo Sie sind.

Nach einiger Zeit kommen Ihnen ein paar Spaziergänger entgegen. Sie nutzen diese Si-

Nutzen Sie die Natur, um den Ausflug mit Übungen zu »würzen«. »Hier über ein Hindernis« – und der Hund kommt mit fliegenden Ohren angerannt.
▽

△ *Entspannt bleibt der Hund trotz Ablenkung in der belebten Fußgängerzone liegen, während seine Besitzerin auf jemanden wartet.*

tuation und üben ein Stück neben dem Weg Bleib im Platz. Anschließend darf der Hund wieder laufen. Etwas weiter weg sehen Sie Krähen auf der Wiese. Ihr Vierbeiner richtet schon seine Aufmerksamkeit darauf. Sie lenken ihn mit spannender Stimme ab und laufen weg. Sobald er sich in Ihre Richtung orientiert, pfeifen oder rufen Sie ihn zu sich. Bei Ihnen angekommen, geben Sie ihm eine ordentliche Portion Leckerchen. Nachdem Sie die Übung wie gewohnt beendet haben, nehmen Sie das Lieblingsspielzeug Ihres Hundes aus der Tasche und spielen mit ihm.

Nun geht's zurück nach Hause. Auf dem Rückweg tricksen Sie Ihren Vierbeiner noch aus, indem Sie an einer Abzweigung rasch in die ungewohnte Richtung abbiegen. Aber schon merkt es Ihr Hund und sucht wieder Anschluss. Bevor Sie zur Straße kommen, nehmen Sie Ihn wieder an die Leine und gehen bei Fuß nach Hause.

STADTSPAZIERGANG

Ihr Vierbeiner hat sich vorher ausgetobt und seine »Geschäfte« erledigt. Dann kann's ja losgehen: Sie gehen zum Auto und lassen den Hund sitzen. Dann öffnen Sie die Tür, und auf ein Signal, etwa »Hopp«, steigt er ein. Alle anderen auch. Sie fahren in die Stadt. Dort angekommen, haben Sie zum Glück gleich einen Parkplatz an der Einkaufsstraße gefunden. Alle steigen aus, der Hund wartet, obwohl die Tür geöffnet ist, und Sie legen ihm die Leine an. Sie warten nun einen Moment, dann bekommt er mit dem Signal »Hopp« die Erlaubnis auszusteigen. Sie nehmen den Hund bei Fuß und gehen die Einkaufsstraße entlang. An einer Schaufensterfront verlangsamen Sie das Tempo, da Sie sich die neueste Mode im Vorbeigehen ansehen möchten. Sie sagen »Fuß« in einem dämpfenden Tonfall, damit auch der Hund langsamer wird. Er bleibt an lockerer Leine an Ihrer Seite. Die Schaufensterfront ist zu Ende, Sie sagen aufmunternd »Fuß« und gehen wieder in normalem Tempo weiter. Ah, da kommt eine Metzgerei! Der Rest der Familie möchte unbedingt Wurstsemmeln und geht hinein. Sie bleiben davor stehen und warten, den Hund legen Sie neben sich ins Platz.

Sobald alle wieder da sind, gehen Sie weiter. Sie kommen an eine rote Ampel. Der Hund sitzt bei Fuß, auf der anderen Straßenseite steht ebenfalls jemand mit Hund. Ihr Vierbeiner hat den Artgenossen gesehen, deshalb sagen Sie vorsichtshalber noch mal »Sitz«. Die Ampel wird grün, Sie gehen über die Straße. Kurz bevor Sie dem anderen Hund begegnen, machen Sie Ihren Vierbeiner gegebenenfalls kurz auf sich aufmerksam. Nun bummeln Sie die Fußgängerzone entlang. Die Kinder quengeln, weil sie in einem Geschäft die neuesten PC-Spiele ausprobieren wollen. Sie setzen sich währenddessen lieber in das Straßencafé nebenan und gönnen sich eine Latte macchiato. Den Hund legen Sie neben sich ins Platz. Da sehen Sie plötzlich zwei Tische weiter eine gute Bekannte. Sie geben Ihrem Vierbeiner das Signal »Bleib« und gehen auf ein paar Worte an den anderen Tisch. Ihr Hund bleibt brav liegen, auch wenn Sie zurückkehren. Die Kinder kommen nun auch wieder. Der Hund liegt immer noch im Platz. Nun lassen Sie ihn sitzen, und er darf den Rest der Familie begrüßen. Falls Sie alles erledigt haben, geht es bei Fuß zurück zum Auto.

Zu Besuch in einer Welpengruppe und in der Hundeschule

Wahrscheinlich werden Sie allmählich schon stöhnen, was bei der Erziehung eines Hundes alles bedacht werden muss – mehr als bei anderen Heimtieren. Nun ist Theorie ja gut und auch ausgesprochen wichtig. Noch besser ist es allerdings, wenn sich Theorie und Praxis ergänzen. Deshalb rate ich Ihnen, schon mit dem Welpen eine gute ◘ HUNDESCHULE (Seite 265) zu besuchen. Um eine Passende zu finden, sollten Sie jedoch auf bestimmte Dinge achten. Denn Erziehungskurse und Welpengruppen kann jeder anbieten. Ein bunter Parcours oder eine tolle Homepage allein sagen nichts über die Qualität aus.

Welpengruppen

Eines vorweg – keine Welpengruppe zu besuchen ist besser, als eine schlechte! Idealerweise besteht eine Welpengruppe aus vier bis sechs Welpen verschiedener Rassen (→ Seite 270) im Alter bis zu 16 Wochen. Ängstliche Welpen oder solche kleiner Rassen können auch mal länger dabeibleiben, besonders ungestüme oder selbstbewusste unter Umständen auch mal weniger lang. Aber Junghunde haben grundsätzlich nichts in einer Welpengruppe zu suchen, da sie anders und stürmischer spielen. Im Spiel miteinander (in das der Trainer, falls nötig, kontrollierend eingreift) üben die Welpen das innerartliche Sozialverhalten und lernen die unterschiedlichen Erscheinungsformen und Verhaltensweisen von Hunden kennen. Das Spiel untereinander nimmt aber nur einen Teil der Zeit ein. Ganz

In der Welpengruppe lernen die Kleinen gezielt, dass ihr Mensch auch dann sehr interessant und wichtig ist, wenn vierbeinige Spielkameraden anwesend sind. ▽

wichtig sind Bindungsübungen, wie das Spiel zwischen Welpen und seinem Menschen, sowie Abrufübungen. So erlebt schon der Welpe, dass sein Mensch auch in Gegenwart von Artgenossen eine wichtige Rolle spielt und durchaus interessant ist. Das ist sehr wichtig! Ein weiterer Inhalt ist das Kennenlernen der einen oder anderen unbekannten Situation, wie Gehen auf fremdem Untergrund oder über kleine Hindernisse, sowie unbekannte Geräusche. Das Ganze geschieht ohne jeglichen Zwang und Ehrgeiz. Wenn hilfreich, wird der Welpe mit Leckerchen oder Spielzeug motiviert, schon kleinste Schritte werden belohnt. Ebenfalls ohne Leinenruck und Ähnliches stehen erste kurze Gehorsamsübungen auf dem Plan. Geübt wird nur mit positiver Motivation und vor allem so, dass sich die Kleinen gegenseitig nicht ablenken.
Der Trainer vermittelt außerdem ausreichend Theorie, beantwortet Fragen und kann immer erklären, warum er das gerade so oder so macht. Achten Sie auch auf den Umgangston. Manchmal werden Hundebesitzer relativ respektlos behandelt oder bei Verhaltensweisen des Welpen vorschnelle »Diagnosen« gestellt.

Professionelle Erziehungskurse

Die Sache mit dem Umgangston gilt natürlich auch für ERZIEHUNGSKURSE (Seite 262). Und Lob wirkt sich nicht nur auf den Vierbeiner positiv aus! Wie bei den Welpen sollten auch hier nicht mehr als vier bis sechs Teams in einer Gruppe sein. Nur so kann sich der Trainer mit jedem ausreichend beschäftigen. Er sollte sich auf jeden Hund (und natürlich dessen Menschen) einstellen können und über rassespezifische Eigenschaften Bescheid wissen. Außerdem vermittelt er Theorie, baut die Übungen systematisch auf und kann erläutern, warum er was wie macht. »Das wird schon immer so gemacht« wäre allerdings alles andere als fachlich erschöpfend … Am Anfang der Übungsstunde sollten die Hunde nicht spielen dürfen, sondern wenn, dann erst in der Pause oder am Schluss.

CHECKLISTE

Welpengruppen und Erziehungskurse

Woran erkennt man, ob eine Einrichtung gut ist? Hier finden Sie die wichtigsten Kriterien:

Welpengruppe

- ○ Es werden keine Hunde aufgenommen, die älter als 16 Wochen sind.
- ○ In einer Gruppe sind nicht mehr als vier bis sechs Welpen.
- ○ Das Spiel der Welpen ist nur ein Teil des Inhalts.
- ○ Ein Muss sind Bindungsübungen zwischen Welpen und Menschen.
- ○ Der Trainer greift ein, wenn zum Beispiel einer der Welpen nur »untergebuttert« wird oder einer die anderen immer dominiert.
- ○ Geübt wird nur über positive Motivation, ohne Zwang und mit wenig Ablenkung.

Erziehungskurse

- ○ In einem Kurs sind nicht mehr als vier bis sechs Hunde.
- ○ Am Anfang des Trainings dürfen die Hunde nicht miteinander spielen.
- ○ Die Übungen sind systematisch aufgebaut, es wird kein Starkzwang eingesetzt.
- ○ Rassespezifische Besonderheiten werden berücksichtigt.
- ○ Der Trainer muss ein Gespür für die einzelnen Mensch-Hund-Teams haben.

10 Fragen zur Grunderziehung

Unser Dino ist mit zehn Wochen noch nicht stubenrein. Sollten wir ihn mit der Nase in seine Hinterlassenschaft stecken?
Das dürfen Sie auf keinen Fall tun. Für den Hund ist das furchtbar, und er kann es absolut nicht verstehen. Er lernt höchstens, dass es ganz schlimm ist, wenn man »muss«, und wird sich dazu irgendwohin verkriechen. Das Vertrauen zwischen Ihnen und dem Welpen wird dadurch empfindlich gestört.

Paul kommt zwar zu uns, wenn wir ihn rufen. Aber er hüpft in einer Entfernung von einer Armlänge um uns herum. Was können wir tun?
Greifen Sie immer gleich nach ihm oder strecken ihm das Leckerchen entgegen? Geben Sie es ihm nur ganz dicht bei Ihnen. Will er sich jedoch einfach nicht erwischen lassen, binden Sie ihm ein gut zwei Meter langes, nicht zu schweres Seil an das Halsband, das er ab sofort hinter sich herzieht. Kommt er nicht ganz heran, müssen Sie sich nicht mehr zum Clown machen, sondern betätigen emotionslos die »Notbremse«, indem Sie auf das Seil treten. Schaut er verdutzt auf Sie, rufen Sie ihn und loben ihn.

▷ *Haben Sie mal kurz keine Zeit, um auf den Welpen zu achten, weil Sie zum Beispiel ein wichtiges Telefonat erledigen müssen, ist er in einer Hundebox sicher und gut aufgehoben.*

Wie lange kann man einen Hund in der Box lassen, wenn er daran gewöhnt wurde?
Zwischendurch mal eine Stunde, wenn er etwa eine Auszeit braucht, weil es sehr turbulent ist, ist kein Problem. Wenn er müde ist, kann er auch länger in der Box sein, bei Bedarf auch über Nacht. Zum Schlafen liegt der Hund ja auch häufig länger auf seinem Bett. Einen Hund aber regelmäßig stundenlang darin »aufzubewahren« ist nicht artgerecht.

Nach welcher Ausbildungsmethode soll ich eine Hundeschule auswählen?
Es sollte nach den neueren Erkenntnissen aus der Verhaltensforschung gearbeitet werden. Kasernenhofähnlicher Drill, stures Im-Kreis-Laufen sowie die grundsätzliche Ausbildung über Leinenruck, Stachelhalsband und ähnliche Zwangsmethoden sind out und nicht artgerecht. Ansonsten hängt vieles auch von den eigenen Ansprüchen ab und davon, was für Sie und Ihren Hund geeignet ist. Günstig ist es deshalb, wenn dort nicht guruhaft nur eine Methode vertreten wird.

Unser Ben ist etwas heikel und nimmt bei Ablenkung Leckerchen als Belohnung nicht so gern. Können wir das ändern?
Hat er wirklich genügend Appetit? Steht ihm vielleicht sein Napf den ganzen Tag zur Verfügung? Füttern Sie ihn zu festen Zeiten und üben Sie vor dem Fressen. Gehen Sie zur Hundeschule, lassen Sie die Mahlzeit davor (egal, wie lange davor das ist) ganz ausfallen. Nimmt Ben zu Hause normale Leckerchen, aber im Kurs nicht, testen Sie das Sortiment Ihres Metzgers – so sind oft gegartes Hühnerfleisch oder Käsestückchen die »Renner«. Es gibt fast immer eine Art Happen, zu der der Hund nicht Nein sagen kann!

△ *Machen Sie sich für Ihren Hund so interessant wie möglich, wenn Sie ihn rufen. Probieren Sie aus, worauf Ihr Vierbeiner am besten reagiert.*

Wenn wir mit unserem Welpen spazieren gehen möchten, mag er sich nicht gern vom Haus entfernen. Warum ist das so?
Hundewelpen entwickeln zunächst eine starke Ortsbindung – die Wohnung ist ihr »Bau«, in den sie bei Gefahr flüchten können. Am besten ist es deshalb, den Welpen ein Stück oder ganz bis dahin zu tragen oder mit dem Auto zu fahren, wo Sie dann die Bindungs- und kleinen Erkundungsausflüge starten.

Mein Mann würde unseren Hund lieber rechts bei Fuß führen, ich aber lieber links. Wie können wir dieses Problem am besten lösen?
Sie können dem Hund beibringen, auf beiden Seiten bei Fuß zu gehen. Dann muss aber jede Seite ein gesondertes Signal bekommen, damit der Vierbeiner beide Seiten unterscheiden kann. Günstig wäre es, mit ihm erst eine Seite zu trainieren. Sitzt diese, beginnen Sie mit der anderen Seite.

Unsere Ina ist ein halbes Jahr alt und im Platz neben mir bisher schön liegen geblieben. Seit kurzem steht sie aber immer wieder auf. Was kann ich tun?
Eventuell testet sie im Moment Ihre Konsequenz. Sie können sie mit festem Tonfall wieder ins Platz legen. Möglicherweise bleibt sie dann wieder liegen. Wenn nicht, legen Sie sie angeleint ins Platz und stellen dann einen Fuß auf die Leine. Diese darf nur so locker sein, dass Ina im Platz liegend nichts spürt, sich aber nur knapp halb aufsetzen kann. Steht sie auf, tun Sie gar nichts und bleiben auf der Leine stehen. Ina wird das irgendwann unbequem, und sie legt sich wieder ins Platz.

3

Wenn wir Nico rufen, kommt er, schnappt sich das Leckerchen und ist wieder weg. Wie können wir das ändern?
Meist ist der Mensch konzentriert, während der Hund unterwegs zu ihm ist, »schaltet« aber ab, sobald er da ist. Bleiben Sie konzentriert, auch wenn Nico schon bei Ihnen ist. Lassen Sie das Leckerchen etwas in der Hand, sodass er zwar knabbern kann, aber es nicht sofort hat. Währenddessen streicheln Sie ihn und halten ihn dabei am Halsband fest. Leinen Sie ihn nun an. Sie können auch ein ein oder zwei Meter langes, dünnes Seil am Halsband befestigen und dies aufnehmen, sobald Nico da ist und am Leckerchen knabbert.

◁ *»My home is my castle« – daheim fühlt sich der Welpe am sichersten. Daher mögen viele anfangs nicht so gern von zu Hause weg.*

Kann man die Grundkommandos beim Welpen und Junghund auch ohne Leine trainieren?
Wenn Sie zu Hause und dort ohne jegliche Ablenkung üben, dann ja. Im Garten oder unterwegs rate ich, die Leine am Hund zu lassen. Denn wenn der Hund aufsteht und wegläuft, haben Sie ihn mit Leine sofort unter Kontrolle und können die Übung gleich wiederholen. Das ist effektiver, als wenn Sie Ihren Youngster erst wieder rufen, loben und in die Ausgangsposition bringen können.

Mit »fortgeschrittenen« Hunden trainieren

In den letzten Wochen haben Sie die Erfahrung machen können, dass die Erziehung Ihres Vierbeiners zwar manchmal Arbeit bedeutet, aber trotzdem auch viel Spaß macht. Und ganz nebenbei haben Sie die Zusammengehörigkeit zwischen Ihnen und Ihrem Hund gestärkt. Auch der Alltag mit Ihrem vierbeinigen Gefährten gestaltet sich weitgehend stressfrei. Um das gute Ergebnis weiterhin zu vertiefen, rate ich Ihnen: Ruhen Sie sich bitte nicht auf Ihren Lorbeeren aus, bleiben Sie am Ball und trainieren Sie weiter.

4

Übungen, die für den Alltag wichtig sind

Ihr Einsatz hat sich gelohnt: Sie haben mit Ihrem Hund schon einen guten, alltagstauglichen Ausbildungsstand erreicht, mit dem Sie viele Situationen meistern können.

DIESES NIVEAU LÄSST SICH aber noch ausbauen. Im Folgenden möchte ich Ihnen weitere Übungen vorstellen, die auf dem bereits Gelernten aufbauen. Zum einen bringen sie Abwechslung ins Training, zum anderen wird dadurch der Alltag mit dem Vierbeiner in vielen Situationen noch »komfortabler«. Das gilt auch für den Hund, denn er genießt so letztlich mehr Freiheiten. Ein Tipp: Um Ihren vierbeinigen Gefährten nicht zu überfordern, sollten Sie sich vor Beginn der folgenden Übungen vergewissern, dass die Grundlagen auch wirklich sitzen. Das unterstützt auch ein reibungsloses Trainieren.

Der Hund kommt zu Ihnen trotz Ablenkung

Diese Übung ist zum Beispiel nützlich, wenn Ihr Hund Kinder gesehen hat, die mit einem Ball spielen, oder wenn schnelle »Objekte« wie Reiter oder Jogger nahen.

Voraussetzungen: Ihr Vierbeiner kommt ohne Ablenkung freudig und sofort zu Ihnen. Er hat eine gute Bindung an Sie.

Das ist wichtig: Sobald der Hund bei Ihnen ist, sollte er immer vorsitzen (→ Seite 111) und dann wieder an Ihre Seite kommen.

So klappt die Übung im Alltag

Üben Sie im »realen Leben«, achten Sie bitte darauf, dass Sie den Hund stets rechtzeitig rufen. Normalerweise wissen Sie ja, wie weit in etwa die Distanz zur Ablenkung höchstens sein darf, sodass sich Ihr Vierbeiner noch von Ihnen beeinflussen lässt. Reizen Sie diese Distanz nicht aus! Rufen Sie den Hund immer, solange er noch in einer Entfernung ist, in der Sie ihn sicher unter Kontrolle haben – also lieber zu früh als zu spät.

Sind Sie nicht sicher, ob Ihr Vierbeiner hört, haben Sie verschiedene Möglichkeiten:

▷ Rufen Sie den Hund gar nicht erst, sondern gehen Sie sofort kommentarlos und in neutraler Stimmung zu ihm und leinen Sie ihn an. Das empfiehlt sich zum Beispiel, wenn der Vierbeiner gerade völlig entrückt in einem Mauseloch steckt.

▷ Machen Sie den Hund mit interessanter Stimme oder indem Sie in die Hände klatschen, aber ohne das Signal »Hier« auf sich aufmerksam. Sobald er kurz zu Ihnen schaut, laufen Sie rasch weg – beispielsweise hinter das nächste Gebüsch. Erst wenn er eindeutig Kurs auf Sie nimmt, schieben Sie das »Hier« oder den Pfiff noch nach.

▷ Sie können den Vierbeiner auch auf sich aufmerksam machen, indem Sie sich ganz interessiert mit spannender Stimme (»Ja, was ist denn da?«) irgendeiner Stelle auf dem Boden widmen. Auch jetzt setzen Sie das »Hier« oder die Hundepfeife erst ein, wenn der Hund gezielt zu Ihnen unterwegs ist.

Welche Methode Sie nun anwenden, hängt vom Hund und von der Situation ab. Haben Sie einen schnellen Hund und bewegt sich auch die Ablenkung schnell, dann empfehle ich Ihnen wegzulaufen, das heißt, ebenfalls Action zu zeigen, statt den Hund abzuholen.

So klappt die Übung mit System

▷ Nehmen Sie einen Futternapf oder ein oder mehrere Lieblingsspielzeuge mit – je nachdem, was Ihr Hund lieber mag. Setzen Sie den Hund ab und stellen Sie ein Stück hinter ihn den Futternapf mit einigen Happen oder legen Sie alternativ das Spielzeug hinter ihn. Je näher sich Napf oder Spielzeug beim Hund befinden, desto anspruchsvoller ist diese Übung. Wählen Sie deshalb die Entfernung so, dass ein Erfolg sicher ist. Entfernen Sie sich dann einige Meter von Ihrem Hund, warten Sie etwas und rufen Sie ihn wie gewohnt.

▷ Wenn das funktioniert, können Sie das Niveau steigern, indem Sie den Napf bzw. das Spielzeug näher zum Hund stellen.

TIPP

Üben mit Hilfspersonen

Sind Sie sich nicht sicher, ob Ihr Vierbeiner nicht doch zur geworfenen Ablenkung abzweigt anstatt zu Ihnen zu kommen, üben Sie mit einer zweiten Person, die das Spielzeug rasch wegnimmt, damit der Hund keinen Erfolg hat. Sie selbst laufen schnell weg, um den Hund zusätzlich zu motivieren, zu Ihnen zu kommen.

1 Der Futternapf steht hinter dem Hund, ein Spielzeug liegt auf dem Weg, den der Hund zu Ihnen zurücklegt. Wenn Sie nun Ihren Hund rufen, stehen Sie in Konkurrenz zu sehr reizvollen Ablenkungen.
2 Nun befinden sich links und rechts von seinem Weg zu Ihnen Futternapf und Spielzeug. Rufen Sie ihn sehr motivierend, damit er geradewegs zu Ihnen kommt.

Variante für Könner:

▷ Setzen Sie den Hund ab und gehen Sie wie gewohnt mehrere Meter von ihm weg. Dabei platzieren Sie etwas seitlich der »Abrufstrecke« (je weiter seitlich, desto einfacher die Übung) das Spielzeug oder den Futternapf. Und zwar zunächst so, dass sich die Ablenkung näher bei Ihnen als bei Ihrem Vierbeiner befindet. Rufen Sie ihn nun mit dem gewohnten Hörzeichen und je nach Hundetyp mit der nötigen Action.

▷ Kommt Ihr Vierbeiner auch jetzt freudig und ohne Zwischenstopp, verkleinern Sie den Abstand zwischen Napf bzw. Spielzeug und Hund nach und nach.

▷ Klappt auch das problemlos, können Sie auf beiden Seiten der Strecke Spielzeuge bzw. Futter deponieren und Ihren Hund rufen.

Noch ein Extratipp: Anstelle von Spielzeug oder Futternapf können Sie auch den Hund auf einem Feld so platzieren, dass als Ablenkung jeweils ein Mauseloch dient.

Interessiert ihn nichts anderes mehr als Sie, können Sie schon ein wenig stolz sein!

Variante für Fortgeschrittene: Sozusagen als Krönung können Sie sich nun an eine sehr spannende Variante wagen. Dabei rufen Sie Ihren Vierbeiner zu sich, nachdem er sein Spielzeug hat fliegen sehen.

▷ Sie setzen ihn dazu ab und entfernen sich wie gehabt. Nun werfen Sie sein Spielzeug hinter sich und rufen ihn anschließend zu sich. Bei dieser einfacheren Stufe stehen Sie noch zwischen Spielzeug und Hund.

▷ Macht Ihr Vierbeiner keine Anstalten, zum Spielzeug zu starten, sondern kommt zu Ihnen, werfen Sie es neben sich.

▷ Kommt er auch jetzt zuverlässig, werfen Sie es seitlich, aber in Richtung Hund. Je näher beim Hund das Spielzeug landet, desto schwieriger wird die Übung.

Reicht Ihnen das noch nicht, können Sie auch zwei Spielzeuge werfen, auf jede Seite eines.

Vergessen Sie bitte nicht: Besondere Leistungen wollen auch besonders belohnt werden!

Wenn die Übung mal nicht klappt

Vermutlich haben Sie die Ablenkung zu rasch gesteigert. Lassen Sie sich Zeit, auch wenn es bis zur höchsten Stufe mehrere Wochen dauert. Eventuell sitzt auch das Kommen an sich noch nicht gut genug. Dann kann es unter Ablenkung erst recht nicht funktionieren. Gehen Sie wieder einige Schritte zurück. Ist für Ihren Hund Spielen eine größere Belohnung als Futter, behalten Sie ein Spielzeug bei sich und spielen nach dem Heranrufen mit ihm.

Bei Fuß gehen ohne Leine

Es ist praktisch, wenn der Vierbeiner auch unangeleint bei Ihnen bleibt, wenn Sie ihn kurz bei Fuß nehmen möchten, etwa weil kleine Kinder oder ein angeleinter Hund entgegenkommen.

Voraussetzungen: Angeleint sollte der Hund ohne Leckerchen und über einen längeren Zeitraum zuverlässig bei Fuß bleiben.

Das ist wichtig: Üben Sie nur zum Teil ohne Leine, also den weitaus größeren Teil dieser Übung angeleint. Denn trainieren Sie zu viel unangeleint, kann das Bei-Fuß-Gehen leicht schlampig werden.

Gehen Sie anfangs nur ziemlich kurze Strecken unangeleint und beenden Sie die Übung immer, solange der Hund noch aufmerksam und in der richtigen Position geht. Also sein Kopf oder höchstens seine Schulter auf Höhe Ihres Knies. Belohnen Sie ihn wieder variabel (→ Seite 275), anfangs auch häufiger.

So klappt die Übung

▷ Wählen Sie eine ablenkungsarme Umgebung und trainieren Sie zunächst einige Minuten mit dem angeleinten Hund ein paar Übungen ohne Leckerchen, auch das Bei-Fuß-Gehen. So stimmen Sie den Vierbeiner auf die Übungsstunde ein.

▷ Als Nächstes legen Sie die Leine über den Rücken des Hundes und gehen wieder mit dem Hörzeichen »Bei Fuß« los. Gehen Sie genauso entschlossen los wie mit angeleintem Hund, dann läuft er auch mit. Zuerst gehen Sie geradeaus, dann bauen Sie auch Kurven in Ihren Weg ein.

▷ Klappt das gut, können Sie die Leine ganz weglassen. Um jedoch unerwünschte Ausreißversuche des Hundes rechtzeitig zu stoppen, können Sie eine Art Sicherung einbauen: Legen Sie dem Hund zusätzlich zur normalen Führleine eine etwa zwei Meter lange, dünne Leine oder Schnur an. Damit er nichts davon merkt, legen Sie sie ihm schon zu Hause samt der normalen Leine an. Wollen Sie dann draußen üben, leinen Sie ihn ab (nur die normale Leine) und gehen wie gewohnt bei Fuß los. Der Hund zieht die Schnur hinter sich her, und Sie haben, falls er nicht an Ihrer Seite bleibt, eine »Notbremse«, indem Sie bei Bedarf auf die Schnur treten.

▷ Erst wenn Ihr Vierbeiner über einige Zeit ohne Ihre Einwirkung geradeaus und auch bei Richtungsänderungen korrekt bei Fuß läuft, können Sie die Schnur weglassen.

Üben Sie dann aber erst wieder ohne große Reize und zunächst eventuell mit Leckerchen, allmählich aber auch unter Ablenkung.

Das hilft bei Problemen

Geht der Hund angeleint wirklich gut genug bei Fuß? Vertiefen Sie das Bei-Fuß-Gehen zuerst. Überprüfen Sie sich: Gehen Sie ohne Leine zögerlicher los, weil Sie warten, ob der Hund auch wirklich mitkommt? Das überträgt sich auf den Vierbeiner. War die Strecke, die er frei bei Fuß gehen sollte, zu lang? Beenden Sie die Übung rechtzeitig und üben Sie häufiger angeleint.

◁ *Bleibt Ihr Hund auch unangeleint zuverlässig bei Fuß, können Sie viele Begegnungen stressfrei meistern. Hier bringt selbst ein Jogger den Vierbeiner nicht aus der Ruhe. Beginnen Sie diese Übung jedoch ohne Ablenkung. Erst allmählich erhöhen Sie diese.*

Bei Fuß über Hindernisse gehen

Gehen Sie mit Ihrem angeleinten Hund zum Beispiel eine Treppe hinauf oder hinunter, soll er gesittet bei Fuß bleiben, anstatt Sie nach oben oder unten zu zerren. Denn das könnte gefährlich werden. Außerdem bringt diese Übung Abwechslung ins Training.

Voraussetzungen: Der Vierbeiner bleibt mindestens angeleint, besser auch schon abgeleint bei Fuß – egal, ob Sie in normalem Tempo oder ganz langsam gehen oder laufen.

Das ist wichtig: Vermeiden Sie bitte Verletzungsgefahren für sich und Ihren Hund.

Und so geht's

Wählen Sie ein passendes Gelände, etwa lichte Waldstücke mit am Boden liegenden Baumstämmen oder Reisighaufen, kleinere steile Hänge, ein niedriges Geländer entlang eines Parkwegs und ähnliche Unwegsamkeiten.

▷ Stimmen Sie den Hund zunächst in einfachem Gelände auf das Bei-Fuß-Gehen ein. Wechseln Sie dann in das Terrain mit anspruchsvollem Niveau.

▷ Zuerst können Sie zum Beispiel in einer Art Slalom um nicht zu dicke Bäume herumgehen und dicht an ihnen vorbeigehen. So lernt der Hund, dicht an Ihrer Seite zu bleiben. Variieren Sie dabei immer wieder das Tempo. Passen Sie die Dauer der Übung der Konzentration Ihres Hundes an.

▷ Als Nächstes suchen Sie sich einen nicht zu dicken, quer liegenden Baumstamm. Nun gehen Sie bei Fuß darüber. Achten Sie darauf, dass der Hund nicht vorausspringt, sondern seine Bewegung wirklich so koordiniert, dass er genau an Ihrer Seite bleibt. Verwenden Sie dafür, wenn nötig, anfangs Leckerchen. So lässt sich der Hund leichter in der gewünschten Position halten.

▷ Üben Sie erst in normalem, dann in langsamem Tempo. Gehen Sie mit dem Hund zum Beispiel über Reisighaufen oder einen Hang hinauf oder hinab. Besonders beim Hinabgehen wieder darauf achten, dass der Hund in Ihrem Tempo und an lockerer Leine läuft.

▷ Klappt das bis hierher, üben Sie jetzt richtig alltagsbezogen an Treppen. Zuerst an kürzeren, also mit nur wenigen Stufen. Mit zunehmenden Fortschritten des Vierbeiners können Sie dann auch auf längeren Treppen und unterschiedlichen Arten von Treppen üben.

▷ Läuft der Hund immer an lockerer Leine exakt an Ihrer Seite, gehen Sie dazu über, auch ohne Leine zu üben.

Haben Sie für die Übung so lange wie nötig Leckerchen verwendet, bauen Sie diese nun schrittweise wieder ab.

Wenn die Übung mal nicht klappt

Sitzt das normale Bei-Fuß-Gehen noch nicht gut genug? Vertiefen Sie das zunächst. Vielleicht hat Ihr Vierbeiner ja zu viel Energie und ist deshalb etwas ungestüm? Lasten Sie ihn dann vor dem Training gut aus. Mit der nötigen Ruhe kann er sich besser konzentrieren. Oder haben Sie ein zu anspruchsvolles Hindernis gewählt? Versuchen Sie es mit einem einfacheren.

▷ *Bei Fuß über Hindernisse laufen macht dem Hund Spaß und ist auch für den Alltag hilfreich. Achten Sie darauf, dass der Vierbeiner dicht und an lockerer Leine an Ihrer Seite mitläuft und nicht vorauszieht oder gar vor Ihnen übers Hindernis springt.*

Den Hund außer Sicht ablegen

4

Angenommen, Sie sind mit Ihrem Hund in einem Café und möchten an der Kuchentheke etwas bestellen oder Sie wollen in einem Geschäft ein paar Kleidungsstücke probieren. Jetzt ist es nützlich, wenn Sie den Hund an einem bestimmten Platz ablegen können und er dort zuverlässig liegen bleibt, auch wenn er Sie nicht mehr sehen kann.

Voraussetzungen: Ihr Vierbeiner bleibt, während Sie in Sichtweite sind, problemlos und entspannt liegen oder sitzen, auch wenn Sie sich weiter und längere Zeit entfernen.

Das ist wichtig: Soll der Hund länger warten, ohne dass er Sie im Blick hat, rate ich, ihn abzulegen. Zum einen ist das für den Hund bequemer, zum anderen steht er aus dem Sitzen schneller auf als aus dem Liegen. Muss er mal länger warten, darf sich der Hund auch seitlich hinlegen, ja er kann sogar ein Nickerchen machen. Er darf aber die Stelle, an der Sie ihn abgelegt haben, auch zu seiner eigenen Sicherheit nicht verlassen. Aus diesem Grund ist es wichtig, ihn aus dem Bleiben im Platz nie zu rufen. Der Vierbeiner soll hundertprozentig verinnerlichen, dass er liegen bleiben muss, egal, was er hört oder was um ihn herum los ist, und dass er immer von Ihnen abgeholt wird.

Steigern Sie die Anforderungen bei dieser Übung nur langsam. Trainieren Sie zuerst ohne Ablenkung und steigern Sie diese allmählich. Üben Sie mit der Zeit an verschiedenen Stellen, damit der Vierbeiner später in jeder Umgebung zuverlässig liegen bleibt.

Bitte lassen Sie den Hund bei dieser Übung und auch im Alltag nicht längere Zeit in der prallen Sonne oder auf nassem, kaltem Untergrund liegen.

So funktioniert's

Suchen Sie sich für diese Übung ein Gelände mit einem einzelnen Busch oder etwas Ähnlichem, hinter dem Sie sich verstecken.

▷ Legen Sie Ihren Vierbeiner einige Meter vor dem Busch im Platz ab – je fortgeschrittener der Hund ist, desto größer kann der Abstand zum Busch sein. Tut sich Ihr Hund mit dem Ablegen außer Sicht eventuell leichter, wenn ein persönlicher Gegenstand von Ihnen bei ihm liegt, dann können Sie zum Beispiel Ihren Pulli neben ihn legen. Entfernen Sie sich jetzt einige Meter von ihm und bleiben Sie nahe dem Busch zuerst einen Moment vor dem Hund stehen. Dann gehen Sie vor ihm ruhig hin und her.

> **TIPP**
>
> **Außer Sicht lieber stumm**
>
> Gehen Sie nur dann außer Sicht, wenn der Hund das Bleib in Sichtweite wirklich entspannt macht. Wiederholen Sie kein Kommando, wenn Sie außer Sicht sind. Denn wenn er Ihre Stimme hört, könnte das den Vierbeiner zumindest in der ersten Zeit allzu leicht veranlassen, zu Ihnen zu kommen.

▷ Nun umkreisen Sie den Hund. Dabei bewegen Sie sich zwischen dem Gebüsch und dem Hund. Jetzt umkreisen Sie ihn so, dass Sie das Gebüsch in den Kreis mit einbeziehen. So verschwinden Sie kurz hinter dem Busch und damit aus dem Sichtfeld des Vierbeiners.

▷ Klappt das, gehen Sie die nächste Stufe an. Bleiben Sie beim Umkreisen nun hinter dem Busch stehen. Und zwar am besten so, dass Sie den Hund noch sehen können, er Sie aber kaum oder gar nicht. Zählen Sie zunächst lautlos bis zehn und kommen Sie dann wieder hervor. Falls Ihr Vierbeiner unruhig wird,

Legen Sie den Hund in der Nähe eines Busches ab. Umkreisen Sie ihn so, dass er Sie noch sehen kann. Dann dehnen Sie den Kreis so aus, dass Sie den Busch in Ihre Kreise einbeziehen. So verschwinden Sie kurz aus dem Sichtfeld des Hundes.

Nun umkreisen Sie Ihren Vierbeiner wieder, bleiben dabei aber anfangs kurz, allmählich länger hinter dem Busch stehen. Dadurch sieht Sie der Hund einige Momente gar nicht. Reden Sie während der Übung nicht mit dem Hund, sonst steht er auf.

Nun gehen Sie wie gewohnt zum Hund zurück. Wirkt er etwas ungeduldig, sagen Sie auf dem Weg zu ihm »Platz« und zeigen ihm das entsprechende Sichtzeichen. Loben Sie ihn ruhig, während er neben Ihnen im Platz liegt.

kommen Sie früher aus Ihrem »Versteck«. Und zwar am besten, bevor der Hund aufsteht. Dehnen Sie die Zeit und auch die Entfernung zum Hund nur langsam aus.

Am Ende gehen Sie zum Hund zurück und bleiben neben ihm stehen. Erst jetzt loben Sie ihn ruhig, anschließend lassen Sie ihn wie gewohnt sitzen.

Kleine Ablenkungen einbauen

Klappt das Ablegen ohne Ablenkung gut, üben Sie zum Beispiel etwas abseits eines Weges, auf dem einige Spaziergänger kommen. Oder zu Hause, wenn andere Familienmitglieder anwesend sind. Verringern Sie dann zunächst die Dauer des Ablegens und dehnen Sie sie dem Übungsfortschritt Ihres Hundes entsprechend wieder aus.

Klappt das auch, ist Ihr Vierbeiner reif für den Alltag. Wenn Sie das nächste Mal zum Beispiel bei Freunden eingeladen sind, dann probieren Sie das Ablegen außer Sicht doch dort mal aus, etwa in einem anderen Raum.

Wenn die Übung Probleme macht

Bleibt der Hund in Sichtweite noch nicht länger und entspannt genug liegen oder sitzen? Dann üben Sie erst dies noch mal. Dehnen Sie die Zeit des Ablegens und die Entfernung zum Hund aus. Waren Sie eventuell zu lange außer Sicht? Bitte keinen falschen Ehrgeiz. Anfangs reichen unter Umständen einige kurze Momente. Passen Sie die »Dosis« Ihrem Vierbeiner an. Gehen Sie mit zögerlichem Körperausdruck vom Hund weg, weil Sie ihm die Übung eigentlich noch nicht zutrauen? Dann wird auch Ihr Hund verunsichert und folgt Ihnen womöglich. Sind Sie zu weit entfernt außer Sicht gegangen? Legen Sie den Hund näher am »Versteck« ab und bauen Sie die Entfernung erst aus, wenn er länger liegen bleiben kann. Ist zu viel Ablenkung rundherum? Achten Sie lange genug darauf, dass wirklich keine Ablenkung in der Nähe ist, und steigern Sie sie in ganz kleinen Schritten. Stimmen Sie die Übung auf das Temperament Ihres Hundes ab.

»Sitz« fern von Ihnen

Diese Übung ist für den Alltag sehr nützlich, denn es gibt immer mal wieder Situationen, in denen es besser ist, den Hund sofort zu stoppen und sitzen zu lassen, als ihn noch zu sich zu rufen. Würde er zum Beispiel beim Kommen zu Ihnen den Weg eines Radfahrers oder Joggers kreuzen, könnte das gefährlich werden. Oder wenn er eine Katze jagen möchte und dabei womöglich noch in Richtung Straße rennen würde. In solch reizintensiven Situationen ist es manchmal leichter, den Hund zu stoppen, als ihn zu rufen.

Voraussetzungen: Da das Stoppen auf Entfernung schon eine recht fortgeschrittene Übung ist, sollte Ihr Vierbeiner einen sehr guten Grundgehorsam haben, auch unter Ablenkung. Besonders das Sitz auf Hör- und Sichtzeichen (→ Seite 102) sollte er absolut prompt befolgen.

Das ist wichtig: Verwenden Sie am besten eine Pfeife. Die Stimme wirkt meist nicht eindringlich genug, besonders auf größere Entfernung und wenn Ablenkung vorhanden ist. Als Signal ist ein langer Pfiff empfehlenswert.

Wenn der Hund stoppt, soll er sich sofort setzen, sich immer zu Ihnen drehen und seine Aufmerksamkeit auf Sie richten. Dadurch ist auch der Blickkontakt zu einer eventuellen »Beute« unterbrochen. Um das zu erreichen, muss sich das prompte Sitzen und Umdrehen für den Hund stets lohnen. Loben Sie ihn dafür deshalb sofort mit der Stimme und mit Leckerchen. Zieht Ihr Vierbeiner ein Lieblingsspielzeug einem Leckerchen vor, können Sie ihn alternativ auch damit belohnen. Sobald er einige Momente ruhig sitzt, werfen Sie es und geben gleichzeitig das Auflösungshörzeichen. Am besten wäre es, wenn er das Spielzeug bringt, denn damit stellen Sie einen Bezug zu Ihnen her, außerdem kann der Hund nicht samt Spielzeug davonrennen.

Falls der Hund beides gleich gern mag, rate ich Ihnen, ihn anfangs mit Leckerchen zu belohnen. Sie haben den Vorteil, dass er bereits in der gewünschten Position sitzt und noch in dieser belohnt wird.

So lernt's der Hund

▷ Zunächst muss Ihr Hund lernen, dass auch ein langer Pfiff »Sitz« heißt. Üben Sie das zum Beispiel aus dem Bei-Fuß-Gehen. Sobald Sie stehen bleiben, geben Sie ein deutliches Handzeichen (erhobene Hand oder erhobener Arm), kurz darauf folgt der lange Pfiff. Beherrscht Ihr Hund, vor dem vollen Futternapf sitzen zu bleiben, bis er die Erlaubnis zum Fressen bekommt, üben Sie das Sitzen auf langen Pfiff auch in dieser Situation. Lassen Sie den Arm dabei so lange oben, bis Sie das Signal aufgelöst (→ Seite 85) haben.

▷ Hat der Hund das verstanden, geht's weiter zum nächsten Schritt. Sie sind mit dem Hund unterwegs, und es ist keine Ablenkung in Sicht. Der Hund läuft unangeleint locker und entspannt zwei, drei Meter voraus. Machen Sie ihn jetzt mit Zungenschnalzen oder Ähnlichem kurz auf sich aufmerksam – nur so weit, dass er in der Bewegung verharrt und zu Ihnen schaut. Jetzt folgt der Pfiff samt deutlichem Sichtzeichen. Haben Sie den Eindruck, dass sich der Hund auf Sie zubewegen möchte, machen Sie zusätzlich noch einen deutlichen Schritt auf ihn zu. Das wissen Sie ja unterdessen, dass dieser Körperausdruck Ihren Hund »bremst« (→ Seite 51).

▷ In dem Moment, in dem Ihr Hund sitzt, loben Sie ihn mit der Stimme, gehen rasch zu ihm und geben ihm einige Leckerchen. Je nach Situation lassen Sie ihn dann wieder laufen oder leinen ihn an.

▷ Funktioniert das eine Zeit lang, pfeifen Sie den Hund ins Sitz, ohne ihn vorher aufmerksam zu machen. Auch jetzt sollten Sie noch ohne Ablenkung, mit kleiner Entfernung und einem entspannt dahinlaufenden Hund trainieren. Nach und nach vergrößern Sie die

1

2

3

1 Machen Sie den Hund mit spannender Stimme auf sich aufmerksam, aber nur so sehr, dass er sich aufmerksam zu Ihnen umschaut, aber nicht herkommt.
2 Nun machen Sie mit erhobener Hand und einem längeren Pfiff einen deutlichen Ausfallschritt auf den Hund zu. Wenn nötig, sagen Sie zusätzlich »Sitz«.
3 Damit sich das Sitzen und Zu-Ihnen-Schauen für Ihren Vierbeiner lohnt, gehen Sie rasch zu ihm, geben ihm ein Leckerchen und loben ihn.

Entfernung, dann bauen Sie ganz langsam Ablenkungen mit ein. Unter Ablenkung rate ich, die Entfernung zunächst wieder zu verkürzen! So haben Sie eine zuverlässige Kontrolle über den Hund und können ihn wieder sehr zeitnah belohnen.

Belohnen Sie ihn aber auch bei größeren Entfernungen: Sobald er sitzt, loben Sie mit der Stimme, dann baldmöglichst mit einem oder mehreren Happen, je nach Leistung.

Stoppen aus vollem Lauf: Dies ist die letzte Ausbaustufe für Könner. Sie können sie in Angriff nehmen, wenn sich der Vierbeiner zuverlässig auch unter Ablenkung stoppen lässt. Wenn er also zum Beispiel zu einem Artgenossen unterwegs ist. Stoppen Sie ihn anfangs nur dann, wenn er noch näher bei Ihnen ist als bei seinem anvisierten Ziel. Lässt er sich stoppen, ist natürlich eine Belohnung fällig!

Beherrscht Ihr Vierbeiner seine Übung routiniert, müssen Sie ihm nicht jedes Mal eine Belohnung bringen oder werfen. Es reicht verbales Lob. Sie brauchen ihn dann auch nicht jedes Mal aus dem Sitz abzuholen. Rufen oder pfeifen Sie ihn nach einigen Momenten bzw. wenn die jeweilige Situation, die Anlass für das Stoppen war, vorüber ist, aus dem Sitzen zu sich.

Falls es Schwierigkeiten gibt

Falls der Vierbeiner trotz Ihrer aufs Stoppen ausgerichteten Körpersprache auf Sie zuläuft, engagieren Sie einen Helfer und nehmen eine mehrere Meter lange Leine zu Hilfe. Üben Sie so, dass sich der Hund zwischen Ihnen und dem Helfer befindet, der Helfer hat die Leine in der Hand. Stoppt der Hund nicht auf Ihr Signal hin, bremst ihn der Helfer mit der langen Leine. Anschließend belohnen Sie den Hund. Ignoriert er den Pfiff und läuft weiter, können Sie ihn selbst mit der langen Leine bremsen. Allerdings sollten Sie dann überprüfen, ob der Hund die Übung an sich verstanden hat. Oder ob der Grundgehorsam insgesamt schon gut genug sitzt. Wenn nicht, sollten Sie diesen zuerst noch vertiefen.

Aufmerksam sein trotz großer Ablenkung

Der Hund soll lernen, auch unter großer Ablenkung Blickkontakt zu Ihnen zu halten. So können Sie ihn Übungen ausführen lassen, auch wenn viel um ihn herum los ist. Das ist im Alltag häufig der Fall. Und oft ist es gerade dann wichtig, dass der Vierbeiner entsprechend gehorcht. Weiß der Hund, dass es sich lohnt, auf Sie zu achten, können Sie ihn mit dieser Übung zum Beispiel von einem starken Reiz wie einem Reh, Radfahrer usw. ablenken.

Voraussetzungen: Ohne Ablenkung kann der Hund auf Ihr Signal schon längere Zeit Blickkontakt mit Ihnen halten.

Das ist wichtig: Mit dieser Übung verhindern Sie, dass Ihr Hund Radfahrer etc. jagt, denn er verknüpft »Da bewegt sich etwas!« mit »Nichts wie hin zu meinem Besitzer, denn dort gibt's die Belohnung« und nicht mit »Da muss ich hinterher!«. Diese Verknüpfung setzt konsequentes Training von Anfang an voraus. Auch darf der Hund keine Erfolgserlebnisse haben, damit er erst gar nicht auf den Geschmack des »Verfolgens« kommt. Rufen Sie den Hund im Alltag deshalb immer rechtzeitig zu sich, also wenn das Objekt noch so weit entfernt ist, dass er sich problemlos rufen lässt. Nähert sich ein Jogger oder Ähnliches, lenken Sie die Aufmerksamkeit des Hundes so lange auf sich, bis der Jogger weit genug weg ist. Belohnen Sie den Hund mit einem fliegenden Spielzeug, das Sie in die dem Jogger entgegengesetzte Richtung werfen. Aber erst dann, wenn dieser weit genug weg ist.

Denken Sie bitte daran, Ihren Vierbeiner bei besonders guter Leistung, also wenn er unter schwierigen Bedingungen auf Sie achtet, auch entsprechend zu belohnen. Das kann etwas Fressbares oder auch ein Spiel mit Ihnen sein.

Und so geht's

Wenn Sie unter Ablenkung üben, sollten Sie zunächst die Dauer des Blickkontakts mit Ihnen reduzieren und darauf achten, dass die Ablenkung nicht gleich recht hoch oder nah beim Hund ist. Machen Sie sich so interessant wie möglich und üben Sie mit dem hungrigen Hund – Sie müssen viel interessanter sein als die anderen Reize. Trainieren Sie mit dem angeleinten Vierbeiner.

▷ Wählen Sie zum Beispiel einen Weg, auf dem einige Personen gehen. Stellen Sie sich neben dem Weg in die Wiese und animieren Sie den Hund, auf Sie zu achten. Wenn nötig, halten Sie zunächst das Leckerchen gleich in der Hand, später holen Sie es erst nach einiger Zeit aus der Tasche. Belohnen Sie den Hund, wenn er einige Momente Blickkontakt mit Ihnen gehalten hat.

▷ Klappt das, gehen Sie auf den Weg, wenn einige Personen in der Nähe sind, und üben Sie mit Ihrem Hund wieder Blickkontakt halten. Passen Sie die Dauer des Blickkontakthaltens bei Ablenkung dem Ausbildungsstand des Hundes an. Halten Sie anfangs nur kurz Blickkontakt, gehen Sie dann zurück zum Hund und belohnen Sie ihn. Allmählich dehnen Sie den Zeitraum aus.

▷ Funktioniert auch das, erhöhen Sie die Ablenkung, zum Beispiel durch sich rascher bewegende Reize, wie etwa Jogger oder Radfahrer. Die Ablenkung sollte aber zur Sicherheit nicht zu nah an Ihnen »vorbeirauschen«.

Beachten Sie bitte: Die Aufmerksamkeit auf Sie muss sich für den Hund lohnen, also immer belohnen!

Klappt die Übung nicht?

Vielleicht ist der Hund nicht hungrig genug. Oder Ihre Stimme klingt nicht spannend und interessant genug. Möglicherweise ist die Ablenkung zu nah. Haben Sie wirklich auf den Blickkontakt bestanden? Es hilft nichts, wenn der Hund zwar bei Ihnen ist, er aber den Jogger an der straffen Leine weiterhin fixiert und ihm so lange nachschaut, bis dieser außer Sichtweite ist.

Forschung & Praxis

Gezielte Ausbildung und Prüfungen

Wenn Sie Ihren Hund nun so weit ausgebildet haben, sind Sie vielleicht auf den Geschmack gekommen und möchten die eine oder andere Prüfung ablegen oder Ihren Vierbeiner seiner Rasse entsprechend weiter ausbilden. Hier bekommen Sie Informationen, wie das geht.

Haben Sie einen Rassehund aus einer von der FCI oder vom VDH anerkannten Zuchtstätte, dann sollten Sie sich zunächst an den entsprechenden inländischen Zuchtverband wenden. Adressen können Sie über den Züchter oder den VDH (→ Adressen Seite 284) erfragen. Dort erfahren Sie, welche Möglichkeiten der Ausbildungen und welche Prüfungen es speziell für die Rasse Ihres Hundes gibt. Denn nicht alles ist für jeden Hund geeignet:

▷ Am Anfang einer »Karriere« steht meist die Begleithundeprüfung. Sie kann jeder Hund ablegen, egal, ob Rassehund oder Mischling. Eine offizielle Prüfung dieser Art können Sie nur in einem VDH-Verein ablegen; sie steht bei den dem VDH angeschlossenen Hundesportverbänden zum Teil allen Hunden offen, unabhängig von Rasse und Abstammung. Vergewissern Sie sich, ob die jeweilige Ausbildungsmethode für Ihren Hund geeignet ist.

▷ Eine jagdliche Ausbildung macht auch für Jagdgebrauchshunderassen nur dann einen Sinn, wenn der Hund danach auch jagdlich geführt wird. Dies ist meist nur möglich, wenn der Halter einen Jagdschein hat.

▷ Besonderes Verantwortungsbewusstsein erfordert zum Beispiel eine Schutzhundeausbildung. Insgesamt besteht die Ausbildung aus Unterordnung, Schutzdienst und Fährtenarbeit. Gehorsam ist hier zwar oberstes Gebot, aber besonders der Beuteinstinkt wird sehr stark gefördert. Hunderassen, die von ihrer Verwendung her nicht dafür gezüchtet wurden sollte man in dieser Richtung nicht ausbilden.

▷ Für Hütehunderassen, wie beispielsweise Border Collies, gibt es spezielle Hüteausbildungen und Wettkämpfe.

▷ Bei den Apportierhunden wie den Retrievern erfreuen sich jagdnahe Ausbildungen mit Dummys statt Wild immer größerer Beliebtheit. Beispiele sind Dummyprüfungen und so genannte Workingtests.

▷ Für Schlittenhunderassen gibt es – je nach Streckenlänge, Rasse und Anzahl der angespannten Hunde – verschiedene Klassen von Schlittenhunderennen. Aber auch schon mit nur einem Hund steht interessierten und vor allem sportlichen »Mushern«, wie die Schlittenhundesportler heißen, die Pulkaklasse offen. Dabei wird ein Hund vor einen kleinen Schlitten (die Pulka) gespannt, der Mensch folgt auf Langlaufskiern.

▷ Allen Hunden, egal aus welcher Zucht und ob Rassehund oder Mischling, stehen Sportarten wie Agility, Obedience (→ Seite 202) oder Flyball (→ Seite 263) offen. Sie werden überwiegend von Hundesportvereinen angeboten.

▷ *Die meisten Hunde wollen beschäftigt werden. Das bedeutet, sie nicht nur ausreichend zu bewegen, sondern ihnen vor allem Anregungen für das Hundehirn zu geben. Mit einer gezielten Ausbildung erreichen Sie außerdem, dass der Hund gut auf Sie hört.*

Unterwegs in Natur und Stadt

Ein »fortgeschrittener« Hund verhält sich in vielen Alltagssituationen problemlos und lässt sich gut kontrollieren. Ein solcher Vierbeiner trägt viel dazu bei, das manchmal zu Recht angekratzte Image von Hunden und deren Haltern in der Öffentlichkeit zu verbessern. Ein gewisses »Restrisiko« von Ungehorsam oder unvorhersehbarem Verhalten bleibt jedoch immer, denn der Hund ist trotz gewissenhaftester Sozialisierung und Ausbildung ein Lebewesen und kein Computer.

Im Folgenden stelle ich Ihnen zwei Beispiele vor, wie eine Landpartie und ein Stadtausflug mit einem fortgeschrittenen Hund verlaufen können.

NATURSPAZIERGANG

Sie leinen Ihren Hund an und gehen mit ihm bei Fuß los in Richtung Wald und Feld. Dabei gehen Sie zunächst entlang einer befahrenen Straße. Obwohl Ihr Vierbeiner auch frei bei Fuß bleibt, lassen Sie ihn jetzt zur Sicherheit angeleint.

Nun haben Sie das Freilaufgebiet erreicht und lassen den Hund zum Ableinen sitzen. Gerade wenn Sie ihm das Hörzeichen »Lauf« geben möchten, sehen Sie einen anderen Hundehalter mit angeleintem Vierbeiner entgegenkommen. Deshalb gehen Sie nun mit Ihrem Hund frei bei Fuß weiter. Erst wenn Sie an dem anderen Hund vorbei sind, lassen Sie Ihren Vierbeiner nach vorherigem Sitzen laufen. Er schnuppert und läuft in der Wiese und ist dabei wieder in Richtung Weg zu Ihnen unterwegs. Da kommt ein Radfahrer. Damit die beiden nicht »kollidieren«, pfeifen Sie Ihren Hund vorsichtshalber ins Sitz. Sie bleiben stehen und warten, bis der Radfahrer vorbei ist. Nun gehen Sie zu Ihrem Vierbeiner, loben ihn und lassen ihn wieder laufen.

Da sehen Sie ein paar dünnere Baumstämme am Boden liegen. Die nutzen Sie gleich für eine Übung. Sie rufen den Hund und nehmen ihn dann bei Fuß. Zunächst gehen Sie einige Meter in flachem Gelände, nun nehmen Sie die Baumstämme in Angriff. Zuerst gehen Sie in normalem Tempo, dann auch langsam darüber. Versuchen Sie auch, einige Momente auf dem Baumstamm stehen zu bleiben, der Hund ist mit den Vorderbeinen oben und bleibt an Ihrer Seite. Oder Sie bleiben kurz hinter dem Baumstamm stehen – jetzt ist der Hund nur mit den Hinterbeinen auf dem Stamm. Aus dieser Position heraus gehen Sie nun rückwärts über den Stamm, der Hund bleibt an Ihrer Seite. Das hat er toll gemacht! Sie loben ihn und lassen ihn wieder laufen.

Unterwegs spielt er kurz mit einem Artgenossen. Sie gehen weiter, er folgt Ihnen von selbst. Da naht ein Jogger. Sie wissen aus Erfahrung, dass Ihr Vierbeiner eine gewisse Jagdpassion hat, und pfeifen ihn deshalb zu sich. Der Hund hat den Jogger gesehen, kommt aber

Hier wendet das fortgeschrittene Mensch-Hund-Team gerade das Gelernte im Alltag an. Der Hund stoppt auf Pfiff, der Radfahrer kann gefahrlos vorbeifahren. ▽

△ *Bleibt der Hund im Training liegen, wenn er Sie nicht sieht, wartet er auch brav in einem Geschäft, wenn Sie außer Sicht gehen.*

trotzdem zu Ihnen. Er sitzt bei Ihnen, und Sie machen ihn auf sich aufmerksam, indem Sie mit spannender Stimme in der Jackentasche nach seinem Lieblingsspielzeug kramen. Sobald der Jogger weit genug entfernt ist, werfen Sie es in die dem Jogger entgegengesetzte Richtung und geben dem Hund das Auflösungssignal »Lauf« (→ Seite 85).
Auf dem Rückweg kommen Sie an einem Spielplatz vorbei. Kinder spielen dort Feder- und Fußball, und Ihr Hund hat schon die Ohren gespitzt. Sie rufen ihn zu sich, loben ihn ausgiebig fürs Herkommen und gehen frei bei Fuß vorbei. Nun kommen Sie wieder an die Straße und leinen ihn auf dem letzten Stück nach Hause an.

STADTSPAZIERGANG

Sie haben sich zu einem kurzen Stadtbummel verabredet und nehmen Ihren Hund mit. Sie sind noch etwas früh dran, deshalb kaufen Sie sich ein Eis und genießen auf einer Bank im Stadtpark sitzend die Sonne. Den angeleinten Hund legen Sie bei sich ab. Auf einer Grünfläche in der Nähe toben trotz Leinenzwangs zwei andere Hunde. Ihrer bleibt brav liegen, und Sie genießen stressfrei Sonne und Eis.
Anschließend treffen Sie Ihre Freundin und schauen sich die Schaufenster an. Da sehen Sie etwas, das Ihnen sehr gut gefällt. Sie gehen in das Geschäft und möchten ein paar Shirts anprobieren. Den Hund legen Sie in einer ruhigen Ecke des Ladens ab. Auch während Sie in der Umkleidekabine verschwinden, bleibt der Hund zuverlässig liegen. Nachdem Sie an der Kasse bezahlt haben, holen Sie Ihren Hund wieder ab. Zum Abschluss Ihres Bummels möchten Sie noch in ein Café gehen, dessen sonnige Terrasse Sie über eine Treppe erreichen. Ihr Hund geht an lockerer Leine brav bei Fuß mit Ihnen die Treppe hinauf. Wenn Sie einen Sitzplatz gefunden haben, legen Sie ihn neben sich ab. Sie erfahren von der Bedienung, dass man den Kuchen an der Kuchentheke aussuchen muss. Kein Problem, denn Ihr Hund bleibt liegen, und Sie können sich in Ruhe etwas Leckeres aussuchen.
Nach dem Cafébesuch geht es gesittet samt Einkaufstüten wieder die Treppe hinunter. Auf dem Weg nach Hause kommen Sie in der Fußgängerzone an einer Musikgruppe vorbei. Dort sind viele Leute, auch mit anderen Hunden. Diese Situation nutzen Sie für eine kleine Extra-Übung. Sie lassen Ihren Hund neben sich sitzen und machen ihn auf sich aufmerksam. Er konzentriert sich ohne Stress auf Sie, hält länger Blickkontakt und bekommt dafür auch eine besondere Belohnung.
Genug gebummelt, nun geht es nach Hause.

▷ *Mit einem Verkehrsmittel des öffentlichen Nahverkehrs zu fahren ist für Hunde, die an das Stadtleben gewohnt sind, kein Problem. Bei Fuß geht's in den Bus, und während der Fahrt bleibt der Vierbeiner dicht bei Ihnen sitzen oder im Platz liegen.*

Übungen für mehrere Mensch-Hund-Teams

Ihr Hund soll nicht nur dann gehorchen, wenn er mit Ihnen allein ist, sondern auch in Gegenwart von Artgenossen. Auf zum nächsten Schritt: Üben in der Gruppe macht Spaß!

UM DIESES ZIEL ZU ERREICHEN, genügt es nicht, mit dem Vierbeiner einen Gruppenkurs in einer Hundeschule zu besuchen. Wie alle Übungen sollten Sie auch den Gehorsam unter vierbeiniger Ablenkung im Alltag ständig vertiefen. Wenn Sie das bisher schon mit den Grundkommandos gemacht haben und Ihr Vierbeiner die Übungen für Fortgeschrittene beherrscht, können Sie diese jetzt zusammen mit anderen Hundebesitzern üben, deren Hunde in etwa auf dem gleichen Niveau sind wie Ihrer. Sicher wohnen in Ihrer Nähe Hundehalter, die ebenso denken. Aktivieren Sie sie und üben Sie gemeinsam.

4

Unabhängig voneinander frei bei Fuß gehen

Ziel ist es, dass Ihr Hund auch unangeleint zuverlässig bei Fuß bleibt. Dann müssen Sie ihn bei Begegnungen mit Artgenossen nicht extra anleinen, falls er keinen Kontakt mit anderen Hunden haben soll.

Voraussetzungen: Der Hund bleibt ohne Ablenkung durch andere Hunde unangeleint perfekt bei Fuß. Zusammen mit anderen Hunden sollte er angeleint genauso schön an Ihrer Seite bleiben.

So klappt die Übung

▷ Anfangs stimmt jeder Zweibeiner seinen Hund erst mal an der Leine auf das gemeinsame Bei-Fuß-Gehen ein. Klappt das, lassen Sie die Hunde sitzen und leinen sie nun ab. Wählen Sie die Abstände zueinander nicht zu knapp. Machen Sie die sitzenden Vierbeiner zunächst wieder auf sich aufmerksam.

▷ Wenn jeder Hund gut auf seinen Menschen achtet, geht jedes Mensch-Hund-Team für sich los. Gehen Sie genauso entschlossen los wie gewohnt. Also ohne zu zögern, ob der Hund auch folgt. Sie wissen ja, das registriert er und verhält sich entsprechend. Variieren Sie die Abstände zueinander, halten Sie aber zunächst größere Distanzen ein. Korrigieren Sie den Hund, wenn er nur ansatzweise in Richtung Artgenossen schaut – entweder durch Ablenkung oder »Ermahnung«.

▷ Mit der Zeit bauen Sie auch direkte Begegnungen mit den anderen Teams ein. Die Hunde gehen zunächst an Ihren Außenseiten. Erst wenn das klappt, gehen die Hunde direkt aneinander vorbei. Auch hier sollten Sie zuerst einen größeren Abstand zueinander halten und ihn allmählich verringern.

Varianten einbauen: Bei den folgenden Varianten rate ich durchzuwechseln, damit jedes Team mal steht, mal geht.

▷ **Variante 1:** Ein Hundehalter bleibt stehen und lässt seinen Hund sitzen oder im Platz liegen, während sich die anderen Teams bei Fuß bewegen, mal im normalen Tempo, mal ganz langsam oder im leichten Joggingtrab. Sobald Sie langsamer werden, sagen Sie das Hörzeichen »Bei Fuß« mit gedämpfter Stimme und gedehnt, werden Sie schneller, wird die Stimme motivierend.

▷ **Variante 2:** Zwei Teams gehen aufeinander zu. Bleiben Sie im Abstand von etwa zwei Metern stehen und unterhalten Sie sich ein wenig. Die Hunde bleiben dabei mal im Sitz, mal im Platz dicht bei Fuß. Dann geht jeder mit seinem Hund wieder weiter.

Wenn's Schwierigkeiten gibt

Haben alle Teams Schwierigkeiten, dann ist es für das freie Bei-Fuß-Gehen noch zu früh. Üben Sie noch eine Zeit lang mit angeleinten Hunden. Oder gehen Sie in der Gruppe nur abwechselnd und kurze Strecken unangeleint. Klappt es bei dem einen oder anderen noch nicht, so sollte dieser Besitzer seinen Vierbeiner noch angeleint lassen. Wenn nämlich ein Hund immer wieder zu den anderen laufen kann, gehorchen sie weniger und sind nicht so gut konzentriert.

◁ *Wenn mehrere Hundehalter Bei-Fuß-Gehen ohne Leine üben, dann sollten Sie zunächst große Abstände zueinander einhalten, damit kein Hund in Versuchung kommt, zum anderen zu laufen. Gehen Sie mit entschlossenen Schritten, damit Sie auf den Vierbeiner »mitreißend« wirken.*

Ein Hund ist abgelegt, die anderen üben

Egal, ob er Sie sehen kann oder nicht – der Hund sollte an seinem Platz liegen bleiben, wenn Artgenossen in seiner Nähe in Bewegung sind. Das ist nützlich, wenn Sie ihn zum Beispiel kurz vor einem Geschäft ablegen und wenn jemand mit seinem Hund vorbeigeht.

Voraussetzungen: Bleib-Übungen in und außer Sicht, auch mit Ablenkung, sollten den Hunden keinerlei Probleme bereiten.

Das ist wichtig: Bauen Sie die Übung systematisch auf. Nur so führen Sie den Hund allmählich an das Ziel der Übung heran, dass er auch zu seiner eigenen Sicherheit wirklich zuverlässig liegen bleibt.

So funktioniert's

Diese Übung eignet sich auch für zwei Teams, ist aber reizvoller ab drei Mensch-Hund-Teams. Auch bei drei und mehr Teams wird nur ein Hund abgelegt, alle anderen sind in Bewegung. So ist die Ablenkung für den abgelegten Hund größer. Allerdings bewegt man sich zunächst ohne große Action, das heißt möglichst ruhig. Nach und nach rührt sich dann immer mehr in der Nähe des abgelegten Hundes. Anfangs ist die Distanz zu ihm größer, mit der Zeit gehen die Teams immer näher am abgelegten Hund vorbei.

▷ Einer der Vierbeiner wird abgelegt. Sein Besitzer bleibt nun nicht, wie auf Seite 118 beschrieben, erst vor seinem Hund stehen, sondern bewegt sich gleich in einem Abstand von mehreren Metern vor dem Hund hin und her. Die anderen Teams gehen nun bei Fuß mit zunächst mindestens zwei Meter Abstand, dann etwas näher am abgelegten Hund vorbei, um ihn herum und auch zwischen dem abgelegten Hund und seinem Besitzer durch. Solange Sie in Sichtweite sind, trainieren Sie diese Übung sowohl im Sitz als auch im Platz. Als zusätzliche Ablenkung können sich auch mal zwei andere Hundeführer miteinander in der Nähe des abgelegten Hundes unterhalten.

▷ Nun kommt die schwierigere Variante: Sie legen Ihren Hund ab und gehen jetzt um ihn herum, während auch die anderen Mensch-Hund-Teams bis auf etwa einen Meter an dem abgelegten Hund vorbeigehen. Ihre Kreise werden größer. Liegt der Hund auch dann ruhig und entspannt, gehen Sie außer Sicht. Erst nur kurz, dann länger. Die »Ablenkungsteams« sollten dabei zunächst nur in größerem Abstand an dem abgelegten Hund vorbeigehen. Bitte beachten Sie: Außer Sichtweite wird der Hund immer im Platz abgelegt.

Auch bei dieser Übung wechseln sich alle Hundeführer mit dem Ablegen ab. Trainieren Sie das Bleiben außer Sicht aber nur, wenn der Hund wirklich ruhig liegen bleibt.

△
Dieser Hund bleibt trotz naher Ablenkung durch Artgenossen liegen. Trainieren Sie dies anfangs mit größeren Abständen.

Wenn die Übung Probleme macht

Wahrscheinlich haben Sie den Schwierigkeitsgrad zu rasch gesteigert. Am besten bauen Sie die Übung noch mal neu auf. Dabei sollten die Ablenkungsteams einen größeren Abstand zum abgelegten Hund, dessen Besitzer einen kleineren einhalten.

Kommen an anderen Hunden vorbei

Diese Übung ist nützlich, wenn Ihr Hund zum Beispiel vorausläuft, ein Jogger Sie aber mit einem bei Fuß laufenden Hund überholt. Auf Ruf sollte Ihr Hund in einer solchen Situation zu Ihnen kommen.

Voraussetzungen: Ihr Hund befolgt ohne Ablenkung durch Artgenossen das Komm-Signal, auch wenn Sie weiter entfernt sind. Außerdem hat er einen guten Grundgehorsam.

Das ist wichtig: Machen Sie sich interessant genug für den Hund. Ihr Vierbeiner muss das Gefühl haben, dass es viel besser ist, zu Ihnen zu kommen als zum Artgenossen. Nehmen Sie eventuell besondere Leckerchen zu Hilfe.

△ *Keine leichte Übung: Diese Hunde sitzen relativ nah beieinander. Alle drei werden nun gleichzeitig gerufen und sollten freudig und ohne Umwege zu ihren Besitzern laufen. Wählen Sie anfangs größere Abstände.*

So klappt die Übung

▷ Beginnen Sie mit dem geringsten Ablenkungsniveau. Dazu stellen sich zwei Teams mit etwas Abstand zueinander nebeneinander auf, die Hunde liegen im Platz oder sitzen. Sie setzen Ihren Hund quer zu den anderen Teams ab. Nun gehen Sie einige Meter weg, warten etwas und rufen Ihren Hund. Dieser läuft an den beiden Teams vorbei zu Ihnen.

▷ Schwieriger wird es, wenn sich alle bewegen. Gehen Sie alle durcheinander und nicht allzu weit auseinander bei Fuß. Abwechselnd lässt nun jeder seinen Hund sitzen, geht ein paar Meter weg und ruft ihn zu sich.

▷ Nun werden die Hunde gleichzeitig gerufen. Setzen Sie alle Hunde mit etwa zwei Meter Abstand zueinander in eine Reihe. Alle Besitzer gehen mehrere Meter von den Hunden weg, die äußeren v-förmig, der mittlere geradeaus. Warten Sie etwas, dann rufen alle ihre Hunde gleichzeitig zu sich. Bei dieser Übung können die Hunde natürlich sehr leicht »Extratouren« zum Artgenossen machen. Üben Sie diese Variante deshalb nicht zu früh.

▷ Jetzt gibt es Gegenverkehr. Zwei Teams stehen nebeneinander, ein drittes Team mehrere Meter gegenüber in der Mitte »zwischen« den beiden. Die Hunde bleiben sitzen. Jeder Besitzer stellt sich nun seinem Hund gegenüber. Besitzer 1 und 2 rechts und links von Hund 3, Besitzer 3 zwischen Hund 1 und 2. Dann werden alle Vierbeiner gleichzeitig gerufen.

Wenn die Übung nicht funktioniert

Sitzt das Kommen an sich noch nicht zuverlässig? Waren die Hunde zu nah beieinander? Oder haben Sie den Schwierigkeitsgrad zu rasch erhöht? Gehen Sie dann ein oder mehrere Schritte zurück. Lassen Sie die Hunde vorher nicht miteinander spielen, sie konzentrieren sich dann schwerer auf Sie.

Ein Hundebesitzer spielt mit seinem Hund, zwei andere Teams üben Bei-Fuß-Gehen. Die Hunde sollten auf ihre Menschen achten, nicht auf den spielenden Artgenossen.

Zwei Teams spielen, ein Hund wird zwischen den beiden hindurch zu seinem Frauchen gerufen. Rufen Sie Ihren Vierbeiner mit engagierter Stimme, damit er freudig zu Ihnen kommt.

Üben neben spielenden Teams

Ihr Vierbeiner soll auch dann gehorchen, wenn er spielende Hunde gesichtet hat. Das kann zum Beispiel nützlich sein, wenn Sie mit ihm unterwegs, aber in Eile sind, sodass er nicht mit den anderen spielen darf.

Voraussetzungen: Der Grundgehorsam sitzt auch unter starker Ablenkung. Die Hunde sollten gerne mit ihren Besitzern mit einem Spielzeug spielen.

Und so geht's

Während ein Mensch-Hund-Team miteinander spielt, üben die beiden anderen – und umgekehrt. Ob die Hunde dabei an- oder abgeleint sind, sollte jeder Hundebesitzer dem Ausbildungsstand seines Vierbeiners anpassen. Wählen Sie den Abstand zu den anderen Teams stets so groß, dass weder der spielende noch die übenden Hunde »in Versuchung« geraten und zu den Artgenossen laufen.

▷ Beginnen Sie am besten mit dem Bei-Fuß-Gehen. Die übenden Vierbeiner sollten sich gut auf ihre Besitzer konzentrieren. Diese bewegen sich in der Nähe des spielenden Teams.

▷ Klappt das, kommen Bleib-Übungen dazu. Zwei Teams machen Bleib-Übungen, das dritte Team spielt wieder. Die übenden Hundebesitzer gehen vor ihren Hunden auf und ab und um sie herum.

▷ Als Nächstes gehen Sie außer Sicht. Zwei Teams spielen (am besten angeleint), Ihr Hund ist abgelegt. Gehen Sie zunächst nicht zu weit entfernt außer Sicht. Die spielenden Teams sollten nicht zu nah an den abgelegten Hund herangehen. Holen Sie Ihren Vierbeiner rechtzeitig ab.

▷ Wieder spielen zwei Teams. Ein Hundehalter setzt seinen Hund ab, entfernt sich einige Meter und wartet etwas. Dann ruft er seinen Hund so, dass er unterwegs an den spielenden Teams vorbei muss.

Falls es Probleme mit der Übung gibt

Sind die Teams zu nah beisammen? Oder interessiert sich ein Hund nicht genug für sein Spielzeug? Haben Sie zu früh begonnen, ohne Leine zu üben? Sitzen die Übungen ohne Ablenkung durch Hunde nicht gut genug?

Den Hund aus dem Spiel wegrufen

Ihr Hund sollte sich auch aus dem Spiel mit Artgenossen abrufen lassen. Das ist unterwegs recht praktisch und oft auch notwendig, wenn Sie nicht immer so lange »machtlos« warten wollen, bis sich Ihr Vierbeiner ausgetobt hat.

Voraussetzungen: Er hat einen guten Grundgehorsam. Das Kommen funktioniert auch unter »normaler« Ablenkung perfekt.

Das ist wichtig: Besonders wirksam ist hier eine Hundepfeife. Sie klingt deutlicher als die Stimme. Die Gruppe sollte nicht zu groß sein, zwei bis vier Hunde reichen. Je mehr, umso schwieriger wird die Übung. Die Vierbeiner sollten verträglich sein und weder Spielzeug noch Leckerchen verteidigen. Klappt die Übung, belohnen Sie die Hunde für diese Leistung mit einer Hand voll Leckerchen.

So lernt's der Hund

▷ Lassen Sie die Hunde sitzen und leinen Sie sie ab. Erst wenn jeder Hund einige Sekunden Blickkontakt mit seinem Besitzer gehalten hat, schicken Sie sie mit dem gewohnten Auflösungshörzeichen, etwa »Lauf«, los. Dann dürfen die Vierbeiner einige Minuten miteinander toben.

▷ Möchten Sie die Hunde nun rufen, laufen Sie alle in entgegengesetzte Richtungen weg. Pfeifen und rufen Sie Ihre Vierbeiner dabei gleichzeitig zu sich. Je nach Ausbildungsstand machen Sie sie vor dem verbindlichen Hörzeichen oder Pfiff mit spannender Stimme oder In-die-Hände-Klatschen auf sich aufmerksam. Die Halter sollten dabei möglichst »unwiderstehlich« wirken. Nennen Sie aber das spezielle Komm-Signal erst dann, wenn Sie sicher sind, dass die Hunde auch wirklich direkt zu Ihnen kommen.

▷ Geben Sie jetzt Gas und laufen Sie jeder von seinem Hund weg, bis die Vierbeiner eindeutig auf ihre Halter zukommen. Sobald die Hunde so weit voneinander entfernt sind, dass sie sich nicht mehr aneinander orientieren können, bleiben Sie stehen. Lassen Sie die Hunde korrekt vorsitzen. So hat kein Hund mehr Blickkontakt zu seinem vierbeinigen Freund und kann nicht so leicht noch mal »durchstarten«. Loben Sie die Hunde jetzt überschwänglich und belohnen Sie sie ausgiebig für diese tolle Leistung.

▷ Anschließend lassen Sie die Hunde wieder korrekt bei Fuß sitzen. Bitte denken Sie immer daran: Erst jetzt ist das »Hier« zu Ende. Je nach Situation nehmen Sie die Hunde nun an die Leine und üben etwas, spielen selbst mit ihnen oder Sie lassen sie wieder mit den Artgenossen spielen.

Wenn die Übung mal nicht klappt

Überprüfen Sie, ob die Gruppe zu groß ist. Üben Sie nur mit zwei Hunden. Sitzt das Kommen noch nicht gut genug? Haben Sie das Signal spannend genug und deutlich gegeben? Hat Ihr Hund keinen Hunger? Planen Sie die nächste Übung so, dass der Hund wirklich hungrig ist. Verwenden Sie gegebenenfalls besondere Leckerchen, die er für keine andere Übung bekommt.

◁ *Um den Hund aus dem Spiel mit Artgenossen zu rufen, bedarf es einiges an Action. Erregen Sie seine Aufmerksamkeit durch eine spannende Stimmlage. Sobald er aufschaut, laufen Sie von ihm weg. Läuft er Ihnen nach, hat er eine leckere Belohnung verdient.*

10 Fragen zum fortgeschrittenen Training

Wenn ich meinen Arco neben mir bei Fuß sitzen lasse, sitzt er immer schräg und schon fast vor mir. Sollte ich das ändern?
Ja, denn wenn Sie zum Beispiel am Straßenrand warten, sitzt der Hund praktisch schon auf der Fahrbahn. Üben Sie mit passiver Einwirkung: Gehen Sie mit Arco an einer Begrenzung (Zaun, Mauer) entlang. Er geht zwischen Mauer und Ihnen. Wenn Sie nun stehen bleiben und ihn sitzen lassen, kann er mit dem Hinterteil nicht seitlich wegrutschen. Auf welcher Seite haben Sie Ihre Leckerchen in der Tasche? Tragen Sie sie immer auf der Seite, auf der Sie den Hund führen.

Zur Sicherheit möchte ich unserem Vierbeiner beibringen, dass er sich an jeder Bordsteinkante möglichst automatisch setzt. Geht das?
Das ist an sich sehr nützlich, erfordert aber vom Hundehalter überlegtes Üben. Damit Ihr Vierbeiner das wirklich zuverlässig beherrscht (nur dann bringt es auch etwas), müssen Sie den Hund wirklich an jeder Bordsteinkante und an jedem Straßenrand sitzen lassen. Auch wenn es nur ein schmaler Weg ist oder gerade weit und breit kein Auto kommt.

Neigt Ihr Hund dazu, zu wenig dicht an Ihrer Seite zu gehen oder sich schräg zu setzen, wenn Sie stehen bleiben, dann üben Sie beides, indem Sie eng an einer Mauer oder einem Zaun entlanggehen.

Übe ich »Bei Fuß« über ein Hindernis, springt unser Dino immer vor mir hinüber, anstatt an meiner Seite zu bleiben. Wie kann ich ihm das abgewöhnen?
Nehmen Sie dazu zunächst ein Leckerchen und gehen Sie eher langsam auf das Hindernis zu. Bevor der Hund mit den Vorderbeinen auf den Baumstamm geht, nehmen Sie das Leckerchen etwas höher. Geht's auf der anderen Seite wieder hinunter, nehmen Sie die Hand mit dem Häppchen nun direkt vor dem Hund deutlich nach unten, sodass sich Dino nach unten orientieren muss. Dann klappt die Übung bestimmt.

Kann ich meinen Hund daran gewöhnen, auch dann außer Sicht liegen zu bleiben, wenn er meine Stimme hört?
Ja, aber dazu sollte er auf jeden Fall gewohnt sein, dass er aus dem Platz immer abgeholt wird, nie gerufen. Bauen Sie die Übung so auf, dass Sie sich zunächst mit jemandem unterhalten, während Ihr Vierbeiner in Sichtweite abgelegt ist. Zuerst in relativ »langweiliger« Stimmlage, dann auch etwas angeregter. Wenn das klappt, versuchen Sie es außer Sichtweite.

Wenn wir uns zu dritt zum Üben treffen, sollten wir dann die Hunde vorher spielen lassen, damit sie Energie loswerden?
Wenn Sie die Hunde vor dem Training spielen lassen, ist genau das, was Sie mit dem Gruppentraining für den Alltag erreichen möchten, dahin. Die Hunde sollen lernen, sich auch dann in Gegenwart von Artgenossen auf den Besitzer zu konzentrieren, wenn sie diese nicht kennen lernen oder begrüßen können. Es sollte jeder seinen Hund vorher allein etwas auspowern.

Δ
Achten Sie darauf, dass Ihr Hund angeleint und vor allem beim Bei-Fuß-Gehen nicht den kleinsten Erfolg mit Ziehen hat.

Unser Timmy geht ganz gut bei Fuß, schnüffelt aber öfter am Boden oder zieht, wenn er etwas besonders Reizvolles sieht. Was kann ich tun?
Machen Sie ihn mit der Stimme sofort wieder auf sich aufmerksam, wechseln Sie die Richtung und loben Sie ihn, wenn er wieder auf Sie achtet. Reicht das nicht, dann »stören« Sie Timmy: Gehen Sie eine enge Kurve oder mehrere kleine Kreise zu der Seite, auf der Sie ihn bei Fuß führen. So drängen Sie ihn ab bzw. stören ihn beim Schnüffeln. Irgendwann wird er Sie verdutzt ansehen, dann loben Sie ihn und beenden das »Störmanöver«. Bei Unaufmerksamkeit helfen auch systematische Richtungswechsel an der Leine (→ Seite 93).

Wie schaffe ich es, dass Asta auch in den »Kurven«, in denen sie außen mitläuft, dicht an meiner Seite bei Fuß bleibt?
Am besten ist es, wenn Sie sie kurz vor der Wendung mit motivierender Stimme gezielt aufmerksam machen. Dazu klopfen Sie sich mit der Hand auf den Oberschenkel. Das reicht manchmal schon. Noch klarer wird es, wenn Sie zusätzlich Ihren Körper deutlich in die Richtung abwenden, in die Sie nun gehen möchten. Falls Sie mit Leckerchen arbeiten, sollte es nicht mehr nötig sein, sie in der Hand zu haben. Stecken Sie die Hand »verlockend« in die Tasche – läuft Asta aufmerksam mit, bekommt sie am Ende der Wendung einen Happen.

Ist Nicky abgelegt, liegt sie meist »schlampig«, also beide Hinterbeine auf einer Seite oder direkt auf der Seite. Ist das okay?
Beim Platz mit und ohne »Bleib« ist es wichtig, dass der Hund entspannt liegt und nicht »auf dem Sprung« ist. Nicky darf sich also ruhig bequem hinlegen. Das zeugt auch davon, dass sie sich überhaupt nicht unsicher fühlt, wenn Sie weggehen, und weiß, dass Sie wieder zurückkommen.

Beim freien Bei-Fuß-Gehen läuft mein Hund etwas zu weit von mir entfernt. Kann ich ihn dann auch am Halsband korrigieren?
Das sollten Sie höchstens ausnahmsweise mal tun. Greift man häufiger nach dem Halsband, um den Hund zu korrigieren, kann es leicht passieren, dass er mit der Zeit der Hand ausweicht. Üben Sie besser wieder überwiegend, zumindest aber mehr an der Leine als ohne.

◁
Soll der Hund längere Zeit an einer Stelle bleiben, darf er sich auch bequem hinlegen oder sogar auf die Seite legen.

Lege ich Xanthos längere Zeit ab oder gehe ein paar Minuten außer Sicht, robbt er ein Stück in meine Richtung. Kann man das tolerieren?
Robbt Xanthos jetzt ein kleines Stück, besteht immer die Möglichkeit, dass er das ausdehnt und weiter weg robbt. Das kann sich im Alltag aber ungünstig auswirken. Korrigieren Sie ihn und gehen Sie in der Schwierigkeit wieder ein, zwei Schritte zurück. Er sollte genau an der Stelle bleiben, an der Sie ihn ablegen oder, je nach Übung, haben sitzen lassen.

Mit dem Hund in der Öffentlichkeit

Das Image von uns Hundehaltern ist angekratzt, oft zu Unrecht, zum Teil leider auch zu Recht. Und die »bösen« Hundehalter sind es, mit denen alle anderen in einen Topf geworfen werden. Getreu nach dem Motto: »Mitgefangen, mitgehangen.« Mit etwas Rücksicht und Toleranz sowie einem gut erzogenen Hund ließen sich jedoch viele unliebsame Situationen und Konflikte im Alltag leicht vermeiden. Wie wär's, machen Sie mit?

5

Zwei- und Vierbeiner – kein Problem

Hunde sind nahezu überall präsent – ob in der Natur oder in der Stadt. Aber nicht jeder ist ein Hunde-Fan, viele haben sogar Angst vor ihnen.

DESSEN SOLLTEN SIE sich bewusst sein. Vor ein paar Jahren trafen sich Hundehalter, um eine Demo gegen drohenden Leinenzwang vorzubereiten. Als Tagungslokal diente ein gut besuchter Biergarten. Drei Hunde liefen frei herum, einer davon verbellte jeden neuen Gast. Eine Besitzerin erzählte, ihr Hund jage zwar Joggern nach, aber er tue ja nichts. Der Jogger müsste nur anhalten und ein paar freundliche Worte mit dem Hund wechseln. Eine andere sagte, ihre beiden großen Hunde liefen immer frei, egal, ob in der Stadt oder draußen. Muss man sich da noch wundern, wenn über Leinenzwang nachgedacht wird?

Ein paar Worte voraus

5

In den allgegenwärtigen Diskussionen wird leider häufig polarisiert – Hundehalter gegen Jogger, gegen Jäger, gegen Landwirte, gegen Mütter mit Kindern usw. Das hört sich so an, als wären »die Hundebesitzer« eine eigene Spezies, ja man fühlt sich oft schon ausgegrenzt, wenn man mit seinem Hund unterwegs ist. Doch auch unter Joggern, Jägern, Landwirten oder Müttern mit kleinen Kindern gibt es Hundehalter. Wie auch immer – in unserem eigenen Interesse sollten wir dafür Sorge tragen, dass unsere Vierbeiner niemanden belästigen oder gar gefährden.

»Der will doch nur spielen!«

Um jemanden zu gefährden ist gar kein »gefährlicher« Hund nötig. Schon ein vor Freude stürmischer Vierbeiner kann eine Gefahr sein, wenn er jemanden anspringt oder umrennt. Da hilft es auch nicht, schnell noch »Der will nur spielen« hinterherzurufen, was häufig geschieht, wenn man seinen Hund nicht mehr zu sich rufen kann … Und was glauben Sie, was passiert, wenn das »Zielobjekt« bemerkt, dass der Hundehalter seinen Vierbeiner gar nicht unter Kontrolle hat? Noch dazu, wenn es sich um einen hundeunerfahrenen Menschen oder einen, der Angst vor Hunden hat, handelt? Ihn wird dieses Erlebnis negativ prägen, und er wird in der Folgezeit nichts Positives über »die« Hundehalter erzählen …

Deshalb meine Bitte: Nehmen Sie Ihren Vierbeiner nur dann in die Öffentlichkeit mit, wenn er seiner Umwelt und fremden Menschen gegenüber sicher ist und eine gewisse Gelassenheit zeigt. Er darf Menschen gegenüber keine Unsicherheiten oder Angst zeigen. Denn es kann immer mal geschehen, dass er versehentlich angerempelt oder ohne »Vorwarnung« gestreichelt wird. Nicht jeder weiß, wie man sich Hunden richtig nähert. Der Vierbeiner sollte auch nicht jedem vor Freude »um den Hals fallen«, sich aber auch nicht leicht bedroht oder in die Enge getrieben fühlen. Erkennen Sie an der Körpersprache Ihres Vierbeiners, dass ihn alltägliche Dinge wie Verkehrslärm oder Menschenmengen stressen, dann ist es besser, ihn zu Hause zu lassen. Versuchen Sie, ihn schrittweise an die Stresssituationen zu gewöhnen, indem Sie zunächst zu einer ruhigeren Zeit und nur zum Training mit ihm in die Stadt gehen.

Umgekehrt sollte der Hund aber auch nicht ständig seinen Menschen beschützen wollen. Problematisch ist dies zum Beispiel, wenn der Vierbeiner im Restaurant oder in der S-Bahn den Bereich um sich herum als Revier verteidigt. Zeigt Ihr Hund solche Eigenschaften, müssen Sie entsprechend umsichtig sein, den Hund beobachten und darauf achten, dass ihm niemand zu nahe kommt. Ein zuverlässiger Gehorsam ist außerdem Pflicht. Auch ein Maulkorb kann sinnvoll sein. In manchen Ländern müssen Hunde in öffentlichen Verkehrsmitteln einen Maulkorb tragen. Sind Sie unsicher, ob Sie Ihren Vierbeiner unter solchen Bedingungen kontrollieren können, vermeiden Sie solche Situationen besser.

◁ *Viele Hunde springen Personen an, meinen es aber freundlich oder wollen spielen. Das Anspringen stößt jedoch vor allem bei Fremden verständlicherweise kaum auf Gegenliebe, ganz besonders wenn es sich um eine große oder schwere Rasse handelt.*

Kleiner Hundehalter-Knigge

Der Umgang mit Hundehäufchen

Hundehäufchen sind ein sehr häufiger Grund für Ärgernisse und hochkochende Gemüter. Diese Thematik erscheint mit schöner Regelmäßigkeit im Sommer wie auch im Winter in der Presse. Zum Teil wird sie etwas übertrieben dargestellt, gibt es doch weit schädlichere Dinge und schlimmeren Müll in unserer Umwelt. Andererseits, wer tritt schon gerne in »Tretminen«? Hundehalter nicht, und Nichthundehalter schon überhaupt nicht. Deshalb sollte es selbstverständlich sein, Häufchen an ungünstigen Stellen, wie zum Beispiel auf den Wegen oder etwa in Vorgärten, zu entfernen. In Letztere lassen Sie Ihren Vierbeiner besser gleich gar nicht hinein.

Ich habe bei jedem Gassigang stets ein paar Plastiktüten in der Tasche. Denn leider wird die Hundesteuer nicht dafür verwendet, überall Tütenspender aufzustellen. Zum Teil erhält man sie aber direkt bei den Kommunen.

So sorgen Sie vor

▹ **Stadtgänge usw.** lassen sich gut planen. Gehen Sie mit dem Hund vorher noch eine Runde im Grünen, damit er sich lösen kann. So vermeiden Sie unliebsame Zwischenfälle etwa in der Fußgängerzone. Passiert es dennoch, dass Ihr Hund ein Häufchen auf den Bürgersteig setzt, sollten Sie dieses entfernen. Bemerken Sie, dass er »muss«, ziehen Sie ihn am besten noch schnell an den Rand. Vom Küchenfenster aus beobachtete ich einmal einen Hundebesitzer, dessen angeleinter Vierbeiner sich direkt an unserem Grundstück löste. Ganz selbstverständlich ging er danach weiter. Sie dürfen mir glauben, dass ich recht

Hundebesitzer sind häufig auch Freizeitsportler. Begleitet ein gut erzogener Hund seinen Zweibeiner beim Joggen, wird es unterwegs kaum Konflikte geben. ▽

flott draußen war ... Aber auch städtische Grünanlagen sind keine Hundeklos, eventuelle Geschäfte bitte auch hier entsorgen. Tun Sie das nicht, droht übrigens in vielen Städten und Gemeinden ein empfindliches Bußgeld.
Falls Sie direkt in der Stadt wohnen und keine Grünanlage in unmittelbarer Nähe haben, sollten Sie immer Tüten mitnehmen und jedes Häufchen entfernen. So ersparen Sie sich und anderen eine Menge Ärger. Kennt Ihr Vierbeiner ein bestimmtes Lösehörzeichen (→ Stubenreinheit Seite 75) und ist das Bedürfnis noch nicht ganz dringend, dann gehen Sie bis zu einer geeigneten Stelle, etwa einer Baumscheibe, und geben dort das Lösesignal.

- **Spielplätze und Sandkästen** sind ebenfalls keine Hundetoiletten. Auch nicht abends oder nachts. Allerdings gehen verunreinigte Sandkästen häufig nicht auf das Konto von Hunden, sondern von Katzen. Aber Stubentiger genießen in unserer Gesellschaft sowieso eine größere Toleranz als Hunde ...
- **Die freie Natur** sollte auch nicht uneingeschränkt als Hundeklo herhalten müssen. Wollen Sie auf Nummer Sicher gehen, entsorgen Sie grundsätzlich jede Hinterlassenschaft Ihres Vierbeiners. Besonders im Winter sind die charakteristischen »Objekte« schon weithin auf dem Schnee zu sehen bzw. tauchen an manchen Stellen gehäuft auf, wenn der Schnee weggetaut ist. Es ist Ihnen sicher auch schon aufgefallen, dass es Wege gibt, auf denen sämtliche Hunde der Umgebung unterwegs zu sein scheinen. Dort sammeln sich dann entsprechend viele ihrer »Rückstände« an. In einem solchen Fall würde ich dafür plädieren, jedes »Geschäft« zu entsorgen.
- **Auf landwirtschaftlichen Nutzflächen** sorgen Hundehaufen ebenfalls immer wieder für Zündstoff. Eine echte Gesundheitsgefährdung für die Kühe ist zwar unwahrscheinlich und umstritten. Aber es ist ein großes hygienisches Problem, denn Kühe fressen verständlicherweise kein verunreinigtes Futter. So sind womöglich größere Grasmengen unbrauchbar, wodurch den Landwirten ein finanzieller Schaden entsteht. Das darf natürlich nicht sein. Auf einer frisch gemähten Wiese verrotten die Häufchen bis zum nächsten Mähen, aus höherem Gras rate ich, sie auf jeden Fall zu entfernen. Auf diese Weise könnten viele unnötige Reibereien vermieden werden.

◁ *Ist das Häufchen auf dem Gehweg oder einer ähnlichen unpassenden Stelle gelandet? Dann sollten Sie die Hinterlassenschaft auf alle Fälle entfernen. Stecken Sie am besten immer ein paar Tüten in die Tasche, dann sind Sie für solche Fälle gewappnet.*

Jetzt werden Sie sicher fragen, wo der Hund denn noch darf? Ich meine, es ist okay, wenn sich Ihr Vierbeiner an Gebüschrändern oder Feldrainen löst. Hundekot verrottet ja, sodass nach einiger Zeit nichts mehr davon übrig ist.

Achtung, Sportler!

Hunde und Jogger, Radfahrer und andere Sportler – eine ewig währende Hassliebe. Denn viele Vierbeiner laufen leidenschaftlich gern allem hinterher, was sich rasch bewegt. Während die meisten Vierbeiner »nur« begrüßen oder spielen möchten, gibt es auch einige mit starkem ▶ BEUTEINSTINKT (Seite 259), die Jogger oder Radfahrer ins Bein zwicken. Doch egal, welche Motivation Ihren Vierbeiner treibt – bitte verhindern Sie jegliches Verfolgen von Menschen. Es kann von keinem Jogger oder Radler verlangt werden, dass er stehen bleibt und sich mit dem Hund beschäftigt oder wartet, bis Sie Ihren Vierbeiner wieder eingefangen haben. Wer von Ihnen selbst joggt, Nordic Walking oder Ähnliches betreibt, weiß aus Erfahrung, dass man dann auf so manchen Strecken bald alle 100 Meter stehen bleiben müsste …

Wenn Sie also wissen oder merken, dass sich Ihr Hund für das Verfolgen begeistern könnte, dann rate ich Ihnen, konsequent mit ihm zu üben, dass er rechtzeitig auf Ruf kommt und bei Ihnen sitzen bleibt oder mit Ihnen bei Fuß weitergeht, anstatt sich auf die »Beute« zu konzentrieren. Andernfalls meiden Sie besser Strecken, die bei Joggern und anderen Sportlern besonders beliebt sind. Wie Sie Jagen vermeiden können, erfahren Sie auf Seite 243, Übungen, wie Kommen, Bei-Fuß-Gehen und die Aufmerksamkeit fördern, finden Sie in den Übungsteilen von Kapitel 3 und 4.

Doch warum schinden Sie nicht mal Eindruck bei den Freizeitsportlern mit Ihrem gut erzogenen Hund? Etwa indem Sie Ihren vierbeinigen Freund auf den Punkt stoppen, wenn Sie zum Beispiel sehen, dass er vor lauter Schnüffeln den »Gegenverkehr« nicht bemerkt und schon auf Kollisionskurs ist. Wie Sie dieses »hohe« Ziel erreichen, konnten Sie bereits auf Seite 137 lesen.

Es gibt natürlich auch viele Hunde, denen es vollkommen egal ist, wer oder was des Wegs kommt. Gehört Ihr Vierbeiner dazu und läuft einfach so dahin und behindert auch niemanden, wenn Jogger & Co. oder auch Spaziergänger sich nähern, dann müssen Sie ihn auch nicht zu sich rufen. Bei aller Rücksicht – das bloße Vorhandensein eines Hundes sollte im Normalfall niemanden stören.

▷ *Manchen Passanten sind besonders größere Vierbeiner nicht so geheuer. Dann rufen Sie Ihren Hund besser zu sich. Je nach seinem Ausbildungsstand leinen Sie ihn dann an, bis die Passanten vorbei sind. Oder Sie behalten ihn unangeleint bei sich.*

Was tun mit ängstlichen Passanten?

Menschen, die Angst vor Hunden haben, muss man akzeptieren. Auch wenn es viele Hundebesitzer gibt, die sich das nicht vorstellen können. Möglicherweise hatte derjenige ja früher schlechte Erfahrungen mit Hunden gemacht. Manche Menschen haben aber einfach so Angst, ohne konkrete Erfahrungen. Vielleicht, weil der Hund besonders groß oder schwarz ist und somit »bedrohlicher« aussieht. In meinem Freundeskreis habe ich selbst zwei dieser »Angsthasen«.

Wenn jemand zum Beispiel Angst vor Pferden hat, kann er ihnen leicht aus dem Weg gehen. Er muss ja keinen Reiterhof besuchen und nicht auf Reitwegen spazieren gehen. Hundebegegnungen lassen sich dagegen kaum vermeiden. Wenn dann ein Hund noch direkt Kurs auf einen Passanten nimmt, der eh schon Angst hat, oder womöglich bellend auf ihn zuläuft oder ihn anspringt, kann man sich vorstellen, dass dadurch die Angst nicht kleiner wird. Auch dann nicht, wenn der Hund es gar nicht böse meint.

Was Sie tun können: Wenn Sie erkennen, dass ein Passant Angst hat, oder er Sie sogar bittet, den Hund zu sich zu rufen, dann tun Sie es bitte auch. Je nach Situation entwickelt sich vielleicht das eine oder andere Gespräch, in dem Sie dem anderen die Angst etwas nehmen können. Und vielleicht traut sich derjenige dann sogar, Ihren Vierbeiner zu streicheln, wenn dieser ruhig bei Ihnen sitzt und freundlich ist.

Ein gut erzogener Vierbeiner ist auch hier die beste Reklame dafür, dass man vor dem weitaus größten Teil der Hunde keine Angst zu haben braucht.

Selbst wenn ein Passant keine direkte Angst zeigt, es jedoch erkennbar ist, dass er keinen Kontakt mit dem Vierbeiner haben möchte, dann vermeiden Sie direkten Kontakt des Hundes mit ihm. Nicht jeder hat Hundeklamotten an. Auch bei einer kurzen Begrüßung sozusagen im Vorbeigehen kann »Hundesabber« auf der Kleidung zurückbleiben.

Apropos Kleidung – hat Ihr Vierbeiner jemanden angesprungen und dabei die Kleidung verschmutzt oder beschädigt, dann sollten Sie ihm selbstverständlich anbieten, die Reinigungskosten zu übernehmen bzw. den Schaden zu ersetzen.

Begegnungen mit Kindern

Die Reaktion von Kindern auf einen Hund ist sehr unterschiedlich. Von totaler Begeisterung bis zu fast panischer Angst ist alles möglich. Wer in der Nähe eines Kindergartens oder einer Schule wohnt, erlebt das fast täglich. Aber auch Hunde reagieren recht unterschiedlich auf Kinder. Manche können von Kindern gar nicht genug bekommen, andere wieder haben deutlich Angst vor ihnen oder verhalten sich misstrauisch. Nicht selten fühlen sich gerade kleinere Rassen von stürmischeren Kindern schnell bedroht und können dann sogar zuschnappen.

Kommen Ihnen kleinere Kinder entgegen, sollten Sie Ihren Vierbeiner am besten bei sich behalten, wenn nötig auch angeleint. Denn selbst wenn er freundlich gesinnt ist, kann er im Überschwang leicht ein Kind zu Fall bringen. Kinder haben oft etwas zu essen in der Hand, etwa ein Eis oder eine Brezel. Auch das könnte einen Hund verlocken, etwas aufdringlicher zu werden und rasch nach der »Brotzeit« zu schnappen.

Neulich konnte ich folgende Situation beobachten: Auf einer Wiese spielte ein Junge, eine Hundebesitzerin kam mit ihrem rundum freundlichen Golden Retriever des Wegs. Der Hund sah das Kind und rannte begeistert darauf zu, der Junge blieb erschrocken stehen. Die Besitzerin rief ihren Hund, er hörte nicht,

△ *Verhält sich Ihr Hund grundsätzlich freundlich und ist er Kindern gegenüber aufgeschlossen, können Sie ihn auch streicheln lassen. Bleiben Sie aber dabei!*

und dann rief sie noch rasch: »Der tut nichts.« Man kann sich gut vorstellen, wie ein solches Erlebnis auf ein Kind wirkt, das kaum größer ist als der Hund …

Begegnen Ihnen Kinder oder Familien und wirkt der Vierbeiner gelassen und gut erzogen, kommt es oft vor, dass Mutter, Vater oder die Kinder fragen, ob sie den Hund mal streicheln dürfen. Dann ist es das Beste, den Hund an die Leine zu nehmen. So haben Sie ihn besser unter Kontrolle, falls er in Spielstimmung kommt oder dem Kind die leckeren Schoko- oder Eisreste aus dem Gesicht schlecken möchte …

▷ **Ihr Hund hat Angst vor Kindern** oder zeigt Misstrauen: In diesem Fall sollten Sie sehr vorsichtig sein und Abstand halten. Das Risiko ist zu groß, dass etwas passiert. Eine solche Situation können Sie auch nur schwer gezielt üben, da es unverantwortlich wäre, Kinder als »Übungsobjekte« einzusetzen. Lässt sich ein

1 *Die meisten Vierbeiner leben völlig problemlos mit ihren Familien. Sie sind gern überall dabei und genießen es, mit ihren »Rudelmitgliedern« zusammen zu sein.*
2 *Einem Picknick im Grünen steht mit einem gut erzogenen Hund nichts im Wege. Dieser Vierbeiner weiß: Die Picknickdecke samt leckerem Zubehör ist tabu.*

Kontakt mit Kindern nicht vermeiden, rate ich, dem Hund einen Maulkorb anzulegen, aber trotzdem auf Abstand zu bleiben. Ganz wichtig ist hier außerdem ein zuverlässiger Gehorsam, um den Hund auch in kritischen Situationen im Griff zu haben. Achten Sie trotz aller Vorsicht aber darauf, dass Sie nach außen nicht nervös oder angespannt wirken. Das würde sich auf den Hund übertragen und ihn letztlich noch mehr für solche Situationen sensibilisieren. Wenden Sie sich am besten baldmöglichst an einen verhaltenskundlich spezialisierten Tierarzt oder an einen ähnlich kompetenten Trainer.

Noch etwas zum Schluss: Man kann von Kindern wie auch von Erwachsenen nicht pauschal erwarten, dass sie wissen, wie sie sich einem Hund gegenüber am besten verhalten und sich ihm nähern. Hier müssen Sie als Hundehalter mitdenken und dies gegebenenfalls erklären oder, je nach Wesen des Hundes, einen Kontakt vermeiden.

Gäste und Feste

Die Bezeichnung »Familienhund« drückt es bereits aus: Er begleitet seine Familie fast überall hin. Das ist auch gut so. Ansonsten müsste er vermutlich häufig alleine zu Hause bleiben oder längere Zeit im Auto warten. Oder man bleibt mit ihm zu Hause …

Auch in Ihrem Bekanntenkreis oder in der Verwandtschaft wird sicher hin und wieder ein Fest oder Treffen anstehen. Nun gibt es Hundehalter, die sich nur noch mit Gleichgesinnten treffen. Die meisten dürften aber auch hundelose Bekannte und Verwandte haben, die zudem wahrscheinlich nicht alle Hundenarren sind. Wenn Sie solche Feiern schätzen, muss sich Ihr Hund entsprechend benehmen, sonst werden Sie wahrscheinlich bald nicht mehr eingeladen, bzw. zu Ihnen kommt niemand mehr. Das heißt, dass Sie den Hund entsprechend erziehen.

Was Sie tun können: Erwarten Sie Besuch oder sind Sie eingeladen, rate ich, den Hund vorher genügend auszulasten – sorgen Sie also für genügend Bewegung und beschäftigen Sie ihn auch mental. So hat er keine überschüssige Energie, und es fällt ihm leichter, auch mal länger ruhig liegen zu bleiben, wenn es nötig ist. Kommt Besuch, der keine Angst hat und Hunden gegenüber freundlich eingestellt ist, brauchen Sie keine besonderen Dinge zu beachten. Andernfalls ist es günstig, wenn Sie den Hund bei sich oder auf seinem Platz eine Zeit lang ablegen können. Hierfür sind die Bleib-Übungen, die Sie von den Seiten 90, 108 und 135 kennen, sehr hilfreich. So kann Ihr Vierbeiner Besucher nicht bedrängen, die eventuell Angst haben oder aus anderen Gründen nicht unbedingt Kontakt mit dem Hund haben möchten.

Das gilt auch, wenn der Hund zum Beispiel besonders wachsam ist. Lassen Sie ihn dann mit den »rudelfremden« Zweibeinern nicht allein in einem Raum. Bleiben Ihre Gäste über Nacht, nehmen Sie den Hund am besten zu sich. Wenn Ihre Kinder Freunde zu Besuch haben, denen Hunde nicht so geheuer sind, ist es ebenfalls nützlich, wenn Sie den Vierbeiner ablegen können. Mein jüngerer Sohn hat zwei, drei solcher Freunde. Da wir unsere Hündin zunächst mal ablegten, wenn sie kamen, haben sie mittlerweile keine Angst mehr und mögen sie sogar.

Letztlich hat das auch für den Hund Vorteile – er kann nämlich trotzdem dabei sein. Hunde, die nicht liegen bleiben können, werden in solchen Situationen dagegen oft in ein anderes Zimmer gesperrt und sind so vom Geschehen ausgeschlossen. Das kann sich mit der Zeit negativ auf den Hund auswirken und zu Aggressionen führen

Sind Sie mit dem Hund zu Besuch, sollte er ebenfalls gute Manieren zeigen und dann ruhig bei Ihnen bleiben. Das findet sicher mehr Zustimmung – vor allem in Haushalten ohne Hund –, als wenn er in der fremden Wohnung auf Entdeckungstour geht oder anhaltend anderen Gästen auf den Pelz rückt.

Doch selbst wenn Ihre Gastgeber Hundebesitzer sind, sollten die guten Manieren selbstverständlich sein. Stellen Sie sich das Chaos vor, wenn sich beide Hunde gut verstehen und rund um oder unter dem Kaffeetisch toben würden. Es schont die Wohnung, beide Hunde abzulegen und zwischendurch mal mit ihnen eine Runde zu gehen und sie dann draußen toben zu lassen.

Der Besuch im Restaurant

Restaurants, Hotels und ähnliche Lokalitäten sind »gepflegte« Orte, an denen viele verschiedene Menschen zusammentreffen, nicht nur Hunde-Fans.

Begleitet Sie Ihr Vierbeiner in ein Restaurant, wird er dort, falls gut erzogen, auch gern gesehen sein. Viele Restaurants sind recht hundefreundlich, manchmal steht sogar im Eingangsbereich gleich ein Wassernapf. Bewegt sich der Hund jedoch frei im Restaurant und bettelt womöglich Gäste an oder macht eine Erkundungstour in die Küche, wird das wahrscheinlich nicht so gern gesehen. Das Gleiche gilt, falls der Hund im Restaurant bellt und so die eigenen wie auch die Nerven der anderen Gäste strapaziert. Selbstverständlich sollte es sein, dass der Vierbeiner nicht auf Ihrem Schoß oder auf der Bank sitzt, sondern auf dem Boden. Hat er gelernt, längere Zeit bei Ihnen im Platz zu liegen, wie auf Seite 106 beschrieben, oder kann er die Bleib-Übungen (→ Seite 90, 108 und 135), stellt ein Restaurantbesuch kein Problem dar.

Was Sie tun können: Steht ein Restaurantbesuch an, sorgen Sie vorher für genügend Auslauf und Beschäftigung Ihres Hundes. Dann ist er froh, wenn er anschließend ein Nickerchen machen kann. Leinen Sie den Hund an, wenn Sie das Restaurant betreten. Falls er vorher zum Beispiel schwimmen war oder sich in

◁ *Müssen Sie auswärts übernachten, etwa in einem Hotel, dann ist eine Hundebox, an die der Hund gewöhnt ist, meistens ganz nützlich. Der Vierbeiner hat damit einen vertrauten Platz dabei, der ihm Sicherheit gibt, auch wenn er mal alleine im Zimmer bleiben muss.*

einer Schlammpfütze gesuhlt hat, sollten Sie ihn abtrocknen und einigermaßen säubern. Mag es Ihr Hund bequem und gemütlich, nehmen Sie seine Decke von zu Hause mit. Legen Sie sie entweder unter den Tisch oder in einen ruhigen Bereich neben den Tisch – am besten so, dass das Personal nicht dauernd darüberstolpert. Das ist vor allem auch dann besonders wichtig, wenn Ihr Hund einen ausgeprägten Wach- oder Schutzinstinkt hat. Hängen Sie dann außerdem eine Jacke oder etwas Ähnliches so über einen Stuhl, dass der Hund keine freie Sicht auf das Geschehen hat. Sollte Ihr Liebling noch nicht die nötige »Reife« für solche Unternehmungen haben, rate ich Ihnen, den Gehorsam zunächst außerhalb von Lokalen einzuüben und den Hund vorerst bei solchen Unternehmungen besser zu Hause zu lassen.

Für Hotels oder andere Urlaubsanlagen gilt das oben Gesagte ähnlich. Es gibt viele Urlaubsquartiere, in denen Hunde erlaubt sind, aber noch mehr, zu denen Sie Ihren Hund nicht oder wegen schlechter Erfahrungen mit Hundehaltern nicht mehr mitnehmen dürfen. Haben Sie in einem hundetoleranten Hotel gebucht, sollten Sie den Vierbeiner dort immer an die Leine nehmen. Ein auf der Terrasse frei laufender Rottweiler, der jeden Gast wachsam fixiert (was ich schon live erlebt habe), trägt nicht gerade zu einer verbesserten Akzeptanz von Hundebesitzern bei.

Wie beim Lokalbesuch sollte der Vierbeiner auch in Ihrer Unterkunft möglichst sauber sein und sich ruhig verhalten. Lassen Sie ihn nur dann allein im Zimmer, wenn er auch sonst problemlos eine Zeit lang allein bleiben kann und Sie sicher sind, dass er nicht heult oder bellt, womöglich das Zimmer gegen das Zimmermädchen verteidigt oder es nach seinem Geschmack umarbeitet … Wie Sie das Alleinbleiben von klein an trainieren können, haben Sie auf Seite 98 erfahren. Was Sie bei ernsten Problemen damit tun können, können Sie auf Seite 235 nachlesen.

Einstellungen wie »Der Hund kann doch mal bellen oder Schmutz machen, ich zahle ja schließlich dafür« sind rücksichtslos und führen letztlich nur dazu, dass alle Hundehalter immer weniger gern gesehen sind.

Ist das Hotelzimmer oder die Ferienwohnung mit Teppichboden ausgelegt, ist es hygienischer, den Hund im Badezimmer zu füttern und auch dort seinen Wassernapf aufzustellen. So lassen sich Futterreste und »Überschwemmungen« problemlos beseitigen.

Noch ein Wort zum Schlafplatz: Nehmen Sie das Hundebett mit in den Urlaub und legen Sie es in eine Ecke des Zimmers. Ein Hund gehört nicht ins Hotelbett – Hundehaare im Bett und womöglich Pfotenabdrücke auf der Bettwäsche sind nun wirklich nicht jedermanns Sache.

▷ *In belebten Gebieten, wie zum Beispiel in der Fußgängerzone, sollte auch ein sehr gut ausgebildeter Hund stets an der Leine bleiben. Das ist für seine eigene Sicherheit wichtig. Häufig gilt in Innenstädten sowieso eine offizielle Anleinpflicht.*

Mit dem Hund in die Stadt

Auch wenn nicht in allen Städten offizieller Leinenzwang herrscht – schon zu seiner eigenen Sicherheit sollte der Vierbeiner hier stets angeleint sein. Stellen Sie sich folgende Situation einmal vor: Ihrem Hund steigt ein interessanter Geruch in die Nase – und unversehens macht er einen Sprung auf die Straße … Das kann auch bei einem noch so gut ausgebildeten Vierbeiner passieren. Autos und andere Verkehrsmittel sind nicht als Gefahrenquellen im ▶ INSTINKT (Seite 266) des Hundes verankert, denn diese Dinge kommen in der Natur nicht vor. Hier gilt es also, für seinen Vierbeiner mitzudenken!

Ein nicht angeleinter Hund kann aber noch weitere Probleme bereiten. Etwa wenn er zu einem Artgenossen läuft, der eher zur unfreundlichen Sorte gehört, und es dadurch zu einer Rauferei oder Verfolgungsjagd kommt. Aber auch ein wildes Spiel quer durch die belebte Fußgängerzone wäre nicht wirklich erstrebenswert. Dazu kommt noch, dass viele Menschen eben Angst vor Hunden haben, besonders wenn sie nicht angeleint sind. Und selbst hundefreundliche Mitmenschen bzw. Hundehalter sind in der Stadt selten in »Hundeklamotten« unterwegs, sodass eine unter Umständen stürmisch-freundliche Kontaktaufnahme auch hier nicht auf Gegenliebe stößt. Möchte aber jemand zu Ihrem Liebling Kontakt aufnehmen, kann er das auch gut mit dem angeleinten Hund, wenn Sie grundsätzlich damit einverstanden sind.

Benutzen Sie mit Ihrem Hund öffentliche Verkehrsmittel, empfehle ich Ihnen, den Vierbeiner schon als Welpen daran zu gewöhnen. Die Fahrzeuge sind oft laut, relativ eng und manchmal auch »wackelig«. Das alles sollte für Ihren Vierbeiner dann kein Problem sein. Dadurch ersparen Sie ihm selbst Stress, aber natürlich auch den anderen Fahrgästen eine Gefährdung, falls der Hund die Enge nicht erträgt und dann eventuell schnappt. Stressen Ihren Vierbeiner Stadtausflüge oder ähnliche Unternehmungen eher, dann nehmen Sie ihn nur mit, wenn es sich nicht vermeiden lässt. Ansonsten ist er zu Hause besser aufgehoben.

Was Sie tun können: Lassen Sie den Hund auch in Bus und Bahn dicht bei Ihnen bleiben. Er sollte sich ruhig verhalten. Wollen Sie einen schon älteren Hund daran gewöhnen, fahren Sie die ersten Male nur zu Zeiten, in denen Bus und Bahn wenig besetzt sind. Erst wenn er das entspannt absolviert, steigern Sie die Anforderungen langsam.

Unter Plätze mit vielen Menschen fallen zum Beispiel auch allgemeine Badestrände. An den meisten sind Hunde sowieso nicht erlaubt. Teilweise dürfen sie aber (noch?) mit, wenn auch meistens nicht ins Wasser. Das ist zwar nur schwer nachzuvollziehen, aber nicht zu ändern. Am Strand sollte es selbstverständlich sein, dass der Hund angeleint ist und dicht bei seinem Menschen bleibt. Sorgen Sie auch hier vorher für genügend Auslauf und geben Sie dem Hund die Möglichkeit, sich zu lösen – ein Häufchen am Badestrand wäre eine mittlere Katastrophe.

Darf der Hund doch ins Wasser, lassen Sie ihn etwas abseits des allgemeinen Getümmels baden. Leinen Sie ihn dazu aber nur ab, wenn er wirklich zuverlässig gehorcht. Er soll Badende weder begrüßen noch »retten« wollen. In manchen Gegenden, etwa an der Nord- und Ostsee, gibt es extra Hundestrände. Dort dürfen sich auch die Vierbeiner nach Herzenslust an Land und im Wasser austoben. »Tretminen« sind aber auch dort tabu!

TIPP

Immer gut beobachten!

Schnüffelt Ihr Vierbeiner auffallend interessiert am Boden oder steht starr da und schaut in eine bestimmte Richtung, rufen Sie ihn gleich zu sich – ohne erst Ausschau nach dem Objekt seiner »Begierde« zu halten. Dann kann er nämlich schon weg sein, falls er Wild gesehen oder gewittert hat.

Draußen in »wilder« Natur

In jedem Hund schlummert ein Jäger – bei manchen Individuen ist er ziemlich wach, bei anderen weniger.

▷ **In Schutzgebieten** gilt Leinenzwang für Hunde, um frei lebenden, häufig auch bedrohten Tierarten Stress und Gefahren zu ersparen. Außerdem herrscht in diesen Naturoasen oft eine hohe Wilddichte.
In einem Naturschutzgebiet an der Küste Deutschlands hörte ich zufällig, wie sich ein für dieses Gebiet zuständiger Betreuer und ein interessierter Tourist über die Einhaltung der Schutzmaßnahmen wie Betretungsverbot usw. unterhielten. Das größte Problem, erzählte der Betreuer dieses Gebiets, wären uneinsichtige Hundebesitzer … Da ist es wieder, das häufig zu Recht schlechte Image!
Die Natur endet nicht beim Hund. Auch wenn es sich meist um ausgesprochen verlockende Freilaufflächen für Hunde handelt – halten Sie sich an die Vorschriften. Gerade wenn Brut- oder Setzzeit ist, kann ein Hund viel Schaden anrichten. Dazu muss er gar keine »Beute« erwischen. Es reicht schon die Beunruhigung, da der Hund ins Feindbild der meisten Wildtiere passt – genauso wie umgekehrt fast alle Wildtiere ins Beuteschema des Hundes passen. Müssen zum Beispiel Bodenbrüter ihr Gelege zu oft verlassen, weil sie von Hunden aufgestöbert werden, kühlen die Eier aus, der Bruterfolg sinkt. So mancher Hundebesitzer findet das Ganze übertrieben, weil sein Hund angeblich nicht jagt. Aber können Sie von Ihrem Hund mit Sicherheit sagen, dass er einem plötzlich aufspringenden Hasen oder Reh nicht doch hinterherjagt?
In manchen Bundesländern gilt während der gesamten Brut- und Setzzeit, also vom Frühjahrsbeginn bis etwa zum Sommeranfang, außerhalb bebauter Gebiete für Hunde genereller Leinenzwang. Erkundigen Sie sich im Zweifelsfall bei der zuständigen Gemeinde über die regional gültigen Bestimmungen.

▷ **In wildreichen Gebieten,** auch wenn sie keine Naturschutzgebiete sind, sollten Sie sich ähnlich umsichtig verhalten. Mit mehr Verständnis auf beiden Seiten ließen sich viele der zum Teil harten Konflikte zwischen Jägern und Hundehaltern entschärfen. Dann wäre für viele Jäger nicht jeder Hundehalter ein sprichwörtliches »rotes Tuch«.
Laut Gesetz müssen Sie den Hund in Wald und Feld nicht generell anleinen – regionale Bestimmungen ausgenommen. Dann sollte er aber sehr gut im Gehorsam stehen und mehr oder weniger auf dem Weg bleiben. Nicht selten gehen aber die Hundebesitzer auf dem Weg, und ihre Vierbeiner stöbern relativ weit entfernt im Wald oder auf dem Feld herum und verfolgen Wildspuren. Nicht wenige Hundehalter sehen es zudem relativ locker, wenn ihr Vierbeiner einen Hasen oder ein Reh hetzt. »Er erwischt ja sowieso nichts« oder »Etwas Spaß kann man ihm doch lassen« ist dann gelegentlich zu hören. Wie schon gesagt, für das Wild bedeutet das Hetzen großen Stress. Besonders im Winter, wenn Nahrung knapp ist und die Tiere Energie sparen müssen, können häufige Fluchten im schlimmsten Fall dazu führen, dass das Reh oder der Fasan verhungert. Und wie Sie schon lesen konnten, wird den Hund ein Misserfolg nicht etwa vom Jagen abhalten, sondern jedes Hetzen bestärkt Ihren Vierbeiner darin.
Achten Sie auch zu seiner eigenen Sicherheit auf Ihren Hund. Jäger schießen zwar nur sehr selten auf Hunde und verwarnen Hundebesitzer zunächst meist. Sie dürfen aber theoretisch einen Hund erschießen, wenn sie ihn hetzen sehen und er sich außerhalb des Einwirkungsbereichs des Halters befindet.
Was Sie tun können: Hat Ihr Hund einen starken Jagdtrieb, sollten Sie wildreiche Gegenden meiden. Gehen Sie dann lieber in übersichtlichem Gelände spazieren. Stimmt der Gehorsam nicht so recht, leinen Sie ihn in entsprechenden Gebieten vorsichtshalber an. Denn jedes Hinterherjagen wird den Hund darin bestärken, es bei nächster Gelegenheit wieder zu versuchen, egal, ob er etwas erwischt oder nicht. Weitere Informationen zum Thema »Jagen« und was Sie vorbeugend bzw. korrigierend tun können, finden Sie auf Seite 243. Eine allgemein nützliche Übung konnten Sie schon auf Seite 104 lesen.

Forschung & Praxis

Der Hund als Helfer

Die meisten Vierbeiner bereichern Freizeit und Alltag. Es gibt aber auch viele Hunde, die einen »echten« Job haben und ihrem Menschen eine wertvolle Hilfe bei der Bewältigung des täglichen Lebens sind.

▷ Nehmen wir zum Beispiel die Blindenführhunde. In einer aufwändigen Ausbildung, die bis zu neun Monate dauert, lernt der Hund über 30 Kommandos. Ein Blindenführhund muss zum Beispiel Richtungen annehmen, Hindernisse – von der Bordsteinkante bis zu solchen in Kopfhöhe des Blinden – anzeigen bzw. umgehen, seinen Menschen über den Zebrastreifen auf die andere Straßenseite führen usw. Psychische Belastbarkeit und ein robustes Nervenkostüm sind wichtige Eigenschaften eines Blindenführhundes. Außerdem darf er sich durch nichts in seiner Arbeit behelligen lassen. Am häufigsten werden heute Labrador Retriever ausgebildet. Führhunde sind für ihre Menschen nicht nur wichtig, um sie durch die Stadt oder andere Gegenden zu leiten. Ein besonderer Aspekt ist die soziale Komponente. Führhunde ermöglichen leichter soziale Kontakte zu anderen Menschen.

▷ Ähnlich ist es mit so genannten Servicehunden. Auch sie helfen ihren behinderten Besitzern durch den Alltag und verschaffen ihnen dadurch mehr Unabhängigkeit und Selbstständigkeit und erleichtern Kontakte zu Mitmenschen. Servicehunde lernen ebenfalls eine ganze Menge – sie helfen beim Ausziehen, öffnen und schließen Türen, schalten das Licht ein und aus, helfen beim Einkauf, heben alles, was dem Menschen zu Boden fällt, auf und vieles mehr.

Blindenführ- und Servicehunde kommen mit etwa acht bis zwölf Wochen zu Patenfamilien, die sie etwa ein Jahr lang umfangreich sozialisieren und die Früherziehung übernehmen. Anschließend kommen sie in die Blindenführhund- oder Servicehundeschule zur Ausbildung. Am Ende der Ausbildung wird der passende zukünftige Besitzer noch mehrere Wochen mit dem Hund zusammen geschult.

◁ *Einen Blindenführhund erkennen Sie an dem speziellen Führgeschirr, das er trägt. Das ist für ihn auch das Zeichen, dass er jetzt »arbeitet«. Sprechen Sie einen Führhund nicht an, und lassen Sie auch Ihren Hund nicht zu ihm. Das würde ihn unnötig stören.*

▷ Hunde haben sich auch in anderen Bereichen als »Co-Therapeuten« bewährt. So helfen Therapie- und Besuchshunde in der Psychotherapie oder in Senioren- und Pflegeheimen, Reha-Kliniken und Ähnlichem. Hundebesuchstage gehören hier meist zu den Höhepunkten. Diese Hunde haben meist keine besondere Ausbildung, müssen aber einen Wesenstest (→ Seite 277) absolvieren. Sie müssen sehr ausgeglichen und nervenfest sowie psychisch und physisch stark belastbar sein und dürfen keine Aggressivität zeigen.

▷ Mittlerweile gibt es auch entsprechende Projekte an manchen Schulen. Man hat festgestellt, dass sich die Anwesenheit eines Hundes etwa in Problemklassen günstig auswirkt. Die Aggressivität sinkt, die Schüler sind entspannter, das Unterrichtsklima ist deutlich besser.

Von Hundehalter zu Hundehalter

Konflikte zwischen Hundelosen und Hundehaltern sind nichts Neues. Doch auch zwischen Hundebesitzern kommt es zu Problemen, die sich jedoch vermeiden lassen.

»DEN« HUNDEBESITZER gibt es nicht. Manche haben den Hund als Kindersatz, für andere dient er als »Sportgerät« oder zur Aufwertung der eigenen Persönlichkeit. Aber es sind nicht nur die Hundebesitzer unterschiedlich, sondern auch die Vierbeiner selbst. Die breite Palette reicht von großen und kleinen, Machos, Draufgängern und Angsthasen bis zu streitsüchtigen und spielsüchtigen, folgsamen und unabhängigen Hunden. Wegen dieser Verschiedenheit der Hunde und ihrer Besitzer kommt es immer wieder zu Reibereien oder auch zu gefährlichen Situationen, die sich mit etwas Voraussicht leicht vermeiden ließen.

Alltägliche Begegnungen

Ein Wort voraus

Eines vorneweg – ich empfehle jedem Hundehalter eine HUNDE-HAFTPFLICHTVERSICHERUNG (Seite 265) abzuschließen. Denn trotz aller Umsicht kann immer etwas passieren. Fügt Ihr Vierbeiner zum Beispiel einem Artgenossen Schaden zu, müssen Sie die Tierarztkosten übernehmen. Die Versicherung deckt aber auch andere Schäden ab, die Ihr Hund verursacht.

Die meisten Spaziergänge mit dem Hund wie auch die meisten Hundebegegnungen verlaufen störungsfrei. Ein gewisses »Restrisiko« bleibt aber immer, egal, ob der eigene Hund ein Rüde oder eine Hündin, ein großer oder kleiner Hund ist, ein Welpe oder Senior. Übertriebene Vorsicht ist allerdings unangebracht, denn das überträgt sich leicht auf den Vierbeiner. Viele Besitzer von Kleinhunden ergreift mittlere Panik, wenn sich ein größerer Vierbeiner nähert. Auch das ist unnötig. Nicht selten sind gerade Vertreter kleiner Rassen ziemlich selbstbewusst, und »groß« heißt auf keinen Fall automatisch »gefährlich«. Wird ein Kleinhund womöglich noch jedes Mal auf den Arm genommen, wenn ein größerer Vierbeiner auftaucht, oder gezielt auf Abstand gehalten, wird er dadurch häufig seinerseits recht aggressiv.

Trifft allerdings ein Welpe auf einen großen bzw. erwachsenen Artgenossen, rate ich bei Begegnungen mit fremden Hunden zu gewisser Vorsicht. Erstens, weil Sie nicht wissen, wie der andere Hund auf Welpen reagiert. Zweitens, weil der Welpe nicht unbedingt mit jedem älteren Hund spielen sollte. Wird er dabei überrannt oder springt ein größerer, schwerer Hund auf ihn, kann sich der Welpe dabei verletzen. Im Zweifelsfall könnte man zumindest den größeren Hund an der Leine lassen. Das ist in Bezug auf die sonstigen Regeln hinsichtlich Begegnungen angeleinter Hunde gewissermaßen ein »Sonderfall«.

Beide Hunde sind angeleint

Haben Sie den Hund an der Leine oder auch frei bei Fuß, dann wollen Sie in der Regel, dass er bei Ihnen bleibt – auch oder gerade dann, wenn Ablenkung da ist. Und dazu zählt auch ein angeleinter Hund. Sehen Sie einen solchen auf sich zukommen, behalten Sie Ihren Hund frei oder angeleint bei sich und achten Sie darauf, dass er ohne zum anderen zu zerren am Artgenossen vorbeigeht. Das klappt auch, wenn Sie die Übungen auf Seite 99, 115 oder 116 trainiert haben.

Man kann immer wieder beobachten, dass Hundebesitzer stehen bleiben oder beim Gehen zulassen, dass ihr Hund zum anderen zieht. Oft gleich mehrere Meter weit, wenn der Hund an einer Automatikleine geführt wird. Das birgt die Gefahr, dass sich die Leine um die Beine des anderen Hundebesitzers oder Vierbeiners wickelt …

Erlaubt man Hunden, angeleint Kontakt aufzunehmen, geschieht das meist nach dem gleichen Schema: Die Vierbeiner zerren zueinander, die Besitzer gehen mit. Der Hund lernt dadurch zwei Unarten. Zum einen, dass

◁ *Der Welpe unterwirft sich vorsichtshalber dem »Großen«. Man weiß ja nicht, wie der Fremde reagiert. Etwas »einschleimen« schadet da nicht. Verhält sich der große Hund normal und nicht zu stürmisch, steht dem Kennenlernen nichts im Wege.*

△
Zwei Hundehalterinnen unterhalten sich unterwegs. Die Vierbeiner bleiben währenddessen brav bei Fuß sitzen. So muss es sein! Man kann sich in Ruhe unterhalten und muss nicht aufpassen, ob ein Jogger oder Radler kommt.

Zerren an der Leine sehr vorteilhaft ist, weil der Hund sein Ziel erreicht, wenn er sich nur genug »reinhängt«. Zum anderen, dass andere Hunde immer einen Stopp wert sind. Mit dieser Erfahrung wird der Vierbeiner dann nur schwer akzeptieren, warum er zum Beispiel in der Stadt oder im Biergarten keinen Kontakt mit Artgenossen haben darf.
Kontakte an der Leine haben eigentlich überhaupt keinen positiven Aspekt, allerdings einige negative Folgen. Stellen Sie sich folgende Szene vor: Zwei angeleinte Hunde stehen einander gegenüber und beschnuppern sich im Gesicht. Mehr geht kaum. Sie können sich nicht so verhalten, als würden sie frei laufen. Sie können sich nicht umkreisen oder ausgiebig überall beschnuppern und auch nicht spielen. Tun sie es an der Leine dennoch, verheddern sie sich schnell. Dann kann sich einer verletzen oder in Panik geraten und daraus aggressiv reagieren. Es kann aber auch keiner bei Bedarf dem anderen ausweichen. Was beide Hunde aber können, ist, sich an der strammen Leine aufzubauen und den anderen zu fixieren. Und ehe man sich's versieht, ist eine Rauferei im Gange.
Es gibt relativ viele Hunde, die an der Leine Artgenossen gegenüber aggressiv reagieren. Berücksichtigt man die oben beschriebenen Dinge, ist dieses Problem oft hausgemacht. Aus solchen Begegnungen hat der Hund zum Beispiel gelernt, dass Angriff die beste Verteidigung ist, weil er sich an der Leine dem anderen nicht entziehen kann. Oder er fühlt sich mit seinem Zweibeiner im Rücken besonders stark und reagiert deshalb aggressiv.
So reagieren Sie richtig: Trainieren Sie also besser mit Ihrem Hund, angeleint und auch frei bei Fuß, »normal« an anderen vorbeizugehen und Artgenossen in solchen Situationen zu ignorieren. Lenken Sie ihn mit Leckerchen oder Spielzeug ab und halten Sie je nach Ausbildungsstand genügend Abstand zum anderen Hund. Um dieses Ziel zu erreichen, helfen Ihnen alle Übungen »für mehrere Hunde«. Sie finden sie auf den Seiten 99, 114 bis 120 sowie 144 bis 151.
Haben Sie sich mit dem anderen Hundehalter darauf verständigt, dass die Hunde sich kennen lernen dürfen, leinen Sie sie ab, wenn sie noch mehrere Meter voneinander entfernt sind und somit viel Platz haben. Und nicht erst, wenn sie womöglich schon knurrend in den strammen Leinen hängen …

Ein Hund ist angeleint, einer abgeleint

Diese Situation kann man unterwegs relativ häufig erleben. Die Erfahrung zeigt, dass viele Hundehalter ihren Hund ungeniert zu angeleinten Hunden lassen oder zu solchen, die eindeutig gerade unter einem Kommando stehen. »Meiner möchte gern spielen, der tut nichts« oder »Darf Ihrer nicht spielen? Der arme Hund!« sind dann nicht selten geäußerte Kommentare.

Seinen Hund an der Leine zu behalten kann die verschiedensten Gründe haben. Vielleicht ist die Hündin gerade läufig. Oder der angeleinte Hund ist ein Raufer. Der Vierbeiner kann verletzt oder krank sein und sich deswegen nicht frei bewegen oder gar spielen dürfen. Oder der Besitzer trainiert gerade etwas mit seinem Hund.

Grundsätzlich ist es bei Begegnungen ungünstig, wenn ein Hund angeleint ist und der andere nicht. Hier kann es leicht zu Raufereien kommen, selbst wenn keiner der Vierbeiner ein »echter« Raufer ist. Eine Ausnahme bildet allerdings die auf Seite 167 geschilderte Situation, wenn ein Welpe einen größeren Hund trifft. Hier kann man den größeren zunächst vorsichtshalber angeleint Kontakt aufnehmen lassen, falls er grundsätzlich verträglich ist. Erstens um zu sehen, ob er auch freundlich auf den Welpen reagiert, und zweitens, ob er nicht vielleicht doch zu wild ist. Achten Sie aber bitte darauf, dass die Leine locker hängt.

Kürzlich war ich mit zwei Hunden auf einer Wiese, etwa 150 Meter vom Weg entfernt. Meine Hündin hatte ich etwa zehn Meter von mir entfernt abgelegt, für das »Pflegekind« hatte ich gerade eine Apportieraufgabe vorbereitet. Es war eindeutig zu erkennen, dass keiner der Hunde frei lief oder gar spielte. Es kamen zwei Spaziergänger des Wegs mit zwei frei laufenden Hunden. Ist völlig in Ordnung und bei dieser Entfernung überhaupt kein Problem. Aber dann liefen die Hunde eindeutig auf uns zu. Und keiner der Besitzer rief seinen Hund, sie sahen einfach zu. Die Hunde tollten um uns herum und versuchten, meine Hunde zum Mitrennen zu animieren. Es dauerte eine ganze Zeit, bis die beiden Zweibeiner sich endlich auf den Weg machten und versuchten, ihre Hunde einzufangen. Mal abgesehen davon, dass die Konzentration des Junghunds fürs Erste dahin war, sind 150 Meter zwischen Hund und Halter eine viel zu große Entfernung. Noch dazu, wenn der Hund nicht auf Ruf kommt.

Und was wäre wohl geschehen, wenn die beiden spielenden auf einen aggressiven Hund gestoßen wären? Oder wenn sie auf einen Hundehalter zurennen, dessen Hund angeleint neben dem Fahrrad herläuft?

So reagieren Sie richtig:

▷ Kommt ein Hundehalter mit angeleintem Hund auf Sie zu, oder ist sonstwie ersichtlich, dass der andere Vierbeiner nicht frei läuft, rufen Sie Ihren zu sich. Umgekehrt gilt das natürlich genauso. Haben Sie Ihren Hund aus welchem Grund auch immer bei sich und ein anderer Hundebesitzer lässt seinen Vierbeiner zu Ihrem, bitten Sie den Hundehalter, seinen Hund zu sich zu rufen. Sie werden sehen, mit der Zeit bekommen Sie das nötige »dicke Fell« und halten den mitleidigen Blicken auf Ihren »armen« Hund, der nicht spielen und tollen darf, problemlos stand, ohne gleich ein schlechtes Gewissen zu bekommen. Aber vielleicht ergibt sich ja bei solchen Begegnungen auch die eine oder andere Unterhaltung, und Sie können dem anderen Hundebesitzer Ihre Beweggründe erklären.

◁ *Dieser Hund ist an der Leine. Vielleicht ist er krank, verträgt sich nicht mit Artgenossen oder ist läufig? Lässt ein anderer Hundebesitzer nun seinen Vierbeiner zu diesem angeleinten laufen, ist das eine ungünstige Situation. Auch wenn er nur spielen möchte …*

△
Der frei laufende Hund wird zurückgerufen und kommt zu seiner Besitzerin. So ist es richtig! Auf diese Weise lassen sich Konfliktsituationen im Vorfeld vermeiden. Vielleicht klärt sich in einem Plausch, warum der Hund angeleint ist.

▷ Was aber tun, wenn ein frei laufender Hund kommt, und weit und breit ist kein Besitzer zu sehen? In diesem Fall ist es sehr schwer, pauschal etwas zu raten. Ist Ihr Vierbeiner weder krank noch läufig oder rauflustig, bleibt fast nur die Möglichkeit, ihn abzuleinen, falls Sie absehen können, dass der fremde Hund bei Ihnen hängen bleibt. Kommt es zu einer Rauferei, was aber beileibe nicht sein muss, können Sie wenig tun. Vor allem dann, wenn der fremde ein großer Hund ist. Ein kleiner Giftzwerg lässt sich eventuell noch aus dem Getümmel »herauspflücken«. Versuchen Sie ihn dann am Genick oder wo immer möglich zu packen.

Manchmal ist es in einer solchen Situation ratsam, den eigenen Hund angeleint zu lassen und rasch wegzugehen, zumal dann, wenn Ihr Hund eher unverträglich ist. Entscheiden Sie je nach Lage vor Ort. Vermeiden Sie aber Verletzungsgefahren für sich selbst.

▷ Sind Sie mit Ihrer läufigen Hündin unterwegs und haben deshalb »Besuch«, können Sie den frei laufenden Hund, falls er ein Halsband trägt, festhalten und etwas warten. Eventuell kommt der Besitzer noch … Falls nicht, wird es kompliziert. Entweder versuchen Sie, den Rüden zu verjagen, oder Sie bringen ihn am Halsband nach Hause zurück, wenn Sie wissen, wo er wohnt. Andernfalls bleibt noch das Tierheim oder einfach die »Flucht« nach Hause …

▷ Es gibt Hundehalter, die ihren Vierbeiner aus Bequemlichkeit nicht ausführen, sondern ihn grundsätzlich alleine losschicken. Das ist nicht nur in Bezug auf andere Hunde unter Umständen ein Problem (siehe oben), sondern insgesamt unverantwortlich. In unserer Gegend wurde eine Hundehalterin, die spazieren ging, von einem »herrenlosen« Hund zu Fall gebracht, der zu ihrem Vierbeiner wollte. Sie erlitt dabei unglücklicherweise einen komplizierten offenen Beinbruch. Es waren mehrere Operationen notwendig, und es dauerte viele Monate, bis die Frau wieder gesund war.

Wenn Sie also wissen, wem ein ständig frei laufender Hund gehört, dann rate ich, dorthin zu gehen und mit diesem Hundebesitzer zu sprechen. Vielleicht ist ihm gar nicht bewusst, was alles geschehen kann.

Ist das wirklich ein Spiel?

Geht es Ihnen auch so, dass Sie Hunden, die miteinander spielen, stundenlang zuschauen könnten? Es ist einfach schön zu sehen, welchen Spaß sie dabei haben. Da gibt es Rennspiele, sie balgen sich, tragen zu zweit einen Stock und manches mehr.

Aber nicht immer ist alles wirklich Spiel, was auf den ersten Blick für manchen Hundebesitzer vielleicht so aussieht. Und dann sollten Sie auch regulierend eingreifen.

▷ **Begegnungen mit liebestollen Rüden:** Auch dazu möchte ich wieder ein Beispiel aus dem »richtigen« Leben bringen. Die Besitzerin einer nicht läufigen Hündin spazierte über eine Wiese, als aus einiger Entfernung ein Rüde angerannt kam. Er war sehr an der Hündin interessiert, schnüffelte ständig an ihrem Hinterteil und besprang sie dauernd. Die Hündin drehte sich immer wieder um und versuchte, ihn durch Schnappen und Bellen los zu werden. Was den liebestollen Rüden aber nicht von seinem Tun abbrachte. Als die Halter weiterhin tatenlos zusahen, »pflückte« die Besitzerin der Hündin den Rüden schließlich von ihrem Vierbeiner ab und brachte ihn zurück. Worauf sich die Besitzer des Rüden ziemlich darüber aufregten, dass ihr Rüde nicht mit der Hündin spielen durfte und die Halterin keine Ahnung hätte.

Nun, das Gegenteil war der Fall. Dieses Verhalten hat nichts mit Spiel zu tun, sondern ist einfach nur nervig. Außerdem kann das Bespringen unter Umständen auch gesundheitsschädlich für die Hündin sein, wenn sie kleiner oder wesentlich leichter ist als der Rüde. ▶ HYPERSEXUALITÄT (Seite 265) bei Rüden ist leider gar nicht so selten. Fordern Sie in einem solchen Fall Romeos Besitzer auf, seinen Vierbeiner zurückzuholen.

▷ **Kleiner Hund und großer Hund:** Welpen sollten Kontakt mit allen möglichen Hunden haben, aber unter Kontrolle. Wie schon auf Seite 167 erwähnt, ist es für einen Welpen zu viel und für sein Skelett schädlich, wenn er von einem größeren und schwereren Hund, sei er noch so freundlich und verspielt, überrannt wird. Manche erwachsenen Hunde legen sich aber auf den Boden, um mit einem Welpen sozusagen auf dessen Augenhöhe zu spielen. Das ist in Ordnung, und davon profitiert der Welpe auch.

Ungleiches Kräfteverhältnis: Welpen können wunderbar miteinander spielen. Treffen Sie den einen oder anderen Welpenbesitzer oder besuchen Sie eine Welpengruppe, sollten Sie aber darauf achten, dass die Welpen sozusagen »gleichberechtigt« sind. Mal ist der eine oben, mal der andere. Wird einer aber ständig nur »untergebuttert« oder dominiert, rate ich einzugreifen. Denn dieses ungleiche Kräfteverhältnis wirkt sich weder auf den, der nur unten ist, noch auf den, der sich ständig als »Chef« fühlt, positiv aus. Der ständig unterlegene Welpe fühlt sich dauernd in Bedrängnis, der stets überlegene neigt womöglich zum »Größenwahn«. Und es ist nicht richtig, dies die Welpen unter sich ausmachen zu lassen, wie manchmal gefordert wird!

Ein solch ungleiches Kräfteverhältnis kann es natürlich selbst unter erwachsenen Hunden geben. Und auch dann ist ves sinnvoll, wenn Sie einen besser passenden Spielpartner für Ihren Vierbeiner suchen.

Wenn mehrere größere Hunde mit einem kleineren spielen, ist ebenfalls Aufmerksamkeit nötig. Rennspiele können schnell in eine echte Jagd ausarten, wenn größere Hunde einen kleinen verfolgen. Auch unter Hunden gibt es Mobbing. Wird ein Vierbeiner gezielt überrannt oder gezwickt, hat das nichts mehr mit Spiel zu tun. Solches Treiben sollten Sie sofort unterbinden.

▶ TIPP

»Frauen-Power«

Manche Hündinnen verweisen aufdringliche Rüden klar erkennbar in die Schranken. Dazu braucht es bisweilen eine sehr deutliche »Sprache«. Manche versuchen, den Rüden mit Spielaufforderungen »umzuorientieren«, was aber selten gelingt. Andere wissen sich gar nicht zu helfen. Leisten Sie bei Bedarf Hilfe.

Der unverträgliche Hund

Nicht jeder Hund ist im Umgang mit Artgenossen unproblematisch und zeigt normales Sozialverhalten. Die Gründe dafür sind unterschiedlich: Mangelnde Sozialisierung, Angst oder schlechte Erfahrungen sind einige Beispiele. Auch ein übersteigertes Fortpflanzungsverhalten bei Rüden, ausgeprägtes Verteidigen von Spielzeug oder Futter sowie die Neigung zum Raufen aufgrund einer Veranlagung zu ▶ SCHÄRFE (Seite 271) und ▶ KAMPFTRIEB (Seite 266) können Ursachen sein. Die Aggressivität kann sich gegen alle Hunde, nur gegen Geschlechtsgenossen oder gegen bestimmte Hundetypen richten. Letzteres hängt meist mit einer schlechten Erfahrung zusammen.

Grundsätzlich lassen sich Auseinandersetzungen nicht immer vermeiden, das ist ganz natürlich. Wenn die Kontrahenten normales Sozialverhalten zeigen, dann bleibt es meist bei ▶ KOMMENTKÄMPFEN (Seite 267), also bei Auseinandersetzungen, die relativ rasch und ohne oder zumindest ohne größere Beschädigungen enden. Auch wenn das oft recht bedrohlich aussieht. Gefährlich kann es aber werden, wenn ein großer und ein kleiner Hund, etwa ein Schäferhund und ein Dackel, aneinander geraten. Dann kann der kleinere Vierbeiner auch schwerere Verletzungen davontragen. Das Risiko einer »handgreiflichen« Auseinandersetzung ist unter Rüden wesentlich größer als unter Hündinnen. Wenn allerdings Hündinnen aneinander geraten, kann es zu ernsten Kämpfen kommen mit dem Ziel, die andere zu verletzen.

Ist das Sozialverhalten nicht intakt, kann es passieren, dass ein Hund einen anderen ohne jede Vorwarnung angreift. Das ist besonders übel, weil sich ein solches Erlebnis auf das Opfer sehr nachhaltig auswirken kann. Neben den Verletzungen drohen auch andere »Spätfolgen« – ein solcher Hund kann in Zukunft nach dem Motto »Angriff ist die beste Verteidigung« seinerseits aggressiv gegen Artgenossen reagieren oder aus Angst vor anderen Hunden panisch die Flucht ergreifen.

Besonders nachhaltig negativ wirkt ein solches Erlebnis, wenn das »Opfer« noch im Welpenalter und somit in der Sozialisierungsphase ist. Nicht negativ ist es allerdings, wenn ein zu frecher oder »lästiger« Welpe von einem anderen Hund durch Schnauzgriff, einen Stoß mit der Schnauze oder etwa durch »böses« Knurren in die Schranken gewiesen wird.

▶ INFO

Raufereien vermeiden

Treffen zwei Hunde aufeinander, die sich nicht »grün« sind, kann man das an ihrem Verhalten ablesen: Sie umkreisen sich knurrend und imponierend. Bemerken Sie dies bei Ihrem und einem anderen Vierbeiner, dann sollten beide Hundebesitzer zügig in unterschiedliche Richtungen weggehen. Die Hunde werden folgen. Engt man die Hunde jedoch ein oder fasst sie gar an, kann die Begegnung eskalieren.

Mit einem unverträglichen Hund unterwegs

Wenn Sie wissen, dass Ihr Hund nicht gerade gut auf seinesgleichen zu sprechen ist, müssen Sie dafür sorgen, dass von ihm keine Gefahr ausgeht. Basis dafür ist – wieder einmal – ein zuverlässiger Gehorsam, außerdem vorausschauendes Spazierengehen. Nur dann ist es möglich, den Vierbeiner rechtzeitig zu sich zu rufen, falls sich ein Artgenosse nähert. Bitten Sie gegebenenfalls den entgegenkommenden Hundehalter, dass er seinen Hund ebenfalls zu sich ruft. Oder klären Sie durch Zuruf beispielsweise, ob der andere ein Rüde oder eine Hündin ist, falls Ihr Hund Geschlechtsgenossen gegenüber aggressiv ist. Diese Art der »Vorbeugung« eignet sich für Hunde, die nur bestimmten Hundetypen gegenüber aggressiv reagieren, oder wenn das Auslaufgebiet in einer hundearmen Gegend liegt.

Abhilfe schaffen mit dem Maulkorb

Unverträgliche Hunde, die generell rauflustig sind, sich ohne Vorwarnung auf Artgenossen stürzen oder keinen wirklich zuverlässigen Gehorsam zeigen, sollten jedoch grundsätzlich nicht frei laufen. Auch wenn sie nur zu Zeiten ausgeführt werden, zu denen vermutlich kaum andere Hundehalter unterwegs sind, bleibt immer ein Restrisiko. Und das kann im Falle eines Falles äußerst unangenehme Auswirkungen haben.

Ein zusätzliches Maß an Sicherheit gibt hier ein Maulkorb. Ist ein Hund erst einmal daran gewöhnt, beeinträchtigt er ihn nicht. Und dem Besitzer erspart er eine ganze Menge Stress. Denn er bleibt dadurch entspannter, was sich wiederum auf seinen Vierbeiner günstig auswirken kann.

Leider gibt es Hundehalter, die auf dem Standpunkt stehen, gar nichts tun zu müssen, da ihre Hunde-Haftpflichtversicherung (→ Seite 264) schon zahle. Und es gibt andere, die es eigentlich ganz gut finden, wenn sich ihr Hund »nichts gefallen lässt«. Kennen Sie in Ihrer Umgebung einen solchen Hundehalter, und hat es womöglich schon mehrere Vorfälle gegeben, hilft eventuell ein Gespräch mit ihm. Gänzlich uneinsichtige Zeitgenossen können dem Ordnungsamt gemeldet werden.

Probleme mit Raufern lösen

Wenn Sie ein paar grundsätzliche Dinge berücksichtigen, lassen sich die meisten Auseinandersetzungen im Vorfeld vermeiden.

CHECKLISTE

Den Schaden bei Raufereien begrenzen

Nicht immer lassen sich Raufereien vermeiden. Trotz der verständlichen Aufregung gibt es ein paar Dinge, die Sie unbedingt beachten sollten:

- Vermeiden Sie es, die Hunde anzuschreien. Der laute, aufgeregte Tonfall würde sie eher anfeuern als trennen.
- Sind weitere frei laufende Vierbeiner am Ort des Geschehens, sollten diese sofort angeleint werden, damit sie nicht auch noch mitmischen.
- Schlagen Sie nicht mit der Hand, der Leine oder anderen Gegenständen in das kämpfende Knäuel. Die Hunde verbinden den Schmerz mit dem Gegner und werden dadurch nur noch aggressiver.
- Vermeiden Sie ein Verletzungsrisiko für sich. Fassen Sie nicht in das kämpfende Knäuel, um etwa Ihren Hund herauszuziehen, bzw. nur dann, wenn Sie sicher abschätzen können, selbst nicht verletzt zu werden. Ihr Hund achtet jetzt unter Umständen nicht darauf, wohin er beißt, der Gegner erst recht nicht.
- Ziehen Sie die Hunde an den Hinterbeinen nicht auseinander, so lange sie sich noch ineinander verbeißen, sondern erst dann, wenn sie während Ihres Festhaltens mit dem Kämpfen kurz nachlassen. So vermeiden Sie noch schwerere Bissverletzungen.

Durch Ihre Umsicht entsteht so manches Problem erst gar nicht.

▹ **Futter- und Beuteneid:** Packen Sie Leckerchen und Spielzeug weg, wenn sich ein anderer Hund nähert (→ Foto Seite 176). Droht Ihr Vierbeiner einem Artgenossen, weil er etwa das Futter in Ihrer Jackentasche verteidigt, entfernen Sie sich rasch ein Stück von ihm. So hat er nichts mehr zu verteidigen. Treffen mehrere Hunde aufeinander, keinen Ball oder Ähnliches werfen, falls Sie nicht sicher wissen, ob sich die Vierbeiner auch mit Spielzeug noch verstehen. Das Gleiche gilt für Futter. Verteilen Sie keine Leckerchen, wenn mehrere Hunde zusammentreffen.

▹ **Hypersexualität** (→ Seite 265) ist, wie bereits erwähnt, bei Rüden nicht selten. Sind Sie Halter eines solchen Hundes, sind Sie vielleicht selbst genervt, wenn Ihr Romeo bei jeder Urinmarke einer Hündin oder beim leibhaftigen Erscheinen einer Angebeteten, ganz egal, ob diese gerade läufig ist oder nicht, komplett verzückt ist. Meist ist er dann überhaupt nicht mehr ansprechbar, und sein einziges Ziel liegt im Besteigen dieser Hündin. Ganz zu schweigen von dem Stress, der entsteht, wenn Romeo auch noch meint, jeden Geschlechtsgenossen ausschalten zu müssen – was dann häufig der Fall ist. Dies hat zur Folge, dass man ständig vorausschauend spazieren gehen und im Vorfeld klären muss, ob Rüde oder Hündin entgegenkommen.

Eine dauerhafte Abhilfe bringt hier nur eine ◆ KASTRATION (Seite 266). Sie erspart nicht nur dem Hundehalter eine Menge Stress, sondern auch dem Vierbeiner selbst. Wichtig ist aber, den Rüden rechtzeitig kastrieren zu lassen, das heißt, sobald sich dieses Verhalten abzeichnet. Besteht es nämlich bereits über Jahre, kann es sein, dass der Hund die Neigung zu Auseinandersetzungen aus Gewohnheit auch nach der Kastration beibehält.

Der linke Hund ist recht selbstbewusst – der rechte weiß nicht genau, was er davon halten soll. Greifen Sie nicht ein. Lassen Sie die Hunde die Sache klären. ▽

▷ **Eine generelle Rauflust** ist nicht einfach zu therapieren. Suchen Sie sich dafür unbedingt kompetente Hilfe. Manche Hundeschulen bieten spezielle »Raufergruppen« an, in denen solche Hunde mit Maulkorb in eine Gruppe von Vierbeinern integriert werden, die sich sozial intakt verhalten. Durch den Maulkorb kann der Hund keinen Artgenossen verletzen. Mit der Zeit merkt er, dass er mit seinem Verhalten keinen Erfolg hat. Fragen Sie bei Hundeschulen in Ihrer Gegend nach (Adressen → Seite 284). Eventuell weiß auch Ihr Tierarzt eine gute Adresse.

Hat der Hund die Aggression gelernt, zum Beispiel durch eine schlechte Erfahrung, durch entsprechende Ausbildung oder unbewusstes Fördern, dann kann sich das Problem durch systematisches Training in einer solchen Therapie-Gruppe verbessern. Inwieweit sich eine Rauflust dieser Art verbessern lässt, kann jedoch nicht vorhergesagt werden. Dies hängt vom Einzelfall ab. Aber je länger das Problem besteht, umso schwieriger wird eine Lösung. Eine angeborene Neigung zu Raufereien lässt sich nur schwer beeinflussen. Hier, aber auch bei den anderen Formen, ist ein zuverlässiger Gehorsam das A und O.

▷ **Territoriale Aggression** bedeutet, dass Ihr Hund sein ▶ REVIER (Seite 270) in diesem Fall Artgenossen gegenüber ausgeprägt verteidigt. Dann ist besondere Umsicht gefragt, wenn Besuch mit Hund kommt. Die Vierbeiner sollten sich bereits auf neutralem Boden, am besten ein ganzes Stück vom eigenen Grundstück entfernt, kennen lernen dürfen. Sind sie sich auch dann noch nicht richtig sympathisch, empfiehlt es sich, sie im Haus räumlich getrennt unterzubringen. Besitzen beide Hunde einen zuverlässigen Gehorsam, können Sie sie auch ein Stück voneinander entfernt neben ihren Besitzern ablegen.

Falls Ihr Hund auch unterwegs bestimmte Bereiche als sein Revier ansieht, hat es sich bewährt, häufig in unbekanntem Gebiet spazieren zu gehen. Sorgen Sie außerdem für genügend gezielte Beschäftigung unterwegs. So

▶ WAS TUN, WENN ...

... Hunde raufen?

Bei einer handfesten Rauferei heißt es Ruhe bewahren! Ein Pauschalrezept für richtiges Handeln gibt es nicht, man muss situationsbedingt entscheiden.

Lösung 1: Sind alle Hundebesitzer dabei und couragiert, dann kann man die Hunde trennen, wenn alle gleichzeitig ihre Vierbeiner an den Hinterbeinen halten und wegziehen.

Lösung 2: Sehr wirksam wäre es, mit einem Wasserschlauch in das Knäuel zu spritzen. Aber wann hat man den schon in einer solchen Situation parat?

Lösung 3: Mit einem lauten Geräusch (platzende Plastiktüte, Kracher oder Ähnliches) lassen sich raufende Hunde trennen.

Lösung 4: Wirft man eine Decke oder einen Mantel über die Kontrahenten, hat man ebenfalls die Chance, dass sie kurz voneinander ablassen. Jetzt müssen Sie handeln – bringen Sie in der kurzen Pause alle »Kämpfer« sofort unter Kontrolle und leinen sie an!

1 *Freudig spielt dieser Vierbeiner mit seiner Halterin. Sie hat sein Lieblingsspielzeug auf den Spaziergang mitgenommen, um sich mit ihrem Hund zu beschäftigen.*
2 *Da nähert sich ein unbekannter frei laufender Hund. Um zu vermeiden, dass es womöglich zu einer Streiterei um die Beute kommt, packt die Besitzerin das Spielzeug rechtzeitig weg.*

kann Ihr Vierbeiner seine Energie sinnvoll ausleben und wird abgelenkt.

▷ **Aggressivität an der Leine** habe ich bereits auf Seite 168 erwähnt. Sie ist oft hausgemacht. Vorbeugen können Sie diesem Problem, indem Sie regelmäßig üben, an anderen Hunden vorbeizugehen, und indem Sie konsequent Kontakte zu Artgenossen vermeiden, wenn Ihr Vierbeiner angeleint ist. Haben Sie schon ein Problem an der Leine, dann helfen Ihnen die Tipps auf Seite 232 und 233.

▷ **Angst vor Artgenossen** beruht meist auf schlechten Erfahrungen oder mangelnder Sozialisierung. Versuchen Sie, Ihren Vierbeiner mit einzelnen ruhigen und rundum verträglichen Artgenossen bekannt zu machen. Vielleicht haben Sie solche Hunde im Bekanntenkreis oder in der Nachbarschaft. Falls nicht, wenden Sie sich an eine gute Hundeschule.

Beruht die Angst des Hundes auf schlechter Erfahrung, ist es gut, wenn er verstärkt Kontakt zu verträglichen Artgenossen aufnehmen kann, die optisch dem Typ nahe kommen, der Ihren Hund gebissen hat.

Das ist besonders wichtig, wenn das einem Welpen passiert. Denn wie Sie schon wissen, prägen sich Erfahrungen im Welpenalter besonders dauerhaft ein. Bringen Sie den Welpen dann möglichst bald wieder mit Artgenossen »an sich« und solchen, die dem »Angreifer« ähneln, zusammen.

Wenn Sie wissen, dass Ihr Hund aus seiner Angst heraus zubeißt, kann auch hier ein Maulkorb sinnvoll sein (→ Seite 227). Von »Tobe-Orgien« in größeren Gruppen rate ich ab. Sie können schon für »normale« Hunde Stress bedeuten, erst recht gilt das für ängstliche Vierbeiner.

Die Aggression nicht unbewusst verstärken

In einer Situation, in der Ihr Hund aggressiv reagiert, dürfen Sie ihn nicht beruhigend streicheln oder beruhigend auf ihn einreden. Das wirkt auf den Hund wie ein Lob und verstärkt die Aggression nur. Auch Schmerzreize wie ein Ruck an dem leider immer noch sehr gebräuchlichen Stachelhalsband oder Ähnlichem wirken leicht verstärkend, weil sie der Hund mit seinem Gegner in Verbindung bringt. Den gleichen Effekt kann eine hektische, zornige Stimme haben.

Begleitend zu den weiter oben genannten Maßnahmen (→ ab Seite 172) hilft bei Angst eigenes entspanntes Verhalten, ansonsten ein ruhiges, aber autoritäres Verbotswort oder ein Abbruchsignal (→ Seite 258).

10 Fragen zum Verhalten in der Öffentlichkeit

Hundebesitzer lassen oftmals ihren angeleinten Hund zu unserem, obwohl mein Timo angeleint ist und nicht zu anderen zerrt. Was tun?
Hier sollten Sie je nach Situation entscheiden. Sie können einfach weitergehen oder dem anderen Hundebesitzer zum Beispiel erklären, dass Ihrer an der Leine keinen Kontakt zu Artgenossen haben soll. Lässt sich ein Kontakt nicht vermeiden, dann achten Sie zumindest darauf, dass die Leine locker durchhängt. Hatten Sie Timo vorher ein Kommando gegeben, lösen Sie das vor dem Kontakt wieder auf.

Wenn in einem Gebiet Leinenzwang herrscht, kann ich meinen Hund dann auch an einer 10-Meter- oder Automatikleine führen?
Erkundigen Sie sich bei Ihrer Gemeinde- oder Stadtverwaltung nach den »Feinheiten« der Bestimmung. Meist sind damit aber normale Führleinen gemeint; es gibt allerdings auch andere Bestimmungen.

Nachbarskinder (10 und 12 Jahre alt) würden gern unseren Hovawart-Mix und den Golden Retriever einer Nachbarin spazieren führen. Sollten wir das erlauben?
Davon rate ich ab. Hunde solcher Größe haben viel Kraft, und die Kinder können sie nicht halten. Erst kürzlich begegnete ich genau einer solchen »Konstellation«. Ich war auf dem Fahrrad, meine Hündin bei Fuß. Einer der beiden anderen Hunde wollte auf meine Hündin losgehen und zog das Mädchen über die Straße. Meine Hündin sprang erschrocken zur Seite und dabei gegen das Fahrrad …

Kommen regelmäßig Briefträger, Getränkefahrer usw. zu Ihnen, sollten Sie den Hund von klein an an die Gäste gewöhnen. Das erspart Ihnen und den Besuchern viel Stress.

Mein Ben kann zwar kein »Bleib«, aber ich kann ihn doch vor einem Geschäft auch ohne Kommando anbinden, oder?
Das kann riskant sein. Wenn Sie ihn nämlich an einem Fahrradständer oder Ähnlichem festbinden und er kann kein »Bleib«, dann könnte er weglaufen und dabei den Fahrradständer umreißen. Ben könnte dadurch eine richtige Panik bekommen und samt Fahrradständer auf die Straße rennen.

Gibt es eigentlich für bestimmte Situationen eine Maulkorbpflicht?
In manchen Ländern gibt es eine Maulkorbpflicht für alle Hunde in öffentlichen Verkehrsmitteln. In Deutschland gilt das für die Deutsche Bahn. Individuelle Bestimmungen erfragen Sie, wie auch zum Thema Leinenzwang, bitte direkt bei der Stadt- oder Gemeindeverwaltung. Diese können solche Regelungen individuell erlassen.

In unserem Spaziergehgebiet sind zurzeit zwei Hündinnen läufig. Muss ich jetzt meinen Rüden ständig an der Leine führen, damit er die »Damen« nicht belästigt?
Das hängt davon ab, wie viel Gehorsam er hat. Läufige Hündinnen sollte man zumindest in der Standhitze an der Leine führen. Sehen Sie einen angeleinten Hund, sollten Sie Ihren

Δ *Wenn Kinder ohne Erwachsene mit einem Hund spazieren gehen, kann es leicht zu gefährlichen Situationen kommen.*

sowieso zu sich rufen können. Lässt jemand aber seine läufige Hündin frei laufen und erkennen Sie deren »Zustand« nicht, dann kann man als Hündinnenbesitzer nicht erwarten, dass der Rüde angeleint wird.

Unser weißer Schäferhundwelpe sieht sehr knuddelig aus, sodass ihn jeder streicheln möchte, auch über den Kopf. Das mag er aber nicht so gern. Was kann ich tun?
Sie könnten den Leuten sagen, dass sie Ihren Welpen anders streicheln sollen, was nicht immer so einfach ist. Sie können diese Art der Berührung aber auch üben. Streicheln Sie ihm selbst von oben über den Kopf und geben ihm gleichzeitig ein Leckerchen. Akzeptiert er das und wird von Fremden so gestreichelt, dann geben Sie ihm ebenfalls währenddessen ein Leckerchen. Ist er allerdings deutlich unsicher oder ängstlich, dann vermeiden Sie solche Situationen.

Ich möchte mich mit meinem Hund gern für die Öffentlichkeit engagieren und ihn zum Rettungshund ausbilden. Worauf muss ich achten?
»Offizielle« Rettungshundestaffeln sind dem Bundesverband für das Rettungshundewesen oder Organisationen wie dem Roten Kreuz oder dem Technischen Hilfswerk angeschlossen. Hier werden die Hunde nach einer gesetzlichen DIN-Norm ausgebildet. Am Anfang steht ein umfangreicher Eignungstest für den Hund, nur bei Bestehen beginnt die Ausbildung. Prüfungen werden stets von externen Richtern abgenommen. Hat das Rettungsteam die Prüfung bestanden, muss diese Prüfung sozusagen zur Qualitätssicherung jedes Jahr wiederholt werden. Diese Bestimmungen sind wichtig, um ein zuverlässiges Leistungsniveau zu bekommen und zu erhalten.

Gibt es Bereiche, in die man grundsätzlich keine Hunde mitnehmen darf?
Ja, dazu gehören zum Beispiel Lebensmittelgeschäfte oder Lebensmittelabteilungen in Einkaufszentren, auch Bäckereien, Metzgereien und Ähnliches. Ebenfalls nicht erlaubt sind Hunde auf Friedhöfen und sogar in manchen städtischen Grünanlagen. Ausgenommen sind dabei aber Blindenführ- und Servicehunde (→ Seite 165). Darüber hinaus können Städte und Gemeinden oder Besitzer von Geschäften dies individuell regeln.

◁ *Die Ausbildung zum Rettungsteam ist für Hund und Mensch aufwändig und kein Hobby – aber eine sehr sinnvolle Sache.*

Sollte ich unseren jungen Asterix an den Briefträger gewöhnen?
Sie ersparen Ihrem Briefträger sicher viel Stress, wenn sich der Hund ihm gegenüber nicht wie eine Furie aufführt. Legen Sie sich leckere Häppchen zurecht und gehen Sie mit Ihrem Welpen hinaus, wenn der Briefträger kommt. Lassen Sie ihn in Zukunft häufig vom Briefträger füttern und knuddeln. Voraussetzung ist natürlich, dass dieser bei der Gewöhnung mitmacht.

Sinnvoll spielen und beschäftigen

Seit Sie sich auf Ihren neuen Hausgenossen eingelassen haben, gehören Spielen und die gezielte Beschäftigung mit dem Hund zu Ihrem Alltag. Das ist wichtig, weil Ihr vierbeiniger Freund wie fast alle Hunde von Natur aus ein aktives und neugieriges Tier ist. Durch Spielen verstärken Sie nicht nur sein Vertrauen und die Bindung an Sie – die Beschäftigung wird auch Ihnen beiden Spaß machen!

6

Spielen – mehr als Spaß

Wenn Tiere spielen, ist dies ein Zeichen dafür, dass sie relativ hoch entwickelt sind. Am vielfältigsten spielen Tiere, die in einem sozialen Verband leben.

DAZU GEHÖRT AUCH DER HUND. Die meisten von ihnen spielen vor allem bis zur Geschlechtsreife ausgesprochen gern. Je nach Veranlagung und Förderung gibt es Vierbeiner, die noch das ganze Hundeleben lang einen mehr oder weniger ausgeprägten Spieltrieb zeigen. Allerdings lassen sich auch bei Hunden wie beim Menschen verschiedene Spielertypen unterscheiden. Spielen ist für die Entwicklung des Hundes von großer Bedeutung. Aber nicht nur das Spiel mit Artgenossen ist wichtig, sondern vor allem auch das Spiel zwischen Mensch und Hund – es macht dem Hund Spaß und wirkt sich deshalb positiv auf die Bindung aus. Mit einem Welpen spielen die meisten Menschen viel und regelmäßig. Hier wirkt offenbar das Kindchenschema. Bei älteren Hunden sieht das meist anders aus, und der Zweibeiner beschränkt sich auf Spazierengehen und Üben.

6

Spielen – wozu eigentlich?

Gespielt wird aus einem inneren Antrieb, dem ▶ SPIELTRIEB (Seite 273), heraus. Ein Spiel ist selbstbelohnend. Das heißt, Sie müssen den Hund nicht belohnen, dass er spielt. Im Gegenteil. Mit Spielen können Sie Ihren Vierbeiner für ein vorausgegangenes erwünschtes Verhalten belohnen, weil ihm Spielen Spaß macht. Für viele Ausbildungen, wie zum Beispiel im Rettungshundewesen oder für Agility, ist ein hoher Spieltrieb des Hundes wichtig.
Bei Welpen nimmt Spielen einen sehr großen Teil ihrer Zeit ein. Wenn Welpen eines Wurfs nicht gerade an Mamas Milchbar angedockt haben oder im Land der Träume weilen, spielen sie ausdauernd – sowohl mit Artgenossen, aber auch alleine. Auch mit sich selbst können sie spielen. Sie fangen ihren Schwanz oder kugeln sich auf dem Boden.

Die Umwelt erkunden

Erforschen Welpen beim Spielen ihre Umwelt, so zeigen sie hauptsächlich Neugierde und Entdeckungsdrang. Die Hundekinder erkunden das Gelände, kauen auf ihnen unbekannten Dingen herum, stupsen etwas an, hüpfen auf etwas herum usw. Kleine Gegenstände werden gerne hochgeworfen und dann mit einem Mäuselsprung »erlegt«.
Bei unseren Welpen entwickelten sich zum Beispiel zwei leere Plastikflaschen, die wir knapp zur Hälfte mit kleinen Plastikkugeln oder Kieselsteinen gefüllt und fest verschlossen hatten, zum »Hit«. Nachdem die Kleinen die Flaschen begutachtet hatten, kickten sie diese begeistert durch die Gegend und hatten an dem sich bewegenden Objekt und dem damit verbundenen Lärm einen Riesenspaß. Das Verhalten der Welpen zeigt, dass sie in dieser Phase alles Mögliche ausprobieren. Je nach den Erfahrungen, die sie dabei machen, trauen sie sich zunehmend mehr zu, lernen aber auch, in bestimmten Situationen vielleicht vorsichtiger zu sein.

Zum Spielen auffordern

Um mit anderen Hunden spielen zu können, muss ein Vierbeiner seine Spielstimmung signalisieren und den Artgenossen zum Mitmachen animieren können. Ein wichtiges Kennzeichen des Spielverhaltens ist, dass die Bewegungen übertrieben wirken. Der Hund hopst, rennt oder wirft seinen Kopf hoch. Beliebt ist auch, den anderen beim Hopsen mit dem Hinterteil anzurempeln.

▷ **Vorderkörper-Tiefstellung:** Dies ist eine sehr bekannte Spielaufforderungsgeste. Dabei senkt der Hund seinen Vorderkörper bis zum Boden. Daran schließt sich dann häufig ein Rennspiel an.

▷ **Spielgesicht:** Das Gesicht des Hundes ist entspannt. Zusätzlich reißt der Vierbeiner sein Maul auf oder er bleckt die Zähne. Diese und andere »Grimassen«, die teilweise übertrieben wirken, zeigt der Hund auch bei anderen Verhaltensweisen, etwa beim Drohen.

Damit komme ich auf einen weiteren wichtigen Punkt zu sprechen. Im Spiel zeigt nämlich der Hund Elemente aus allen möglichen Verhaltensbereichen – Drohverhalten, Sexualver-

▶ TIPP

Den Welpen im Auge behalten!

Erkundet Ihr Hundekind seine Umwelt, zum Beispiel den Garten, behalten Sie es gut im Auge, damit es nicht mit etwas spielt, das ihm gefährlich werden könnte. Giftige Pflanzen, Schneckenkorn, spitze Gartengeräte oder Ähnliches müssen für den Welpen unzugänglich sein. Der Gartenteich sollte eingezäunt sein.

△
Spielen macht Spaß, bedeutet aber auch Lernen fürs Leben. Viele typische Verhaltensweisen üben die Welpen im Spielen miteinander ein. Nebenbei trainieren sie beim gemeinsamen Toben auch gleich noch ihre Fitness.

halten, Beutefangverhalten usw. Dem Spiel junger Hunde fehlt aber der »Ernstbezug«, das heißt, »ernste« Signale werden mit Spielverhalten vermischt, und es folgt nicht die Handlung, die normalerweise zu einem solchen Signal gehört. Einem spielerischen Drohen folgt also kein echter Kampf oder keine echte Unterwerfung, sondern ein Verfolgungsspiel oder etwas Ähnliches.
Bei erwachsenen Hunden kann dagegen ein Spiel leicht in eine ernste Auseinandersetzung umschlagen. Oder eine ernste Situation kann durch spielerisches Verhalten entschärft werden. Bei Welpen ist das eher selten, aber es kommt schon mal vor, dass auch hier einer über die Stränge schlägt – etwa bei entsprechender »kämpferischer« Veranlagung während eines Kampfspiels.
Im Spiel kann es zum Teil ganz schön heftig mit Bellen und Knurren zugehen. Ersthundebesitzer bekommen hier gelegentlich leichtes Nervenflattern …

Lieblingsspiele mit Artgenossen

▷ **Renn- und Jagdspiele:** Dabei jagen sich die Hunde gegenseitig und wechseln auch die Rollen. Oft ist es sogar so, dass der Schnellere zum Beispiel extra etwas langsamer wird, damit ihn der andere wieder einholen kann. Besonders lustig ist es für manche Hunde, wenn der vordere dabei noch ein Stöckchen oder ein Spielzeug trägt, das er sich dann wieder abjagen lässt.
▷ **Gegenseitiges Belauern** mit spielerischen Überfällen macht vor allem Junghunden, aber auch manchen erwachsenen Vierbeinern großen Spaß. Daran kann sich ein Spiel anschließen, bei dem sich die Hunde balgen oder miteinander rennen.
▷ **Ziehspiele:** Ein Hund zeigt dem anderen, dass er eine Beute hat, und hopst damit auffällig vor dem Artgenossen hin und her. Die »Beute« lässt er spielerisch im Maul hin- und herwandern, in der Hoffnung, der andere möchte sie auch haben. Ist das Interesse geweckt, lässt ihn der »Besitzer« der Beute diese schon mal erwischen. Daran schließt sich meist ein intensives Ziehspiel an.
▷ **Spielerisches Kämpfen:** Dies habe ich sehr schön beim Wurf meiner Hündin beobachten können. Trifft einer der Kleinen (9 Monate) seine Mutter, wird diese gnadenlos »bespielt«. Um sie zum Mitmachen zu bewegen, ziehen sie gern an ihren Lefzen, am Hals oder ihren Backen. Aber so vorsichtig, dass es ihr offenbar bis auf wenige Ausnahmen nicht allzu unangenehm ist. Bei genügend Ausdauer schaffen es die Halbstarken letztlich meist, dass Mama mitmacht. Dann »rangeln« sie balgend mit den Schnauzen. Es ist nur verwunderlich, dass dabei alle Zähne heil bleiben.

Warum spielen Hunde?

Spielen macht zweifellos viel Spaß, ist aber in hohem Maß gleichzeitig Lernen. Spielend bereiten sich die Welpen auf das Leben vor.

▷ **Sozialverhalten einüben:** Im Spiel wird vor allem das Sozialverhalten erlernt und eingeübt, denn nicht alles davon ist angeboren. Hatte ein Vierbeiner in seiner Kindheit keine Gelegenheit, mit etwa gleichaltrigen Hunden zu spielen, kann er später Verständigungsprobleme mit Artgenossen haben. Die Welpen lernen durch Spiel, Aggressionen zu vermeiden, es trägt zur Bildung einer Rangordnung bei und stärkt den Zusammenhalt. Als ganz wichtiges Element lernen die Welpen im Spiel untereinander die BEISSHEMMUNG (Seite 259) und üben sie ein. Das konnte ich sehr gut beim Wurf meiner Hündin beobachten. Nachdem die Welpen ihre Zähnchen bekommen hatten und sie sich vermehrt miteinander beschäftigten, hörte man relativ häufig ein ziemlich durchdringendes Quietschen, wenn einer den anderen wieder zu fest am Ohr oder irgendwo anders zwickte. Innerhalb weniger Tage ließen diese Schmerzäußerungen zusehends nach – die Welpen lernten rasch, wie fest sie Bruder oder Schwester »packen« durften, damit sie noch mitspielen. Und wird ein Kampfspiel zu wild, geht auch schon mal die Mutter dazwischen und schlichtet den Streit.

▷ **Den Körper trainieren:** In der Natur dient das Spielen auch dazu, den Wolfswelpen körperlich fit für sein späteres Leben zu machen. Die Welpen nutzen dabei sehr gerne Geländestrukturen für ihr »Fitnessprogramm«. Sie lieben es, irgendwo hinauf- oder durchzukrabbeln, etwas Wackeliges zu erkunden und in »schwierigem Gelände« dann noch mit einem Geschwisterchen zu spielen. Die abwechslungsreiche Bewegung beim Spielen fördert die Kondition und die Muskulatur und stärkt den ganzen Organismus, ohne den Welpen einseitig zu belasten. So wird der Jungwolf fit für spätere lange Jagdausflüge.

Auch Hundewelpen trainieren durch Spielen ihren Körper. Wenn wir unseren Welpen wieder ein neues »Spielgerät« in den Auslauf stellten, waren wir meist noch gar nicht mit dem Aufbau fertig, da waren schon mindestens drei oder vier der Rasselbande eifrig am Erkunden und Ausprobieren. So lernen sie, ihren Körper zu beherrschen, trainieren die Motorik und haben eine Menge Spaß!

Spielen mit dem Menschen

Mindestens genauso wichtig wie das Spiel mit Artgenossen ist das Spiel mit dem Menschen. Spielen macht Spaß. Erlebt der Hund den Spaß mit Ihnen, stärkt das die Bindung wesentlich. Da Sie aber die Rolle des »Leitwolfs« innehaben, bestimmen Sie auch überwiegend, wann, wie lange und was gespielt wird. So unterstreichen Sie Ihre übergeordnete Position. Wie unter seinesgleichen lernt der Welpe auch im Spiel mit Ihnen, dass er Sie nicht beißen darf. Am besten nehmen Sie sich vor, mindestens einmal täglich mit Ihrem Vierbeiner ausgiebig zu spielen – egal, wie alt er ist. Hauptsache, es macht ihm Spaß.

◁ *Spiel- und Schmusestunde für zwei, die sich mögen! Spielen festigt den Zusammenhalt zwischen Zwei- und Vierbeiner. Außerdem lernt der Hund beim Spielen mit dem Menschen gleich Regeln kennen und einzuhalten.*

Beschäftigung für Hunde – die Basics

Im Gegensatz zu Hunden sind Wölfe ständig gefordert: Sie müssen den Nachwuchs aufziehen, auf Gefahren achten, Futter beschaffen und strategisch sinnvoll zusammenarbeiten.

UNSERE VIERBEINER müssen sich dagegen um gar nichts kümmern. Das ist den meisten aber nicht genug. Ein unausgelasteter Hund sucht sich dann in Haus und Garten oder auf »ereignislosen« Spaziergängen selbst Beschäftigungen, von denen wir Zweibeiner häufig nicht begeistert sind. Ein Hund braucht nicht nur Bewegung, sondern auch Beschäftigung für den Kopf. Spielen ist wichtig, aber auch Übungen, die über das normale Gehorsamstraining hinausgehen. Jeder, der sich mit seinem Hund durch Spielen und anders beschäftigt, wird merken, dass sich die Beziehung im Mensch-Hund-Team positiv verändert.

Abwechslungsreich und artgerecht spielen

Hunde haben verschiedene Vorlieben. Der eine bringt gerne etwas, der andere möchte lieber im Ziehspiel seine Kräfte messen, wieder andere kugeln am liebsten auf dem Boden herum oder balgen sich mit Artgenossen.

Spannendes Spielzeug

Bei Spielen mit Objekten geht es in erster Linie um Beute – sei es beim Ziehspiel oder wenn der Hund etwas Geworfenes bringt. Für solche Spiele eignen sich zum Beispiel Bälle an einer Schnur oder Ziehtaue. Je nach Motivationslage und Hundetyp müssen Sie selbst dabei mehr oder weniger aktiv sein, damit der Vierbeiner Spaß hat, aber auch nicht überdreht. Es reicht meist nicht, ihm das Spielzeug nur vor die Nase zu halten. »Beleben« Sie es aber, indem Sie es mit ruckartigen Bewegungen vor sich auf dem Boden hin- und herziehen, begleitet von einer wirklich spannenden Stimme oder von Zischlauten, können Sie fast jeden Hund relativ leicht motivieren, den Gegenstand »erbeuten« zu wollen.
Dafür brauchen Sie aber Fingerspitzengefühl. Denn einerseits darf der Hund nicht zu rasch Erfolg haben, sonst ist der Spaß am Spiel zu gering. Und andererseits darf es nicht zu lange dauern, da der Hund sonst die Lust verliert. Das heißt, Sie müssen lernen, Ihren Vierbeiner richtig einzuschätzen.
Lässt sich Ihr Hund nur schwer motivieren oder hat er noch keine große Ausdauer, sollte er schneller Erfolg haben als ein Hund, der lustvoll bei der Sache ist. Mag er Ziehspiele gern, und verhält er sich dabei normal und verspielt, dann ziehen Sie mit ihm eine Zeit lang daran, wenn er es erbeutet hat. Überwiegend sollten aber Sie dabei der »Sieger« sein, ab und zu bekommt der Vierbeiner die Beute. Bringt er die Beute immer sofort in Sicherheit, darf er allerdings nicht oft gewinnen, um dieses unerwünschte Verhalten nicht zu verstärken. Bietet er das Spielzeug dagegen sofort wieder an, dann darf er auch etwas öfter gewinnen. Das gilt für sehr unterwürfige oder gar etwas unsichere Hunde ebenso.
Ist Ihnen Ihr Hund kräftemäßig überlegen, sind Zerrspiele keinesfalls empfehlenswert. Das gilt ganz besonders auch für Kinder!
Bringt Ihr Vierbeiner lieber etwas, dann werfen Sie das Spielzeug nach einigem Hin- und Herbewegen am Boden plötzlich weg. Der Hund darf hinterherspurten und es Ihnen wieder bringen. Dann beginnt das Spiel von Neuem. Aber denken Sie bitte auch hier daran: Es soll ein Spiel zwischen Ihnen beiden sein. Läuft der Hund dem Spielzeug nach, lässt es dann aber liegen, läuft damit davon oder verbeißt sich gar in das Spielzeug und schüttelt es ernsthaft »tot«, sollten Sie etwas anderes spielen.

Balgen und toben

Hunde spielen untereinander sehr oft ohne Objekt. Sie balgen, zwicken sich, rennen miteinander, liegen auf dem Boden oder beknabbern sich. Auf diese Weise können auch Sie mit Ihrem Vierbeiner spielen. Eine wichtige

◁ *Unter welchem Hütchen verbirgt sich nur das Leckerchen? Dies muss der Hund herausfinden. Spiele, die das Köpfchen fordern, mögen viele Hunde. Mittlerweile gibt es im Fachhandel verschiedene Intelligenzspiele. Sie können sich aber auch selbst etwas ausdenken.*

Voraussetzung, damit Ihr Hund nichts missversteht und sich nicht eventuell bedroht fühlt, sind ein gutes Vertrauensverhältnis und eine klare Rangordnung. Finden Sie heraus, was Ihr Hund am liebsten spielt. Sie können ihn mit der Hand leicht am Hals »zwicken« oder an den Beinen, Sie können ihn Ihre Hand fangen lassen, ihn knuddeln, wenn er sich spielerisch auf den Rücken legt, oder mit ihm auf dem Boden kugeln. Allerdings sollten Sie nur selten unter dem Hund liegen.

Spielregeln einhalten!

Bei all diesen Spielen ist es notwendig, dass Ihr Vierbeiner bestimmte Spielregeln einhält. So darf er nicht an Ihrer Kleidung oder an Ihren Händen zerren oder deutlich zwicken. Er darf die Hand vorsichtig nehmen und halten, mehr aber nicht. Wird er zu grob, weisen Sie ihn sofort mit einem strengen »Nein« zurecht, bei Bedarf setzen Sie den Schnauzgriff (→ Seite 88) ein. Wird der Vierbeiner insgesamt zu stürmisch und überdreht, brechen Sie das Spiel am besten ab. Achten Sie zukünftig darauf, das Spiel ruhiger zu gestalten. Auch das gilt besonders für Kinder!

CHECKLISTE

Spiele – für wen?

Nicht alle Spiele sind für jeden Vierbeiner geeignet:

- **Ziehspiele** eignen sich für Hunde, die die Beute sofort wieder anbieten bzw. sie auf »Aus« sofort hergeben; der Hund sollte nicht stärker sein als sein Mensch und keinen Kampftrieb haben.
- **Apportierspiele** sind gut für Hunde, die ihr Spielzeug gern wieder zurückbringen und abgeben – zumindest im Austausch gegen ein anderes Spielzeug oder Leckerchen.
- **Spiele ohne Objekt** eignen sich nur bei klarer Rangordnung und sehr gutem Vertrauensverhältnis zwischen Mensch und Hund.

So bleibt das Spielzeug interessant

Wenn der Hund ein bestimmtes Spielzeug supertoll findet, hat das zwei große Vorteile. Erstens sind Sie für ihn dadurch besonders interessant, weil er nur durch Sie in den Genuss dieses tollen Spiels kommt und er dadurch Spaß hat. Zweitens können Sie Ihren Vierbeiner mit einem solch interessanten Objekt sehr gut von anderen Dingen ablenken. Allerdings nur, wenn er dieses supertolle Spielzeug ausschließlich durch Sie erhält.

Überlegen Sie mal: Wie viele Spielzeuge hat Ihr Vierbeiner? Viele Hunde haben ganze Körbe voll, in denen sich Quietschis, Gummihühner, Bälle, Stofftiere und derlei mehr tummeln. Diese Spielzeugsammlung haben die meisten Hunde stets zur Verfügung. Der Vierbeiner holt sich etwas, wenn er Lust dazu hat, und fordert vielleicht seinen Zweibeiner zum Mitspielen auf. Und er lässt es achtlos wieder liegen, wenn es ihm zu langweilig wird. Beim Hund ist es nämlich ähnlich wie bei Kindern – zu viel Spielzeug und alles ständig zur Verfügung langweilt auf die Dauer.

Das gilt ähnlich auch für das Werfen von Stöckchen. Sie sind unterwegs stets verfügbar. Bringt der Hund den Stock nicht zurück, wird ein anderer geworfen. Hat er keine Lust mehr, lässt er sie halt liegen. Hinzu kommt, dass Stöcke gefährlich für den Hund sind. Er kann sie sich beim Fangen leicht in den Rachen rammen. Auf diese Weise haben sich schon einige Hunde schlimm verletzt oder sind gar zu Tode gekommen.

Sie ahnen sicher bereits, worauf ich hinaus will: Um ein Spielzeug richtig einsetzen zu können, ist es wichtig, dass der Hund es unbedingt haben und liebend gern mit Ihnen damit spielen möchte. Das klappt aber nur, wenn er es nicht stets zur Verfügung hat.

Es reicht normalerweise, wenn der Vierbeiner ein oder zwei Spielgegenstände hat, mit denen er sich allein beschäftigen kann. Vielleicht hat er bereits eines, das er ganz besonders gern mag und das sich für ein gemeinsames Spiel zwischen Ihnen und Ihrem Hund eignet. Ein Ziehtau zum Beispiel, einen Ball an einer Kordel oder Ähnliches. Wenn nicht, dann suchen Sie eines aus, mit dem Sie zu zweit gut spielen können. Und dann beschäftigen Sie sich nur mit diesem Spielgegenstand mit Ihrem Hund. Mit den anderen ein oder zwei kann er dann alleine spielen.

Das besondere Spielzeug

▷ Dieses eine besondere Spielzeug liegt nicht frei zugänglich herum, sondern Sie räumen es immer wieder weg. Wenn Sie Lust haben, mit Ihrem Vierbeiner zu spielen, und dieser nicht gerade völlig platt oder im Tiefschlaf ist, dann fordern Sie ihn zum gemeinsamen Spiel auf. Holen Sie das bewusste Spielzeug hervor und spielen Sie mit ihm, wie auf Seite 187 beschrieben. Wenn Sie bei Ihrem Vierbeiner das Interesse erst noch wecken müssen, dann achten Sie darauf, dass Sie genügend aktiv sind.

▷ Hören Sie stets dann mit dem Spiel wieder auf, wenn der Hund noch voll dabei ist. Dann bleibt das Spielzeug interessant. Sind Sie noch in der Phase, in der Sie erst das Interesse wecken, oder lässt die Ausdauer des Vierbeiners noch zu wünschen übrig, dann kann es sein, dass die Spielzeit äußerst kurz ausfällt.

Spielen Sie jedoch zu lange, bis der Hund das Interesse verliert, dann »denkt« er, vermenschlicht ausgedrückt, etwa: »Meine Güte, ist das fad, wann hört er/sie denn endlich

1

2

3

1 Richtig spielen: Erwartungsvoll schaut der Weimaraner auf sein Herrchen. Ob er wohl gleich das Lieblingsspielzeug aus der Tasche zaubert und ein tolles Spiel startet?
2 Verführerisch wird das Spielzeug über dem Boden hin- und herbewegt, der Hund versucht es zu fangen. Ihn interessiert nur noch das Spiel mit seinem Menschen.
3 Nach einiger Zeit und noch bevor der Vierbeiner die Lust am Spiel verliert, beendet Herrchen das Spiel und packt das Spielzeug wieder ein. Da es nicht immer verfügbar ist, bleibt es für den Hund interessant.

△

Spielen Sie so, dass der Hund nicht überfordert wird und weder Sie noch der Hund sich verletzen können. Also aufpassen, wie Sie zum Beispiel das Spielzeug halten.

auf.« Und beim nächsten Mal: »Ach, jetzt kommt das langweilige Teil schon wieder.« Beenden Sie das Spiel jedoch rechtzeitig, wird Ihr Vierbeiner, wieder vermenschlicht, in etwa denken: »Was, schon Schluss? Schade!« Und beim nächsten Mal: »Super, endlich wieder das tolle Spiel! Nichts wie hin!« Auf diese Weise bekommt das gemeinsame Spiel einen besonderen Stellenwert und wird für den Hund unter Umständen sogar wichtiger als das Spiel mit Artgenossen.

Noch mal zur Erinnerung: Ist der Spaß zu Ende, verschwindet das Spielzeug wieder in der Tasche bzw. zu Hause im Schrank.

So führen Sie das Spiel-Hörzeichen ein

Während Sie mit dem Hund spielen, ob mit oder ohne Gegenstand, befindet er sich in einer Spielstimmung. Diese positive Grundhaltung können Sie nun mit einem Hörzeichen verknüpfen, etwa mit »Spielen«. Alternativ können Sie natürlich auch den Gegenstand nennen, mit dem Sie und Ihr Hund spielen, also zum Beispiel »Balli«.

Sagen Sie das Hörzeichen aber in einem freundlichen, motivierenden Tonfall. Dann verknüpft es der Hund nach einiger Zeit sicher mit seiner Spielstimmung, und Sie können ihn damit in fast jeder Situation in diese Stimmung versetzen und zum Spiel auffordern. Also auch dann, wenn Sie Ihren Vierbeiner zum Beispiel von etwas anderem ablenken möchten und sich nicht sicher sind, ob er auf »Hier« oder Pfiff zuverlässig reagiert.

Das Ende des gemeinsamen Spiels können Sie ebenfalls mit einem Hörzeichen verbinden, etwa mit »Schluss« oder »Ende«. Das sollten Sie dann aber in einem »emotionslosen« bis dämpfenden Tonfall sagen.

So wird das Spiel sicher

Wenn Sie mit Ihrem Hund spielen, achten Sie bitte darauf, dass

- er sich nicht verletzt.
- Sie ihn nicht überfordern.
- der Vierbeiner nicht zu viel und zu hoch springt; Welpen sollten gar nicht springen, Junghunde nur wenig und nicht hoch.
- der Untergrund geeignet ist; eine Wiese ist okay, Asphalt oder Beton sind zu hart.

Anforderungen an den Spielgegenstand: Er sollte ein spezielles Hundespielzeug aus dem Zoofachgeschäft sein. Außerdem muss die Größe zum Hund passen. Ein zu kleiner Ball könnte beispielsweise im Rachen stecken bleiben. Auch darf er nicht zu schwer sein.

Bevor Sie ein Dummy (→ Seite 261) oder etwas Ähnliches werfen, schauen Sie bitte, wohin es fliegt. Damit sich nicht in Flugrichtung Spaziergänger, Radfahrer usw. aufhalten.

Egal, ob Zieh- oder Bringspiel – betreiben Sie es nicht zu exzessiv und mit viel Gefühl. Der Hund soll Spaß haben, sich aber nicht hemmungslos hineinsteigern. Vor allem sollte Ihr Vierbeiner Ihnen den Spielgegenstand auf das Hörzeichen »Aus« sofort und ohne Widerspruch überlassen.

DIE SCHÖNSTEN SPIELSACHEN

Es gibt mittlerweile eine Menge Spielzeug, gutes und weniger sinnvolles. Kaufen Sie bitte nur spezielle Hundespielsachen, sie sind in Material und Ausstattung in der Regel für den Vierbeiner unbedenklich. Wählen Sie die für Ihren Hund passende Größe.

6

BALL AN DER SCHNUR

Beschreibung Bälle an der Schnur gibt es in verschiedenen Ausführungen.

Bemerkung Sie eignen sich gut für das Apportieren und lassen sich auch von weniger begabten Hundehaltern weit werfen. Außerdem lässt sich damit auch ein kleines Ziehspiel durchführen.

GUMMITIERE

Beschreibung Es gibt lautlose Gummitiere und solche die quietschen.

Bemerkung Sie eignen sich ganz gut als Spielzeug, mit dem der Hund sich alleine beschäftigen kann. Oder man versteckt sie und lässt den Hund danach suchen. Vorsicht, manche Hunde zerbeißen sie rasch, manche steigern sich durch das Quietschen zu sehr hinein. Zerbissene Gummitiere wegwerfen, damit der Hund die Teile nicht frisst.

ZIEHTAU, KONG AN DER SCHNUR

Beschreibung Plastik- oder Gummistück an stabiler Kordel oder Schnur

Bemerkung Ziehtaue (im Bild unten) mit oder ohne Gummiteil eignen sich super für Ziehspiele oder auch zum Werfen. Auch der Kong (im Bild oben) mit Schnur eignet sich zum Werfen. Dazu hüpft er auf dem Boden »hakenschlagend«. Das macht dem Hund richtig Spaß. Für Wasserbegeisterte: Der Kong schwimmt auch.

SPIELZEUGE FÜRS KÖPFCHEN

Beschreibung Beispielsweise Ball mit Löchern, der sich füllen lässt

Bemerkung Für Begabte gibt es besondere Spielsachen wie den Futterball. Durch Rollen mit der Schnauze fallen die Leckerchen heraus. Ähnlich diesem Prinzip gibt es auch Intelligenzspiele aus Holz, bei denen der Hund unter anderem eine Art Schublade aufschieben muss, um an die Häppchen zu kommen.

PLÜSCHTIERE

Beschreibung Waschbare Figuren aus weichem Plüsch

Bemerkung Für manche Vierbeiner sind Plüschtiere das Highlight. Man kann sie werfen oder für Suchspiele verwenden. Ziehspiele halten sie meist weniger gut aus. Achten Sie beim Kauf darauf, dass sich keine Kleinteile lösen können.

Zeitgemäß: Clickertraining

Bereits seit einigen Jahren liegt diese Form der Beschäftigung mit dem Hund sozusagen voll im Trend. Für das Training benötigt man einen Clicker, eine Art Kästchen aus Plastik. Sein Innenleben besteht aus einer dünnen Metallplatte, die wie ein Knackfrosch funktioniert, also klickt. Das Clickertraining kommt ursprünglich aus Amerika. Dort werden die verschiedensten Tiere damit trainiert, häufig zum Beispiel Wale und Delfine. Hier hat sich diese Trainingsform bewährt, weil man weder Leine noch Zügel als Hilfsmittel verwenden kann. Auch sofortiges Belohnen durch Streicheln oder ein Leckerchen sind nicht möglich, wenn der Wal oder Delfin etwa einen tollen Sprung geschafft hat. Stellvertretend für das Häppchen folgt der Klick – sozusagen eine Belohnung aus der Ferne.

Auch in hiesigen Tierparks werden einige Tierarten, etwa Seehunde und andere Robben, nach diesem Prinzip dressiert. Die Bestärkung erfolgt hier allerdings nicht über den Clicker, sondern meist über einen Pfiff.

Im Folgenden möchte ich Ihnen eine kurze Einführung in die Thematik sowie ein paar Anregungen zur eigenen Anwendung geben. Hinweise auf ausführlichere Literatur finden Sie auf Seite 285.

So funktioniert das Clickertraining

Korrekt heißt es eigentlich »Click & Treat«, also etwa »Click und Leckerchen«. Beim Clickertraining wird ausschließlich über positive Verstärkung gearbeitet. Der Vierbeiner lernt zunächst über die klassische Konditionierung (→ Seite 26), das Clickergeräusch mit Futter

Ist der Hund auf den Clicker konditioniert, kann er damit auch lernen, sich auf den Rücken zu legen. Der Clicker wird nur für das Foto so deutlich gehalten. ▽

(◆ PRIMÄRER VERSTÄRKER, Seite 269) zu verknüpfen. Dadurch wird das vorher neutrale Clickergeräusch zu einem ◆ SEKUNDÄREN VERSTÄRKER (Seite 272). Theoretisch könnten Sie dafür auch ein anderes Geräusch einsetzen, etwa Ihre Stimme, indem Sie »Brav« oder »Fein« sagen. Der Clicker hat jedoch Vorteile:

▷ Er ist ein exklusives Geräusch, das der Hund nicht so oft hört, außerdem klingt es immer gleich. Die Stimme wird dagegen meist sowieso zu viel und zu undifferenziert eingesetzt. Eine Pfeife wäre in diesem Zusammenhang beim Hund nicht so günstig, weil sie häufig als Kommando für das Kommen oder Stoppen dient. Es würde den Hund nur verwirren, wenn Sie den Pfiff nun auch noch als Lob verwenden. Das Geräusch muss beim Hund auch nicht so laut sein, weil er in der Regel nicht so weit entfernt vom Trainer ist wie etwa ein Delfin (→ Seite 192).

▷ Der Clicker ist so klein, dass er sich problemlos überall mit hinnehmen lässt.

▷ Das Timing klappt besonders gut, das heißt, der Clicker lässt sich punktgenau einsetzen, besonders in Situationen, in denen Sie dem Hund nicht im richtigen Moment ein Leckerchen geben können (→ unten).

Beim Clickertraining wird das konditionierte Geräusch für den Hund zur alleinigen Bestätigung. Es gibt zusätzlich weder verbales Lob noch Streicheleinheiten. Die Bestätigung erfolgt immer nur einmal und stets am Ende einer Übung. Dabei muss der Hund selbst herausfinden, was er tun muss, um diese Bestätigung zu bekommen. Er wird nie korrigiert, sondern bei Fehlverhalten bleibt lediglich die Belohnung aus.

Die einzelnen Schritte: Ein erwünschtes Verhalten wird systematisch geformt. Man nennt dies »Shaping«. Zunächst werden schon kleinste, zufällige Schritte in die richtige Richtung bestärkt. Mit steigendem Lernerfolg des Hundes erhöhen sich die Anforderungen. Es werden dann nur noch die jeweils höheren Stufen bestärkt. Erst wenn der Hund ein Verhalten ganz sicher beherrscht, kommt ein Hör- oder Sichtzeichen hinzu. Allmählich wird der Vierbeiner nur noch gelobt, wenn er das gewünschte Verhalten auf ein Signal hin (Hör- oder Sichtzeichen) ausführt. Zunehmend loben Sie dann variabel (→ Seite 84).

Im Grunde genommen ähneln sich die Vorgehensweisen beim Clickertraining und bei der »normalen« Erziehung. Auch dort werden zunächst die einfachen Formen einer Übung belohnt, also etwa »Sitz« in dem Moment, in dem der Hund sitzt. Dann zunehmend nur noch die erhöhten Anforderungen, also ein längeres Sitzen. Und auch das Leckerchen gibt es erst am Ende der Übung.

Wofür wird der Clicker eingesetzt?

Der Clicker lässt sich vielfältig einsetzen. Die »echten« Fans bauen die gesamte Erziehung darauf auf. Allerdings braucht man dafür sehr viel Geduld, denn man kann, wie schon gesagt, immer nur ein Verhalten in Angriff nehmen. Außerdem wird der Hund in der Regel und anders als in der Erziehung ohne Clicker nicht motiviert, eine bestimmte Position einzunehmen. Vielmehr wartet man darauf, dass er ein bestimmtes Verhalten oder Vorstufen davon rein zufällig zeigt. Sie können ihn aber dennoch dazu motivieren.

Vor allem in der Grunderziehung ist es meiner Meinung nach nicht notwendig, ausschließlich mit dem Clicker zu arbeiten, denn die Übungen sind einfach, und man kann mehrere Dinge parallel üben (etwa Sitz und Bei-Fuß-Gehen). Man kann den Clicker aber für bestimmte besondere Übungen einsetzen, wie etwa für Kunststücke, oder bei Übungen, bei denen man anders keinen richtigen Erfolg hat. Ein Beispiel hierfür ist das Apportieren. Hat ein Hund keinen Bring- oder Beuteinstinkt, kann man ihn mittels Clickertraining häufig trotzdem positiv zum Apportieren motivieren. Das Training mit dem Clicker kann außerdem all denen helfen, denen es schwer fällt, sich auf »natürliche Weise«, also über die eigene Körpersprache und mit gezielter Stimme, mit dem Hund zu verständigen.

Für das Clickertraining ist allerdings ein sehr exaktes Timing notwendig, da man sonst rasch falsch bestärkt.

Für welche Hunde eignet sich diese Methode?

Damit der Clicker in Verbindung mit dem Futter für den Hund zu einem höchst reizvollen Verstärker wird, müssen die verwendeten Leckerchen sehr reizvoll für den Hund sein. Außerdem sollte er hungrig sein.
Probleme kann es mit sehr heiklen oder sehr geräuschempfindlichen Vierbeinern geben. Bei ihnen kann der Clicker eher Angstreaktionen auslösen. Manchmal hilft eine langsame Gewöhnung. Oft sprechen solche Hunde schlecht auf das Clickertraining an, die bisher über Meideverhalten (→ Seite 26) oder mit negativer Verstärkung (→ Seite 28) ausgebildet wurden. Sie haben nicht gelernt, dass eigenes Ausprobieren zum Erfolg führt, sondern dass »Fehler« negative Konsequenzen haben.

Die Verknüpfung Klick = Futter herstellen

Bereiten Sie eine ausreichende Portion kleiner, leckerer Häppchen vor. Der Hund soll sie rasch und ohne viel kauen zu müssen schlucken können. Und wie schon gesagt: Er muss hungrig sein. Ein guter Zeitpunkt für das Training wäre deshalb vor dem Fressen. Ist der Vierbeiner eher wählerisch, reichen normale Futterbröckchen wahrscheinlich nicht aus. Versuchen Sie im Vorfeld herauszufinden, was Ihr Vierbeiner besonders schätzt. Gekochtes Puten- oder Hühnerfleisch wirkt oft Wunder. Üben Sie in einem ruhigen Raum ohne jegliche Ablenkung.
Und nun geht's los: Legen Sie sich die Häppchen zum Beispiel auf der Küchenanrichte griffbereit. Nehmen Sie jetzt den Clicker. Etwa 20-mal hintereinander clicken Sie nun, nehmen unmittelbar danach (nicht vorher) mit der anderen Hand ein Leckerchen und geben es dem Hund. Sie können auch gleich mehrere Leckerchen in der Hand halten. Zwischen Click und Leckerchen soll für eine optimale Verknüpfung nicht mehr als eine halbe Sekunde verstreichen. Also nach jedem Click gibt es sofort ein Häppchen. Dieses Procedere ziehen Sie an einem Tag zweimal durch, eventuell noch einmal am nächsten Tag. Dann haben die meisten Hunde das »Click« mit dem Futter verknüpft.

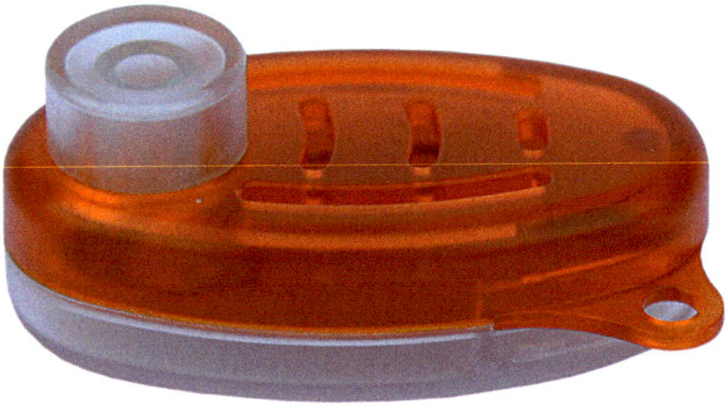

△ *Clicker gibt es mittlerweile in verschiedenen Ausführungen. Verwenden Sie einen mit einem deutlichen Clickgeräusch.*

Eine erste Übung

Es gibt eine Übung, an der man gut und rasch erkennen kann, ob der Hund das »Click« mit dem Futter richtig verknüpft hat. Diese Übung ist zwar nicht primär als »Test« gedacht, eignet sich aber gut dafür.

▷ Besorgen Sie sich einen Zeigestab, ersatzweise tut's auch eine Fliegenklatsche oder Ähnliches. Halten Sie nun die Spitze des Zeigestabs dem Hund vor die Nase. Ziel ist, dass der Hund von sich aus mit der Nase die Spitze des Stabs berührt.

▷ Interessiert sich Ihr Vierbeiner nicht so wahnsinnig für den Stab, dann bewegen Sie ihn ein wenig vor ihm hin und her. Tippen Sie aber die Hundenase nicht an! Irgendwann wird der Vierbeiner mit der Nase daran schnuppern. Genau in diesem Moment, in dem die Hundenase die Spitze des Stabs berührt, clicken Sie. Anschließend geben Sie ihm das Leckerchen.

▷ Nun halten Sie den Stab wieder vor das Hundegesicht. Wahrscheinlich werden Sie Ihrem Vierbeiner jetzt förmlich ansehen, wie es in seinem Gehirn »rattert«: »Was habe ich jetzt getan, dass es geclickt hat?« Ist die Nase wieder am Stab – click, und anschließend folgt das Leckerchen.

▷ Das machen Sie nun in den nächsten drei Tagen drei- bis viermal täglich wenige Minuten lang. Dann, oder auch schon früher, wird Ihr Vierbeiner gezielt mit der Nase die Stabspitze anstupsen und nach dem Click ein Leckerchen von Ihnen abholen.

▷ Nun können Sie den Stab auch von sich weggestreckt halten, später sogar ein Stück in die Erde stecken oder im Zimmer in eine offene Schublade legen. Ihr Hund wird zum Stab gehen, ihn anstupsen – click, er kommt zu Ihnen zurück und holt sich seine Belohnung. Jetzt können Sie ganz sicher sein, dass er die Sache verstanden hat.

▷ Als nächsten Schritt können Sie für das Berühren des Stabs ein Hörzeichen, zum Beispiel »Touch« oder »Stups«, einführen. Sie sagen es in dem Moment, in dem der Hund den Stab berührt. Mit der Zeit belohnen Sie den Hund nur noch, wenn er auf Kommando den Stab berührt und nicht mehr, wenn er es von sich aus tut.

Mehr Klick-Übungen

▷ **Licht ein- und ausschalten:** Meiner Hündin habe ich unter anderem über die Übung mit dem Zeigestab (aber ohne »Touch«, sondern mit einem anderen Hörzeichen) beigebracht, einen Kipplichtschalter zu betätigen. Dazu hielt ich das Ende des Stabs auf einen Lichtschalter. Meine Hündin richtete sich auf den Hinterbeinen auf und tippte dagegen – click. Mit zunehmender Sicherheit clickte ich nur noch dann, wenn sie den Kippschalter auch wirklich »umgelegt« hatte. Den Zeigestab ließ ich allmählich weg. Nachdem sie den Lichtschalter zuverlässig betätigte, führte ich wie oben beschrieben das Hörzeichen ein, hier »Licht«. Als nächste Stufe übte ich mit ihr an verschiedenen Kippschaltern.

▷ **Tür schließen:** Eine angelehnte Tür aufstoßen kann jeder Hund. Doch was tun, wenn Sie gerade gemütlich auf dem Sofa im warmen Wohnzimmer sitzen, Ihr Hund kommt herein und lässt die Zimmertür weit offen stehen – und Ihnen wird kalt? Eine Möglichkeit ist, aufzustehen und die Tür zu schließen. Praktischer ist es jedoch, wenn der Hund das auf Kommando gleich selbst erledigt. Das geht im Prinzip genauso wie die Übung mit dem Lichtschalter. Sie halten den Stab an die Tür, der Hund stupst dagegen – click, Leckerchen. Mit der Zeit bestätigen Sie den Hund nur noch dann, wenn er so kräftig an die Tür stupst, dass sie fast angelehnt, später ganz angelehnt ist. Hat der Vierbeiner die Übung verstanden, führen Sie das Hörzeichen »Tür« ein, den Stab lassen Sie weg.

△ *Dieser Vierbeiner hat mithilfe des Clickers gelernt, die Tür mit der Schnauze zu schließen. Sitzt dieser »Trick«, fügen Sie ein Hörzeichen, etwa »Tür«, hinzu.*

6

Richtig apportieren lernen

Unter ◆ APPORTIEREN (Seite 258) versteht man das Bringen von Gegenständen. Dies ist ebenfalls eine sinnvolle Art, den Hund zu beschäftigen. Man kann damit praktisch gleich drei Fliegen mit einer Klappe schlagen:

▷ Der Hund hat mental etwas zu tun.
▷ Er bekommt Bewegung.
▷ Gleichzeitig festigen Sie seinen Gehorsam.

Apportieren ist nämlich weit mehr, als einfach nur einem Ball hinterherzulaufen.

Tragen von Anfang an fördern

Zeigt der Welpe schon entsprechende Anlagen, indem er gern etwas trägt, ist es sinnvoll, dieses Verhalten weiter zu vertiefen. Loben Sie ihn stets, wenn er etwas trägt, und versuchen Sie, ihn zu sich zu locken. Tendiert der Kleine dazu, seine »Beute« in sein Körbchen zu bringen, setzen Sie sich so auf den Boden, dass er dabei an Ihnen vorbei muss. Loben Sie ihn schon ausgiebig, während er zu Ihnen unterwegs ist, und auch dann noch, wenn er bei Ihnen ist, und streicheln Sie ihn, solange er den Gegenstand im Mäulchen hält. Erst nach einiger Zeit nehmen sie ihm den Gegenstand zum Beispiel mit »Aus« sanft ab und geben ihn ihm nach ein paar Momenten wieder. Der Kleine darf nicht das Gefühl haben, dass er seine »Beute« verliert, sobald er bei Ihnen ist! Auch wenn er etwas trägt, was er eigentlich nicht haben darf, sollten Sie ihn loben und zu sich locken. Geben Sie ihm dann im Austausch etwas anderes.

Kommt er zu Ihnen, lässt den Gegenstand aber fallen, hören Sie mit dem Loben auf und beenden die »Übung«, indem Sie den Gegenstand kommentarlos aufheben.

Falls Ihr Vierbeiner seine »Beute« nicht gern hergibt, dürfen Sie ihm auf keinen Fall hinterherlaufen. Dadurch erlebt er immer wieder, dass er der »Sieger« ist. Je nachdem, wie Sie Ihren Hund einschätzen, haben Sie hier verschiedene Möglichkeiten zu reagieren:

▷ Ignorieren Sie ihn, wenn er Sie zum Nachlaufen animieren möchte.
▷ Gehen Sie betont in eine andere Richtung oder beschäftigen Sie sich demonstrativ intensiv mit irgendetwas anderem.
▷ Bieten Sie ihm im Austausch ein anderes beliebtes Spielzeug oder ein leckeres Häppchen an, wenn er das erste zu Ihnen oder zumindest in Ihre Nähe bringt.

Manche Welpen oder Junghunde kommen, wenn man sich ganz klein macht, also in die Hocke geht oder sich gar auf den Boden legt. Gehört Ihr Welpe oder Junghund zu diesem Typ Hund, dürfen Sie ihm die »Beute« nicht sofort abnehmen. Sie können ihn um die Brust fassen und so ein wenig festhalten, während Sie ihn ausgiebig streicheln, solange er das Apportel noch im Maul hält. Das Abgeben können Sie bei einem solchen Hundetyp

Helfen macht Spaß! Hat Ihr Hund Spaß am Apportieren, können Sie ihm gut beibringen, fast alles aufzunehmen und Ihnen in die Hand zu geben.
▷

ebenfalls mit Lob und dem einen oder anderen Leckerchen bestärken.

Erstes gezieltes Apportieren

Gibt es einen Gegenstand, etwa ein Dummy (→ Seite 198), Plüschtier, einen Ball an der Schnur usw., den Ihr Vierbeiner gerne bringt, dann sollten Sie diesen genauso behandeln wie ein interessantes Spielzeug (→ Seite 189). Verwahren Sie ihn also gut und setzen Sie ihn gezielt ein. Je nachdem, wie leicht sich Ihr Vierbeiner ablenken lässt, üben Sie zu Hause oder im Garten oder schon unterwegs. Halten Sie den Welpen oder älteren Hund, wenn er Anfänger ist, fest und werfen Sie das Apportel. Ist Ihr Vierbeiner eher gemütlich, dann machen Sie das recht spannend und feuern Sie ihn mit motivierender Stimme an. Lassen Sie ihn baldmöglichst hinterherlaufen. Hat der Hund das Apportel aufgenommen, freuen Sie sich und laufen von ihm weg. Beherrscht er das Komm-Kommando (also »Hier« bzw. den Komm-Pfiff) bereits zuverlässig, rufen Sie ihn gleichzeitig damit zu sich.
Hat Ihr Vierbeiner viel Pep, warten Sie erst ein paar ruhige Momente, dann darf er starten. Sie können aber auch so beginnen: Sie halten das Apportel in der Hand und rufen den Hund zu sich. Bei Ihnen angekommen, darf er das Apportel halten. Behalten Sie ihn bei sich und loben Sie ihn ausgiebig, während er es hält. Nach einiger Zeit nehmen Sie es ihm mit einem ruhigen »Aus« oder einem ähnlichen Hörzeichen ab. Erst wenn der Hund gern bei Ihnen bleibt und das Dummy gern hält, beginnen Sie es auszulegen oder zu werfen und lassen es den Hund holen.

Apportieren mit dem Clicker

Ist Ihr Vierbeiner von Natur aus kein leidenschaftlicher Apportierer, aber grundsätzlich an Gegenständen interessiert, dann kann der Clicker hilfreich sein. Konditionieren Sie den Hund zunächst wie auf Seite 194 beschrieben darauf. Üben Sie anfangs zu Hause und ohne Ablenkung. Legen Sie dann den Gegenstand, den Ihr Hund bringen soll, auf den Boden. Ziel ist, dem Hund beizubringen, dass er diesen Gegenstand aufhebt und so lange hält, bis Sie ihm das Spielzeug oder den Apportiergegenstand mit »Aus« abnehmen.
Das exakte Timing ist besonders wichtig, um wirklich das Halten zu bestärken und nicht etwa das Fallenlassen. Wie Sie dabei vorgehen, kommt auf Ihren Hund an:

- Nimmt er das Apportel gleich auf, clicken Sie in dem Moment, in dem er es kurz im Maul hat. Der Hund lässt den Gegenstand jetzt fallen und holt sich sein Leckerchen. Mit der Zeit clicken Sie immer ein wenig später, sodass der Hund den Gegenstand allmählich immer etwas länger halten muss, bevor der Click kommt. Lässt der Vierbeiner das Apportel vor dem Click fallen, machen Sie nichts. Warten Sie, bis er es wieder aufnimmt, und clicken Sie jetzt rechtzeitig, also solange er es noch hält.
- Interessiert sich Ihr Vierbeiner nicht besonders für das ruhig liegende Apportel, dann bestätigen Sie zunächst jede Art der Bewegung in Richtung Apportiergegenstand. Steigern Sie die Anforderungen langsam. Schaut der Hund also beispielsweise nach einigen Versuchen gezielt hin, dann clicken Sie dafür nicht mehr, sondern erst dann, wenn er sich dazu noch ein Stück darauf zubewegt usw. Dauert Ihnen das zu lange, dann erhöhen Sie den Reiz, indem Sie das Apportel ein Stück über den Boden kicken. Oder Sie machen es auf andere Art so interessant, dass Ihr Hund danach greift oder das Apportel zumindest anstupst. Clicken Sie dann in dem Moment, in dem er es in der Schnauze hat. Bei guter Bindung und etwas Veranlagung nimmt der Hund das Apportel vielleicht gleich auf und kommt zu Ihnen zurück. Wenn Sie jetzt rechtzeitig clicken, also wenn er bei Ihnen ist und bevor er es fallen lässt, dann können Sie das Halten und vielleicht gleich noch das Kommen bestärken.

Hat der Hund gelernt, das Apportel vor Ihnen länger festzuhalten, führen Sie ein Hörzeichen ein, etwa »Bring« oder »Apport«. Hat er das verknüpft, laufen Sie, während er es hält, von ihm weg und locken ihn. Clicken Sie, wenn er bei Ihnen angekommen ist. Allmählich dehnen Sie den Zeitraum zwischen Ankommen und Clicken wieder etwas aus. Hat Ihr Vierbeiner nach entsprechend langem Training alles verstanden, lassen Sie den Clicker weg, und der Hund gibt das Apportel mit dem Hörzeichen »Aus« in Ihre Hand ab. Vor dem »Aus« können Sie ihn aber für das Halten mit »Brav« oder Ähnlichem loben.

Der endgültige Ablauf wäre dann der: Der Hund sitzt neben Ihnen, Sie legen das Apportel einige Meter oder auch mehr entfernt aus. Gehen Sie zum Hund zurück und schicken Sie ihn mit »Apport« oder »Bring«. Der Vierbeiner läuft los, bringt es und hält es vor Ihnen sitzend oder auch stehend fest, bis Sie es sich mit »Aus« in die Hand geben lassen.

Mit dieser Übung können Sie Ihrem Hund übrigens auch beibringen, alle möglichen Gegenstände auf das Hörzeichen hin aufzunehmen und zu bringen. Das kann im Haushalt durchaus nützlich sein …

Apportieren mit dem Futtermäppchen

Gibt Ihr Vierbeiner die »Beute« nicht gern ab oder sind »normale« Apportiergegenstände für ihn weniger interessant, können Sie Futtermäppchen ausprobieren. Mittlerweile gibt es spezielle Mäppchen im Fachhandel, alternativ tun es auch stabile »Schlampermäppchen« aus dem Schulbedarf. Sinn der Sache: Der Hund soll lernen, dass er aus dem Mäppchen gefüttert wird, wenn er es bringt und möglichst in die Hand gibt. Dazu muss der Hund natürlich hungrig sein.

Lassen Sie ihn zusehen, wenn Sie das Mäppchen mit leckeren Happen füllen. Verfahren Sie dann genauso, wie unter »Erstes gezieltes Apportieren« (→ Seite 197) beschrieben. Alle danach beschriebenen Übungen können Sie auch mit Futtermäppchen machen.

Apportieren mit Gehorsam verbinden

Hat Ihr Vierbeiner die Grundlagen erlernt und macht ihm das Apportieren Spaß, können Sie es jetzt mit Gehorsamsübungen verbinden. Das ist wichtig, denn der Hund soll ja nicht hemmungslos allem nachrennen, was sich bewegt. Verwenden Sie für das Apportiertraining möglichst immer die gleichen Gegenstände. Sehr gut geeignet sind spezielle ▶ DUMMYS (Seite 261). Das sind längliche, nicht zu schwere Gegenstände, die Sie im Zoofachhandel bekommen. Es gibt sie in verschiedenen Farben und auch schwimmfähig für wasserbegeisterte Hunde.

Wie ausgiebig Sie den Gehorsam ins Apportieren mit einbauen, richtet sich nach dem Hund. Einen nicht ganz so apportierwütigen Hund dürfen Sie nicht langweilen, sonst sinkt seine Motivation noch weiter. Ihn lassen Sie zwischendurch auch mal sofort einem reizvoll, also zum Beispiel mit spannender Stimme und »actionreich« geworfenen Dummy hinterherflitzen. Sehr apportierbegeisterte Vierbeiner können Sie dagegen länger sitzen lassen, bevor sie starten dürfen, damit sie sich nicht zu sehr hineinsteigern.

Verzögerter Start

Das ist gleichzeitig ein Training fürs Hundehirn! Lassen Sie den Hund neben sich bei Fuß sitzen und legen oder werfen Sie in einiger Entfernung ein Dummy aus. Gehen Sie zum Hund zurück. Alternativ können Sie den Hund zum Auslegen oder Werfen auch mitnehmen und dann mit ihm einige Meter vom Dummy weggehen. Warten Sie nun ein paar Augenblicke, bevor Sie den Hund schicken. So muss er sich für diese Zeit merken, wo Sie das Dummy hingelegt haben.

Das können Sie steigern. Machen Sie mit dem Hund nach dem Auslegen ein paar andere Übungen – etwas Bei-Fuß-Gehen, Platz und Bleib usw. Dann gehen Sie zum ursprünglichen Ausgangspunkt zurück und schicken den Hund mit dem Hörzeichen »Apport«. Je mehr Zeit zwischen Auslegen und Schicken vergeht, umso schwieriger wird es für ihn.
Sie können die Übung noch mal steigern, wenn Sie den Hund von einem anderen als dem ursprünglichen Ausgangspunkt schicken. Zunächst wieder mit weniger Zeit zwischen Auslegen und Schicken, dann dehnen Sie den Zeitraum dazwischen allmählich aus.

▷ **Variante für sehr Fortgeschrittene:** Hierfür legen Sie zwei oder mehr Dummys aus. So muss sich Ihr Vierbeiner mehrere Stellen merken. Legen Sie die Dummys die erste Zeit in großen Winkeln von mindestens 90° und in etwas geringerer Entfernung zu Ihnen als normal aus. Bevor Sie den Hund schicken, achten Sie darauf, dass er exakt in der Richtung neben Ihnen sitzt, in der das Dummy liegt, das er holen soll. Unterstützen Sie ihn dabei am besten mit einem richtungsweisenden Handzeichen. Mehr dazu lesen Sie unter »Voranschicken« auf Seite 200.

△
Ein Helfer wirft das Dummy anfangs mit gut sichtbarer Flugbahn zum Beispiel auf eine Wiese oder einen Weg. Der Hund bleibt so lange bei Fuß sitzen, bis Sie ihm die »Starterlaubnis« geben.

Apportieren in unterschiedlichem Gelände

Auch beim Apportieren mit Gehorsamsübungen haben Sie mehrere Variationsmöglichkeiten. Anfangs sollte der Hund sein Apportel schnell finden. Trainieren Sie dazu am besten auf einer relativ kurz gemähten Wiese. Noch etwas einfacher machen Sie es dem Hund, wenn Sie das Apportel zusätzlich an eine markante Stelle legen oder werfen, etwa vor einen einzelnen Busch.
Mit zunehmendem Können oder wenn Sie merken, dass Ihr Hund gern mit der Nase nach dem Dummy sucht, legen oder werfen Sie es in höheres Gras oder Gestrüpp – je nach Ausbildungsstand des Hundes. Dann muss er in dem Bereich, wo das Dummy liegt, schon etwas genauer suchen – auch wenn er vorher zusehen konnte, wo Sie das Dummy platzierten.
Abwechslung bringen Sie auch in die Übung, wenn der Hund auf dem Weg zum Dummy einen »Geländewechsel« meistern muss. Das heißt, wenn er dabei zum Beispiel einen Feldweg quert oder einen schmalen oder auch breiteren Bach überwindet, von einer gemähten Wiese in höheres Gras, vom Wald auf eine Wiese oder umgekehrt wechselt. Passen Sie die Schwierigkeit aber dem Können Ihres Hundes an. Er sollte immer Erfolg haben.
Wenn Sie beginnen, in schwierigerem Gelände zu trainieren, dann sollten Sie zunächst die Entfernungen wieder verringern.

Zur Abwechslung: selbst apportieren

Mit dieser Übungsform bleiben auch Sie fit!

▷ Hunden, die sehr gern apportieren, fällt es oftmals schwer, sitzen bleiben zu müssen und nicht sofort starten zu dürfen, wenn etwas fliegt. Dies können Sie ausnutzen und trainieren, dass nicht jedes Dummy, das fliegt oder liegt, für ihn gedacht ist. Holen Sie deshalb regelmäßig auch selbst die ausgelegten oder ausgeworfenen Dummys. Bauen Sie die Übung dabei genauso auf, als ob Sie den Hund schicken würden (→ unten). Aber statt dass er starten und apportieren darf, muss er sitzen bleiben und Sie »apportieren«.

▷ Spannend ist auch diese Übung: Sie stehen dem sitzenden Hund in einem Abstand von ein paar Metern gegenüber. Nun werfen Sie ein Dummy ein Stück neben sich, warten einen Moment und holen es selbst. Sie können auch zwei oder mehr Apportiergegenstände auswerfen. Aber anfangs immer so, dass Sie notfalls schneller beim Dummy sind als der »fehlstartende« Hund!

▷ Die höchste Stufe dieser Übung ist, wenn Sie die Dummys relativ nahe neben oder auch hinter den Hund werfen und ihn dann von diesen weg zu sich rufen. Anschließend sammeln Sie die Dummys selbst ein.

▷ Mit einem wasserbegeisterten, apportierwütigen Hund können Sie ähnliche Übungen auch am Wasser machen. Dazu befestigen Sie ein schwimmfähiges Dummy an einer langen Schnur. Binden Sie diese zum Beispiel an einem Baum am Ufer fest. So können Sie das Dummy ins Wasser werfen und dort treiben lassen, während der Hund einige Übungen machen muss. Am Ende ziehen Sie das Dummy aus dem Wasser. Manchmal lassen Sie ihn das Dummy auch holen. Das dürfen Sie dann aber nicht festbinden, weil sich der Hund sonst in der Schnur verheddern könnte.

Den Hund voranschicken

Für diese Übung sollten Sie zunächst eine gemähte Wiese wählen. Trainieren Sie anfangs nur mit einem Dummy, damit der Hund rasch Erfolg hat. Legen Sie das Dummy, wie auf Seite 199 beschrieben, aus. Stellen Sie sich nun wieder neben den Hund und zeigen Sie mit immer dem gleichen Arm etwa parallel zum Hundekopf in die Richtung, in der sich das Apportel befindet. Warten Sie, bis der Hund konzentriert in die richtige Richtung blickt. Erst jetzt geben Sie das Signal »Voran« – bei eher ruhigen Hunden mit betont motivierendem Tonfall und nach vorn gerichteter Bewegung des Arms oder des Körpers, bei »spritzigen« Hunden weniger motivierend und bewegungsarm. Der Vierbeiner läuft los und bringt sein Dummy.

Hat er nach einiger Trainingszeit das Prinzip verstanden, können Sie die Übung mit zwei Dummys probieren. Legen Sie diese anfangs wieder mit großem Abstand zueinander aus, am besten 180°.

Ist Ihr Hund kein leidenschaftlicher Apportierer, können Sie für diese und die nächste Übung statt des Dummys auch Futternäpfe verwenden. Der Vierbeiner kann dann seine Belohnung fressen und kommt anschließend zu Ihnen zurück oder lernt, sich nach dem Fressen dort zu setzen.

Den Hund seitlich schicken

Sie können dem Hund auch beibringen, nach links und rechts zu laufen. Setzen Sie den Hund ab. Legen Sie ein Dummy etwa zwei Meter seitlich rechts neben ihn. Stellen Sie sich nun ein paar Meter vor den Hund, heben Sie den rechten Arm und pfeifen Sie einmal (→ Stopp-Pfiff Seite 137). Der Hund achtet nun, wie er es gelernt hat, auf Sie.

Strecken Sie jetzt den rechten Arm deutlich nach rechts aus und geben Sie das Hörzeichen »Rüber« oder »Rechts« – der Hund läuft los. Sobald er das Dummy aufgenommen hat, rufen Sie ihn zu sich. Klappt rechts, üben sie genauso auch die linke Seite.

Haben Sie beide Seiten eine Zeit lang getrennt voneinander geübt und lässt sich der Hund ohne Zögern nach rechts und links schicken, kombinieren Sie beide Seiten.

Setzen Sie den Hund mit »Sitz und Bleib« ab und legen Sie jeweils rechts und links ein Dummy aus. Schicken Sie nun den Hund auf eine Seite, und zwar dorthin, wo Sie zuerst etwas ausgelegt haben. Meist tendieren Hunde zu der Seite, auf der zuletzt etwas ausgelegt wurde. Der Vierbeiner soll aber dorthin gehen, wohin Sie ihn schicken.
Klappt das mit kleineren Entfernungen zu den Dummys, so vergrößern Sie zunächst den Abstand zu diesen, dann schrittweise auch Ihre Distanz zu Ihrem Hund.

Wer sucht, der findet

Dem Nasentier Hund kommen Beschäftigungen, bei denen er die Nase gezielt einsetzen kann, sehr entgegen. Das Apportieren kann man deshalb auch mit Suchen verbinden.
Sie können das zunächst zu Hause oder im Garten üben. Lassen Sie den Hund auf der Terrasse oder in der Wohnung sitzen. Sie verstecken nun ein oder zwei beliebte Gegenstände, aber nicht zu schwer. Ihr Hund darf dabei zusehen. Dann gehen Sie zu ihm zurück, ermuntern ihn mit »Such« und gehen mit ihm zu einer der Stellen, an denen etwas versteckt ist. Ist er fündig, freuen Sie sich sehr und laufen mit dem Hund, der jetzt sein Apportel trägt, zur Ausgangsposition zurück. Dort nehmen Sie es ihm ab. Ist noch etwas versteckt, machen Sie das Gleiche noch mal. Sie werden sehen, nach ein paar Mal Mitgehen müssen Sie ihn nicht mehr begleiten, ein »Such« reicht. Findet und bringt er, belohnen Sie ihn mit einem Häppchen.
Ist der Vierbeiner so weit, lassen Sie ihn beim Verstecken nun nicht mehr zusehen. Wie viele Dinge Sie verstecken, hängt vom Hund ab. Ein ausdauernder Hund kann öfter suchen als einer, der nicht so leicht zu motivieren ist.
Ist der Hund voll bei der Sache, können Sie das Suchen draußen üben. Gehen Sie dazu zum Beispiel zu einer Stelle mit ein paar Bäumen oder zu einer Wiese mit nicht zu hohen Stauden. Lassen Sie den Hund zunächst wieder vom Rand des Gebiets aus zuschauen, wenn Sie die Gegenstände verstecken. Legen Sie sie so aus, dass er nicht allzu lange suchen muss, bis er etwas findet. Bauen Sie die Übung dann weiter auf, wie beschrieben.
Beobachten Sie Ihren Vierbeiner. Sucht er recht routiniert und voller Eifer, dann verstecken Sie ihm die Apportel schwieriger – zum Beispiel direkt hinter einem Baum oder in etwas Gestrüpp. Je nach Ausdauer erhöhen Sie die Zahl der versteckten Dinge. Überfordern Sie den Hund aber nicht.

1

2

1 *Voranschicken: Mit der Hand geben Sie die Richtung vor, in die der Hund laufen soll. Schicken Sie ihn erst los, wenn er ein paar Sekunden konzentriert hinschaut.*
2 *Möchten Sie den Hund seitlich schicken, zeigen Sie ihm das durch eine deutliche Armbewegung nach rechts bzw. links. Der Arm bleibt gestreckt, während der Hund unterwegs ist.*

Populär: Obedience und Agility

Es gibt mittlerweile zum Glück relativ viele unterschiedlichste sinnvolle Hundesportarten. Zwei der populärsten möchte ich Ihnen kurz vorstellen: Obedience und Agility. Sie werden mittlerweile in relativ vielen Vereinen und Hundeschulen angeboten. Auf den großen Hundeausstellungen des VDH sind diese beiden Sportarten häufig im Schauprogramm zu sehen. Eine weitere bekannte Sportart ist FLYBALL (Seite 263).

Obedience und Agility kommen beide aus England und erfreuen sich schon seit einigen Jahren auch bei uns steigender Beliebtheit. Beide Sportarten kann man in der Freizeit oder als Wettkampf betreiben. Zur Teilnahme an Wettkämpfen ist eine bestandene Begleithundeprüfung Voraussetzung. Bei Interesse sollten Sie sich an entsprechende Vereine oder Hundeschulen wenden. Achten Sie darauf, dass die Ausbilder viel Erfahrung in diesen Sportarten haben – am besten eine Art Trainerschein – und mit dem eigenen Hund auch schon einigermaßen erfolgreich an Wettkämpfen teilnahmen.

Obedience

»Obedience« heißt übersetzt »Gehorsam«. Dieser Hundesport umfasst aber weit mehr als die »normalen« Übungen wie Bei-Fuß-Gehen, Sitz oder Platz. Dazu gehören auch Übungen wie das Apportieren eines Metallgegenstands, das Voranschicken, das Heraussuchen eines bestimmten Gegenstands aus mehreren anderen, Kommandos wie Sitz, Platz oder Stehen auf Entfernung und vieles mehr. Bei den Übungen kommt es sehr auf die präzise Ausführung, auf die Harmonie zwischen Hundeführer und Hund und die Eleganz der Bewegungen an. Obedience hat nichts mit kasernenhofartigem Drill und Brüllen der

1 *Ein Prüfungsfach bei Obedience ist das Apportieren eines Metallapportels. Metall zu tragen ist vielen Hunden unangenehm, deshalb ist dies eine eher anspruchsvolle Übung. Sie wird daher erst in der zweiten Leistungsklasse verlangt.*

2 *Der Slalom ist eines der schwierigsten Hindernisse im Agilityparcours. Er besteht aus mehreren Stangen, die relativ nah zusammenstehen. Da sich die Wirbelsäule dabei stark verbiegt, sollte man erst mit dem erwachsenen Hund gezielt trainieren.*

3 *Achtung, hier kommt ein Ball! Beim Flyball löst der Hund mit den Pfoten einen Mechanismus aus, der einen Ball aus einer Box wirft. Diesen muss der Hund fangen und rasch zu seinem Besitzer bringen – ein Riesenspaß.*

Befehle zu tun. Im Gegenteil, es wird großer Wert darauf gelegt, dass der Hund aus Freude an der Arbeit mitmacht und mit seinem Zweibeiner ein Team bildet. Im Unterschied zu den meisten herkömmlichen ➲ GEBRAUCHSHUNDE-PRÜFUNGEN (Seite 264) gibt es beim Obedience keine festen Schemata. Der Richter legt erst direkt vor der Prüfung fest, wie das Team die jeweiligen Übungen zeigen soll. Es gibt zwar Vorschriften, was geprüft wird und wie die Übungen auszusehen haben, aber der Ablauf ist offen. Das macht die Sache zusätzlich reizvoll, weil Hund und Mensch nicht ein stures Schema eintrainieren können, sondern flexibel bleiben müssen.

In Deutschland gibt es vier Leistungsklassen: Zuerst kommt die Beginnerklasse, dann folgen Klasse 1, Klasse 2 und Klasse 3 (FCI-Klasse). In jeder Klasse gibt es elf Prüfungsfächer. Neben den oben genannten Übungen werden zum Beispiel auch das Verhalten des Vierbeiners Artgenossen gegenüber und der Umgang des Menschen mit seinem Hund bewertet.

Obedience ist grundsätzlich für alle Hunde geeignet, egal, ob groß oder klein, ob Rassehund oder Mischling. Hunde, die sehr arbeitsfreudig und führig sind, eignen sich besonders gut dafür. Da es keine Sprünge gibt und nicht auf Zeit gearbeitet wird, ist Obedience auch für ältere oder nicht ganz gesunde Vierbeiner geeignet.

Agility

»Agility« heißt so viel wie »Geschicklichkeit«. Dabei geht es also nicht nur um Gehorsam, sondern auch um Wendigkeit, Beweglichkeit und gute Koordination. Ein Agility-Parcours besteht aus 12 bis 20 verschiedensten Hindernissen, die aber immer in unterschiedlicher Reihenfolge aufgestellt werden. Hund und Hundeführer können also nicht auf einen bestimmten Ablauf trainieren.

Das sollten Sie wissen:

- Hund und Mensch absolvieren den Parcours gemeinsam. Per Zuruf und Handzeichen dirigiert der Hundeführer den Hund durch den Parcours, er läuft parallel neben den Hindernissen mit.
- Der Vierbeiner ist ohne Halsband und Leine unterwegs. Das erfordert eine enge Zusammenarbeit und eine deutliche Körpersprache des Menschen.
- Der Parcours muss nicht nur in einer bestimmten Reihenfolge, sondern auch innerhalb einer begrenzten Zeit absolviert werden, der Hund muss die Hindernisse dabei aber korrekt nehmen.
- Bei einigen Hindernissen, wie etwa Steg, Schrägwand oder Wippe, gibt es so genannte Kontaktzonen (farbig markierte Zonen am Anfang und Ende des Hindernisses), die der Vierbeiner unbedingt betreten muss.
- Es gibt auch Sprunghindernisse, unter anderem Reifen, Weitsprung oder eine Mauer. Weitere Hindernisse sind der Slalom (→ Foto Seite 202, ein Tisch, Plastik- und Stofftunnels.

Beim Agility gibt es ebenfalls verschiedene Klassen. Zum einen wird je nach Schulterhöhe des Vierbeiners in Mini, Midi oder Standard gestartet. In jeder dieser Klassen gibt es dann drei verschiedene Schwierigkeitsniveaus – A1, A2 und A3. Als Fehler zählen unter anderem, wenn der Hund die Kontaktzone nicht betritt, ein Hindernis umwirft, auslässt oder verweigert.

Auch Agility ist prinzipiell für alle Hunde geeignet. Für Wettkämpfe sollte der Vierbeiner aber nicht zu groß und massig sein. Außerdem sollte er wegen der Sprünge und schnellen Bewegungen kein Übergewicht und ein gesundes Skelett haben. Aus diesem Grund empfiehlt sich vor Beginn eine gründliche Untersuchung durch den Tierarzt. Richtig einsteigen kann man erst, wenn der Hund ausgewachsen, also mindestens ein Jahr alt ist. Möchten Sie Agility nur als Freizeitsport betreiben, können Sie die Anforderungen dem Vierbeiner anpassen und zum Beispiel Sprünge aussparen. Agility macht den meisten Hunden ausgesprochen großen Spaß. Manche sind auf dem Parcours dermaßen schnell, dass man kaum mit dem Schauen mitkommt.

METZELER

Geschickte Fährtensucher

Hunde sind, wie schon öfter angesprochen, Nasentiere. Das werden Sie auf den Spaziergängen mit Ihrem Vierbeiner immer wieder bemerken, wenn er intensiv die neuesten »Nachrichten« am Boden liest …

Diese Neigung können Sie als sinnvolle Beschäftigung nutzen und den Hund eine vorher gelegte ▶ FÄHRTE (Seite 262) arbeiten lassen. Zum einen kann er seine Veranlagung gezielt ausleben. Zum anderen ermüdet konzentriertes Suchen und sorgt so für eine entsprechende Auslastung des Hundes. Da Fährtenarbeit überwiegend an der Leine erfolgt, ist sie auch eine gute Art der Beschäftigung für Vierbeiner, die aus welchen Gründen auch immer nicht frei laufen können. Ich möchte Ihnen im Folgenden Anregungen zur Fährtenarbeit für den »Hausgebrauch« geben. Wollen Sie sie als Wettkampfsport betreiben, wenden Sie sich am besten an einen Gebrauchshundeverein (Adressen, → Seite 284).

Gut zu wissen

Wenn Sie mit dem älteren Hund beginnen, sollte der Grundgehorsam gut sitzen. Man kann auch schon mit dem Welpen üben, dann sollte die Fährte anfangs aber nur ein paar Meter lang sein. Als Ausrüstung brauchen Sie eine zehn Meter lange Fährtenleine, der Hund sollte ein breites Halsband oder ein Brustgeschirr tragen. Außerdem brauchen Sie noch einen Futternapf mit etwas Inhalt sowie eine ordentliche Portion Leckerchen, die Sie auf der Fährte auslegen. Den Napf stellen Sie an das Ende der Fährte. Damit der Hund auch gern sucht, muss er hungrig sein.

Der Geruch auf einer Fährte entsteht hauptsächlich durch die Bodenverwundung. Es werden Pflanzenteile zertreten, Bakterien beginnen dort dann ihre Arbeit. Ganz wichtig ist die Witterung – es sollte nicht oder nur ganz leicht regnen und weder zu heiß noch zu kalt sein, außerdem windstill, damit der Geruch nicht vertragen wird. Günstig sind Herbst und Frühjahr. Trainieren Sie im Sommer am besten ganz früh. Im Winter damit zu beginnen ist nicht empfehlenswert, weil bei Kälte wenig Geruch entsteht.

Suchen Sie sich für den Anfang eine gemähte Wiese, die weitgehend frei von fremden Spuren und Gerüchen ist. Die ersten Fährten legen Sie nur geradeaus, später bauen Sie auch stumpfe Haken und Geländewechsel ein. Anfangs legen Sie auf der Fährte reichlich Leckerchen wie Wurst- oder gekochte Fleischstücke aus. Sie sollten so klein sein, dass der Hund sie ohne zu kauen schlucken kann, um das Suchen nicht unterbrechen zu müssen.

Ist Ihr Hund Anfänger, warten Sie nur einige Minuten nach dem Legen der Fährte, bis er mit der Suche beginnen darf. Mit zunehmendem Können wird die »Stehzeit« der Fährte (die Zeit zwischen Legen und Suchen) erhöht, für »Fortgeschrittene« auf mehrere Stunden oder über Nacht ausgedehnt. Die Leckerchen bauen Sie allmählich wieder ab, dafür verlängern Sie die Strecke – je nach Können des Hundes – auf 100 bis 200 Meter oder mehr.

▶ TIPP

Leistungsfähige Hundenase

Die Riechschleimhaut eines Hundes ist stark gefältelt. Ausgebreitet ist sie etwa dreißigmal so groß wie die des Menschen. Das Geruchsvermögen ist allerdings von der Rasse und Anatomie abhängig. So hat ein Mops mit seinem stark verkürzten Schädel einen schlechteren Geruchssinn als etwa ein Schweißhund.

△

Zeigen Sie dem Hund den Beginn der Fährte an der kurzen Leine und ohne Hektik. Folgt er der Fährte aufmerksam, loben Sie ihn und lassen die Leine länger.

So legen Sie eine Fährte

Legen Sie den Hund auf der gemähten Wiese ab, eventuell so, dass er Ihnen beim Legen der Fährte zusehen kann. Ich sage bewusst »eventuell«, weil es auch ganz helle Köpfchen unter den Vierbeinern gibt, die nicht die Fährte verfolgen, sondern gleich direkt Kurs auf die Stelle nehmen, an der der Napf steht.

Suchen Sie sich nun einen Anfang und treten Sie auf diesem einige Male hin und her. Stecken Sie ein Stöckchen in die Erde, um den Beginn der Fährte zu markieren, und legen Sie mehrere Leckerchen dorthin. Jetzt gehen Sie mit relativ kleinen, kräftigen Schritten los, damit eine deutliche Bodenverwundung entsteht. Unterwegs legen Sie etwa alle zehn Zentimeter ein Häppchen aus. Gleichzeitig markieren Sie für sich den Fährtenverlauf mit einigen Stöckchen, die Sie seitlich von der Fährte in die Erde stecken. Für den Anfang reichen etwa 20 Meter. Ans Ende stellen Sie den Napf oder legen Sie mehrere Häppchen auf einen kleinen Haufen. Nun machen Sie einen großen Schritt von der Fährte weg und gehen in einem großen Bogen zum Hund zurück. Warten Sie nun ein paar Minuten, damit sich der Geruch entwickeln kann. Anschließend gehen Sie mit dem Hund bei Fuß zum Startpunkt. Machen Sie ihn darauf aufmerksam, indem Sie in die Hocke gehen und mit spannender Stimme auf den Anfang deuten.

Fängt er an zu suchen und zu fressen, loben Sie ihn und sagen zum Beispiel »Such«. Hat er die Fährte fest in der Nase, geben Sie ihm etwas mehr Leine, aber nicht zu viel. Denn kommt er von der Fährte ab, verkürzen Sie die Leine und zeigen ihm mit spannender Stimme den Fährtenverlauf.

Loben Sie den Hund, während er die Fährte arbeitet, das heißt der Fährte folgt, immer wieder mit der Stimme und wiederholen Sie das Kommando »Such«. Am Ende angekommen, darf er den Napf leeren. Anschließend führen Sie ihn von der Fährte weg.

Variante für Apportier-Fans

Hat Ihr Vierbeiner einen wirklich zuverlässigen Gehorsam und haben Sie mit ihm das Apportieren schon gefestigt, können Sie auch sein Lieblings-Apportel am Ende der Fährte platzieren. Zum Legen der Fährte können Sie dann das Apportel an einer Schnur hinter sich herziehen. Reiben Sie es dazu vorher zum Beispiel mit einem Stück Fleisch ein.

Anfangs trainieren Sie auch bei dieser Variante an der Leine. Laufen Sie, sobald Sie das Ende der Fährte erreicht haben, mit dem Hund, der nun sein Apportel trägt, zum Ausgangspunkt zurück. Bleibt er angeleint zuverlässig auf der Spur und sucht konzentriert, zeigen Sie ihm wie oben beschrieben den Startpunkt und lassen ihn dann aber ohne Leine arbeiten. Am Ende der Fährte soll er das Apportel aufnehmen und zu Ihnen zurückbringen. Üben Sie das aber nur in übersichtlichem und wildfreiem Gelände und legen Sie keine zu langen Fährten.

Forschung & Praxis

Hunde: perfekte Spürnasen

6

Da wir Menschen den Hunden in puncto Geruchssinn leider bei weitem nicht das Wasser reichen können, nutzen wir diese Fähigkeit der Vierbeiner, indem wir sie für verschiedene Aufgaben ausbilden.

▷ **Lawinensuchhunde:** Sie sind beim Aufspüren verschütteter Personen trotz modernster Technik unübertroffen. Da Lawinensuchhunde in den Bergen und im tiefen Schnee arbeiten, ist das ein sehr anstrengender und nicht ungefährlicher Job, nicht nur für den Hund.

▷ **Rettungshunde:** Sie leisten ebenfalls wertvolle Dienste beim Aufspüren vermisster Personen. Sie werden zur Flächensuche eingesetzt, wenn jemand zum Beispiel in einem Waldgebiet vermisst wird. Nach Katastrophen wie Erdbeben, Gasexplosionen und Ähnlichem werden sie zur Trümmersuche, also zur Suche nach Vermissten unter eingestürzten Häusern und anderen Trümmerfeldern eingesetzt. Das ist für die Hunde sehr anstrengend, weil sie hier oft unter ungewohnten klimatischen Bedingungen und vielerlei anderen Gerüchen arbeiten und sich umsichtig und überlegt in den Trümmern bewegen müssen.

▷ **Leichenspürhunde:** Sie kommen zum Einsatz, wenn nicht nur nach noch lebenden Menschen gesucht werden muss. Sie zeigen zum Beispiel auch an, wenn in einem Kofferraum eine Leiche transportiert wurde, oder erschnüffeln nach einer Zusatzausbildung sogar aufsteigende Gase von Leichen unter Wasser und erleichtern so die Arbeit der Polizei.

▷ **Suche nach Krankheiten:** Aber das ist noch nicht alles. Hunde, die sehr feinfühlig sind und sehr eng mit ihrer Bezugsperson zusammenleben, sind zum Teil in der Lage, eine beginnende Unterzuckerung ihres an Diabetes leidenden Halters oder den bevorstehenden Anfall ihres epilepsiekranken Menschen zu erkennen. Besonderes Aufsehen erregte eine Studie aus den USA, in der drei Labradore und zwei Portugiesische Wasserhunde nach einer speziellen Ausbildung erkennen konnten, ob jemand einen Tumor hat. Die Hunde riechen offenbar bestimmte Duftsubstanzen, die Tumore absondern. Man ließ Hunde an Atemproben von gesunden und kranken Probanden schnüffeln. Bei Lungen- und Brustkrebs lag ihre Trefferquote bei 99 bzw. 88 Prozent.

◁ *Ein Rettungshund bei der Trümmersuche. Hier können Hunde ihre exzellente Nasenleistung zeigen. Trotz Staub, Hitze oder Gerüchen wittert der Hund menschliche Duftstoffe auch unter Trümmern und zeigt die entsprechende Stelle durch Bellen an.*

▷ **Borkenkäfer-Spürhunde:** Neu ist auch die Ausbildung zweier Hunde in Deutschland zur Suche nach Borkenkäferbefall. Sie suchen gezielt Fichtenbestände ab und zeigen den Befall schon an, bevor die Bäume durch die Käfer äußerlich sichtbar geschädigt sind.

▷ **Weitere Einsatzgebiete:** Darüber hinaus werden Hunde zur Drogen-, Sprengstoff- und Waffensuche eingesetzt, sie finden Trüffeln unter der Erde oder Lecks in Pipelines. Seit neuestem gibt es in England zwei Vierbeiner, die DVDs erschnüffeln können und für die Suche nach Raubkopien ausgebildet wurden.

10 Fragen zu Spielen und Beschäftigen

Kann ich Chico beibringen, sich auf »Müde« mit der Pfote über die Augen zu wischen?
Konditionieren Sie Chico auf den Clicker (→ Seite 192). Kleben Sie ihm ein kleines Stückchen Tesafilm auf eine Augenbraue. Er wird versuchen, das lästige Ding loszuwerden, indem er sich mit der Pfote über die Augen fährt. In dem Moment clicken Sie, anschließend gibt's ein Häppchen. Clicken Sie nur einmal, auch wenn er sich öfter über das Auge wischt, weil der Klebestreifen nicht sofort weg ist. Macht er das nach ein paar Tagen ohne Klebestreifen zuverlässig, können Sie das Hörzeichen einführen.

Meine Tinca ist bei der Fährtenarbeit ziemlich schnell. Wie bekomme ich sie langsamer?
Sorgen Sie dafür, dass sie sich vorher etwas auspowern kann. Vielleicht wird sie schon langsamer, wenn ein Teil ihrer Energie vorab weg ist. Oder legen Sie mehr Leckerchen aus, auch dann muss sie langsamer arbeiten, damit sie keines übersieht. Vielleicht ist Tinca unterfordert, weil die Fährte zu einfach ist? Dann legen Sie sie in schwierigerem Gelände oder bauen mehr Haken (stumpfe Winkel) ein.

Kommt der Hund mit dem Dummy aus dem Wasser, laufen Sie von ihm weg. Er wird bemüht sein, wieder Anschluss an Sie zu finden, und wird ohne »Schüttelpause« zu Ihnen laufen.

Woran kann es liegen, wenn sich mein Hund nicht für das Spielzeug interessiert?
Meist liegt es daran, dass der Mensch das Spielzeug zu passiv einsetzt. Machen Sie richtig Action damit (→ Seite 187). Je nach Hund muss man sich ganz schön engagieren. Das fällt nicht jedem Typ Mensch leicht. Vielleicht ist Ihr Vierbeiner aber auch zu »gesättigt«, weil zum Beispiel die Kinder den ganzen Nachmittag mit ihm toben. Oder lenkt ihn zu viel ab, wenn Sie mit ihm spielen möchten? Ist das Interesse Ihres Vierbeiners trotz all dieser Vorschläge nicht da, dann hat er wahrscheinlich wirklich kaum Spieltrieb.

Stimmt es, dass durch Apportieren der Jagdinstinkt gefördert wird?
Wirft man einem Hund alles Mögliche, wie Bälle, Stöcke usw., wahllos und exzessiv und belohnt ihn, wenn er sich in die »Beute« verbeißt oder sie zerreißt, dann kann es sein, dass sich der Jagdinstinkt nicht mehr kontrollieren lässt. Arbeiten Sie mit dem Hund aber nur mit einem bestimmten Apportiergegenstand (den er unversehrt bringen soll!), ist er oft stark auf diesen »geeicht«. So interessieren sich manche ballverrückten Hunde beim Anblick ihres Balles für wirklich nichts anderes mehr. Sehr positiv ist außerdem die Kombination mit Gehorsamsübungen.

Bringt Enny ihr Dummy, rennt sie übermütig erst mal an mir vorbei. Was kann ich da tun?
Stellen Sie sich vor eine Wand oder Hecke, so gibt es keine Möglichkeit für Enny vorbeizulaufen. Locken Sie sie zu sich. Oder drehen Sie sich, kurz bevor Enny bei Ihnen ist, um und sagen »Fuß«. Hat sie einen guten Gehorsam, wird sie bei Fuß laufen. Dann lassen Sie sich das Dummy in die Hand geben.

Mit Kunststücken glänzen! Ein Helfer und ein Häppchen helfen, dass Ihr Hund durch einen aus Ihren Armen geformten Reifen springt.

Welpen sollen sich doch nicht zu viel bewegen. Ist dann Spielen nicht schädlich?
Welpen und Junghunde sollen keine zu langen Spaziergänge machen, da das Dahinlaufen oder -gehen ein noch zu einseitiger Bewegungsablauf ist. Wenn der Welpe dagegen mit Ihnen oder Artgenossen, die in Alter und Körperbau zu ihm passen, spielt, bewegt er sich auf vielerlei Art. Mal hopst er, mal rennt er, dann kugelt er wieder usw. Das sind sehr unterschiedliche Abläufe, die zu keiner einseitigen Belastung führen.

Mein Nando liebt es, seine Bälle zu suchen. Was muss ich beachten, wenn ich sie ihm unterwegs verstecke?
Wählen Sie zunächst kein zu schwieriges Gelände und lassen Sie ihn dabei anfangs beim Verstecken wieder zuschauen. Meiden Sie aber bitte »wildverdächtiges« Gelände. Längeres Suchen ist echte Arbeit für den Hund, und er bekommt davon meist Durst. Sorgen Sie deshalb anschließend für Wasser und üben Sie nicht bei Hitze.

Wie kann ich unserem aktiven Hund zu Hause etwas Abwechslung bieten?
Durchforsten Sie doch mal Garage oder Keller nach »Hindernissen«. Ein großer Karton eignet sich zum Beispiel herrlich zum Durchkriechen. Ein Besenstiel, den Sie über zwei Stühle legen und darüber ein altes Handtuch hängen, ergibt eine prima Hürde. Auch eine Slalomstrecke können Sie selbst bauen. Stecken Sie einige Tomatenstangen mit genügend Abstand in die Erde (im Wohnzimmer tun es auch Flaschen) und motivieren Sie den Hund mit Leckerchen im Zickzack hindurch. Berücksichtigen Sie beim »Parcours-Bau« aber die Größe Ihres Vierbeiners.

Unser Welpe bekommt regelmäßig abends einen Renn- und Spielanfall. Sollten wir dann mit ihm spielen?
Nein, so lernt er, dass er mit entsprechender Action Aufmerksamkeit erregt. Ignorieren Sie ihn einfach. Geht das nicht, weil er zu viel Radau macht, dann verschaffen Sie ihm eine Auszeit in der Box oder binden ihn mit der Leine zum Beispiel am Tischbein fest und ignorieren ihn dann. Sie können ihn auch Ihrerseits, deutlich bevor er in diese »Hochstimmung« kommt, zum Spielen auffordern.

Gehen Sie auf regelmäßige Spielaufforderungen Ihres Welpen nicht immer ein. Fordern Sie ihn stattdessen zum Spielen auf.

Können wir unserem wasserbegeisterten Hund beibringen, aus dem Wasser etwas zu bringen?
Dazu sollte er das Apportieren an Land gut beherrschen. Nehmen Sie ihn mit ans Ufer und werfen Sie ein schwimmfähiges Dummy in ein stehendes Gewässer mit leichtem Einstieg. Lassen Sie den Hund kurz warten, dann darf er los. Sobald er es im Maul hat, laufen Sie vom Ufer weg und rufen ihn. Richtig ist es, wenn er das Dummy direkt und ohne »Schüttelpause« zu Ihnen bringt.

Probleme lösen, Besonderheiten meistern

Unterdessen ist Ihnen sicher bewusst: Der Hund ist kein Heimtier, das im Alltag einfach so »mitläuft«. Man muss sich ihm ganz gezielt widmen und ihn systematisch erziehen, damit die Mensch-Hund-Beziehung harmoniert und es nicht zu unangenehmen Zwischenfällen kommt. Hin und wieder gibt es aber doch Situationen, die das Zusammenleben beeinträchtigen können. Um kleinere oder größere Probleme zu lösen, ist es wichtig, die Ursache möglichst genau zu kennen. Dann lässt sich so manches ohne großen Aufwand korrigieren.

7

Rund um das Zusammenleben

Hunde sind bekanntlich sehr anpassungsfähig. Bei dem Großteil der »Mensch-Hund-Rudel« läuft deshalb das gemeinsame Leben meistens reibungslos.

ABER AUF DEM WEG vom Welpen zum »reiferen« Hund kann es schon sein, dass man die eine oder andere Klippe umschiffen muss. Ebenso kann eine unpassende Mensch-Hund-Konstellation dazu führen, dass der Alltag mehr oder weniger beeinträchtigt ist. Vermenschlichung des Vierbeiners, eine Rasse, die nicht mit den eigenen Vorstellungen des Lebens harmoniert, oder zu unterschiedliche Persönlichkeiten von Zwei- und Vierbeiner können das Miteinander trüben. Den gleichen Effekt können zum Beispiel auch die unüberlegte Anschaffung mehrerer Hunde oder die eines Hundes aus zweiter Hand haben.

Der falsche Hund

7

Passen Mensch und Hund nicht zusammen, bleiben kleinere oder größere Schwierigkeiten meist nicht aus.

Zwei unterschiedliche Persönlichkeiten

Differiert die Persönlichkeit von Zwei- und Vierbeiner zu stark, klappt die Verständigung nicht besonders gut. Fällt es dem Hundebesitzer zum Beispiel schwer, souverän aufzutreten und Autorität auszustrahlen, und ist er eher ein weicherer, wenig durchsetzungsfreudiger Mensch, wird er einem willensstarken, selbstbewussten Vierbeiner kaum gerecht. Zusätzlich ist es ungünstig, wenn er noch von recht zierlicher Statur ist und der Hund nur so vor Kraft strotzt.

Umgekehrt kann aber auch ein weicher, sensibler Vierbeiner sehr verunsichert und beeindruckt sein, wenn sein Besitzer zu autoritär und energisch auftritt. Berücksichtigen Sie dies bitte bereits bei der Auswahl des Welpen und auch der Rasse.

Die Rasse mit Bedacht auswählen

Es gibt noch immer Menschen, die der Meinung sind, Hunderassen unterscheiden sich nur im Aussehen. Weit gefehlt: Sie differieren nämlich gerade in den Grundzügen ihres Wesens sehr stark. Auch wenn zum Beispiel ein Golden Retriever so manchem Hovawart ähnlich sieht, sind es zwei grundverschiedene Rassen. Der Retriever ist als Apportierhund gezüchtet worden. Bei dieser Rasse ist jeglicher Kampftrieb und Ähnliches unerwünscht, Freundlichkeit steht ganz oben. Dagegen ist der Hovawart ein Schutz- und Wachhund, der seinen Halter verteidigen soll und sich Fremden gegenüber eher reserviert verhält.

Nicht selten lässt man sich auch vom Aussehen eines Welpen blenden. Hirtenhundwelpen etwa sehen ungemein kuschelig aus und ähneln einem Plüschtier. Sie wachsen aber zu großen, kräftigen Hunden heran, die gezüchtet wurden, um in einsamen Gegenden Hab und Gut ihres Besitzers selbstständig und entschlossen zu verteidigen und misstrauisch gegen Fremde zu sein. Diese Wesensmerkmale haben sie aber auch bei uns.

Oder nehmen wir Modehunde wie etwa den Jack Russell Terrier. Er sieht nett und pfiffig aus und hat eine praktische Größe – gut geeignet für eine Wohnung. Doch es sind meist willensstarke, draufgängerische und furchtlose Jagdhunde für die Arbeit im Fuchs- und Dachsbau, die hohe Anforderungen an die Konsequenz und Durchsetzungskraft ihres Zweibeiners stellen.

Mit diesen Beispielen von rassespezifischen Eigenschaften möchte ich die Bitte verknüpfen: Kaufen Sie auf keinen Fall unüberlegt!

Ein Hund für die Gesundheit?

Hunde wirken sich gut auf die Gesundheit aus und erleichtern vor allem älteren Menschen soziale Kontakte – aber nur, wenn beide harmonieren. Kommen sie nicht miteinander zurecht, kehren sich die positiven Effekte rasch ins Gegenteil um.

◁ *Nichts wie weg! Keine seltene Szene – ein Hundebesitzer ruft seinen Hund, dieser dreht sich zwar noch einmal um, nimmt ihn aber nicht wirklich ernst. Letztlich macht er, was er will, und »denkt«: »Der Mensch wird schon kommen …«*

Pubertät und Flegelphasen

Bis ein Hund richtig erwachsen und sein Wesen gefestigt ist, können je nach Rasse zwei Jahre oder mehr vergehen. Kleinere Rassen sind meist schneller erwachsen als große. Die Geschlechtsreife erreichen Hunde überwiegend aber schon im Laufe des zweiten Lebenshalbjahres. Sie erkennen dies daran, dass der Hund zunehmend Geruchsbotschaften von Artgenossen intensiv »liest«. Hündinnen werden dann zum ersten Mal läufig, Rüden beginnen das Bein zu heben und zu markieren. Bis es so weit ist, vergehen allerdings nach der Welpenzeit noch ein paar Monate, in denen sich so manches tut.

Viele Hundebesitzer sind von ihrem Welpen richtig begeistert, weil er »schon so gut« gehorcht. »Noch« muss man da passender sagen. Denn wie Sie ja unterdessen wissen, ist der Welpe aus seinem Instinkt heraus bestrebt, möglichst Anschluss zu halten. Sein »Rudel« ist in dieser Phase noch das Wichtigste. Mit zunehmendem Alter wird er jedoch selbstständiger und ist nicht mehr in dem Maß vom Schutz des Rudels abhängig wie noch als mehr oder weniger hilfloser Welpe.

Und so mancher Besitzer eines vierbeinigen Jungspunds stellt gegen Ende der Welpenzeit überrascht fest, dass sein Hund das eine oder andere, das er bisher perfekt beherrschte, vergessen zu haben scheint und sein Gehör auf Durchzug stellt. Vielleicht versucht der Junghund sogar, geltende Regeln für das Zusammenleben infrage zu stellen und probiert, ob er nicht doch auf dem Sofa schlafen oder sich vom Tisch bedienen kann. Besonders in der Pubertät, also im zweiten Lebenshalbjahr, treten solche Flegelphasen bevorzugt auf. Bei Rüden kann sich jetzt zusätzlich ein zu hoher Testosteronspiegel (→ Hypersexualität, Seite 265) bemerkbar machen.

INFO

Erwachsen werden

Man vermutet heute, dass die Pubertät auch mit »Umbauarbeiten« im Gehirn zu tun hat. Der Junghund reagiert stärker auf Reize und muss erst lernen, sich zu kontrollieren.

Achten Sie auf die Körpersprache des Jungspunds und belohnen Sie ihn gezielt für entspanntes Verhalten – auch unter Ablenkung. Ist er mit etwa zwei Jahren erwachsen, werden Sie eine gewisse »Reife« und Gelassenheit an ihm erkennen.

Unerwünschte Erfolge vermeiden

Sollte sich Ihr Vierbeiner in einer solchen Phase befinden, heißt es dranbleiben. Diese »Problemchen« geben sich nämlich leider nicht von selbst wieder, nur weil der Hund älter wird. Das wäre natürlich sehr praktisch. Gehen Sie also vorausschauend mit ihm um.

- Verlangen Sie nicht zu viel von Ihrem Hund, bestehen Sie aber darauf, dass er die Übungen, die er schon gut konnte, auch jetzt korrekt befolgt.
- Geben Sie ein Kommando aber immer nur dann, wenn Sie sicher sind, dass der Hund es auch befolgt, bzw. wenn Sie es gegebenenfalls auch durchsetzen können. Wissen Sie zum Beispiel, dass er immer dann auf Durchzug stellt, wenn er einen anderen Hund sieht, leinen Sie ihn rechtzeitig an und machen an der Leine ein paar Übungen oder spielen ausgelassen mit ihm. Ist es dafür schon zu spät und Ihr Vierbeiner ist schon durchgestartet, entfernen Sie sich zügig, aber ohne dabei das spezielle Signal für das Kommen zu »vergeuden«.

▷ Bestehen Sie auch weiterhin darauf, dass der Hund Ge- oder Verbote im täglichen Zusammenleben einhält. Geben Sie auf keinen Fall nach! Erlebt der Hund nämlich, dass er Sie bzw. Ihre Signale genauso gut ignorieren kann, nimmt er Sie nicht mehr ernst. Das wirkt sich dann auch nach der Pubertät nachteilig auf das Zusammenleben und seinen Gehorsam aus.

Erziehung zahlt sich aus: Es gibt Vierbeiner, bei denen die Entwicklung völlig »unauffällig« verläuft. Das heißt, ob sich Flegelphasen oder Pubertät bemerkbar machen und wie stark, hängt nicht nur vom Hund ab – auch wenn die Persönlichkeit des Hundes zum Teil eine Rolle spielt. Bei willensstarken oder eigenständigeren Vierbeinern merkt man mehr als etwa bei sehr führigen, unterordnungsbereiten Hunden.

Zum großen Teil hängen Probleme dieser Art jedoch von der bisherigen Erziehung ab. Hat schon der Welpe die Erfahrung gemacht, dass sein Mensch nicht immer alles so ernst meint und dass er durchaus auch seine eigenen Vorstellungen durchsetzen kann, werden sich Flegelphasen leichter und deutlicher bemerkbar machen als bei systematisch erzogenen Hundekindern. Sie erinnern sich – Welpen lernen sehr nachhaltig, und das Erlebte wirkt sich lebenslang aus …

△
In der Pubertät treten gerne Gehorsamsprobleme auf. Bleiben Sie mit der Erziehung am Ball. Außerdem wächst das Interesse am anderen Geschlecht vor allem bei Rüden. Dieser beschnüffelt intensiv eine Hündin.

Geduld mit »Sensibelchen«

Unabhängig von der Erziehung durchleben viele Hunde jetzt eine Phase, in der sie eine Zeit lang etwas sensibel auf äußere Reize reagieren. Sie können optischen Reizen wie beispielsweise Figuren oder flatternden Bändern usw. misstrauisch begegnen, aber auch einzelnen Personen – ähnlich der »Fremdelphase« bei Kleinkindern – und diese dann verbellen. Hunde, die grundsätzlich eher vorsichtig oder unsicher sind, zeigen dieses Verhalten jetzt meist stärker als solche, die sonst kaum aus der Ruhe zu bringen sind. Eine gute Sozialisierung im Welpenalter wirkt sich auch hier positiv aus, da der Vierbeiner dann schon häufiger die Erfahrung gemacht hat, dass er unbekannte Situationen ohne Probleme meistern kann (→ Seite 74).

Verhalten Sie sich einem solchen Junghund gegenüber, als wäre er ein Welpe. Zeigt der Hund Misstrauen, animieren Sie ihn, zusammen mit Ihnen das Objekt zu erkunden. Je nach Situation können Sie dieses Objekt dann in der nächsten Zeit häufiger aufsuchen.

Menschen gegenüber zeigt sich diese Sensibilität oft dadurch, dass etwa einzelne Spaziergänger misstrauisch beäugt oder verbellt werden. Lenken Sie den Hund mit Spielzeug oder Leckerchen rechtzeitig ab und gehen Sie mit ihm entspannt an den Leuten vorbei.

Mehrere Hunde – weniger Arbeit?

Bei manchen Hunde-Fans bleibt es nicht lange bei einem Hund – ein zweiter, vielleicht sogar noch mehr Vierbeiner ziehen ein. Es gibt die verschiedensten Gründe dafür. Einer, der dann oft genannt wird, ist: Dann hat der erste einen Spielgefährten. Nun, wie Sie schon wissen, braucht der Hund – im Gegensatz zum Wellensittich oder Meerschweinchen – für eine artgerechte Haltung nicht unbedingt einen Artgenossen. Sie, der Hundehalter, sind der wichtigste Sozialpartner Ihres Vierbeiners. Aber es macht zweifellos viel Spaß, zwei Hunde zu haben und diese zu beobachten. Da kann man sich den Fernseher fast sparen …

Mehrere Hunde bedeuten allerdings auch mehr Arbeit. Leben mehrere Vierbeiner zusammen, bilden sie ein »echtes« kleines Rudel. Deshalb verhalten sie sich in vielen Situationen, zum Beispiel bei Begegnungen mit fremden Hunden oder wenn sie Wild wahrnehmen, oftmals anders als ein Einzelhund. Sind Bindung und Erziehung nicht genügend ausgeprägt, neigen sie dazu, sich eher aneinander zu orientieren als an ihrem Menschen. Ein junger Hund lernt außerdem vieles von einem älteren Hund, allerdings Negatives genauso gut wie Positives.

TIPP

Mehrere Hunde – welche Signale?

Sie können für alle dieselben Signale verwenden. Damit die Vierbeiner wissen, wer gemeint ist, nennen Sie vor dem Signal den Namen des jeweiligen Hundes – also zum Beispiel »Timmy Platz«. Üben Sie zunächst mit jedem Hund einzeln, erst nach einiger Zeit mit zweien und dann gegebenenfalls mit mehreren.

Haben Sie jedoch ein »Rudel« nicht unter Kontrolle, kann ein Ausflug schnell sehr stressig werden …

Vorher zu bedenken

Bevor Sie sich einen Zweithund anschaffen, sollten Sie sich einige grundsätzliche Gedanken machen. Das ist ganz wichtig.

- **Passen zwei oder mehr Hunde überhaupt in Ihr Leben?** Mehr Hunde brauchen mehr Platz, zu Hause genauso wie im Auto. Es fällt nicht nur doppelt so viel Futter an, sondern auch doppelt so viele Häufchen wollen entsorgt werden … Ein einzelner Vierbeiner lässt sich in der Regel problemlos mitnehmen, ob zum Essen, in den Urlaub oder zu Freunden. Mit mehreren Hunden kann das schon anders aussehen, besonders wenn es sich um größere Rassen handelt. Ein Urlaubsquartier zu finden, in dem auch mehrere Hunde erlaubt sind, wird schwierig. Und auch andere Unternehmungen sind dann unter Umständen nicht einfach. Dann heißt es gegebenenfalls zu überlegen, ob von den Hunden einer oder beide zu Hause bleiben oder in Pflege gegeben werden müssen oder ob Sie nicht besser auf die eine oder andere Unternehmung dann ganz verzichten.
- **Rüde oder Hündin?** Halten Sie beide Geschlechter zusammen, müssen Sie die Vierbeiner etwa zweimal pro Jahr während der Läufigkeit der Hündin zumindest zeitweise räumlich trennen. Eine andere Möglichkeit ist, einen von beiden kastrieren zu lassen.

Das »Fortpflanzungsproblem« fällt bei der Haltung gleichgeschlechtlicher Vierbeiner weg. Sind beide verträglich mit Artgenossen und stimmt die Rangordnung, gibt es auch hier meist keine Probleme.

Die Rechte des Ersthundes wahren

Der Einzug eines weiteren Vierbeiners stößt beim anderen Hund nicht zwingend von An-

fang an auf Begeisterung. Es gibt viele Vierbeiner, die sich dem Neuzugang gegenüber zunächst sehr ignorant bis abweisend verhalten. Manche scheinen zu hoffen, dass der Quälgeist nur vorübergehend in ihrem Domizil Quartier bezogen hat.
Meist wird man sich einen Welpen zum Ersthund anschaffen. Ein Welpe sieht natürlich knuddelig aus, und es ist verständlich, wenn Sie ihn ständig umsorgen möchten. Im Interesse Ihres Ersthundes – tun Sie's bitte nicht. Er darf sich auf keinen Fall zurückgesetzt fühlen. Er hat die älteren Rechte, das soll auch so bleiben. Und das bedeutet für Sie: Der ältere wird als Erster gefüttert, als Erster begrüßt (gilt auch für Besucher), darf seinen Kauknochen oder sein Spielzeug für sich allein beanspruchen, Liegeplätze für den Kleinen zur ▶ TABUZONE (Seite 274) erklären usw. Dies alles gilt dann, wenn der ältere Hund Artgenossen gegenüber ein normales Sozialverhalten zeigt. Ansonsten würde ich auf einen zweiten Hund verzichten bzw. einen Fachmann konsultieren, der die Situation vor Ort prüft.
Sie erleichtern allen Beteiligten die Eingewöhnung des »Neuen«, wenn dieser nicht unbedingt der selbstbewussteste aus seinem Wurf ist, sondern ein eher unterordnungsbereites Wesen zeigt.
Das gilt auch dann, wenn der Zweithund kein Welpe ist, sondern schon als erwachsener Hund einzieht. Allerdings ist es günstiger, wenn der Neue noch deutlich jünger als der Erste ist, weil er sich dann eher unterordnet.
Bitte beachten: Egal, welche Konstellation Sie wählen – oberster »Chef« im Rudel bleiben immer Sie.

△
Jeder einzelne Hund sollte gut gehorchen. Dann gibt es auch seltener Schwierigkeiten, wenn die Hunde im Team unterwegs sind. Diese beiden Vierbeiner kommen auf Ruf sofort und freudig zu ihrem Menschen.

Die Hunde getrennt beschäftigen

Zieht als zweiter Vierbeiner ein Welpe ein, ist es ratsam, mit ihm wie mit einem Einzelhund umzugehen – zumindest, bis der Grundgehorsam sitzt. Das heißt also regelmäßige Bindungsspaziergänge (→ Seite 79) und Sozialisierungsausflüge (→ Seite 74, 80, 81) nur mit dem Welpen. Spielen Sie viel mit dem Kleinen und üben Sie mit ihm allein. Erst wenn der Grundgehorsam zuverlässig sitzt und die Bindung zwischen Ihnen und dem zweiten Hund stimmt, können Sie gelegentlich auch mit beiden unterwegs sein, aber weiterhin auch immer wieder mal mit dem jungen alleine. Voraussetzung ist natürlich, dass auch der Ersthund eine gute Bindung an Sie hat und einen zuverlässigen Grundgehorsam zeigt.
Der Welpe kostet viel Zeit, darüber darf aber der ältere Hund nicht zu kurz kommen. Also müssen Sie zusätzlich entsprechend viel Zeit für ihn und seine Beschäftigung einplanen.
Ist Ihr Zweithund ein älterer Hund, gehen Sie ebenfalls vor wie beschrieben.

Der Hund aus zweiter Hand

7

So mancher, der sich einen Vierbeiner zulegen möchte, denkt an einen Hund aus dem Tierheim oder aus zweiter Hand. Die Gründe dafür sind unterschiedlich. Manche möchten lieber einen älteren Hund statt eines Welpen. Andere möchten einem armen Tier ein Zuhause geben. Wieder andere nehmen aus Kostengründen lieber einen Tierheimhund, da Rassehunde vom Züchter teurer sind.

Grundsätzlich ist gegen einen Hund aus zweiter Hand oder aus dem Tierheim nichts einzuwenden. Aber auch hier geht es nicht, ohne sich vorher ein paar Gedanken darüber gemacht zu haben.

Wichtig: die Vorgeschichte

Wie Sie ja schon wissen, macht jeder Hund in seiner Welpen- und Junghundzeit Erfahrungen, die ihn zum großen Teil sein Leben lang beeinflussen. Übernehmen Sie nun einen erwachsenen Hund, hat dieser schon ein bestimmtes »Vorleben«. Je mehr Sie über die Vorgeschichte in Erfahrung bringen können, desto besser können Sie abschätzen, ob mit Problemen zu rechnen ist, und wenn ja, mit welchen. Hat der Hund beispielsweise keine oder schlechte Erfahrungen mit Menschen gemacht oder anderes Negatives erlebt, können in Situationen, die der Hund mit Erlebtem verknüpft, Probleme auftreten. Welche Situationen dies nun genau sind, lässt sich aber häufig nicht vorhersagen, sondern wird oft erst im Zusammenleben erkennbar. Manchmal lassen sich die Ursachen nicht mehr feststellen und unter Umständen auch nur begrenzt oder gar nicht therapieren.

Und ist die Vorgeschichte gänzlich unbekannt (etwa bei verwildert aufgewachsenen Straßenhunden oder Fundhunden), können Sie kaum mehr abschätzen, ob es Probleme geben könnte. Häufig kommen Hunde aus dem Ausland in unsere vermeintlich »heile Hundewelt«. Dies ist für sie aber meist eine vollkommen fremde Lebenssituation. Das kann zur Folge haben, dass sich der Hund nicht gut zurechtfindet, vor vielem Angst hat und lange braucht, bis er sich einigermaßen an sein neues Umfeld gewöhnt hat.

Aber es gibt natürlich auch vollkommen unkomplizierte Hunde aus zweiter Hand oder aus dem Tierheim. Mancher Vierbeiner verliert zum Beispiel aus familiären (etwa durch Scheidung oder Todesfall) oder gesundheitlichen Gründen (beispielsweise Tierhaarallergie) sein Zuhause und führte bisher ein »normales« Hundeleben. Kommt er nun in ein ähnliches Umfeld, wird es kaum wirkliche Schwierigkeiten geben.

Fragen Sie also möglichst genau nach, warum der Hund abgegeben werden soll oder warum er im Tierheim gelandet ist.

> **INFO**
>
> ### Erst besser kennen lernen
>
> Bei Hunden aus zweiter Hand gibt es oft die Möglichkeit, den Vierbeiner etwas genauer kennen zu lernen, bevor Sie sich entscheiden, ob er zu Ihnen passt. Sie können einige Male spazieren gehen oder ihn ein paar Tage zur Probe nehmen. Eine überlegte Entscheidung kommt letztlich auch dem Hund zugute.

Ohne Wissen geht es nicht

Wer einen Vierbeiner bei sich aufnimmt, bei dem eventuell Probleme zu erwarten sind, braucht ein möglichst fundiertes Wissen über Hundeverhalten, um richtig damit umgehen zu können. Tierliebe allein reicht nicht. Und

△
Haben Sie einen Hund übernommen, der bei seinem vorigen Besitzer nicht mehr erwünscht war? Auch wenn er Ihnen vielleicht Leid tut – verhätscheln Sie ihn nicht so sehr. Hunde brauchen klare Regeln, um sich sicher zu fühlen.

er sollte die Bereitschaft mitbringen, sich mit Problemen zu arrangieren, denn es ist dem Hund letztlich nicht gedient, wenn er nach ein paar Wochen oder Monaten womöglich wieder abgegeben werden muss.
Gewisse Grundeigenschaften lassen sich dann in etwa vorhersagen, wenn es sich um eine bestimmte Rasse handelt, denn die Eigenschaften liegen in den Genen verankert. Das gilt auch nur, wenn es sich um typische Vertreter einer Rasse handelt.
Für Mischlinge gilt dies nicht bzw. nur eingeschränkt. Meist sind bei Mischlingen nicht beide Eltern bekannt oder es sind ebenfalls schon Mischlinge gewesen. Vom Aussehen allein lässt sich nämlich nicht sagen, welche Rassen beteiligt waren. Ein gutes Beispiel dafür sind Labradormischlinge. Bereits in den 1970er-Jahren, als bei uns noch kaum Labradore angeboten wurden, gab es jedoch schon viele »Labradormischlinge«. Fast jeder Mix, der schwarz oder semmelfarben war und Hängeohren hatte, wurde letztlich so bezeichnet – egal, ob er aus Spanien, aus der Türkei oder aus Deutschland stammte, und egal, ob einer der Eltern wirklich ein Labrador war ... Das ist heute sogar noch stärker der Fall.
Die Zuordnung zu einer bestimmten Rasse ist deshalb problematisch, weil der Besitzer dann häufig bestimmte Wesenseigenschaften der Eltern erwartet, die allerdings oft nicht beim Mischling auftauchen. Das bedeutet natürlich nicht, dass Mischlinge problematisch wären. Im Gegenteil, es gibt ausgesprochen gelungene Mischungen. Aber man hat in gewisser Weise ein »Überraschungsei«.

Sonderfall Familie

Wenn Sie Kinder haben, sind Sie eigentlich am besten beraten, sich einen Welpen anzuschaffen. Auch die gibt es in Tierheimen. Doch selbst in diesem Fall ist es wichtig zu wissen, wo die Kleinen herkommen und wie sie bisher aufgewachsen sind, also wie sie bisher sozialisiert wurden.
Ein erwachsener Hund, besonders wenn es sich um eine größere Rasse handelt, ist für Familien mit Kindern eher weniger geeignet. Vor allem dann nicht, wenn die Vorgeschichte nicht bekannt oder ungünstig ist oder der Hund grundsätzlich anspruchsvolle Eigenschaften aufweist, wie Wach- und Schutzinstinkt, ausgeprägtes Selbstbewusstsein, Misstrauen und Ähnliches. Selbst wenn der Vierbeiner bisher mit Kindern zusammengelebt hat, muss es nicht sein, dass er ihm fremde oder deutlich jüngere Kinder akzeptiert. Ein erwachsener Hund ist eine »fertige« Persönlichkeit, und es kann dauern, bis er sich dem neuen Menschen anschließt, Regeln akzeptiert und kontrollierbar ist.

Forschung & Praxis

Aggression ist nicht gleich Aggression

Aggressivität gehört zum Sozialverhalten des Hundes und ist nicht gleichbedeutend mit Dominanz, auch nicht mit Angst. In der Natur ist sie häufig ritualisiert (Drohsignale) und dient so dazu, »handgreifliche« Auseinandersetzungen zu vermeiden. Ob dies beim Hund ebenso der Fall ist, hängt von der Sozialisierung, aber auch von der Zuchtauslese ab. Außerdem ist die individuelle Mensch-Hund-Konstellation wichtig.

Es gibt verschiedene Formen der Aggression:

▷ **Territoriale Aggression** ist die Bereitschaft zur Verteidigung des eigenen Reviers. Wie stark oder schwach ausgeprägt sie ist, hängt von der Veranlagung des Hundes, von einer bewussten oder unbewussten Belohnung bzw. von der Kontrolle durch den Hundebesitzer ab. Der Mensch entscheidet, wer ins Haus kommt, nicht der Hund!

▷ **Aggression gegen Geschlechtsrivalen** zeigen Rüden in der Nähe einer läufigen Hündin. Je nach Testosteronspiegel und Veranlagung reicht nicht selten aber auch schon die Anwesenheit einer nichtläufigen Hündin. Manche Hündinnen reagieren während der Läufigkeit aggressiv gegen andere Hündinnen.

▷ **Aggression aus Angst** zeigt ein Hund, der sich in einer ausweglosen Lage sieht. Das kann zum Beispiel eine Menschenansammlung in einem Aufzug oder einem Bus sein. Wann ein Hund eine Situation so empfindet, hängt von seinen Erfahrungen und seiner (mangelnden) Sozialisierung ab wie auch von seiner Veranlagung. Diese Art der Aggression ist typisch für so genannte Angstbeißer. Ein solcher Hund kann sich der für ihn bedrohlichen Situation nicht entziehen und schnappt deshalb zu – die Flucht nach vorn sozusagen.

▷ **Aggression als Reaktion auf Schreck** oder Schmerz kann ein Hund zum Beispiel dann zeigen, wenn er im Schlaf erschreckt wurde oder von einem Kind am Ohr gezogen wird. Ob der Hund dann letztlich aus einer solchen Situation zubeißt, hängt von seinem Nervenkostüm an sich und seiner Reizschwelle ab, aber auch von bisherigen Erfahrungen und Sozialisierungserlebnissen.

◁ *Vorsicht – dieser Hund droht, und zwar überwiegend defensiv. Er hat sich kleiner gemacht, die Ohren sind eng an den Kopf gelegt, der Lippenspalt leicht nach hinten gezogen. Ein defensiv drohender Hund kann unvermittelt in die Luft beißen oder gezielt zubeißen.*

▷ **Aggressiv aus** ⊙ FRUSTRATION (Seite 263) kann ein Hund reagieren, wenn er nicht erreicht, was er gern wollte. Eine Hundebesitzerin wollte ihren fast erwachsenen Vierbeiner mittels Leckerchen animieren, sich ins Platz zu legen. Er wollte sich nicht hinlegen, aber das Leckerchen haben. Die Besitzerin schloss die Hand, das Leckerchen war unerreichbar – da schnappte der Vierbeiner aus Frust zu.

▷ **Spielerische Aggressivität** zeigen manche Welpen, indem sie gezielt nach der Hand oder der Kleidung schnappen. Einen solchen »Zwergenaufstand« müssen Sie unbedingt ernst nehmen, um keinen Tyrannen heranzuziehen. Weisen Sie das Hundekind dann in seine Schranken (→ ab Seite 29).

Erziehungshilfsmittel

Wenn es Probleme bei der Erziehung des Hundes gibt, ist es meist notwendig, dass der Hundebesitzer sein Verhalten ändert. Mitunter helfen aber auch Erziehungshilfsmittel.

MANCHMAL IST DER EINSATZ von speziellen Erziehungshilfsmitteln nötig, um Probleme zu lösen – zum Teil vorübergehend, zum Teil dauerhaft. Ein paar empfehlenswerte Hilfsmittel stelle ich Ihnen auf den nächsten Seiten vor. Dagegen gehören zum Beispiel Stachelhalsbänder und ▶ ELEKTROREIZGERÄTE (Seite 261) zu den weniger sinnvollen Ausrüstungsgegenständen. Sie sind außerdem verboten, seltsamerweise aber dennoch erhältlich.

Die Verwendung von Erziehungshilfsmitteln erfordert einen gewissen technischen Aufwand und zum Teil auch eine längere Ausdauer des Hundeführers. Denn um den erwünschten Erziehungseffekt zu erreichen, ist die richtige Anwendung von Halti, Maulkorb und Co. ganz wichtig. Am besten ist es, Sie besuchen eine Hundeschule und lassen sich von einem erfahrenen Trainer zeigen, wie man die Hilfsmittel handhabt.

7

Der richtige Umgang mit dem Halti

Das Halti sieht im Prinzip so aus wie das Halfter eines Pferdes (→ Foto unten). Das Kopfhalfter gibt es in verschiedenen Größen. Es darf aber nicht zu locker sitzen, sonst kann es der Vierbeiner abstreifen. Nehmen Sie den Hund deshalb zum Kauf mit.

So wirkt's

Allein durch den Riemen auf dem Nasenrücken entsteht ein leichter Druck, der dem Griff über den Fang ähnelt (Schnauzgriff, → Seite 30). Auf manche »ungezogenen« Hunde wirkt dieser Druck schon positiv. Unsicheren Hunden vermittelt dies mehr Sicherheit.

Als wichtigsten Effekt können Sie ohne jeglichen Kraftaufwand die Blickrichtung des Hundes und so seine Konzentration auf sich umlenken. Die Leine hängt durch das Kopfhalfter am vorderen Ende des Hundes. Will er in eine bestimmte Richtung zerren oder auf einen Artgenossen los, halten Sie lediglich dagegen. Dadurch wird der Hundekopf automatisch zu Ihnen umgeleitet. Zerren wie mit Halsband oder meist noch ausgeprägter mit Geschirr kann der Hund am Halti also nicht.

Wann und wie Sie das Halti anwenden

Dieses Training ist besonders zu empfehlen, wenn der Hund an der Leine stark zieht, nicht aufmerksam bei Fuß läuft und sich nicht anders motivieren lässt, auf Sie zu achten. Günstig wirkt es sich auch bei Aggressivität an der Leine aus. Mit keiner anderen Methode lässt sich der Hund so gezielt von seinem »Gegner« abwenden. Sobald sich der Hund wieder auf Sie konzentriert, loben Sie ihn.

Bitte beachten Sie, dass Sie den Vierbeiner am Halti nie mit einem Ruck korrigieren dürfen! Sonst würden Sie dem Hund mit einem Ruck den Kopf herumreißen. Die Leinenverbindung zum Halti muss grundsätzlich locker sein, sie strafft sich nur dadurch, dass Sie dagegenhalten, wenn der Hund zerrt.

Sie können das Halti entweder situationsbezogen oder grundsätzlich verwenden, vorübergehend oder dauernd. Geht der Hund zum Beispiel nur in der Stadt nicht ordentlich an der Leine, ansonsten aber schon, dann verwenden Sie es eben nur in der Stadt. Reagiert der Hund an der Leine aggressiv, müssen Sie das Halti mindestens so lange immer verwenden, bis Ihr Rambo dieses Verhalten »verlernt« hat. Läuft der Hund frei, nehmen Sie ihm das Halti bitte ab, um Verletzungsgefahren zu vermeiden.

Den Hund an das Halti gewöhnen

Bevor Sie Ihren Hund daran führen können, muss er vollkommen daran gewöhnt sein. Versucht er es abzustreifen, legen Sie es ihm zunächst zum Füttern und Spielen (mit Ihnen) an. Nehmen Sie es dem Hund in einem Moment wieder ab, in dem er nicht versucht, es abzustreifen. Lenken Sie ihn dazu einfach noch mal mit einem Leckerchen oder seinem Lieblingsspielzeug ab. Es kann mehrere Tage oder manchmal auch länger dauern, bis der Hund es vollkommen akzeptiert hat.

◁ *So ist das Halti richtig angelegt, auch hat es die passende Größe. Der Vierbeiner wird daran doppelt geführt – am Halti und am Halsband. Auf diese Weise haben Sie ihn auch dann noch unter Kontrolle, falls er sich das Kopfhalfter doch mal abstreifen sollte.*

Die lange Leine verwenden

Sie kommt statt der kurzen Leine zum Einsatz, falls der frei laufende Hund (jenseits des Welpenalters) zu große Kreise zieht und sich nicht an Ihnen orientiert – kurz, wenn er sich unterwegs Ihnen gegenüber ignorant zeigt. Das kann zum Beispiel in der Pubertät der Fall sein. Dafür verwenden Sie eine fünf bis zehn Meter lange, nicht zu dünne Suchleine und ein relativ breites Halsband, das sich in keiner Weise zusammenziehen darf.

Wann und wie Sie die lange Leine einsetzen

Sie wollen, dass der Hund besser auf Sie achtet und in Ihrer Nähe bleibt. Er lernt es, indem er eine negative Erfahrung macht, wenn er sich zu weit von Ihnen entfernt und sich nicht daran orientiert, wohin Sie gehen. Das Prinzip ist eigentlich das gleiche wie bei den Bindungsspaziergängen mit dem Welpen (→ Seite 79). Reichen unangekündigte Richtungswechsel aber nicht aus, um die Aufmerksamkeit zu erhöhen, helfen Sie Ihrem Vierbeiner durch die Einwirkung mit der langen Leine auf die Sprünge.

▷ *Bei manchen Problemen ist ein Training an der langen Leine sinnvoll. Sie muss dann aber unter Umständen über Wochen oder Monate unterwegs stets benutzt werden. Dazu nimmt man ausschließlich ein normales Halsband ohne jegliche Zugwirkung.*

So geht's: Suchen Sie sich dazu ein großes, freies Gelände, etwa eine Wiese oder Ähnliches. Gebüsch und dergleichen ist ungünstig, die Leine könnte sich darin verheddern. Das Gebiet soll frei von Ablenkungen sein.

▷ Befestigen Sie die Leine am Halsband und rollen Sie sie mit der Hand auf. Mit der anderen Hand halten Sie die Schlaufe fest. Bei kräftigen Hunden ist es am besten, wenn Sie einen Handschuh anziehen.

▷ Gehen Sie ohne Kommando los. Beginnt der Hund zu ziehen, lassen Sie den aufgerollten Teil der Leine auf den Boden fallen und schlagen rasch, ohne etwas zu sagen und ganz gleich, was der Hund macht, die ihm entgegengesetzte Richtung ein. Wenn Sie und Ihr Hund nun in verschiedene Richtungen laufen, ist die Leine irgendwann straff. Der Hund bekommt einen Ruck – sozusagen ein »Aha-Erlebnis« – und merkt, dass Sie schon ganz woanders sind. Bleiben Sie nicht stehen!

▷ Läuft er wieder nahe bei Ihnen, loben Sie ihn mit der Stimme, gehen dabei aber entschlossen weiter. Die Leine schleift jetzt unaufgerollt zwischen Ihnen und Hund am Boden. Sobald der Hund wieder »abdriftet«, wiederholen Sie das Procedere.

Mit der Zeit werden Sie feststellen, dass sich die Leine nicht mehr strafft, sondern dass der Hund rechtzeitig selbst in Ihre Richtung umkehrt. Wenn Sie kommentarlos stehen bleiben, wird nun auch der Hund stehen bleiben. Falls er bereits ein Komm-Signal (Pfiff oder »Hier«) kennt, können Sie das in dem Moment einsetzen, in dem der Hund von selbst Kurs auf Sie nimmt. Achten Sie dann aber darauf, dass er auch ganz zu Ihnen kommt, nicht nur in Ihre Nähe, und belohnen Sie ihn mit einem Leckerchen. Kennt er noch kein entsprechendes Signal, sollten Sie das zunächst zu Hause einüben (→ Seite 85).

Übungsdauer: Es ist sinnvoll, mindestens eine Woche lang zweimal am Tag etwa eine

Viertelstunde mit der langen Leine zu üben. Möglicherweise reicht das bereits, dass sich der Hund wieder gut an Ihnen orientiert. Das kann dann sein, wenn er noch relativ jung ist und das Problem noch nicht lange bestand.

Wenn Sie größere Probleme und einen sehr eigenständigen Hund haben, müssen Sie länger mit der langen Leine arbeiten, eventuell über Monate und mit allmählich zunehmender Ablenkung. Sobald sich der Hund auf Sie konzentriert, lassen Sie die Leine am Boden schleifen und treten sofort darauf, falls er unerwünschtes Verhalten zeigt. Er darf auf keinen Fall Erfolg haben und etwa unerlaubt zu einem anderen Hund durchstarten. Erst wenn Sie an der langen Leine eine Zeit lang überhaupt nicht mehr »notbremsen« müssen und der Hund auf Ruf oder Pfiff zuverlässig kommt, beginnen Sie mit dem Abbau der Leine. Dazu schneiden Sie jede Woche ein Stück davon ab, bis sie eines Tages fast ganz weg ist.

△ *Solange Sie einen weglaufenden Hund mit Tritt auf die lange Leine »notbremsen« müssen, dürfen Sie diese nicht weglassen. Sonst war die Mühe umsonst. Eher ist es ratsam, einige Trainingsschritte zurückzugehen.*

Gut zu wissen

Der Umgang mit der langen Leine ist anfangs nicht so einfach, und Sie brauchen auch die geeigneten Örtlichkeiten. Überlegen Sie deshalb vorher, ob Sie es in Angriff nehmen wollen und können. Der Hund darf in dieser Zeit überhaupt nicht frei laufen, damit er zwischendurch nicht wieder mit unerwünschtem Verhalten Erfolg hat. Das gilt in »schweren« Fällen sogar für den Garten zu Hause. Nur wenn der Hund die lange Leine lang genug und draußen ständig trägt, gewöhnt er sich daran, sodass er sie letztlich »vergisst«. Dadurch stellt er sein Verhalten auf das neue Verhalten um, zu dem es auch keine Alternative gibt. Hat er die Leine jedoch mal dran und mal nicht, lernt er genau zu unterscheiden, wann er sich was erlauben kann und wann nicht. Dann hat sie keinen Lerneffekt, und der ganze Aufwand ist umsonst.

Bedenken Sie bitte auch, dass es bei einem kräftigen Hund zu einem ganz ordentlichen Ruck kommen kann, wenn sich die Leine strafft. Überlegen Sie also, ob Sie so kräftig sind, dass Sie den Hund bei dieser Übung halten können.

Ist der Hund so weit, dass er die Leine am Boden hinter sich herzieht, kann er höchstens mit einem anderen Hund spielen, ansonsten kann es sein, dass sich die Hunde verheddern.

Variante

Diese Art der Korrektur können Sie auch an der normalen Leine beim Bei-Fuß-Gehen anwenden, wenn der Hund nicht anders zu korrigieren ist. Dann kehren Sie aber schon – ebenfalls kommentarlos – um, wenn Ihr Vierbeiner nur ansatzweise die richtige Bei-Fuß-Position an Ihrer Seite verlässt.

Die Disc-Scheiben

Discs sind dünne Metallscheiben, die zusammengebunden sind und durch Schütteln oder Werfen ein Klappergeräusch verursachen. Ist der Hund darauf konditioniert, können Sie damit unerwünschtes Verhalten abbrechen.

So konditionieren Sie den Hund

Für die Konditionierung (→ Seite 267) gibt es zwei Möglichkeiten – die Fremdkonditionierung oder die »selbst gemachte«.

TIPP

Einen erfahrenen Trainer suchen

Sind Sie sich nicht sicher, ob diese Methode oder eine andere für Ihren Hund geeignet ist, wenden Sie sich, bevor Sie selbst etwas ausprobieren, an einen erfahrenen Ausbilder. Bei der Fremdkonditionierung ist dies wichtig, aber auch beim Verhaltensabbruch über Schreckreiz kann das hilfreich sein.

▷ **Fremdkonditionierung:** Sie ist empfehlenswerter, sollte aber durch einen erfahrenen Trainer erfolgen. Dieser sollte dem Hund fremd sein, weil das mit einer negativen Erfahrung verbunden ist. Geübt kann sowohl drinnen als auch draußen werden, wichtig ist nur ein harter Untergrund. Nacheinander bekommt der Hund von der Fremdperson einige Leckerchen aus der Hand, die er nehmen darf. Dann wirft die Fremdperson eines auf den Boden. Der Hund will es nehmen, in diesem Moment fällt neben ihm die Disc klappernd auf den Boden. Der Hund darf das Leckerchen nicht erwischen! Er erschrickt, ist frustriert (→ Frustration Seite 263) – vorher durfte er die Leckerchen ja nehmen – und läuft verunsichert zu seinem Besitzer. Dieser bedauert, tröstet und lobt ihn nun ausgiebig. Meist reicht eine »Sitzung«.

Zeigt der Hund nun draußen ein unerwünschtes Verhalten, etwa wenn er Unrat vom Boden aufnehmen will, weiter schnüffelt, obwohl Sie ihn gerufen haben, oder an der Leine Hunde anknurrt, klappern Sie in dem Moment mit den Disc-Scheiben. Der Hund bricht sein Verhalten ab, reagiert verunsichert und kommt zu Ihnen. Und Sie bedauern und loben ihn wieder ausgiebig.

▷ **Eigenkonditionierung:** Konditionieren Sie den Hund selbst darauf, wird das allein über den Schreck gemacht Der Hund will zum Beispiel etwas vom Boden fressen. Noch bevor er es aufnimmt, rufen Sie streng »Nein« oder »Pfui« und werfen die Disc neben den Hund. Sie können dafür auch eine Wurfkette (Zoofachhandel) benutzen. Wichtig ist, dass der Vierbeiner nicht sehen kann, dass Sie die Disc geworfen haben. Er erschrickt, schaut zu Ihnen und Sie locken ihn sofort besonders freundlich zu sich und trösten ihn ausgiebig. Erst ganz zum Schluss heben Sie Wurfkette oder Disc leise und vom Hund unbeobachtet auf und stecken sie in die Jackentasche.

Nicht für jeden Hund geeignet

Wurfkette und vor allem die Disc sind keine Allheilmittel und sollten nur bei erwachsenen Hunden angewendet werden. Besonders bei der Fremdkonditionierung ist Vorsicht geboten bei Hunden, die Menschen gegenüber misstrauisch oder aggressiv reagieren. Ungeeignet sind diese Erziehungshilfsmittel auch bei sehr geräuschempfindlichen Hunden.

Es gibt allerdings auch besonders dickfellige Vierbeiner, die sich dadurch überhaupt nicht beeinflussen lassen.

Wenden Sie sich am besten an einen Ausbilder, der mit dieser Methode Erfahrung hat.

1

Die so genannten Disc-Scheiben hängen an einem Ring und sind an einem Band befestigt. Schüttelt man sie oder wirft sie auf den Boden, erzeugen sie ein markantes Geräusch.

2

Mit einem solchen Maulkorb kann der Hund hecheln, trinken und auch Leckerchen bekommen. Er sieht zwar nicht dekorativ aus, hilft aber, gefährliche Situationen zu vermeiden.

Erziehung mit Maulkorb

Zugegebenermaßen sieht ein Hund mit Maulkorb gewöhnungsbedürftig aus. In manchen Situationen (→ unten) ist der Maulkorb aber ein wichtiges Hilfsmittel, das Sicherheit bringt. Verwenden Sie einen richtigen »Korb«, denn damit kann der Hund hecheln und trinken, außerdem können Sie ihm ein Leckerchen geben.

Wann ist der Maulkorb sinnvoll?

Bedroht ein Hund Menschen oder Artgenossen oder ist er aggressiv gegen sie, lassen sich mit einem Maulkorb Gefahren vermeiden. Da der Hund keinen Schaden mehr anrichten kann, sinkt auch der Stress des Besitzers. Dennoch sollten Sie einen solchen Hund nicht mit Menschen oder Hunden allein lassen.
Der Maulkorb ersetzt zwar keine andere Therapie. Der Hund lernt aber dadurch schon, denn er erlebt, dass er keinen oder nicht mehr so viel Erfolg hat, wenn er schnappt.

So gewöhnen Sie den Hund daran

Bevor Sie den Maulkorb einsetzen, müssen Sie den Hund ähnlich wie beim Halti daran gewöhnen. Geht vom Hund eine akute Gefahr aus, muss er ihn ohne Gewöhnung mehrere Tage am Stück tragen.
So klappt die Gewöhnung: Geben Sie dem Hund einige Tage lang etwas Fressbares aus dem Maulkorb. Und zwar so, dass er die Schnauze hineinstecken muss, um an das Futter zu kommen. Sie können den Maulkorb aber auch innen mit Streichwurst oder Ähnlichem bestreichen und dies den Hund herauslecken lassen. Nach einigen solcher Fütterungen schließen Sie den Nackenriemen, während der Hund frisst, und nehmen ihn danach wieder ab. Als nächste Stufe legen Sie dem Hund den Maulkorb an und füttern ihn dann. Allmählich behält der Hund den Maulkorb immer länger an.
Legen Sie den Maulkorb dem Hund, je nach Einsatzbereich, nicht erst unmittelbar vor der Problemsituation an, sondern deutlich und so weit davor, dass er ihn nicht damit verknüpfen kann. Ist der Hund beispielsweise im Haus aggressiv gegen Besucher, legen Sie den Maulkorb nicht erst an, wenn es klingelt, sondern schon deutlich früher.

Was tun bei Problemen?

Viele Probleme sind hausgemacht, aber nicht alle. Oft hört man, das Problem sei nie der Hund, sondern immer der Mensch, also der Besitzer. So pauschal sehe ich das nicht.

HUNDE HABEN unterschiedliche Eigenschaften, wodurch sie zum Teil sehr anspruchsvoll in der Erziehung sind. Jeder macht bei der Erziehung seines Hundes den einen oder anderen Fehler. Ob und wie stark sich jedoch eventuelle Folgen bemerkbar machen, hängt auch vom Wesen des Hundes ab. Ein Beispiel: Ihr Vierbeiner bellt ein paar Mal, weil es an der Tür klingelt. Hat er keinen besonderen Wach- und Schutzinstinkt, wirkt das vermeintliche »Beruhigen« auf ihn unter Umständen weniger problematisch als bei einem Hund mit ausgeprägtem Wach- und Schutzinstinkt, weil dieser noch wachsamer ist.

Auf der Suche nach der Ursache

Die Ursachen für Probleme sind vielfältig, ebenso die Möglichkeiten, sie zu lösen. Eines vorneweg: Nicht alle Probleme lassen sich immer beseitigen, bei manchen ist eine Verbesserung möglich, für andere gibt es gar keine Lösung. Sozialisierung und Erziehung machen nicht automatisch aus jeder Art von Hund einen problemlosen Begleiter im Alltag. Angeborene Defizite und rassespezifische Eigenschaften lassen sich nicht aberziehen, eventuell aber über den Gehorsam einigermaßen managen.

Ursachen für Fehlverhalten

▷ **Haltung im falschen Umfeld:** Auch wenn eine Rasse noch so dekorativ oder beeindruckend aussieht – passen ausgeprägte rassespezifische Eigenschaften nicht zum Lebensumfeld des Vierbeiners, führt dies häufig zu Problemen. Hat der Hund beispielsweise einen ausgeprägten Wach- und Schutzinstinkt wie ein Rottweiler oder Schäferhund oder ist er von Natur aus Fremden gegenüber misstrauisch, zum Beispiel ▶ HERDENSCHUTZHUNDE (Seite 264) wie Kangal oder Komondor, und wird in einem Wohnblock gehalten, kann dies zu ernsten Problemen führen. Ein Hund mit starkem Jagdinstinkt, etwa ein Weimaraner oder Windhund, wird unterwegs wahrscheinlich jede Wildfährte aufnehmen oder auch Jogger, Autos und Ähnliches jagen.

▷ **Fehlende Auslastung:** Die meisten Hunde sind aktive Tiere, die sowohl körperlich als auch mental gefordert werden wollen. Ist ein Vierbeiner ständig unterfordert, baut sich ein Energieüberschuss auf, der sich irgendwann ein Ventil sucht. Nervosität, Zerstörungswut, Umgraben des Gartens, erhöhte Aggressivität und ähnliche Verhaltensweisen können die Folge mangelnder Beschäftigung sein. Das gilt vor allem auch für Hunderassen, bei denen in der Zucht besonderer Wert auf hohe Leistungsfähigkeit und ▶ ARBEITSPASSION (Seite 258) gelegt wird. Dazu gehören viele Jagd- und Gebrauchshunderassen, wie einige Terrierrassen, viele Wach- und Schutzhunderassen und auch ▶ HÜTEHUNDE (Seite 265). Sofern sie nicht für ihre eigentlichen Aufgaben eingesetzt werden, brauchen diese Hunde gezielte Alternativbeschäftigungen. Mehr Bewegung allein genügt nicht. Vorschläge dafür finden Sie im sechsten Kapitel ab Seite 192.
Erhält der Hund zu viel Energie über das Futter, kann das ebenfalls zu ▶ ÜBERAKTIVITÄT (Seite 274) führen. Ein Hund, der sich viel bewegt, braucht trotzdem nicht gleich ein Futter wie vierbeinige Hochleistungssportler, etwa Schlittenhunde während der Rennsaison.

▷ **Versäumnisse in der Erziehung:** Viele kleinere und größere Probleme haben ihre Ursachen in diesem Bereich. Häufig ist mangelnde Konsequenz des Hundehalters ein Grund für Schwierigkeiten. Aber auch fehlendes Wissen um die »Denkweise« eines Hundes zählt dazu. Gerade der letztgenannte Aspekt ist häufig verantwortlich dafür, dass der Hund unbewusst im falschen Moment für eigentlich unerwünschtes Verhalten belohnt oder für er-

◁ *Fehlende Auslastung und Unterforderung ist besonders bei aktiven, auf Leistung gezüchteten Rassen wie dem Jack Russell Terrier eine mögliche Ursache für Probleme. Die überschüssige Energie sucht sich dann oft ein Ventil – hier muss ein Schuh daran glauben.*

△
Hallo Welt, wir sind neugierig auf dich! Wachsen Welpen in einer reizarmen Welt auf mit wenigen Erkundungs- und Kontaktmöglichkeiten, können Entwicklungsdefizite auftreten. Diese lassen sich später oft kaum mehr korrigieren.

wünschtes Verhalten bestraft wird. Eine unklare oder falsche Rangordnung, Vermenschlichung und zu wenig Zeit für die Erziehung sind weitere Gründe. Sind sich die Familienmitglieder uneins, wie sie den Hund erziehen wollen, und verbietet oder erlaubt jeder dem Hund etwas anderes, kann das eine weitere Ursache von Schwierigkeiten sein. Antiautoritäre Erziehung kann zu Problemen führen, ebenso zu viel Druck und die Anwendung von Starkzwangmethoden.

▷ **Schlechte Sozialisierung:** Dazu konnten Sie schon einiges im ersten Kapitel lesen. Defizite in der Sozialisierungsphase führen zu Unsicherheiten und Ängsten. Sie lassen sich häufig nur schwer und dann oft nur bis zu einem gewissen Grad ausgleichen.

▷ **Angeborene** ◆ WESENSMÄNGEL (Seite 277)**:** Unsicherheiten und Ängste können aber auch bei normaler Aufzucht und Sozialisierung auftreten. Dann muss man davon ausgehen, dass es sich um angeborene und vererbte Eigenschaften handelt. Das kann passieren, wenn der Züchter nicht sorgfältig genug auf das Wesen der Zuchthunde geachtet hat, weil er zum Beispiel mehr Wert auf das Aussehen gelegt hat oder Quantität statt Qualität zählt. Es gibt auch Rassen, die grundsätzlich als »sensibel« gelten, wobei hier die Sensibilität leider oft schon in die Unsicherheit oder Ängstlichkeit abgleitet.

▷ **Veränderungen zu Hause:** Plötzliche Veränderungen im häuslichen Umfeld können bei manchen Hunden Verhaltensänderungen bewirken. Das kann die Geburt eines Babys sein, der Einzug eines neuen Lebenspartners oder gravierende Veränderungen im Tagesablauf, etwa wenn Sie bislang ganztags zu Hause waren und nun berufstätig sind. Besonders krass können die Verhaltensänderungen werden, wenn sich dabei auch für den Hund etwas ändert. Stand er zum Beispiel als Kindersatz sehr im Mittelpunkt und kommt dann ein Baby ins Haus, darf der Hund vielleicht nicht mehr in bestimmte Räume und bekommt nur noch wenig Aufmerksamkeit. Das kann zu gefährlichen Situationen führen.

▷ **Erkrankungen:** Auch organische Erkrankungen können Verhaltensauffälligkeiten zur Folge haben. Starke Schmerzen etwa durch eine Hüftgelenksdysplasie, Verletzungen, aber auch Tumore im Gehirn, Taubheit und andere Erkrankungen können unerwartete Reaktionen des Hundes auslösen.

Lösungsansätze

Um Probleme zu lösen, gibt es verschiedene Ansätze. Manche lassen sich mit relativ geringem Aufwand lösen. Bei anderen müssen Sie über längere Zeit sehr systematisch daran arbeiten. Häufig führen verschiedene Wege zum

Ziel, und Sie können ausprobieren, welche Methode Sie persönlich am besten umsetzen können. Sie muss auch für den jeweiligen Hund gut geeignet sein.

Die Grunderziehung: Ohne guten Grundgehorsam (→ Seite 264) lassen sich viele Probleme nur schwer beeinflussen. Der Vierbeiner sollte auf jeden Fall lernen, zuverlässig auf Ruf zu kommen, ordentlich an der Leine zu gehen, etwas herzugeben, zu sitzen, sich zu legen und auch allein an einer ihm zugewiesenen Stelle sitzen oder liegen zu bleiben. Diese Übungen sollten zunehmend auch unter Ablenkung funktionieren. Darauf bin ich bereits im dritten Kapitel ausführlicher eingegangen.

Klare Rangordnung: Dieser Punkt ist eine weitere Voraussetzung für ein gutes Miteinander von Mensch und Hund. Erkennt Ihr Hund Sie nicht als Autorität an, wirkt sich das bei vielen Problemen erschwerend auf die Lösung aus.

Achten Sie darauf, dass sich der Hund grundsätzlich nach Ihnen richtet. Versuchen Sie nicht, dem Hund aus menschlicher Sicht alles recht zu machen! Erinnern Sie sich an das erste Kapitel: Überwiegend geht die Initiative zu Aktionen von Ihnen aus.

Vermeiden von Problemsituationen: Ziel ist es dabei, von vornherein zu vermeiden, dass der Hund mit einem unerwünschten Verhalten Erfolg hat. Denn jeder ungewollte Erfolg des Hundes bestärkt ihn. Ein Beispiel: Liefert sich Ihr Hund unterwegs gern »Gefechte« mit bestimmten Artgenossen, die hinter ihrem Zaun kläffen, nehmen Sie ihn rechtzeitig vorher an die Leine. Ist er nicht gelassen und gehorsam genug, lassen Sie es nicht darauf ankommen, ob er hinläuft oder nicht oder ob er sich rufen lässt oder nicht.

Alternativverhalten bestärken: Hier lernt der Hund, dass es sich für ihn mehr lohnt, das zu tun, was Sie möchten, anstatt das, was er gern möchte. Springt der Hund Sie beispielsweise an, können Sie, wenn oder bevor er gerade zum Sprung ansetzt, »Sitz« sagen (falls er es kann) und ihn dafür belohnen.

Aufmerksamkeit umlenken: Hat Ihr Hund gelernt, Blickkontakt zu Ihnen zu halten, können Sie dies mit dem vorhergehenden Lösungsvorschlag »Alternativverhalten bestärken« kombinieren. Möchte Ihr Vierbeiner zum Beispiel einem Radfahrer hinterherrennen, lassen Sie ihn bei sich sitzen und fordern Sie Blickkontakt. Beides muss sich durch eine entsprechende Bestätigung für den Hund besonders lohnen.

Ignorieren: Auch das ist bei vielen Problemen eine äußerst nützliche Methode. Eigentlich ist sie auch ganz einfach, wenn da nur nicht immer die Emotionen dazwischenkommen würden … Vielen Hundebesitzern fällt es nämlich schwer, den Hund eisern nicht zu beachten und einfach nichts zu tun. Aber keine Angst, der Vierbeiner trägt keinen Schaden davon, wenn Sie ihn ignorieren, ganz im Gegenteil! Lesen Sie dazu noch einmal auf Seite 31 nach, was beim Ignorieren wichtig ist.

Gewöhnung an Situationen: Einen ängstlichen Hund gewöhnen Sie allmählich an belastende Situationen. Zuerst halten Sie zum Beispiel größeren Abstand zu Geräuschquellen oder Ähnlichem, erst allmählich gehen Sie näher heran. Je nach Hund kann es einige Minuten, aber auch mehrere Wochen oder Monate dauern, bis der Vierbeiner seine Angst abgebaut hat.

Um den Hund zum Beispiel zu motivieren, über ein Gitter oder einen schmalen Steg zu laufen, leistet der Hunger oft gute Hilfe. Auch um den Hund zu belohnen, wenn er sich in der Nähe etwa eines ihm nicht geheuren Geräusches entspannt hat. Dabei kann auch ein begehrtes Spielzeug helfen. Sind Hunger oder die Freude am Spielzeug größer als die Angst, überwindet der Hund so manches.

Es gibt allerdings auch Hunde, deren Angst so groß ist, dass sie für nichts anderes mehr erreichbar sind. Hier sollten Sie zusätzlich zu den genannten Maßnahmen den Einsatz eines beruhigenden Medikaments in Erwägung ziehen. Fragen Sie am besten bei Ihrem Tierarzt nach einem geeigneten Präparat.

Problemsituationen von A bis Z

Mit den folgenden Tipps möchte ich Ihnen Wege und Denkansätze aufzeigen, wie Sie konkrete Probleme mit Ihrem Vierbeiner lösen oder verbessern können. Da jedes Mensch-Hund-Team anders ist, kann man nicht pauschal sagen, welches Vorgehen nun individuell für wen am geeignetsten ist. Am besten ist es, Sie wählen die Tipps aus, die auf Sie zutreffen, die Sie gut umsetzen können und die für Ihren Hund am passendsten sind. Kommen Sie mit einem Problem nicht allein zurecht, lassen Sie sich rechtzeitig kompetent und praktisch unterstützen, etwa durch einen verhaltenstherapeutisch ausgebildeten Tierarzt, eine gute Hundeschule oder Ähnliches.

TIPP

Einzelheiten notieren

Um mehr Klarheit über mögliche Ursachen zu bekommen, ist eine Art Tagebuch nützlich. Notieren Sie sich bei Problemen genau, was wann und wo geschah, welche Situation dabei genau herrschte, wann das Problem zum ersten Mal auftrat, ob es besondere Geräusche, Menschen, optische Eindrücke usw. gab.

Aggressives Verhalten an der Leine

Stehen bei Ihrem angeleinten Vierbeiner die Zeichen auf Alarm, wenn sich ein Artgenosse nähert? Dann artet so manche Unternehmung leicht in Stress aus.

Mögliche Ursachen

- Als Ihr Hund erste Anzeichen für Aggression zeigte, wie Fixieren des Gegners oder Knurren, versuchten Sie ihn durch Streicheln zu beruhigen, haben ihn dadurch aber in seinem Verhalten bestärkt.
- Der Vierbeiner hat das aggressive Verhalten durch regelmäßige Kontaktaufnahme an der Leine zu anderen Hunden aufgebaut. Er lernte dadurch, dass er mit entsprechendem Zerren, Jaulen oder Bellen, in das er sich regelrecht hineinsteigern kann, letztlich dahin kommt, wohin er will.
- Er wurde, als er angeleint war, von einem Artgenossen attackiert und hat sich durch dieses Erlebnis »die Flucht nach vorn« als Verteidigungsstrategie angewöhnt.
- Sie selbst haben Angst vor entsprechenden Begegnungen. Durch Ihre eigene Anspannung und durch das Straffen der Leine signalisieren Sie Ihrem Vierbeiner beim Auftauchen anderer Hunde: »Pass auf, jetzt geht's los.«

Mögliche Lösungswege

- Versuchen Sie selbst, so entspannt wie irgendwie möglich zu bleiben, wenn ein anderer Hund auftaucht (→ Seite 54).
- Gestatten Sie dem Hund angeleint keinen Kontakt zu Artgenossen (→ Seite 101, 114).
- Lenken Sie die Aufmerksamkeit des Hundes bei jeder entsprechenden Begegnung rechtzeitig mit Ihrer Stimme und mit Spielzeug oder Leckerchen auf sich um und gehen Sie zügig und in größerem Abstand an dem anderen Vierbeiner vorbei.

Was Sie noch tun können:

- Geben Sie bereits bei den ersten Anzeichen, zum Beispiel Anspannen des Körpers oder Fixieren des Gegners, dem Hund ein Abbruchsignal (etwa mit der Disc, → Seite 192), oder spritzen Sie dem Hund mit einer Wasserpistole auf die Ohren.
- Gewöhnen Sie Ihren Hund an ein Halti (→ Seite 223) und lenken Sie seine Aufmerksamkeit dadurch auf Sie um. Verwenden Sie das Halti zusätzlich zu Leckerchen oder Spielzeug, aber besonders dann, wenn sich Ihr Hund in einer solchen Situation mit diesen Lockmit-

teln oder mit Ihrer Stimme nicht mehr korrigieren lässt.

▷ Kommt Ihnen ein frei laufender Hund entgegen, der offensichtlich nicht angeleint wird, und verhält sich Ihr Vierbeiner unangeleint normal, leinen Sie ihn rechtzeitig ab, also noch bevor Ihr Hund den anderen fixiert oder Anzeichen für Aggressivität zeigt (→ Seite 168 und 176).

▷ Versuchen Sie nicht, den Hund durch Streicheln oder ähnlichen Zuspruch zu »beruhigen« – für ihn ist das ein Lob!

Aggressives Verhalten gegen Menschen

Problematisches Verhalten Menschen gegenüber muss besonders ernst genommen werden. Vermeiden Sie jegliche Gefährdung. Probleme dieser Art sind in der Regel schwer alleine zu beheben. Deshalb ist es wichtig, rechtzeitig kompetente Hilfe in Anspruch zu nehmen. Inwieweit sich dieses aggressive Verhalten ganz beheben lässt, kann man nicht vorhersagen. Manchmal kann es ratsam sein, sich von einem solchen Hund zu trennen.

Mögliche Ursachen

▷ Der Hund hat Angst oder ist unsicher, weil er schlechte Erfahrungen gemacht hat, mangelhaft sozialisiert wurde oder wegen einer angeborenen Wesensschwäche.

▷ Der Vierbeiner besitzt einen übersteigerten Wach- und Schutzinstinkt.

▷ Er verteidigt das Revier.

▷ Er verteidigt sein Futter.

▷ Sie haben bewusst oder unbewusst (etwa durch »Beruhigen«) entsprechende aggressive Verhaltensweisen wie Verbellen oder Knurren bestärkt.

▷ Der Hund hat gelernt, dass er mit Drohverhalten (wie Knurren) Erfolg hat und Menschen damit beeindrucken bzw. auf Distanz halten kann. Das kann aus Angst geschehen, aber zum Beispiel auch, um das gemütliche

Ein Hund, der sich Menschen gegenüber so aggressiv verhält, darf nicht in die Öffentlichkeit mitgenommen werden. Hier ist schnell kompetente Hilfe nötig. ▽

△
Dieser Hund möchte auf das Sofa – er bedrängt seine Besitzerin und fixiert sie. Sie verhält sich richtig, denn sie bleibt sitzen und ignoriert ihn. Vielleicht reicht das schon, damit er sein Dominanzgebaren aufgibt.

Plätzchen auf dem Sofa zu verteidigen. Hier stimmt also die Rangordnung nicht.

▷ Treten die Probleme innerhalb der Familie auf, stimmt eventuell die Rangordnung nicht, oder der Hund ist verunsichert, weil jeder anders mit ihm umgeht.

Mögliche Lösungswege

▷ Müssen Sie damit rechnen, dass Ihr Vierbeiner nach Ihnen oder anderen Personen schnappt oder beißt, dann verwenden Sie unbedingt einen Maulkorb. Leinen Sie den Hund zusätzlich in entsprechenden Situationen nicht ab.

▷ Intensivieren Sie den Gehorsam durch entsprechende Übungen (→ Kapitel 3), damit Sie den Hund bei Problemen mit Wach- und Schutzinstinkt sicher unter Kontrolle haben. Befindet sich der Liegeplatz des Hundes im Eingangsbereich, an Treppenauf- und -abgängen, an »Hauptverkehrswegen« in der Wohnung, dann verlegen Sie ihn weiter weg davon. Dadurch nehmen Sie dem Hund einmal seinen exponierten »Chef«-Posten, zum anderen verhindern Sie so, dass der Hund als Erster an der Haus- oder Gartentür ist, wenn zum Beispiel Besuch kommt. Futter sollten Sie ebenfalls nicht in der Nähe des Eingangsbereichs lagern, denn dies ist aus Hundesicht ein strategisch wichtiger Bereich.

▷ Sie können das aggressive Verhalten Besuch gegenüber aber auch unterbrechen, indem Sie ein Abbruchsignal rufen (→ Seite 258) oder die Wurfkette bzw. ein anderes lautes Geräusch einsetzen (→ Seite 226).

Ist das Verhalten weniger stark ausgeprägt, lassen Sie den Hund alternativ sitzen. Verhält er sich jetzt einige Momente ruhig, bekommt er vom Besucher eine Belohnung.

▷ Neigt der Hund dazu, unterwegs Passanten zu verbellen, rufen Sie ihn rechtzeitig zurück und lenken Sie ihn mit etwas ab, das für ihn wichtiger ist, etwa mit seinem Lieblingsspielzeug oder mit Futter.

▷ Reagiert der Hund aus Angst aggressiv gegenüber Menschen (Körpersprache beachten), sollte er von Menschen, etwa Besuchern oder Passanten, nicht bedrängt, sondern ignoriert werden. Nur wenn er selbst Kontakt aufnehmen möchte, können Sie das zulassen. Allerdings darf derjenige nicht bedrohlich wirken und sich nicht über den Hund beugen (→ Foto Seite 52). Sie selbst sollten sich den anderen Personen gegenüber betont locker und freundlich verhalten. Neigt der Hund dazu, Besucher aus Angst zu attackieren, legen Sie ihn in Sichtweite zum Geschehen (also nicht wegsperren) und entfernt vom Eingangsbereich ab oder binden Sie ihn fest.

▷ Reagiert der Hund auf Familienmitglieder aggressiv, stabilisieren Sie die Rangordnung (→ Seite 36).

Sind Sie sich dem Hund gegenüber unsicher, dann hilft der Maulkorb. Es ist wichtig, keine Angst oder Unsicherheit zu zeigen, denn das registriert der Hund. Schon ein kleines Zurückzucken wertet er als Erfolg.

▷ Hat sich der Hund mit der Zeit eventuell Privilegien erkämpft, ist es ratsam, diese abzuschaffen. Verteidigt der Vierbeiner zum Beispiel das Sofa, legen Sie ihm auch zu Hause eine längere Leine an. Damit können Sie ihn dann kommentarlos und ohne Blickkontakt, aber entschlossen von erhöhten Plätzen herunterziehen. Machen Sie solche Plätze unbenutzbar, indem Sie sperrige Gegenstände wie etwa Besen oder Ähnliches darauf legen.

▷ Sorgen Sie dafür, dass alle Familienmitglieder einheitlich mit dem Hund umgehen. Gestatten Sie ihm keine Liegeplätze an strategisch wichtigen Stellen (→ links) und üben Sie mit Ihrem Vierbeiner regelmäßig den Gehorsam. Sie können außerdem strategisch wichtige Räume, wie die Küche (dort ist das »Futter« des Rudelführers) oder das Schlafzimmer (Schlafplatz des Rudelführers), zu Tabuzonen für den Hund erklären.

Alleine bleiben

Alleine zu bleiben ist für den Hund als Rudeltier eher unnormal. Trotzdem sollte jeder Vierbeiner problemlos einige Stunden ohne seine Bezugsperson bleiben können.

So äußern sich Probleme mit dem Alleinbleiben:

▷ Hat der Hund Trennungsangst, setzt ihn jedes Alleinlassen unter Stress. Er winselt, jault oder bellt und verliert eventuell Urin. Diese Anzeichen treten oft schon auf, bevor Sie das Haus verlassen haben.

▷ Bei mangelnder Auslastung und unklarer Rangordnung protestiert der Hund ebenfalls lautstark, aber eher mit Bellen oder durch Ankauen von Gegenständen.

▷ Ist die Rangordnung unklar, kann der Vierbeiner gezielt mit Urin markieren, zum Beispiel im Bett des Besitzers. Das machen nicht nur Rüden, sondern auch Hündinnen.

Eine Protest- oder Langeweile-Reaktion muss nicht bei jedem Alleinsein vorkommen.

Mögliche Ursachen

▷ Der Hund wurde nicht systematisch ans Alleinbleiben gewöhnt.

▷ Er ist nicht ausgelastet.

▷ Der Hund fühlt sich ranghoch, verhält sich im Alltag allgemein fordernd und hat damit meist Erfolg. Ein solcher Hund akzeptiert verständlicherweise nicht, dass sein »Rudel« ohne ihn geht.

▷ Der Vierbeiner wurde zu jung allein gelassen. Er verknüpft eine negative Erfahrung damit, weil ihn etwas in Angst versetzt hatte, während er allein war. Das kann zum Beispiel ein starkes Gewitter oder der Knall eines Tieffliegers gewesen sein.

▷ Er hat Trennungsangst, weil die Bindung zum Besitzer zu eng ist oder er grundsätzlich unsicher ist.

Mögliche Lösungswege

Vor allem wenn es bereits Probleme mit Nachbarn gibt, sollten Sie jemanden suchen, der bis zur Gewöhnung ans Alleinsein Ihren Hund betreut, während Sie weg sind.

Bei Trennungsangst: Der Hund muss, wie der Welpe, zunächst lernen, innerhalb der Wohnung eine Distanz zu Ihnen auszuhalten.

◁ *Dieser Hund bleibt zum Glück allein, ohne »Terror« zu machen. Probleme mit dem Alleinsein zu korrigieren ist oft schwierig. Vor allem, wenn man zu gewissen Zeiten einfach wegmuss. Ein Hundesitter, zumindest vorübergehend, wäre hier nützlich.*

TIPP

Kein »Platz« oder »Bleib«

Legen Sie den Hund, wenn Sie aus dem Haus gehen, nicht mit einem Kommando irgendwo ab. Dann müsste er nämlich die ganze Zeit, also auch mehrere Stunden, an dieser Stelle bleiben. Das wäre einerseits vom Hund zu viel verlangt, zum anderen können Sie die Einhaltung der Übung nicht kontrollieren.

▷ Falls er im Auto zum Beispiel während eines kurzen Einkaufs problemlos alleine bleibt, sagen Sie beim Aussteigen stets »Warten«. Verhindern Sie, dass er Ihnen zu Hause auf Schritt und Tritt folgt. Schließen Sie zum Beispiel die Tür, wenn Sie ins Bad gehen, und sagen Sie auch dann »Warten«.

▷ Falls Sie im Auto eine Box benutzen und der Hund daran gewöhnt ist, können Sie diese auch zu Hause einsetzen. Lassen Sie den Hund in ihr allein, während Sie daheim sind.

▷ Sie können die Box aber auch dann für das Training zum Alleinbleiben verwenden, wenn Ihr Vierbeiner sie bisher nicht kannte. Allerdings müssen Sie ihn vorher daran gewöhnen (→ Seite 76): Zuerst bleiben Sie im gleichen Zimmer, in dem der Hund in seiner Box sitzt. Akzeptiert der Vierbeiner das nach entsprechendem Training, verlassen Sie das Zimmer und halten sich in einem anderen Raum auf. Üben Sie anfangs nur kurz und dehnen Sie die Zeit nur langsam aus. Beenden Sie eine Übung immer, so lange der Hund noch keine Stresssymptome wie Unruhe oder starkes Hecheln zeigt und ruhig ist.

▷ Wird Ihr Vierbeiner schon nervös, wenn Sie den Schlüssel in die Hand nehmen oder bestimmte Kleidungsstücke anziehen, dann gewöhnen Sie ihn zunächst daran. Ziehen Sie sich entsprechend an, nehmen Sie die Schlüssel und setzen Sie sich an Ihren Tisch und lesen Sie etwas. Ignorieren Sie den Hund konsequent. Denken Sie daran, was Ignorieren bedeutet (→ Seite 31). Erst wenn sich der Hund beruhigt und entspannt hat, ziehen Sie sich aus und verhalten sich wieder »normal«. Ihr Hund braucht auch jetzt keine besondere Aufmerksamkeit. Wenn das dauerhaft klappt, dann üben Sie weiter, wie oben beschrieben, aber immer in »Ausgeh-Outfit«. Das heißt also, dass Sie zunächst in ein anderes Zimmer gehen und dann, wenn das klappt, die Wohnung verlassen.

Bei unklarer Rangordnung und Langeweile:

▷ Sorgen Sie für mehr mentale und physische Auslastung (→ Kapitel 6).

▷ Trainieren Sie systematisch drinnen und draußen den Grundgehorsam.

▷ Überprüfen Sie die Rangordnung. Sie können den Hund dazu immer wieder eine gewisse Zeit in der Box lassen. Ohne Box sollten Sie ihn mit »Platz und Bleib« zunehmend länger auf seiner Decke ablegen, sofern er diese Übung beherrscht. Das »zwingt« den Widerspenstigen sozusagen, Sie in ein anderes Zimmer gehen zu lassen.

▷ Üben Sie täglich. Hat der Hund gelernt, innerhalb der Wohnung und in Ihrer Anwesenheit ohne Protest eine Zeit lang zu ertragen, dass Sie in einem anderen Raum sind, beginnen Sie kurz die Wohnung zu verlassen. Klappt das, dehnen Sie die Zeit Ihrer Abwesenheit allmählich aus.

Wichtig bei Protest, aber auch bei Trennungsangst: keine Verabschiedungs- und Begrüßungsszenen! Der Hund soll nicht das Gefühl haben, dass es etwas Besonderes ist, wenn er alleine bleibt, sondern es als etwas ganz Normales erleben.

Was Sie noch tun können:

▷ Auch wenn Sie außer Haus gehen, können Sie den Hund, wenn nötig, in der Box lassen. Unsicheren Hunden gibt das höhlenartige Gefühl oft Sicherheit. Ich persönlich würde den Hund aber nicht stundenlang darin lassen.

▷ Gehen Sie nie zu ihm zurück, wenn er jault! Er lernt sonst, dass jemand kommt, wenn er nur laut genug ist. Warten Sie immer so lange, bis er wenigstens einige Momente ruhig ist und er Ihr Zurückkommen nicht mehr mit dem Jammern verknüpft.

▷ Kratzt er während Ihrer Abwesenheit an der Tür, hilft ebenfalls eine Box. Sie können die Tür aber auch mit kratzfester Folie oder Ähnlichem bekleben. Im Fachhandel gibt es spezielle Pfotenschuhe, die vorübergehend helfen können. Gehört Ihr Vierbeiner zu den »ausziehfreudigen« Hunden, kombinieren Sie diese mit einem Maulkorb.

Angst vor Geräuschen

Versetzen alltägliche Geräusche wie Autos, Eisenbahn, Gewitter, Staubsauger usw. den Hund in Angst, bedeutet das viel Stress im Leben eines Vierbeiners. Inwieweit der Hund daran gewöhnt werden kann, hängt auch von seiner Veranlagung ab. Ein von Natur aus sensibler, geräuschempfindlicher Vierbeiner wird hier weniger Fortschritte machen als beispielsweise ein nervenstarker, unempfindlicher Hund, der reizarm aufgewachsen ist. Reagiert der Hund nur auf ein bestimmtes Geräusch beeindruckt, ist dies meist leichter zu beeinflussen als eine grundsätzliche Angst vor Geräuschen an sich.

Mögliche Ursachen

▷ Der Hund verbindet ein bestimmtes Geräusch mit einem negativen Erlebnis.

▷ Er wurde in der Welpenzeit zu wenig mit Geräuschen konfrontiert.

▷ Wenn Sie eine leichte Unsicherheit unbewusst belohnen, indem Sie den Hund zum Beispiel »trösten«, kann sich diese bis zur Angst steigern.

▷ Der Vierbeiner ist von Natur aus ängstlich und unsicher.

Ein plötzliches Geräusch darf den Hund kurz erschrecken. Reagiert er aber auf alle Geräusche mit Angst und Meideverhalten (Seite 268), bedeutet das für ihn viel Stress. ▽

Mögliche Lösungswege …

… bei Angst vor Geräuschen: Gewöhnen Sie den Hund langsam und über Hunger an das Angst machende Geräusch. Ist der Hunger groß genug und beginnt das entsprechende Geräusch relativ leise während des Fressens, kann der Vierbeiner es allmählich als positiv abspeichern.

▷ Wählen Sie die Geräuschstärke zunächst so, dass der Hund höchstens leichtes Unbehagen zeigt. Das heißt also, dass Sie zum Beispiel den Staubsauger in einem anderen Raum auf niedriger Stufe laufen lassen oder dass Sie zur Straße oder Bahnlinie einen Abstand einhalten, der weit genug ist.

▷ Allmählich verringern Sie mit zunehmender Gelassenheit des Vierbeiners den Abstand zur Geräuschquelle bzw. erhöhen die Lautstärke. »Allmählich« heißt hier, dass sich der Zeitraum je nach Hund und Ausmaß der Angst über Wochen oder gar Monate hinziehen kann.

… bei Angst vor Silvesterkrachern und Ähnlichem: Versuchen Sie zunächst, den Hund in der Wohnung mit Spielen oder über Füttern in eine entspannte STIMMUNG (Seite 273) zu versetzen. Für planbare »Events« wie etwa Silvester lassen Sie den Hund tagsüber hungern. Er bekommt sein Futter dann erst zum Jahreswechsel. Halten Sie sich dabei mit dem Hund in der Wohnung auf.

▷ Lässt sich der Hund durch nichts von seiner Angst ablenken, verhalten Sie selbst sich zumindest fröhlich bis völlig entspannt.

… bei Angst vor Gewittern und anderen Geräuschen, die Sie nicht gezielt herbeiführen können: In einer solchen Situation können manchmal CDs helfen mit Natursound, die es in Musikläden gibt. Gehen Sie auch hier wie oben beschrieben vor, das heißt, Sie spielen die CD mit der Gewitterstimmung leise ab, während der Hund frisst. Allmählich stellen Sie die Geräusche immer lauter.

TIPP

Zu viel Angst

Manche Vierbeiner haben so viel Angst, dass selbst nach diversen Versuchen, diese abzubauen, keinerlei Besserung in Sicht ist. In solchen Fällen gibt es keine weitere Alternative, als dem Hund die belastenden Situationen und somit eine ganze Menge Stress so weit als möglich zu ersparen.

Angst vor optischen Reizen

Manche Hunde zeigen sich optischen Reizen gegenüber unsicher bis ängstlich. Dabei kann es sich zum Beispiel um eine flatternde Folie, eine Tonne, die normalerweise nicht an dieser Stelle steht, und Ähnliches handeln.

Mögliche Ursachen

▷ Der Hund wurde als Welpe nicht genügend sozialisiert.

▷ Sie haben den Hund, als er erste kleine Unsicherheiten zeigte, »getröstet« und dadurch für dieses Verhalten unbewusst belohnt.

▷ Unsicherheit oder Angst sind angeboren.

Mögliche Lösungswege

▷ Reagiert der Hund nicht völlig panisch, ermuntern Sie ihn, das Objekt mit Ihnen zu erkunden. Lassen Sie ihn gegebenenfalls an der (lockeren!) Leine. Verhalten Sie sich selbst entspannt und fröhlich. Entspannt sich der Hund und geht mit Ihnen zum Objekt, belohnen Sie ihn mit Stimme und Leckerchen.

▷ Können Sie den Hund nicht dazu animieren, näher an das Objekt heranzugehen, oder reagiert er panisch, das heißt, möchte er die Flucht ergreifen, sollten Sie zumindest so lange in der Nähe des Objekts bleiben, bis der (angeleinte!) Hund sich einigermaßen entspannt hat. Vergrößern Sie die Entfernung zum Angst machenden Objekt gegebenenfalls. Suchen Sie die bewusste Stelle dann in den nächsten Tagen noch mehrmals auf und versuchen Sie jedes Mal, etwas näher heranzugehen. Achten Sie darauf, dass der Hund dabei deutlich hungrig ist. Wenn Sie das genannte Vorgehen planen können, dann lassen Sie den Hund, wenn nötig, einen Tag davor hungern. Keine Angst, er verhungert nicht. Ist der Hunger größer als die Angst, schafft es der Vierbeiner oft, seine Angst zu überwinden.

▷ Sofern machbar, legen Sie einige leckere Häppchen auf das »unheimliche« Objekt. Ermuntern Sie ihn dann, sich diese Häppchen zu holen. Ist es nicht möglich, einige Häppchen auf das Objekt zu legen, geben Sie ihm die Leckerchen, sobald er sich in der Nähe des Angst-Gegenstandes entspannt hat. Der Vierbeiner darf sich nicht von dem Gegenstand entfernen, solange er noch Angst zeigt.

Anspringen von Personen

Ihr Vierbeiner neigt dazu, Sie oder andere Personen bei jeder sich ihm bietenden Gelegenheit anzuspringen. Kaum jemand mag das, denn man trägt nicht immer »Hundekleidung«. Außerdem kann ein großer, kräftiger Hund auf diese Weise eine Person durchaus zu Fall bringen.

Mögliche Ursachen

▷ Der Hund ist sehr menschenfreundlich und möchte am liebsten jeden begrüßen.

▷ Der Vierbeiner ist sehr temperamentvoll.

▷ Er ist nervös, gestresst oder unsicher und springt hoch, um sich »Hilfe« bei Ihnen zu holen.

▷ Er wurde unbewusst fürs Hochspringen belohnt.

Mögliche Lösungswege

▷ Wenn Sie mit dem Hund unterwegs sind und ein mögliches »Opfer« nähert sich, rufen Sie Ihren Vierbeiner rechtzeitig zu sich und leinen Sie ihn an. Dadurch verhindern Sie, dass die Situation des Anspringens überhaupt eintritt und dass der Hund infolgedessen zu einem unerwünschten Erfolg kommt.

▷ Alle Familienmitglieder bzw. Besucher sollten sich jedes Mal kommentarlos abwenden und den Hund komplett ignorieren, wenn er zum Springen ansetzt. Dadurch lernt er mit der Zeit, dass ihm Springen keinerlei Aufmerksamkeit bringt, und er wird es lassen. Hört er auf damit und verhält sich eine Zeit lang ruhig, loben Sie ihn dafür, aber ebenfalls ruhig. Besonders wichtig ist dieses Vorgehen bei nervösen, gestressten und unsicheren Hunden. Hält sich der Besuch nicht daran, den Hund zu ignorieren, dann leinen Sie ihn besser an.

▷ Hat Ihr Hund einen entsprechenden Gehorsam und die nötige Ruhe, fordern Sie noch vor dem Anspringen ein Alternativverhalten, etwa »Sitz«, und loben Sie ihn dafür.

△
Wenn der Hund jemanden anspringt, ist jede Bewegung in seine Richtung, wie hier mit dem Arm, eine Form der Aufmerksamkeit und bestärkt ihn – selbst wenn man ihn nicht anschaut. Wenden Sie sich ab.

△
Übermäßiges Bellen am Gartenzaun muss nicht sein und führt häufig zu Problemen mit den Nachbarn. Lassen Sie einen solchen Hund nicht alleine im Garten.

Bellen

Wenn der Vierbeiner zwei-, dreimal bellt, wenn es klingelt oder jemand an Auto oder Zaun vorbeigeht, ist das noch okay. Bellt er aber deutlich mehr oder hört er gar nicht mehr auf, kann das nervtötend sein, Passanten durch Verbellen zu erschrecken.

Mögliche Ursachen

▷ Die Neigung zum Bellen ist angeboren. Das gilt zum Beispiel für Wachhund- und manche Jagdhundrassen. Aber auch viele Mischlinge bellen ausdauernd.

▷ Ihr Vierbeiner hat einen ausgeprägten Wachinstinkt.

▷ Sie haben das Bellen unbewusst belohnt, indem Sie den Hund beispielsweise »beruhigend« streichelten oder indem Sie aufgeregt zur Tür liefen, um schneller dort zu sein als der Hund, oder auch, indem Sie dem Vierbeiner nachgaben, als er bellend etwas von Ihnen forderte.

Mögliche Lösungswege …

… bei Bellen im Auto: Bringen Sie den Hund in einer Box unter und legen Sie eventuell eine Decke darüber, sodass sein Sichtkontakt nach draußen unterbrochen ist.

… bei Bellen am Zaun: Das ist zwar grundsätzlich normal, aber wenn häufig jemand vorbeigeht oder der Hund sich sehr hineinsteigert, könnten Sie mit den Nachbarn Probleme bekommen. Abgesehen davon erschrickt man als Passant ganz ordentlich, wenn man nichts ahnend die Straße entlanggeht und ein Hund bellend an den Zaun geschossen kommt. Er hat dann in seinen Augen auch noch Erfolg damit, denn er hat die Passanten ja »vertrieben« …

▷ Bringen Sie einen Sichtschutz an.

▷ Ziehen Sie in entsprechender Entfernung zum Zaun einen zusätzlichen Zaun, sodass der Hund nicht mehr bis zur Grundstücksgrenze kommt.

▷ Lassen Sie den Hund nicht alleine und längere Zeit im Garten.

▷ Verhindern Sie, dass er durch den Zaun hindurch womöglich geärgert wird, indem Sie den Hund nicht allein im Garten lassen.

▷ Verhindern Sie aber genauso, dass er von Nachbarn oder Passanten ein Häppchen bekommt, während er bellt, indem Sie dabeibleiben. Dadurch würde er für sein Verhalten auch noch belohnt werden.

… bei Bellen in der Wohnung:

▷ Verlegen Sie gegebenenfalls den Liegeplatz des Vierbeiners vom Eingangsbereich weg in einen strategisch unwichtigeren Bereich der Wohnung.

▷ Lassen Sie ihn sitzen oder im Platz liegen, dann bellen viele Hunde nicht oder weniger.

▷ Kann Ihr Vierbeiner apportieren, geben Sie ihm etwas zum Halten. Bekanntlich spricht es sich mit vollem Mund nicht gut …

Was Sie noch tun können:

▷ Lasten Sie den Hund genügend aus. Je weniger überschüssige Energie er hat, umso weniger »wartet« er auf Gelegenheiten, um mal richtig loslegen zu können.

▷ Festigen Sie seinen Gehorsam. Denn dann können Sie den Hund aus einer entsprechenden Situation abrufen und ihn ein Alternativkommando ausführen lassen, wofür er dann eine Belohnung erhält.

▷ Manchmal hilft es, das Bellen mit einem Hörzeichen zu verknüpfen, sodass der Vierbeiner nur auf Kommando bellt, aber auf ein Verbotswort hin auch wieder aufhört. Bellt er nicht mehr, hat er natürlich eine leckere Belohnung verdient.

▷ Unterbrechen Sie sein Verhalten mit einem scharfen Wasserstrahl aus einer Spritzpistole, den Sie auf die Ohren oder den Kopf richten. Der Hund darf aber nicht merken, dass Sie gespritzt haben.

▷ Haben Sie Ihren Vierbeiner auf die Disc-Scheiben (→ Seite 192) konditioniert oder benutzen Sie eine Wurfkette (→ Seite 226) in Verbindung mit einem ABBRUCHSIGNAL (Seite 258), wie »Nein« oder Ähnliches, dann können Sie auch diese Hilfsmittel verwenden, um das Bellen zu verhindern.

▷ Wenden Sie den Schnauzgriff samt knurrigem »Nein« an (→ Seite 30).

▷ Gehen Sie nicht darauf ein, wenn der Hund durch Bellen etwas von Ihnen fordert. Ignorieren Sie ihn dann so lange eisern, bis er sich einige Momente ruhig verhalten hat. Erst danach belohnen Sie ihn.

Buddeln

Manche Vierbeiner machen sich die Umgestaltung des Gartens zum Hobby – nicht immer zur Freude ihrer Zweibeiner.

Mögliche Ursachen

▷ Veranlagung – manche Hunde können einfach nicht anders.

▷ Langeweile: Ist der Hund zu sehr sich selbst überlassen oder unterfordert, ist Buddeln eine beliebte Alternativbeschäftigung.

Mögliche Lösungswege

▷ Buddelt Ihr Hund nur an bestimmten Stellen (Beet, bestimmte Pflanze), sollten Sie diese Bereiche ein oder zwei Sommer lang einzäunen. So hat der Hund keinen Erfolg mehr und »verlernt« das Buddeln eventuell wieder. Zäunen Sie solche einladenden Bereiche bereits beim Einzug des Welpen ein, dann kommt Ihr Kleiner gar nicht erst auf den Geschmack.

▷ Sorgen Sie durch Bewegung und Beschäftigung dafür, dass der Hund seine Energie sinnvoll abarbeiten kann.

▷ Lassen Sie den Hund nicht alleine im Garten. Können Sie das Graben nur erzieherisch verhindern, wenn Sie mit ihm im Garen sind, und kann der Hund wieder buddeln, wenn er alleine ist, dann war Ihre Mühe sehr wahrscheinlich umsonst. Es sei denn, Sie haben einen außergewöhnlich führigen Hund.

Bitte beachten Sie: Ein Garten ersetzt nicht die Beschäftigung mit dem Vierbeiner und auch nicht den Spaziergang. Wird ihm nämlich langweilig, sucht er sich eine Abwechslung nach seinem Geschmack.

▷ In hartnäckigen Fällen empfiehlt sich ein Sandkasten im Garten, in dem der Vierbeiner

TIPP

Bellen aus Unsicherheit

Bellt Ihr Hund aus Unsicherheit, zum Beispiel weil ihn eine Figur oder ein Mensch mit Kapuze verunsichert, hilft es nichts, ihm das Bellen zu verbieten. Lenken Sie in zunächst ab. Hat er sich beruhigt, erkunden Sie mit ihm die Situation oder lassen ihn, wenn möglich, Kontakt zu dem fremden Menschen aufnehmen.

△
Ignoriert der Hund Ihr Rückrufkommando, ist es höchste Zeit, etwas zu unternehmen. Meist steckt dahinter kein isoliertes Problem, sondern es gibt mehrere »Schieflagen« im Zusammenleben, etwa in der Rangordnung.

nach Herzenslust graben darf – aber nur dort. Gehen Sie mit ihm hin und zeigen Sie ihm, dass er dort buddeln darf. Um den Spaß zu erhöhen, können Sie Spielzeuge oder Futterbrocken für ihn dort vergraben, die er dann suchen darf.

Eigenständigkeit, zu große

Ein Vierbeiner, der zu eigenständig ist, richtet sich nicht nach seinem Menschen, ignoriert ihn gar, hört draußen nicht auf dessen Signale und entfernt sich zu weit von ihm. Tut der Hund überwiegend das, was er will, wirkt sich das in vielen Situationen des Alltags problematisch aus. Nicht selten führt es dazu, dass ein solcher Hund fast nur noch an der Leine bleiben muss.

Mögliche Ursachen

▷ Im Welpen- und Junghundealter wurde die Bindung nicht oder zu wenig gefördert. Das Zusammenleben ist für den Hund zu wenig interessant.

▷ Erziehung und Gehorsamstraining wurden vernachlässigt.

▷ Der Vierbeiner wird zu sehr verwöhnt und umsorgt. Daraus leitet er für sich eine höhere soziale Position innerhalb des »Rudels« ab.

▷ Der Mensch richtet sich nach seinem Hund statt umgekehrt und geht auf dessen Forderungen ein.

▷ Der Vierbeiner ist von Natur aus ein Typ, der sich nur wenig unterordnet.

▷ Er hatte zu wenig Menschenkontakt und lebte eventuell längere Zeit auf sich selbst gestellt. Das ist zum Beispiel bei vielen Straßenhunden der Fall.

Mögliche Lösungswege

▷ Üben Sie regelmäßig mit dem Hund den Gehorsam.

▷ Lassen Sie den Hund sich wirklich jedes Häppchen erarbeiten.

▷ Ignorieren Sie alle Aufforderungen, die vom Hund ausgehen, auch wenn es Ihnen zunächst schwer fällt. Fordern Sie ihn Ihrerseits gezielt zum Spielen, Streicheln, Spazierengehen usw. auf.

▷ Achten Sie auf ein souveränes Auftreten.

▷ Bauen Sie unterwegs häufig unangekündigte Richtungsänderungen ein (→ Seite 101).

▷ Gestalten Sie Spaziergänge interessant, sodass der Hund Spaß mit Ihnen hat. Finden Sie heraus, was er mag, also was er zum Beispiel am liebsten spielt, und fördern Sie dadurch gezielt die Bindung. Wie das geht, können Sie ab Seite 182 noch einmal nachlesen.

▷ Reicht das alles nicht, hilft das Training mit der langen Leine (→ Seite 224).

Forderndes Verhalten

Das eine oder andere Mal nachzugeben, wenn der Hund etwas von Ihnen möchte, ist in der

Regel kein Problem. Machen Sie es aber immer wieder und haben Sie einen willensstarken Vierbeiner, der diese Dinge systematisch ausnutzt und ausweitet, können Sie sich leicht einen Haustyrannen heranziehen. Der kratzt dann an der Tür und bellt, weil im Garten ein Vogel sitzt, der ihm nicht gefällt. Wenn er spielen möchte, zwickt er Sie ins Bein. Und sobald es Zeit für die Fütterung oder den Spaziergang ist, führt er sich auf. Ebenso, wenn Sie telefonieren oder sich anderweitig nicht mit ihm beschäftigen.

Mögliche Ursachen

▷ Wahrscheinlich haben Sie unbewusst fälschlicherweise das unerwünschte Verhalten belohnt.

▷ Sie vermenschlichen Ihren Hund.

▷ Die Rangordnung ist unklar oder falsch.

▷ Der Hund hat überschüssige Energie.

▷ Sie haben Ihren Vierbeiner zu wenig ausdauernd ignoriert. Dadurch hat der Hund die Erfahrung gemacht, dass er mit entsprechender Ausdauer und mit Nachdruck, beispielsweise durch Kratzen an der Tür, sein Ziel letztlich doch erreicht.

Mögliche Lösungswege

▷ Ignorieren Sie Forderungen des Hundes. Erinnern Sie sich: Ignorieren heißt, weder Blickkontakt noch etwas sagen und keine Bewegung in Richtung des Hundes, bis er das unerwünschte Verhalten einstellt!

Das heißt also, dass Sie zum Beispiel weitertelefonieren (kann auch ein gestelltes Telefonat sein) oder sich beispielsweise zur Spazier- oder Fütterungszeit bei Drängen des Hundes in Ihren Lieblingssessel setzen und Zeitung oder ein Buch lesen.

▷ Halten Sie durch, auch wenn sich das unerwünschte Verhalten zunächst eventuell noch steigert. Das kommt daher, weil der Hund bisher schon häufig erlebt hat, dass er mit entsprechendem Nachdruck Erfolg hat.

▷ Gehen Sie erst dann zum Beispiel mit ihm hinaus oder bereiten Sie sein Futter zu, wenn er sich vorher eine Zeit lang ruhig und »normal« verhalten hat.

▷ Verhindern Sie, dass der Hund etwas kaputtmachen kann, wenn er etwa an der Tür kratzt. Das bedeutet, dass Sie beispielsweise Türen abkleben oder etwas davorstellen.

▷ Loben Sie ihn gezielt und ruhig für erwünschtes Verhalten. So lernt der Hund rasch, für welches Verhalten er Aufmerksamkeit bekommt und wofür nicht.

Jagen

In jedem Hund schlummert als Erbe seines Stammvaters, des Wolfs, ein ▶ JAGDINSTINKT (Seite 266). Aber nicht bei jedem ist er gleich stark ausgeprägt. Es gibt sowohl rassespezifische Unterschiede, das sind Rassen, die gezielt für die Jagd gezüchtet wurden, als auch große Unterschiede innerhalb einer Rasse. Schwer kontrollierbar sind oft besonders solche Rassen, die einerseits einen starken Jagdinstinkt haben, andererseits aber nicht darauf gezüchtet wurden, eng mit dem Menschen zusammenzuarbeiten, wie zum Beispiel Meutehunde (etwa Beagles) oder nordische Rassen wie Huskys. Jagen ist eine besonders heikle Sache und lässt sich in »schweren« Fällen kaum zuverlässig in den Griff bekommen. Jagen ist selbstbelohnend, es verschafft dem Hund also Lust, egal, ob er Erfolg hat oder

◁ *Ihr Hund hört nicht, Sie laufen ihm deshalb nach: Damit zeigen Sie ihm Ihre »Machtlosigkeit«. Er lässt sich nicht erwischen und sieht in dem Ganzen womöglich noch ein nettes Fang-mich-Spiel. Oder er »denkt«: »Frauchen will auch dahin, wohin ich möchte, also los …«*

△

Gelegenheit macht Diebe! Neigt Ihr Hund zum Klauen, ist Situationsvermeidung oberstes Gebot. Ansonsten hat der Hund immer wieder unerwünschten Erfolg.

nicht. Und jede Jagd bestärkt ihn deshalb letztlich. Das gilt für das Verfolgen von Wild genauso wie für die »Jagd« auf Autos, Radfahrer, Jogger usw. Hat ein Hund allerdings noch Erfolg dabei und reißt zum Beispiel ein Huhn oder Reh, verschlimmert das die Problematik.

Mögliche Ursachen

▷ Der Hund hat einen stark ausgeprägten Jagd- und Beuteinstinkt (→ Seite 259).

▷ Er ist nicht genug ausgelastet.

▷ Der Gehorsam funktioniert nicht gut.

▷ Der Hund hat schon als Welpe und Junghund positive Erfahrungen mit Jagen gemacht, etwa durch das Aufscheuchen von Vögeln oder durch das Verfolgen flüchtender Katzen.

Mögliche Lösungswege

▷ Festigen Sie den Gehorsam und trainieren Sie das Kommen auf Signal (→ Seite 85) noch einmal systematisch und auch unter Ablenkung (→ Seite 111). Ein zuverlässiger Grundgehorsam ist eine der wichtigsten Voraussetzungen, um jagdlich passionierte Hunde kontrollieren zu können.

▷ Ignoriert Ihr Hund das Komm-Kommando häufig, wählen Sie ein neues aus. Verwenden Sie am besten eine Hundepfeife, sie wirkt viel eindringlicher (am besten zwei kurze Pfiffe nacheinander), und bauen Sie die Übung neu auf (→ Seite 85/86).

▷ Bringen Sie dem Hund außerdem bei, sich auf Entfernung auf einen langen Pfiff (ebenfalls mit der Hundepfeife) zu setzen oder zu legen. Häufig ist es nämlich einfacher, den Hund zu stoppen, als ihn zum Umkehren zu bewegen (→ Seite 137).

▷ Führen Sie den Hund über längere Zeit nur an der langen Leine und üben Sie wie auf Seite 224 beschrieben.

▷ Ist Wild oder ein beliebtes anderes »Jagdobjekt« (Jogger, Vögel) in Sicht, rufen Sie den Hund sofort zu sich, wenn nötig durch die Einwirkung an der langen Leine (→ Seite 224). Lassen Sie ihn bei sich sitzen und konzentrieren Sie seine Aufmerksamkeit mittels sehr leckerer Häppchen so lange auf sich, bis die »Beute« für ihn weit genug weg ist.

▷ Sitzt der Grundgehorsam auch unter »normaler« Ablenkung, sollten Sie gezielt in Situationen trainieren, die Ihren Hund zum Jagen verleiten. Rennt er zum Beispiel gerne Joggern hinterher, trainieren Sie an einer beliebten Laufstrecke mit Ihrem angeleinten Hund alle möglichen Kommandos wie Bei-Fuß-Gehen, Sitz und Platz, Bleib und Hier. Motivieren Sie ihn mit leckeren Futterhappen (etwa Käse, gegartes Hühner- oder Putenfleisch). Jagt er lieber tierische Beute, trainieren Sie zum Beispiel in der Nähe frei laufender Hühner oder Enten oder neben einer Schafkoppel. Regt sich Ihr Hund anfangs zu sehr auf, beginnen Sie das Training zunächst in größerer Entfernung und gehen mit der Zeit allmählich näher heran (→ Seite 104).

Was Sie noch tun können:

▷ Achten Sie beim Training darauf, dass Ihr Hund wirklich großen Hunger hat und sich begeistert auf Ihre Leckerchen konzentriert.

▷ Bei manchen Hunden hilft zusätzlich die Verwendung der Disc (→ Seite 192).

▷ Andere kann man nur mit Halti (→ Seite 223) frei laufen lassen.

▷ Solange sich Ihr Hund nicht zuverlässig abrufen oder stoppen lässt, sollten Sie ihn in entsprechenden Gegenden nicht frei laufen lassen. Für manche Hunde gilt das lebenslang.

Klauen von Lebensmitteln

Es gibt kaum einen Hund, der früher oder später nicht mal die Chance ergreift, sich von der Küchenanrichte oder vom Tisch selbst zu bedienen. Das führt zu mancher unliebsamen Überraschung ... Welche Maßnahme hier Abhilfe schafft, hängt vom Hund ab.

Mögliche Ursachen

▷ Der Hund hat keinen oder zu wenig Respekt vor seinem Besitzer.

▷ Der Vierbeiner wurde schon häufiger vom Tisch gefüttert.

▷ Er ist verwildert aufgewachsen und somit gewohnt, sich sein Futter selbst zu beschaffen.

▷ Häufig handelt der Hund nur aus reiner Gefräßigkeit.

Mögliche Lösungswege

▷ Schließen Sie die Türen zu Räumen wie Küche oder Speisekammer. Das gilt besonders während Ihrer Abwesenheit.

▷ Gelegenheit macht Diebe – lassen Sie nichts Essbares offen herumstehen, wenn Sie nicht anwesend sind.

▷ Binden Sie zum Beispiel Dosen, die Sie mit Steinen gefüllt haben, Topfdeckel oder Ähnliches an einen größeren »Köder«, den der Hund nicht auf einmal schlucken kann (große Wurst, harte Semmel oder Brot). Deponieren Sie diesen Köder so auf dem Esstisch oder auf der Arbeitsplatte, dass der Hund Sie dabei nicht beobachten kann. Dosen oder Topfdeckel sollten für den Hund nicht sichtbar sein, damit er diese Gegenstände nicht mit der Einwirkung in Verbindung bringt. Schnappt sich der Hund den Köder, folgt die ▶ »STRAFE (Seite 273) aus heiterem Himmel« – alles fällt klappernd zu Boden. Nehmen Sie dem Hund den »Köder« sofort ab – er darf ihn keinesfalls fressen und so womöglich doch noch ein Erfolgerlebnis haben! Ansonsten tun Sie nichts.

▷ Bei manchen Hunden reicht es, sie auf frischer Tat zu »ertappen« und noch bevor der Vierbeiner den Happen im Maul hat mit lautem »Nein« und Getöse ins Zimmer zu stürmen.

▷ Bettelt der Hund bei Tisch, ignorieren Sie ihn. Sie können ihn auch auf seinem Platz ablegen, während Sie essen – vorausgesetzt, er beherrscht diese Übung. Vergessen Sie dann aber bitte nicht, dieses Kommando nach dem Essen wieder aufzuheben.

▷ Knurren Sie den Vierbeiner nach Hundeart an, wenn seine Nase Ihrem Teller zu nahe kommt. Das hilft bei manchen Hunden.

▷ Falls der Gehorsam nicht sitzt und die Rangordnung nicht ganz stimmt, sollten Sie die Übungen dazu vertiefen und verbessern (→ Kapitel 3 und Seite 36).

▶ INFO

Unfälle mit Kindern

Kinder wirken auf viele Hunde anziehend – leider nicht immer positiv. Durch ihre Körpergröße und die Art, wie sie sich bewegen, lösen Kinder offenbar in manchen Hunden das Beutefangverhalten aus. Auch das Schreien eines Babys kann den Jagdinstinkt wecken. Ihre Attacken richten die Hunde dann bevorzugt auf den Kopf.

Spielen, zu wildes

Spielt Ihr Vierbeiner so wild, dass so manches Kleidungsstück daran glauben musste und seine Zähne auf Ihren Händen deutliche Spuren hinterlassen? Dann ist es höchste Zeit, das Spiel wieder in geordnete Bahnen zu lenken.

Mögliche Ursachen

▷ Dieses Verhalten ist angeboren, teilweise auch rassebedingt. Draufgängerische Rassen und solche mit Kampftriebveranlagung schlagen häufiger mal über die Stränge.

▷ Ihr Vierbeiner hat zu wenig Respekt vor Ihnen. Das kann daran liegen, dass ihm auch Ihr sonstiger Umgang mit ihm sagt, dass er der Nabel Ihrer Welt ist. Oder es handelt sich um einen sehr selbstbewussten Hund.

▷ Sie oder zum Beispiel auch Kinder spielen zu wild mit ihm.

▷ Der Vierbeiner ist nicht genug ausgelastet und hat zu viel überschüssige Energie.

▷ Er testet aus, wie weit er gehen kann.

Mögliche Lösungswege

▷ Brechen Sie das Spiel sofort und kommentarlos ab, wenn es zu wild wird, und ignorieren Sie den Hund. Bei manchen Vierbeinern reicht das bereits.

▷ Falls nicht, quittieren Sie sein Verhalten sofort, aber ohne Hektik mit einem dem Hund entsprechend mehr oder weniger ausgeprägten Schnauzgriff (→ Seite 30) samt einem sehr bestimmten, aber ruhigen »Nein«. Leckt der Vierbeiner nachher Ihre Hand oder geht weg, haben Sie richtig reagiert.

▷ Trauen Sie sich nicht, den Schnauzgriff anzuwenden, oder beeindruckt der Schnauzgriff den Vierbeiner nicht, verschaffen Sie ihm sachlich und emotionslos eine Auszeit in einer Box oder kurz in einem anderen Zimmer.

▷ Überdenken Sie Ihren Umgang mit dem Hund. Ist er derjenige, der meist den Ton angibt? Dann rate ich Ihnen, dies zu ändern.

▷ Spielen Sie nicht direkt mit dem Hund, sondern verwenden Sie dazu ein Objekt, zum Beispiel ein Ziehtau oder Ähnliches. Das eignet sich für Zieh-, Such- und Bringspiele. Ziehspiele machen Sie bitte nur, wenn sich der Vierbeiner nicht hemmungslos und ausgiebig knurrend hineinsteigert. Außerdem muss die Rangordnung klar sein, und er sollte auf Ihr Signal hin sofort auslassen.

▷ Sorgen Sie insgesamt für genügend Auslastung des Hundes.

▷ *Schon der Welpe muss lernen, dass Beißen und Zwicken auch im Spiel nicht erlaubt sind. Wird er zu frech, lenken Sie ihn durch ein Spiel mit einem Spielzeug ab, brechen das Spiel ganz ab oder wenden den Schnauzgriff an. Finden Sie heraus, was bei Ihrem Hund am besten wirkt.*

Streunen

Streunen kann schwerwiegende Folgen haben, wenn der Hund dadurch zum Beispiel einen Unfall verursacht. Außerdem wird der Vierbeiner zu eigenständig. Auch wenn er beispielsweise »nur« zum Nachbarshund spielen geht. So macht er die Erfahrung, dass er auch ohne Sie Spaß haben kann. Mancher Hundebesitzer mag das praktisch finden, aber wie Sie unterdessen wissen, wirken sich Alleingänge des Vierbeiners negativ auf die Bindung zwischen Hund und Mensch aus.

Mögliche Ursachen

▷ Dem Hund ist langweilig.

▷ Die Bindung an Sie ist mangelhaft.

▷ Er erlebt die »Ausflüge« als etwas Positives.

▷ Ihr Hund ist ein Rüde und auf dem Weg zu einer läufigen Hündin.

Mögliche Lösungswege

▷ Lassen Sie den Hund nicht allein oder längere Zeit im Garten.

△ *Mit einem Sprung ab in die Freiheit! Streunt Ihr Hund, sorgen Sie für einen ausbruchssicheren Garten und genügend Beschäftigung. Dann bleibt er wieder gern zu Hause.*

▷ Vermeiden Sie, dass der Hund Erfolg hat. Machen Sie Ihr Grundstück ausbruchssicher.

▷ Muss der Hund alleine bleiben, sollten Sie ihn zu Hause einsperren.

▷ Lässt sich das Grundstück nicht komplett einzäunen, trennen Sie zumindest einen Teil davon ab. So können Sie den Radius des Hundes begrenzen.

▷ Leinen Sie den Hund an, bevor Sie die Haustür bzw. das Gartentor öffnen. Muss eine der Türen länger offen bleiben, dann sollten Sie den Hund währenddessen in einem abgeschlossenen Raum unterbringen.

▷ Vertreiben Sie Langeweile, indem Sie mit Ihrem Hund gezielt spielen, ihn auch auf den Spaziergängen beschäftigen und regelmäßig seinen Gehorsam trainieren. Alles, was dem Hund Spaß macht, sollte er mit Ihnen erleben. Dann stimmt auch die Bindung wieder.

▷ Leidet Ihr Rüde unter einem besonders starken Fortpflanzungsinstinkt, hilft eine Kastration (→ Hypersexualität Seite 265).

Unrat aufnehmen und sich darin wälzen

Wälzt sich der Hund gern in ungenießbaren Dingen oder frisst er draußen alles, was ihm vor die Schnauze kommt, ist das für die meisten Hundehalter verständlicherweise ein Graus. Außerdem kann so manches, das der Vierbeiner sich auf diese Weise einverleibt, seiner Gesundheit schaden.

Mögliche Ursachen

▷ Das Verhalten, sich zu wälzen, ist angeboren; auch Wölfe wälzen sich. Manche Hunde zeigen es allerdings sehr intensiv und wälzen sich in allen möglichen Hinterlassenschaften, Jauche usw. Anderen wiederum gelüstet es nur nach frisch überfahrenen Fröschen oder

△
Soll der Hund lernen, keinen Unrat zu fressen, dann müssen Sie jetzt schnell reagieren: Er hat etwas Ungenießbares wahrgenommen und konzentriert sich darauf, hat aber noch nichts davon im Maul.

dergleichen. Es gibt aber auch Hunde, die gar keinen Drang dazu verspüren. Den wirklichen Sinn dieses Verhaltens haben die Forscher noch nicht genau entschlüsseln können.

▷ Junge Hunde fressen oft recht ausgeprägt Unrat. Dies verliert sich meist mit zunehmendem Alter. Aber leider nicht immer.

▷ Manchmal ist ein Nährstoffmangel die Ursache dafür, meist aber liegt eine individuelle Neigung zugrunde. Ob Erziehungsmaßnahmen fruchten, hängt vom Hund und vom richtigen Timing des Korrigierens ab.

Mögliche Lösungswege

Beobachten Sie den Hund unterwegs genau, aber unauffällig: Ist er im Begriff, sich hinzulegen, oder will er etwas vom Boden aufnehmen, muss sofort die Einwirkung kommen – also bevor er liegt oder etwas im Maul hat.

▷ Ist der Gehorsam nicht zuverlässig, laufen Sie aufgeregt in die entgegengesetzte Richtung weg oder untersuchen Sie mit spannender Stimme den Boden neben sich. Kommt der Hund dann aus Neugierde zu Ihnen, muss es sich natürlich für ihn in Form von Leckerchen oder Spielzeug lohnen.

▷ Intensivieren Sie den Gehorsam des Hundes, sodass Sie ihn rechtzeitig (→ oben) zu sich rufen oder auf Entfernung sitzen lassen können. Dieses Alternativverhalten müssen Sie dann ausgiebig belohnen.

▷ Führen Sie ein Abbruchsignal (→ Seite 258) ein. Reicht das nicht, versuchen Sie es mit der Konditionierung eines Verbotswortes, kombiniert mit einer negativen Einwirkung, zum Beispiel einer Wurfkette (→ Seite 226).

▷ Mit dem folgenden Training können Sie nur das Fressen von Unrat beeinflussen. Dazu legen Sie dem Hund ein Halti an. Dann gehen Sie gezielt zu »Ködern«, die Sie zuvor ausgelegt hatten. Sobald er den Köder wahrgenommen hat, lassen Sie ihn dort jedes Mal sitzen. Belohnen nicht vergessen! Ziel dieser Übung ist nach entsprechend langer Zeit, dass sich der Hund auch frei laufend von selbst setzt, sobald er Unrat wahrnimmt.

Ganz gierige Hunde tragen unterwegs einen Maulkorb, auch um Gesundheitsschäden etwa durch Fressen von Steinen oder Ähnlichem zu verhindern. Gleichzeitig ist es ratsam, dann den Hund ein Alternativkommando (»Hier« oder »Sitz«) ausführen zu lassen und ihn dafür zu belohnen.

Unruhiges Verhalten

Manche Vierbeiner lieben es, im Mittelpunkt zu stehen. Besonders wenn Besuch da ist oder wenn sie selbst mit zu Besuch oder in einem Lokal sind. Dann sollte sich am besten alles um sie drehen. Sie zerren hierhin und dahin, belästigen Personen oder jaulen usw. Das kann nervig sein, nicht nur für den Besitzer.

▷ Bei nächtlichen Problemen begrenzen Sie den Radius des Welpen, indem Sie ihn in eine Box setzen (→ auch Seite 75). Dadurch bekommen Sie mit, wenn er unruhig wird, und können ihn hinausbringen.
▷ Vermeiden Sie Fehlverknüpfungen des Hundes (→ Seite 250), indem Sie ein entdecktes Malheur kommentarlos beseitigen. Strafen, egal welcher Art, sind kontraproduktiv, denn der Vierbeiner bezieht sie auf das Sich-Lösen an sich, und nicht darauf, dass er es zu Hause nicht darf. Vermuten Sie bei Ihrem Hund eine Fehlverknüpfung, reparieren Sie das Vertrauensverhältnis durch viel positive Beschäftigung. Loben Sie ihn überschwänglich, falls er sich draußen löst. Ist seine Angst sehr stark ausgeprägt, wenden Sie sich bitte an einen Verhaltenstherapeuten.

△
Verteidigt ein Hund sein Spielzeug derart aggressiv, ist etwas schief gelaufen. Fühlen Sie sich dem Hund gegenüber unsicher, suchen Sie rasch kompetenten Rat.

Verteidigen von Futter und Spielzeug

Wenn der Hund sein Futter oder Spielzeug verteidigt, kann das so weit gehen, dass er zubeißt, wenn Sie es ihm nehmen möchten. Am besten steuern Sie mit den unten angegebenen Lösungsmöglichkeiten schon gegen, wenn der Hund dieses Verhalten nur in Ansätzen zeigt. Hat sich das Problem aber bereits verstärkt, ist ein längeres Training nötig, um dieses Verhalten wieder zu korrigieren. Zusätzlich zu den folgenden Tipps sollten Sie einen Verhaltenstherapeuten zurate ziehen, wenn Sie das Gefühl haben, das Problem nicht allein bewältigen zu können.

Mögliche Ursachen
▷ Der Welpe probiert einfach mal aus, ob er damit Eindruck machen kann.
▷ Ihr Hund hatte bereits als Welpe mit Knurren an Futternapf oder Spielzeug Erfolg, weil Sie ihn dann in Ruhe ließen.
▷ Er hatte schon in anderen Situationen erlebt, dass sein Drohverhalten beeindruckt.
▷ Ein verwildert aufgewachsener Hund musste sich, bis er zu Ihnen kam, die Nahrung meist selbst beschaffen und unter Umständen auch gegen andere verteidigen. Deshalb reagiert er futteraggressiv.
▷ Auch eine generell unklare oder falsche Rangordnung kann der Grund sein.
▷ Dem Hund wurde von Anfang an alles Mögliche häufig und grob abgenommen.
▷ Der Hund darf sich immer sofort auf sein Futter stürzen, er hat also nicht gelernt zu warten, bis er die Genehmigung bekommt.
▷ Die Neigung, Futter oder Spielzeug zu verteidigen, kann auch angeboren sein.
▷ Ist eine Hündin ausgeprägt scheinträchtig, kann es sein, dass sie eine »Wurfhöhle« baut und darin »Ersatzwelpen« sammelt – meist Spielzeuge und ähnliche Gegenstände, die sie dann aus ihrem Brutpflegeinstinkt heraus verteidigt.

Mögliche Lösungswege
▷ Knurrt der Welpe am Futternapf, nehmen Sie ihm den Napf, verbunden mit einem Verbotswort, sofort weg. Ob Sie dazu noch den Schnauzgriff (→ Seite 30) anwenden oder den Frechdachs am Nackenfell wegheben, richtet

sich nach dem Hund und Ihrem eigenen »Mut«. Sie sollten sich dabei sehr souverän und bestimmt, aber keinesfalls nervös oder hektisch verhalten. Reagiert der Kleine wieder freundlich, stellen Sie den Napf wieder hin. Oft ist das Problem mit einer einmaligen Korrektur schon erledigt. Ansonsten wiederholen Sie das Ganze.

▷ Oder Sie setzen sich neben den Futternapf auf den Boden und geben mit der Hand immer nur ein paar Bröckchen in den Napf. Hat der Welpe diese kleine Portion gefressen, folgen die nächsten Bröckchen. Knurrt er, ist die Mahlzeit damit, und so womöglich schon nach den ersten Häppchen, beendet. Stehen Sie dann auf. Der Frechdachs hat erst bei der nächsten Mahlzeit wieder eine neue Chance. Dieses Vorgehen können Sie auch bei einem älteren Hund versuchen, sofern er nur knurrt und nicht übermäßig verteidigt.

▷ Lassen Sie Ihren Hund sitzen, bevor Sie den Napf auf den Boden stellen oder ihm einen Kauknochen geben. Erst wenn Sie nach einigen Momenten mit einem festen Hörzeichen (etwa »Nimms«) oder Ihrem normalen Auflösungshörzeichen (→ Seite 85) die Erlaubnis geben, darf der Hund an den Napf oder seinen Knochen. Falls Sie gerade das Kommen über die Mahlzeit trainieren, geben Sie dem Hund zuerst für das Kommen ein paar Happen aus der Hand und lassen ihn anschließend vor dem Napf warten.

Sind Sie unsicher, ob Ihr Vierbeiner aggressiv reagiert, binden Sie ihn so fest, dass er nicht zum Napf gelangen kann, solange Sie ihm diesen nicht hinschieben. Knurrt er, während Sie ihm den Napf hinschieben, rücken Sie diesen wieder weit genug weg. Knurrt er während des Fressens, schieben Sie den Napf, eventuell mit Hilfe eines Besens oder von etwas Ähnlichem, weit genug weg vom Hund.

▷ Verteidigt der Hund sein Futter sehr stark, füttern Sie ihn über längere Zeit nur aus der Hand. Wenn nötig, trägt er dabei einen Maulkorb. Legen Sie ihm diesen aber schon lange vor dem Füttern an (→ Seite 227).

▷ Füttern Sie den Hund nicht mehr in der Küche, sondern an einer Stelle, die er nicht mit Futter in Verbindung bringt.

▷ Ihr Vierbeiner bekommt natürlich nichts vom Tisch oder einfach zwischendurch und muss sich jedes Häppchen »erarbeiten«, indem er vorher irgendeine Übung ausführt.

▷ Verteidigt er bestimmtes Spielzeug oder Kauknochen sehr ausgeprägt, räumen Sie diese Dinge weg. Der Hund bekommt längere Zeit keine Gelegenheit mehr dazu. Trainieren Sie mit unwichtigeren Dingen. Sobald er die Übung befolgt hat, bekommt er leckere Häppchen zum Tausch für die unwichtigeren.

▷ Vertiefen Sie den Gehorsam und überprüfen Sie die Rangordnung.

▷ Ihrer scheinträchtigen Hündin nehmen Sie am besten die Ersatzwelpen ab und lenken sie durch Beschäftigung ab. Auch eine medikamentöse Behandlung ist möglich.

Zerstörungswut

Neigt Ihr Hund dazu, Gegenstände anzukauen, sorgt das nicht selten für böse Überraschungen. Frisst der Hund dann womöglich noch ungenießbare Teile, kann er seine Gesundheit gefährden.

Mögliche Ursachen

▷ Der Junghund ist gerade im Zahnwechsel.

▷ Dem Hund ist langweilig.

▷ Damit protestiert der Hund gegen das Alleinbleiben.

▷ Dies ist eine individuelle Neigung – manche Vierbeiner machen das einfach von klein an mehr als andere, viele machen von klein an gar nichts kaputt.

Mögliche Lösungswege

▷ Verhindern Sie entsprechende Gelegenheiten. Bleibt der Hund alleine zu Hause, sollten Sie ihm nicht zu allen Räumen Zugang gewähren. Die Diele oder ein geräumigerer Windfang reichen. Bringen Sie gefährdete Dinge wie Schuhe, Stühle oder Teppiche und Ähnliches außer Reichweite des Hundes.

▷ Sind die Spielzeuge Ihrer Kinder seine bevorzugten Objekte der Zerstörungswut, sor-

△ *Zerlegt der Hund die Wohnungseinrichtung, ist das wenig erfreulich. Als Grund für dieses Verhalten können Langeweile, aber auch Protest infrage kommen.*

gen Sie dafür, dass sich diese Spielsachen möglichst im Kinderzimmer befinden und die Tür geschlossen ist.

▷ Knabbert der Hund etwa immer an demselben Möbelstück, blockieren Sie ihm den Zugang mit einem großen Blumentopf oder Ähnlichem. Im Zoofachhandel gibt es Bitterstoffe, die man auf solche Gegenstände aufbringen kann, um dem Hund das Knabbern zu verleiden. Das wirkt aber nicht bei allen.

▷ Geben Sie dem Hund regelmäßig Ochsenziemer, Büffelhautknochen oder Ähnliches zum Kauen. Das beschäftigt ihn und pflegt sein Gebiss. Besonders im Zahnwechsel kann das Kaubedürfnis erhöht sein.

▷ Zerstörungswut ist häufig Zeichen von Unterforderung. Nehmen Sie sich mindestens einmal täglich Zeit, um mit Ihrem Hund ausgiebig zu spielen. Außerdem muss er sich je nach Rasse mindestens einmal täglich draußen so richtig auspowern können – mal im Spiel mit anderen Hunden, mal gemeinsam mit Ihnen, etwa indem Sie gemeinsam joggen oder, je nach Hund, auch Rad fahren. Sorgen Sie für genügend mentale Auslastung. Mit etwas Geschick lässt sich zum Beispiel im Garten oder im Flur der Wohnung ein kleiner Hindernisparcours aufbauen. Apportieren oder Fährtensuche sind je nach Hund ebenfalls gut geeignet. Auch regelmäßiges Gehorsamstraining fördert die Auslastung. Man unterschätzt häufig, wie stark die Arbeit mit dem Hund dessen Energien abbauen hilft. Wenn ich beispielsweise mal nicht viel Zeit für einen Spaziergang habe, dann trainiere ich mit meiner Hündin eine halbe Stunde intensiv. Das ist mindestens genauso viel wert wie ein längerer Spaziergang.

10 Fragen zu Problemen

Unser Sammy geht angeleint auf andere Hunde los. Wenn er mal sitzen bleibt, kann ich ihn dann loben?
Möchte man einen Hund für das Ausbleiben unerwünschten Verhaltens loben, muss man immer genau schauen, was er stattdessen macht. Bleibt Sammy zwar sitzen, fixiert aber seinen »Gegner«, eventuell noch leise knurrend, und Sie loben ihn dafür, dann bestätigen Sie ihn so eigentlich wieder für beginnendes aggressives Verhalten. Loben können Sie ihn, wenn er statt auf den Artgenossen auf Sie achtet oder entspannt und ohne Fixieren und Ähnliches am anderen Hund vorbeigeht.

Wenn ich mit meinem Ricky üben möchte, beißt er oft in die Leine und springt herum. Kann ich das abstellen?
Bleiben Sie stehen, behalten Sie die Leine in der Hand und ignorieren Sie Ricky. Bekommt er keinerlei Aufmerksamkeit (das will er nämlich), wird er es über kurz oder lang sein lassen. Sind Sie souverän genug, dann reagiert er vielleicht auch auf ein ihm bekanntes Abbruchsignal (→ Seite 85). Auch das Fordern eines Alternativverhaltens wäre eine Option.

▷

Reitet ein Hund auf einen anderen auf, ist das meist eine Dominanzgeste. Dies gibt es nicht nur zwischen Hündin und Rüde, sondern auch zwischen gleichgeschlechtlichen Hunden.

Was tue ich, wenn unser Hund an meinem Bein »klammert«?
Ist Ihr Hund nicht hypersexuell, ist Aufreiten eine Dominanzgeste. Sie sollten ihm das, wenn nötig, mit einem Schnauzgriff verbieten. Belohnen Sie ihn anschließend für ein Alternativverhalten (etwa »Sitz«).

Wir bekommen bald Nachwuchs und haben bemerkt, dass unser Pete bei Bekannten auf ein weinendes Baby angespannt reagiert und danach schnappen will. Was können wir tun?
Nehmen Sie das sehr ernst. Intensivieren Sie den Gehorsam, damit Sie Pete jederzeit unter Kontrolle haben. Überprüfen Sie die Rangordnung. Kinder- und Ihr Schlafzimmer sind für ihn ab sofort tabu. Gewöhnen Sie ihn schon jetzt an einen Maulkorb. Besorgen Sie sich eine »weinende« Puppe, ziehen sie dieser getragene Babykleidung an und beschäftigen Sie sich mit ihr wie mit einem Baby. Schreit die Puppe, unterbrechen Sie unerwünschtes Verhalten mit einem Abbruchsignal und belohnen Pete für ein Alternativverhalten (etwa »Sitz« oder »Platz«). Lassen Sie Hund und Kind nie unbeaufsichtigt! Eventuell müssen Sie den Hund abgeben.

Unsere beiden Vierbeiner geraten zurzeit immer wieder mal aneinander. Sollten wir sie das unter sich ausmachen lassen?
Das ist nicht ratsam, da es dabei immer wieder zu Eskalationen kommen kann. Hier sollten Sie den »Oberhund« spielen und Grenzen setzen. Unterbrechen Sie drohende Konflikte und verschaffen Sie den Kontrahenten Auszeiten auf ihren Hundebetten. Überlegen Sie, woher die Konflikte kommen. Gestatten Sie eventuell dem Rangniedrigeren Privilegien, die ihm gar nicht zustehen würden?

Damit eine solche Situation gar nicht erst entsteht, lenken Sie die Aufmerksamkeit Ihres Hundes rechtzeitig auf sich.

Unsere 14 Wochen alte Amy liegt gern in einem Gartensessel. Wenn ich sie herausheben möchte, fletscht sie die Zähne und knurrt. Soll ich sie liegen lassen?
Amy wird ab sofort in gar keinem Gartensessel mehr liegen. Nehmen Sie sie entschlossen heraus und befördern Sie sie auf den Boden. Achten Sie insgesamt mehr darauf, dass der Welpe Grenzen gesetzt bekommt. Auch wenn Amy knuddelig aussieht – sie ist schon ein »richtiger« Hund!

Ich habe einen Hund aus dem Tierheim und weiß nicht, welche Kommandos er vorher schon kannte. Was kann ich tun?
Probieren Sie unsere gängigen Worte oder auch Sichtzeichen einfach aus. Reagiert er darauf, loben Sie ihn. Falls er aus dem Ausland stammt, werden Sie kaum feststellen können, welche Signale er eventuell gelernt hat. Dann beginnen Sie einfach neu und bringen ihm die bei, die Sie möchten.

Unser erwachsen übernommener Hund aus schlechter Zucht hat Angst vor meinem Mann, der optisch dem Züchter ähnelt, und knurrt ihn dann auch an. Bisher hat der ihn dann geschimpft. War das richtig?
Nein, der Hund wird so für seine angstbedingte Reaktion noch bestraft – sein Misstrauen wächst. Ihr Mann sollte den Hund überhaupt nicht mehr beachten, nicht direkt auf ihn zugehen, ihn nicht direkt ansehen. So lernt der Hund, dass er ihm nichts tut. Entspannt sich der Hund und verringert vielleicht von sich aus mit der Zeit die Distanz, kann ihn Ihr Mann aus der Hand füttern, darf ihn aber dabei nicht ansehen.

Mein Rocco hat mich kürzlich offensiv angeknurrt. Was tut man dann am besten?
Ist die Rangordnung grundsätzlich in Ordnung, das Drohen nicht stark, dann reicht unter Umständen schon ein Klaps unter das Kinn und ein strenger Blick. Sind Sie sich dem Hund gegenüber unsicher und ist die Rangordnung unklar, sollten Sie direkte Konfrontation vermeiden. Tun Sie entweder so, als hätten Sie nichts bemerkt, oder fordern Sie ein Alternativverhalten. Rufen Sie den Hund zum Beispiel zu sich und gehen Sie ein Stück bei Fuß, wobei Sie ihn ab und zu sitzen lassen. Loben Sie ihn dafür.

Die meisten Hunde fahren gern Auto. Manche vertragen es aber trotz langsamer Gewöhnung und leerem Magen eher schlecht.

Bei den ersten Autofahrten erbrach sich unser Hund. Das ist jetzt vorbei, er hat aber trotzdem Angst vor dem Fahren. Was können wir tun?
Füttern Sie den Hund zunächst im stehenden Auto und bleiben sie mit ihm so lange darin, bis er sich entspannt hat. Geht das einige Male, dann machen Sie das Gleiche bei laufendem Motor. Bleibt er auch in dieser Situation entspannt, unternehmen Sie kurze Fahrten bei moderatem Fahrstil. Am Ende sollte immer ein Highlight für den Hund folgen.

Quickfinder von A bis Z

Von A wie Abbruchsignal bis Z wie Zwang finden Sie im Quickfinder alle Begriffe, die für Sie bei der Erziehung Ihres Vierbeiners wichtig sind. Jeder Begriff liefert Ihnen praxisnahe Basisdaten und interessantes Hintergrundwissen. Wenn Sie sich ausführlich informieren wollen, kommen Sie über die Verweise auf die zugehörigen Kapitel- und Textstellen sofort zum Ziel.

ABBRUCHSIGNAL	Quickfinder-Begriff
⑦ **Bellen,** *Seite 241*	Ziffern im Kreis, Titel und Seitenzahl verweisen auf Kapitel und Textstellen, die den Quickfinder-Begriff behandeln.
SIGNAL (Seite 272)	Verweis auf weiterführende Quickfinder-Begriffe

ABBRUCHSIGNAL

Ein Abbruchsignal sagt dem Hund, dass er sofort mit dem, was er in dem Moment tut, aufhören soll. Das geschieht zum Beispiel mit einem SIGNAL (Seite 272), auf das der Hund über Schreck oder Frustration konditioniert wird. Ein solches Signal wird emotionslos und sachlich gegeben, weil es seine Bedeutung ja durch die Verknüpfung von Frust oder Schreck bekommen hat. Auf der anderen Seite kann man dem Vierbeiner auch durch deutliches Räuspern, Knurren, ein strenges »Nein« oder ein ähnliches Hörzeichen, verbunden mit einem entsprechenden Blick und ebensolcher Körperhaltung, zu verstehen geben, dass er etwas nicht tun soll.

⑦ **Bellen,** *Seite 241*

AHNENTAFEL

Hunde, die aus einem dem VDH (Seite 275) angeschlossenen Zuchtverband stammen, bekommen automatisch eine Ahnentafel. In dieser sind verschiedene Daten aufgeführt. Neben Namen und Anschrift des Züchters, seines Zwingernamens, dem Wurfdatum des Hundes samt Mikrochip- und/oder Tätowiernummer, zum Teil Anzahl und Namen der Wurfgeschwister finden Sie darin die Namen der letzten vier Generationen samt der dazugehörigen Daten, wie Gesundheitsergebnisse, Prüfungen und Ausstellungsergebnisse. Bei Rassen mit Arbeitsprüfungen ist auch die Zuchtart vermerkt, also ob es sich zum Beispiel um eine Leistungszucht handelt.

③ **So hört der Welpe auf seinenNamen,** *Seite 76*

APPORTIEREN

Kommt von lateinisch *apportare* = herbeischaffen, heranbringen. Apportieren ist eigentlich eine hohe Form von Gehorsam, da es in der Natur zwar üblich ist, Beute zu tragen, aber nicht, sie einem anderen zuzutragen und abzugeben (außer beim Füttern der Jungtiere). Gezielt züchterisch gefördert wird der »Bringtrieb« besonders bei vielen Jagdhunderassen, da sie geschossenes Wild wie Enten, Füchse oder Hasen auffinden und zum Jäger bringen müssen.

⑥ **Richtig apportieren lernen,** *Seite 196*

ARBEITSPASSION

Ein Hund mit Arbeitspassion hat schon von seinen Anlagen her einen hohen Willen, etwas »arbeiten« zu wollen, und zeigt rassespezifisch entsprechende Eigenschaften. So bedeutet »Arbeiten« bei Schlittenhunden etwa den unbedingten Willen zu rennen, bei vielen Jagdhunden zum Beispiel ausdauerndes Suchen und Stöbern oder Aufnehmen von Wildfährten. Oder beispielsweise ausgeprägtes Hüteverhalten beim Border Collie, bei Schutzhunderassen entsprechende Bereitschaft zum Bewachen und Verteidigen usw. Einem Hund mit Arbeitspassion muss man seine Aufgaben nicht erst mühsam beibringen, sondern die Anlagen »nur« in die richtigen Bahnen lenken. Wird ein solcher Hund jedoch permanent unterfordert, weil er zum Beispiel als »arbeitsloser« FAMILIENHUND (Seite 262) gehalten bzw. falsch ausgebildet wird, können sich daraus viele Probleme im Alltag ergeben.

⑦ **Ursachen für Fehlverhalten,** *Seite 229*

AUSDRUCKSVERHALTEN

Darunter versteht man alle Möglichkeiten des Hundes zu kommunizieren: also Körpersprache (optische Kommunikation), Lautsprache (akustische Kommunikation), Geruchsbotschaften setzen (olfaktorische Kommunikation) und Berührungen (taktile Kommunikation). Die Welt der Gerüche wird sich dem Menschen aber wohl nie ganz erschließen.

② **Die Körpersprache des Hundes,** *Seite 45*

BEDINGTER REIZ

Ein für den Hund zunächst neutrales Geräusch oder etwas Ähnliches (zum Beispiel ein Klingelton) wird regelmäßig mit einem ▶ UNBEDINGTEN REIZ (Seite 275), etwa Futter, also einem Reiz, der beim Hund grundsätzlich eine bestimmte Reaktion auslöst (beispielsweise Speichelfluss), kombiniert. Nach einer gewissen Zeit löst der zuvor neutrale Reiz auch ohne den unbedingten Reiz die Reaktion aus, wird also zum bedingten Reiz. Der Hund wird auf den bedingten Reiz ▶ KONDITIONIERT (Seite 267). Ein Beispiel aus dem Alltag soll dies verdeutlichen: Sie ziehen die »Hunde-Ausgehjacke« an, der Vierbeiner weiß sofort, dass es jetzt hinausgeht, und freut sich.

① **Auf welche Weise lernt der Hund?** *Seite 26*

BEISSHEMMUNG

Viele Hundehalter gehen davon aus, dass Hunde gegenüber Artgenossen und Menschen eine angeborene Beißhemmung haben. Die Beißhemmung, das heißt, dass Hunde unter normalen Umständen weder Artgenossen noch Menschen beißen, müssen Vierbeiner aber erst im Lauf der Sozialisierung erlernen. Und zwar, indem sie die Erfahrung machen, dass zu grobes eigenes Verhalten eine negative Reaktion (zum Beispiel den ▶ SCHNAUZGRIFF, Seite 271) zur Folge hat bzw. dass der Spielpartner nicht mehr weiterspielt. Angeboren ist lediglich eine Beißhemmung gegenüber den eigenen Jungtieren.

⑥ **Warum spielen Hunde?** *Seite 185*

BESCHWICHTIGUNGSGESTE

Unter diesem Begriff werden alle Signale zusammengefasst, die der Hund aussendet, um auf ▶ DOMINANZGESTEN (Seite 261) des Gegenübers beschwichtigend zu wirken, also auch Signale aus der aktiven und passiven Unterwerfung. Dazu gehören: den Blick abwenden, ausweichen, gähnen, züngeln, pföteln, auf dem Boden schnüffeln, kratzen usw. Beschwichtigungsgesten werden aber auch gezeigt, wenn der Hund in einem inneren Konflikt oder unter Stress steht oder verunsichert ist. Er braucht also nicht immer einen Adressaten. Um sie richtig zu deuten und nicht überzubewerten, muss stets die Situation und die übrige Körpersprache des Hundes mit berücksichtigt werden. Bei weitem nicht jedes Schnüffeln am Boden oder Lecken über die Schnauze usw. hat eine tiefere Bedeutung.

② **Konflikt- und Beschwichtigungssignale,** *Seite 62*

BEUTEINSTINKT

Dieser Instinkt hängt mit dem ▶ JAGDINSTINKT (Seite 266) zusammen und veranlasst den Hund, auf einen bestimmten Reiz hin (etwa Bewegung) die flüchtende »Beute« zu packen und festzuhalten und, in der Natur, letztlich zu töten. Der Beuteinstinkt ist nicht bei allen Hunden gleich ausgeprägt. Aber je stärker dies der Fall ist, umso leichter ist er durch einen entsprechenden Reiz auszulösen. Ein ausgeprägter Beuteinstinkt kann auch damit gekoppelt sein, die Beute zu verteidigen. In der Ausbildung wird er unterschiedlich genutzt. So sollten sich zum Beispiel beim Apportierhund Beute- und Bringinstinkt die Waage halten, wohingegen man etwa in der Schutzhundeausbildung Wert darauf legt, dass der Hund um seine Beute kämpft.

⑤ **Achtung, Sportler!** *Seite 157*

BINDUNG

Sie ist die Grundlage für das Zusammenleben von Mensch und Hund. Stabilisiert wird die Bindung zwischen Vier- und Zweibeiner unter anderem durch Spielen und Körperkontakt. Grundsätzlich ist der Hund sehr bindungswillig, da er von seiner Art her auf eine soziale Gemeinschaft angewiesen ist. Die Bindung darf aber nicht so eng sein, dass der Hund ohne Bezugsperson völlig hilflos ist, sollte allerdings so stark sein, dass sich der Vierbeiner vertrauensvoll an seinem Menschen orientiert.

③ **Eine positive Bindung aufbauen,** *Seite 78*

BODENSTRUKTUREN

Da unsere Haushunde mit den unterschiedlichsten unnatürlichen Untergründen, wie glatten Holz- und Steinböden, verschiedensten Arten von Treppen usw., zurechtkommen müssen, sollten sie schon im Welpenalter vieles davon kennen lernen. Sobald der Hund angstfrei über alle möglichen Böden geht, sollten Sie die Gehorsamsübungen, die zu Hause gut klappen, auf vielen Böden und Untergründen trainieren. So wird der Vierbeiner auf jedem Terrain sicher und gehorsam.

③ **Das Hundekind mit verschiedenenBöden vertraut machen,** *Seite 73*

BOX

Boxen gibt es in vielerlei Ausführungen aus Kunststoff oder Metall. Richten Sie sich bei der Auswahl danach, ob Sie sie nur für den Welpen haben möchten oder auch für den erwachsenen Hund. Ein Kriterium ist auch, ob die Box nur für im Haus gedacht ist oder auch im Auto eingesetzt wird. Zur Orientierung: Meine Hündin (Labrador) hat 56 cm Schulterhöhe und ist eher leichter gebaut. Die Box hat die Maße 90 x 60 x 70 cm (Länge x Breite x Höhe). Das heißt, die Box ist so groß, dass der Hund bequem darin liegen und aufrecht sitzen kann. Die Vorderseite ist abgeschrägt, so passt sie ins Heck des Autos.

③ **Zum Lernen in die Box,** *Seite 75*

DOMESTIKATION

Kommt von lateinisch *domus* = das Haus. Domestikation bedeutet »Haustierwerdung«. Dies beschreibt also die Entwicklung eines Wildtieres zum Haustier. Wann die Domestikation des Wolfs begann und wann daraus der Hund wurde, kann nicht ganz exakt gesagt werden, da es bei vielen Funden schwierig ist zu bestimmen, ob es sich um Wolfs- oder schon Hundeknochen handelt. Die ältesten Knochen, die sicher von einem Hund stammen, sind etwa 14000 Jahre alt und wurden in Norddeutschland in einem Grab aus der späten Eiszeit gefunden. Durch die Domestikation gibt es viele Unterschiede zwischen Wolf und Hund, am offensichtlichsten ist das beim Aussehen; Zähne und Knochen sind kleiner als beim Wolf. Das Fortpflanzungsverhalten zum Beispiel ist beim Hund im Vergleich zum Stammvater übersteigert: Wölfe (weibliche wie männliche) sind nur einmal im Jahr paarungsbereit und erst mit zwei Jahren geschlechtsreif, bei Hunden setzt die Geschlechtsreife meist im Lauf des zweiten Lebenshalbjahres ein. Rüden sind immer fortpflanzungsbereit, Hündinnen etwa zweimal pro Jahr.

① **Warum erziehen wichtig ist,** *Seite 13*

DOMINANZ

Kommt von lateinisch *dominare* = herrschen. Bei Hunden wird oft vorschnell die Diagnose »dominant« gestellt. Es gibt sicher Hunde, die mehr dazu neigen als andere, aber »dominant« kann ein Hund nur dann werden, wenn er jemanden hat, den er dominieren kann bzw. der sich dominieren lässt. Einem Hund, der keine Regeln und Grenzen kennt und keine Führung hat, bleibt letztlich nichts anderes übrig, als das zu tun, was er für richtig hält. Ohne dass er deshalb zwangsläufig ein »dominanter« Hund wäre. Die Verhaltensforscherin Feddersen-Petersen rechnet zu dominantem Verhalten, dass ein Individuum den Freiraum eines anderen einschränkt und sich selbst ein hohes Maß davon zugesteht, ohne dass der andere etwas dagegen tut.

② **Ein paar Worte zur Dominanz,** *Seite 56*

DOMINANZGESTEN

Sie stehen im Gegensatz zu den **BESCHWICHTIGUNGSGESTEN** (Seite 259). Dazu gehören zum Beispiel Fixieren des anderen durch Blickkontakt, Wegdrängen, Versperren des Wegs, Aufreiten, Auflegen des Kopfs auf den Rücken des anderen (»T-Sequenz«, dabei bildet der rangniedrigere Hund den Querbalken, der ranghöhere Hund den Längsbalken des »T«) oder Unterschreiten der Individualdistanz. Auch diese Signale müssen immer im Zusammenhang mit der gesamten Körpersprache und der Situation gesehen werden. Nicht jeder Blickkontakt etwa wirkt »dominant«, nicht jedes Kopfauflegen ist als Dominanzgeste gedacht.

② **Verständigung durch Körperkontakt,** *Seite 47*

DUMMY

Dummys werden in der Hundeausbildung zum Apportieren verwendet. Sie wurden ursprünglich in England als Wildersatz entwickelt, damit Retriever (Apportierhunde) auch außerhalb der Jagdsaison etwas zu tun hatten und nicht aus der Übung kamen. Es gibt sie mittlerweile in unterschiedlichen Größen und Formen, außerdem werden sie heute nicht mehr nur im Retrieverbereich verwendet. Der Hund soll sie, wie echtes Wild, »weichmäulig« bringen, also nicht zu fest fassen, was bei den Dummys vom Material her besser geht als bei den so genannten »Apportierböcken« aus Holz. Dummys sehen aus wie eine dicke, pralle Wurst. Sie bestehen aus Segeltuch und sind meist mit Kunststoffgranulat gefüllt.

⑥ **Apportieren mit Gehorsam verbinden,** *Seite 198*

ELEKTROREIZGERÄTE

Sie werden in der Hundeausbildung im jagdlichen, aber auch im sportlichen Bereich eingesetzt. Der Hund trägt ein Halsband mit einem Empfänger, der Hundeführer einen Sender, mit dem er dem Hund elektrische Impulse unterschiedlicher Stärke geben kann. Die Verwendung solcher Geräte ist nach einem Urteil des Bundesverwaltungsgerichts vom 23. 2. 2006 verboten, sie sind aber immer noch erhältlich. Vertretbar wären sie allerhöchstens, um einem Hund das Wildern

abzugewöhnen, falls keinerlei andere Methoden helfen und ein wirklich sachkundiger Ausbilder damit arbeitet.

⑦ **Erziehungshilfsmittel,** *Seite 222*

ERBKRANKHEITEN

Beim Hund sind mittlerweile eine ganze Reihe erblich bedingter Erkrankungen bekannt, die aber bei Mischlingen wie Rassehunden gleichermaßen auftreten können. Manche Rassen oder Zuchtlinien sind jedoch besonders anfällig für bestimmte Erkrankungen. Es gibt zum Beispiel Defekte des Bewegungsapparates, wie Hüftgelenksdysplasie (HD) oder Ellenbogendysplasie (ED), aber auch Augenerkrankungen, zum Teil mit Erblindung, Stoffwechsel- oder Herzerkrankungen. Erbkrankheiten können nur durch entsprechende Zuchtprogramme eingedämmt werden, in denen darauf geachtet wird, dass nur nachweislich gesunde Tiere verpaart werden. Dabei ist es auch wichtig, sowohl die Daten der Vorfahren als auch die der Nachkommen zu berücksichtigen.

① **Hier können Sie sich über Züchter informieren,** *Seite 18*

ERZIEHUNGSKURSE

HUNDESCHULEN (Seite 265) und -vereine bieten Erziehungskurse an. Dabei gibt es sowohl Grunderziehungskurse als auch solche für Fortgeschrittene. Ziel dieser Kurse sollte vor allem sein, dem Hundehalter die Grundlagen für den richtigen Umgang mit dem Hund zu vermitteln – nicht nur, wie er dem Vierbeiner rein »technisch« Übungen wie Sitz oder Platz beibringt. Denn meist muss der Zweibeiner ja viel mehr lernen als sein Hund.

③ **Professionelle Erziehungskurse,** *Seite 125*

FÄHRTE

Die Arbeit auf der Fährte ist Nasen- und Konzentrationsarbeit und deshalb gut als Beschäftigung für den Hund geeignet. Die Arbeit auf der Fährte gibt es sowohl im Gebrauchshundesport als auch im jagdlichen Bereich. Im Hundesport arbeitet der Vierbeiner an der langen Leine je nach Leistungsklasse Fährten aus menschlicher Witterung unterschiedlicher Länge (bis zu 2000 Meter) und Stehzeit (bis zu 3 Stunden). Als Stehzeit bezeichnet man die Zeit zwischen Legen der Fährte und Suchen. Im jagdlichen Bereich arbeitet der Hund des Jägers eine Fährte, die mit 0,25 Liter Rehschweiß (Blut) gelegt wurde und die je nach Prüfung zwischen 300 und 1000 Meter lang ist und eine Stehzeit bis zu mehr als 24 Stunden hat. Der Hund lernt dadurch, mit dem Jäger angefahrenes oder angeschossenes Wild auch unter ungünstigen Bedingungen nachzusuchen.

⑥ **Geschickte Fährtensucher,** *Seite 205*

FAMILIENHUND

Den Zusatz »guter Familienhund« findet man bei fast allen Rassen. Es gibt auch keinen Hund, der sich nicht seiner Familie anschließen würde – der Hund an sich ist nun mal ein Rudeltier. Versteht man unter »Familienhund« aber einen Vierbeiner, der in einem ganz normalen Familienalltag unserer Gesell-

schaft mitlebt, also mit Lärm, verschiedensten Menschen und Umgebungen usw. zu tun hat, dann kristallisieren sich bestimmte Anforderungen an einen solchen Hund heraus. Dazu gehören Menschenfreundlichkeit, geringe Aggressionsbereitschaft (das bedeutet eine hohe Reizschwelle), Gelassenheit und Sicherheit in alltäglichen Situationen wie Mitfahren in öffentlichen Verkehrsmitteln, Trubel oder größere Anzahl von Menschen, wenig oder kein **WACH- UND SCHUTZINSTINKT** (Seite 276), kein **BEUTEINSTINKT** (Seite 259) gepaart mit Kampftrieb und eine gute Erziehbarkeit.

① **Gibt es den »kinderfreundlichen« Hund?** *Seite 22*

FCI

Die Fédération Cynologique Internationale ist der weltweite Dachverband der offiziell anerkannten Rassehundzuchtverbände mit Sitz in Thuin, Belgien (→ Adressen Seite 285). Sie stellt Rassestandards auf, erlässt Rahmenbedingungen für Ausstellung, Zucht und Ausbildung und vergibt die Zwingernamen für die Züchter, die ihren Mitgliedsländern angeschlossen sind. Weltweit gehören heute der FCI 80 Länder an.

① **Hier können Sie sich über Züchter informieren,** *Seite 19*

FLYBALL

Diese Hundesportart kommt aus Amerika. Der Hund rennt dabei über vier Hürden zu einer Art Ballmaschine, die er mit den Pfoten auslöst. Dadurch wird ein Ball herausgeschleudert, den der Vierbeiner fängt und in vollem Tempo wieder zurück über die Hürden zu seinem Besitzer bringt.

⑥ **Populär: Obedience und Agility,** *Seite 202*

FRUSTRATION

Kann ein Verhalten nicht so wie vorgesehen beendet werden, entsteht Frustration – der Hund unterbricht sein Tun. Das macht man sich zunutze, wenn man ein **ABBRUCHSIGNAL** (Seite 258), etwa die Disc oder ein verbales Signal wie »Stop«, über Frustration konditioniert, um damit ein unerwünschtes Verhalten zu unterbrechen. Reagiert der Hund frustiert und verunsichert und unterbricht sein Tun, verstärkt man diese Reaktion noch mit Lob, man »tröstet« und »bedauert« ihn für das »Böse«, das ihm geschehen ist. Manchmal kann, je nach Typ Hund, aus Frustration auch Aggression entstehen. Ein Hund will zum Beispiel voller Inbrunst auf Nachbars Katze losgehen, Sie halten ihn gerade noch am Halsband fest, er schnappt daraufhin aus Frust nach Ihrer Hand.

⑦ **Aggression ist nicht gleich Aggression,** *Seite 221*

FÜHRIG SEIN

Wenn der Hund führig ist, heißt das, dass er mehr oder weniger selbst bestrebt ist, alles richtig zu machen und auf relativ leichte Signale seines Menschen reagiert. Eine hohe Führigkeit haben vor allem solche Rassen, die darauf gezüchtet werden, eng mit dem Menschen zusammenzuarbeiten. Das ist zum Beispiel bei vielen Jagd- und **HÜTEHUNDRASSEN** (Seite 265) der Fall. Sind Eigenschaften wie etwa Wach- und Schutzinstinkt oder auch Beute- und Jagdinstinkt sehr ausgeprägt, erleichtert eine gute Führigkeit die Kontrollierbarkeit des Hundes. Sind ausgeprägte Instinkte jedoch mit »Eigensinn«, also wenig Führigkeit, kombiniert, erschwert das manches. Beispiele dafür sind Herdenschutzhund- oder auch Terrierrassen, aber auch zum Beispiel Rassen wie der Beagle. Diese und ähnliche Rassen werden darauf gezüchtet, Wach- bzw. Jagdaufgaben ausdauernd, aufmerksam und selbstständig zu erledigen.

① **Indirekte Rangeinweisung,** *Seite 36*

GEBRAUCHSHUNDE-PRÜFUNGEN

In Gebrauchshunde- und Hundesportvereinen werden bestimmte Prüfungen angeboten. Sie laufen nach strengen Schemata ab und sind mehr sportlich als alltagsbezogen ausgerichtet. Dazu gehört die Begleithundeprüfung sowie der so genannte Vielseitigkeitssport für Gebrauchshunde (VPG). Er besteht aus drei Disziplinen – Unterordnung, Schutzdienst und Fährtenarbeit. Außerdem gibt es spezielle Fährtenhund- und Ausdauerprüfungen.

⑥ **Obedience,** *Seite 203*

GEBRAUCHSHUNDE-RASSEN

Streng genommen sind Gebrauchshunderassen eigentlich all die Rassen, die für einen bestimmten »Gebrauch« (also für die Jagd, zum Hüten, vor dem Schlitten, zum Bewachen usw.) gezüchtet werden. Landläufig versteht man darunter aber Rassen wie Deutscher Schäferhund, Rottweiler, Dobermann, Riesenschnauzer, Hovawart usw., also die Rassen, die im VPG (→ Gebrauchshunde-Prüfungen) geführt werden.

① **Welche Rasse soll es sein?** *Seite 20*

GRUNDGEHORSAM

Zum Grundgehorsam gehören die Übungen, die jeder Hund, der auch in die Öffentlichkeit mitgenommen wird, mindestens beherrschen sollte: auf Ruf oder Pfiff zuverlässig zu kommen, an lockerer Leine bei Fuß zu gehen, ein paar Minuten ruhig neben dem Besitzer Sitz und Platz zu können sowie an einer bestimmten Stelle und ein Stück vom Besitzer entfernt entspannt sitzen oder liegen zu bleiben, bis der Vierbeiner abgeholt wird. Das ist also das Grundgerüst. Neben dem praktischen Zweck sorgt abwechslungsreiches und alltagsbezogenes Gehorsamstraining auch für Kopfarbeit des Vierbeiners. Dazu reichen aber die Grundübungen meist bald nicht mehr aus.

③ **Sinnvoll üben – mit System,** *Seite 83*

HERDENSCHUTZHUNDE

Diese Rassengruppe, auch bekannt unter »Hirtenhunde«, wird fälschlicherweise häufig mit **HÜTEHUNDEN** (Seite 265) in einen Topf geworfen. Die meisten Herdenschutzhunderassen, wie zum Beispiel Kuvasz, Sarplaninac oder Kangal, stammen aus Osteuropa, der Maremmano aus Italien. Sie werden gezielt dafür gezüchtet, das Vieh selbstständig und unbeirrbar zu bewachen und gegen Raubtiere oder Viehdiebe zu verteidigen. Es sind große, schwere Hunde mit dichtem, langem Fell. Schon vom Welpenalter an werden sie mit den Tieren, die sie später beschützen sollen, sozialisiert und leben praktisch in der Herde. Herdenschutzhunde sind sehr territorial und wachsam und handeln eigenständig. Sie sind allem Fremden gegenüber reserviert bis misstrauisch, manchmal unberechenbar. Ihre Haltung bei uns ist deshalb nicht einfach.

⑦ **Ursachen für Fehlverhalten,** *Seite 229*

HUNDE-HAFTPFLICHT-VERSICHERUNG

Sie sollte jeder Hundehalter abschließen, sobald der Hund einzieht. So sind eventuelle Schäden durch den Hund abgedeckt. Der Vierbeiner könnte zum Beispiel einen Unfall verursachen, bei dem Personen zu Schaden kommen, er kann einen Artgenossen verletzen oder bei Bekannten etwas kaputtmachen. Tarife und Leistungsumfang sind unterschiedlich, vergleichen lohnt sich also.

⑤ **Ein Wort voraus,** *Seite 167*

HUNDEPFEIFE

Es gibt sie in unterschiedlichsten Ausführungen. Wichtig ist, dass Sie hören können, ob die Pfeife funktioniert. Jede Pfeife hat ihren eigenen Ton, am besten schaffen Sie sich zwei gleiche an. So haben Sie eine als Reserve. Die Hundepfeife sollte aus stabilem Kunststoff oder Horn bestehen, und die Frequenz sollte sich nicht bzw. nicht von selbst verstellen können. Denken Sie daran: Auf die Pfeife muss der Vierbeiner genauso trainiert werden wie auf jedes andere Signal auch.

① **Das richtige Zubehör,** *Seite 40*

HUNDESCHULE

Hundeschulen gibt es immer mehr. Im Prinzip kann jeder eine eröffnen. Deshalb ist es besonders für Laien gar nicht einfach zu beurteilen, ob eine Hundeschule nun wirklich gut ist oder nicht. Die Angebote sind vielfältig – Welpenkurse, Grunderziehung, Vorbereitung auf die Begleithundeprüfung, Clickertraining, Agility usw. – und stehen Besitzern aller Rassen und Mischlingen offen. Das Training in Hundeschulen ist meist mehr alltagsbezogen statt sportlich orientiert.

③ **Zu Besuch in der Hundeschule,** *Seite 124*

HÜTEHUNDE

Die Aufgabe der Hütehunde ist, die Herde zusammenzuhalten und nach Anweisung des Hirten zu treiben, etwa auf eine andere Weide oder von einem Pferch in einen anderen. Dabei arbeiten sie meist eng mit dem Hirten zusammen und reagieren sensibel auf Signale wie Pfiffe, Worte oder Sichtzeichen. Zu den Hütehunden gehören beispielsweise die Collierassen, Bobtail, Australian Shepherd und andere. Eine der bekanntesten Hütehundrassen ist der Border Collie.
Hütehunde sind oft echte Workaholics, die gezielte Beschäftigung brauchen. Sie sind leicht, wendig und ausdauernd, meist leichtführig und lernen schnell.

⑦ **Ursachen für Fehlverhalten,** *Seite 229*

HYPERSEXUALITÄT

Wird auch übersteigerter Fortpflanzungsinstinkt genannt. Hypersexualität ist bei Rüden nicht selten. Sie entsteht durch einen zu hohen Testosteronspiegel. Ein solcher Rüde ist ab dem Erreichen der Geschlechtsreife an Hündinnen jeglicher Art übermäßig interessiert und neigt oft auch vermehrt zum Raufen mit Geschlechtsgenossen, um die Konkurrenten auszuschalten. Hypersexualität ist nicht nur für den Halter stressig, sondern auch für den Hund. Die Veranlagung dazu kann vererbt werden. Deshalb ist es nicht sinnvoll, mit solchen Rüden zu züchten. Eine dauerhafte Abhilfe bringt nur die KASTRATION (Seite 266), die am besten bis zu einem Alter von zwei Jahren durchgeführt werden sollte.

⑤ **Ist das wirklich ein Spiel?** *Seite 171*

INDIREKTE RANGEINWEISUNG

Sie hilft dem Hundehalter, seine soziale Position dem Hund gegenüber durch das eigene Verhalten deutlich zu machen. Und zwar ohne sich mit dem Vierbeiner körperlich auseinander setzen zu müssen, was ja wenig ratsam ist. Beispiele dafür sind das Ignorieren von Aufforderungen durch den Hund, privilegierte Stellen wie Sofa, Küche oder Ähnliches zu TABUZONEN (Seite 274) für den Vierbeiner zu erklären, beim Verlassen der Wohnung als Erster durch die Türe zu gehen, usw. Besonders bei sehr selbstbewussten Hunden oder wenn die Rangordnung bereits gestört ist, sollte man dies konsequent umsetzen.

① **Indirekte Rangeinweisung,** *Seite 37*

INSTINKT

Instinkte sind angeborene Verhaltensmuster, die zweck- und zielgerichtet sind, wie etwa der BEUTEINSTINKT (Seite 259), JAGDINSTINKT (Seite 266), Fortpflanzungsinstinkt oder Brutpflegeinstinkt. Sie sind so etwas wie eine überlebensnotwendige Grundausstattung bestimmter Fähigkeiten. Je höher ein Tier entwickelt ist, umso stärker können die Instinkte durch Lernerfahrungen überlagert werden, was das Tier dann flexibler in der Anpassung an seinen Lebensraum macht.

⑤ **Mit dem Hund in die Stadt,** *Seite 163*

JAGDINSTINKT

Er veranlasst ein Raubtier wie zum Beispiel einen Wolf oder Hund, mit Nase, Gehör und Augen nach Beute Ausschau zu halten und sich an diese anzupirschen bzw. sie zu verfolgen. Der Jagdinstinkt hängt eng mit dem BEUTEINSTINKT (Seite 259) zusammen. Der Mensch macht sich den Jagdinstinkt des Hundes je nach Verwendungszweck zunutze und beeinflusst ihn züchterisch. Das Hüten etwa ist nichts anderes als Jagd ohne die letzte Sequenz – also ohne die Beute zu ergreifen und zu töten. Ähnlich ist es bei den Vorstehhunden. Sie spüren das Wild auf, haben sie es jedoch wahrgenommen, bleiben sie wie zur Salzsäule erstarrt stehen – sie stehen es vor und zeigen dem Jäger damit an: »Hier ist es«, ohne es selbst zu verfolgen und zu erlegen.

⑦ **Jagen,** *Seite 243*

KAMPFTRIEB

Dieser Ausdruck kommt aus dem Gebrauchshundewesen. »Kampftrieb« ist bei den GEBRAUCHSHUNDERASSEN (Seite 264) erwünscht, wird züchterisch gefördert und ist eine der für die Schutzhundeausbildung notwendigen Eigenschaften. Der Hund soll die Bereitschaft zeigen, sich furchtlos und kämpferisch unter Einsatz des Gebisses mit seinem Gegner auseinander zu setzen, zum Beispiel wenn es um Beute geht oder wenn er bedrängt wird, er sich aber außer durch seinen Führer durch nichts darin beirren lässt. Verhält sich ein Vierbeiner hier gleichgültig, freundlich oder weicht er gar zurück, wird das als Fehler angesehen. Auf der anderen Seite gibt es Rassen, etwa Labrador- oder Golden Retriever, bei denen der Kampftrieb ausdrücklich nicht erwünscht ist. Er ist für den normalen Alltag mit dem Hund nicht notwendig und kann bei unsachgemäßer Ausbildung und Erziehung eines entsprechend veranlagten Hundes zu Problemen sowohl mit Menschen als auch mit Artgenossen führen.

⑤ **Der unverträgliche Hund,** *Seite 172*

KASTRATION

Bei der Kastration werden beim Rüden beide Hoden entfernt, bei der Hündin die Eierstöcke und die Gebärmutter. Somit sind die Hunde nicht mehr fortpflanzungsfähig und produzieren auch kaum mehr Geschlechtshormone. Beim Rüden ist eine Kastration bei ausgeprägter HYPERSEXUALITÄT (Seite 265) sinnvoll. Hündinnen sollten dann kastriert werden, wenn sie nach jeder LÄUFIGKEIT (Seite 267) stark scheinträchtig werden oder wenn eine Veranlagung zu Gesäugekrebs oder Gebärmutterentzündungen besteht. Eine Kastration hat nur Auswirkungen auf Prozesse und Verhaltensweisen, die mit dem Fortpflanzungsinstinkt zu tun haben. Sie ist nicht geeignet, um etwa aktive Hunde ruhiger zu bekommen, statt für Auslastung zu sorgen.

⑤ **Probleme mit Raufern lösen,** *Seite 174*

KOMMENTKÄMPFE

Diese Art zu kämpfen kommt im Tierreich sehr häufig vor. Es sind ritualisierte Kämpfe zwischen Rivalen einer Art, entweder um Fragen der Rangordnung zu klären oder um während der Paarungszeit Konkurrenten zu vertreiben. Sie haben zum Ziel, den Stärkeren zu ermitteln, aber ohne dabei den anderen ernsthaft zu verletzen. Aus einem Kommentkampf kann sich aber unter ungünstigen Umständen ein so genannter Beschädigungskampf entwickeln. Dann wird »ernsthaft« und unter Einsatz der »Waffen«, beim Hund also der Zähne, gekämpft.

⑤ **Der unverträgliche Hund,** *Seite 172*

KONDITIONIERUNG

Das Prinzip der Konditionierung kommt aus der Psychologie. Es beschreibt das Erlernen eines bestimmten Reizes, durch den dann ein bestimmtes Verhaltensmuster ausgelöst wird. Man unterscheidet die klassische Konditionierung und die operante oder instrumentelle Konditionierung. Bei der klassischen Form wird ein zunächst neutraler Reiz (Geräusch des Löffels im fast leeren Joghurtbecher) durch die Verbindung mit einer unbedingten Reaktion (Speichelfluss vor Becher-Auslecken) zu einem BEDINGTEN REIZ (Seite 259): Das Löffelgeräusch allein löst Speichelfluss aus. Bei der operanten Konditionierung lernt der Hund, dass ein bestimmtes Verhalten, das er von sich aus zeigt, zu einem Erfolg oder Misserfolg führt.

① **Auf welche Weise lernt der Hund?** *Seite 26*

KONTAKTLIEGEN

Das Kontaktliegen fördert den Zusammenhalt von Rudelmitgliedern. Sehr ausgeprägt ist es beispielsweise bei Welpen. Aber auch Leitwölfe unter sich liegen gern eng beisammen. Kuscheln zwischen Mensch und Hund ist deshalb ein wichtiger bindungsfördernder Faktor. Am besten geschieht das nach dem Spiel oder dem Spaziergang auf neutralem Boden, also nicht auf dem Sofa oder im Bett des Zweibeiners.

② **Verständigung durch Körperkontakt,** *Seite 47*

KONZENTRATIONSFÄHIGKEIT

Wie gut sich ein Hund konzentrieren kann, hängt zum einen vom Alter des Hundes, zum anderen aber auch davon ab, auf welchem Ausbildungsstand er steht und welcher Typ er ist. Üben Sie mit dem Vierbeiner nur so lange, wie er konzentriert und aufmerksam bei der Sache ist. Andernfalls kommt das, was Sie ihm vermitteln möchten, nicht bei ihm an. Beim Welpen sind das nur wenige Minuten. Gut trainierte und systematisch aufgebaute Hunde können sich, wenn nötig, auch einige Stunden lang konzentrieren. Das ist zum Beispiel bei jagdlich geführten Hunden auf größeren Jagden notwendig.

③ **Übungsaufbau in drei Schritten,** *Seite 83*

LÄUFIGKEIT

Hündinnen sind etwa zweimal jährlich läufig. Der Zyklus kann individuell unterschiedlich sein. Manche Hündinnen werden alle sechs Monate, andere auch nur alle neun Monate läufig. Auch der Eintritt der ersten Läufigkeit ist sehr unterschiedlich und kann bei einigen Hündinnen schon mit sieben Monaten, bei anderen aber erst jenseits des ersten Geburtstags der Fall sein.

Die Läufigkeit dauert rund drei Wochen. Lassen Sie Ihre Hündin in dieser Zeit nicht unbeaufsichtigt. »Läufig« heißt es nämlich deshalb, weil die Hündin in dieser Zeit nicht nur darauf wartet, dass ein Rüde kommt, sondern auch von sich aus danach Ausschau hält.

② **Geruchsbotschaften,** *Seite 49*

MEIDEVERHALTEN

Durch Meideverhalten versucht ein Hund, sich einer unangenehmen Situation oder Einwirkung zu entziehen. Gegenüber Kühen oder Schafen zeigt ein Vierbeiner zum Beispiel Meideverhalten, wenn er Bekanntschaft mit einem Elektroweidezaun gemacht hat, als er die Tiere im Visier hatte und auf die Weide laufen wollte. Wird ein Hund mit STARKZWANGMETHODEN (Seite 273) ausgebildet, führt er die Kommandos zwar aus, um die Zwangseinwirkung zu vermeiden, wirkt dabei aber deutlich gestresst oder verängstigt.

① **Positive Motivation und Meideverhalten,** *Seite 26*

MENSCHENKONTAKT

Aggressionsfreies und grundsätzlich freundliches, sicheres Verhalten Menschen gegenüber ist heute eine der wichtigsten Eigenschaften bei einem Hund, der in unserer Gesellschaft lebt. Damit Menschen für den Vierbeiner etwas Positives und völlig Normales sind, ist eine sorgfältige Auswahl der Zuchttiere auf diese Eigenschaften hin wichtig, wie auch ausreichend positiver Menschenkontakt in der Sozialisierungsphase.

① **Die Sozialisierungsphase beginnt,** *Seite 25*

MOTIVATION

Der Hund macht grundsätzlich das, was sich für ihn lohnt. Die Motivation kann dabei das Tun an sich sein, wie es bei SELBSTBELOHNENDEN VERHALTENSWEISEN (Seite 273), etwa Spielen oder Jagen, der Fall ist. Hier ist das Spielen oder Jagen an sich Motivation genug, um es immer wieder zu tun. Positiv motiviert ist der Hund auch dann, wenn für ein bestimmtes Verhalten eine Belohnung winkt. Er legt sich zum Beispiel auf das Hörzeichen »Platz« hin und bekommt dafür Streicheleinheiten, ein Leckerchen oder stimmliches Lob. Motivation kann aber auch negativ sein. Wird dem Hund »Platz« beispielsweise dadurch beigebracht, dass er jedes Mal mit einem kräftigen Leinenruck nach unten gerissen wird, dann wird er sich nach einiger Zeit genauso rasch hinlegen – um nämlich der schmerzhaften Einwirkung zu entgehen.

① **Positive Motivation und Meideverhalten,** *Seite 26*

NEGATIVE VERSTÄRKUNG

Im Gegensatz zur POSITIVEN VERSTÄRKUNG (Seite 269) zur Bestätigung eines erwünschten Verhaltens gibt es die negative Verstärkung, um unerwünschtes Verhalten zu hemmen. Damit der Hund deren Sinn versteht, muss diese ebenso zeitnah eingesetzt werden wie eine Belohnung. Das heißt, dass der Hund die Korrektur nur dann richtig einordnen kann, wenn die »Strafe« innerhalb von ein, zwei Sekunden auf das Verhalten folgt. Ein negativer Verstärker kann alles Mögliche sein: ein strenges »Nein« oder »Pfui«, ein kurzer Impuls an der Leine oder der SCHNAUZGRIFF (Seite 271). Was jeweils am besten geeignet ist, hängt vom Typ Hund ab, aber auch von der Situation.

① **Negative Einwirkung,** *Seite 28*

NEONATALE PHASE

»Neonatal« bedeutet so viel wie »neugeburtlich« und bezeichnet beim Hund die Zeit zwischen der Geburt und dem Zeitpunkt, zu dem der Welpe bewusst und auch mit Augen und Ohren seine Umwelt wahrnimmt, also dem Übergang in die Sozialisierungsphase. In der neonatalen Phase ist der Welpe ziemlich hilflos, aber überlebenswichtige Instinkte, wie das selbstständige Finden des Gesäuges und der Nestwärme von Mutter und Geschwistern, funktionieren.

① **Die neonatale Phase,** *Seite 25*

NESTHOCKER

Nesthocker sind Jungtiere, die in der ersten Zeit nach der Geburt vollkommen von der Mutter abhängig sind. Sie können sich weder selbst Nahrung suchen noch sich groß aus dem Nest fortbewegen. Hundewelpen kommen taub und blind zur Welt. Sie werden von der Mutterhündin abgenabelt, gesäubert, gesäugt und gepflegt. Letzteres ist sehr wichtig, denn die Kleinen können anfangs nur dann Kot und Urin absetzen, wenn die Hündin intensiv deren Bauch und Hinterteil leckt. Ein gesundes Aufwachsen der Welpen ist also nur bei einem ausgeprägten Brutpflegeinstinkt der Mutter möglich. Auch diesen Aspekt sollte man in der Zucht bei der Auswahl der Hündin berücksichtigen. Das Gegenteil von Nesthocker ist Nestflüchter.

① **Die neonatale Phase,** *Seite 25*

POSITIVE VERSTÄRKUNG

Alles was für den Hund Belohnung ist und ihn dazu motiviert, ein bestimmtes Verhalten wieder zu zeigen, wird als positive Verstärkung bezeichnet. Das kann die freundliche Stimme sein, aber genauso gut ein Leckerchen, ein Spielzeug, Streicheleinheiten oder der Clicker (→ Seite 192).

Damit die Belohnung richtig wirkt, muss sie zeitnah zum erwünschten Verhalten (innerhalb von ein, zwei Sekunden) erfolgen. Außerdem muss der positive Verstärker für den Hund so reizvoll sein, dass er sich auch wirklich dafür anstrengen möchte.

① **Auf welche Weise lernt der Hund?** *Seite 26*

PRÄGUNGSÄHNLICH LERNEN

In der Sozialisierungsphase, also innerhalb einer begrenzten Zeit, lernt der Hund prägungsähnlich, das heißt, alle Erfahrungen, auch wenige oder kurze, verankern sich nachhaltig im Gehirn und wirken lebenslang. Defizite wirken sich ebenfalls entsprechend aus. Prägungsähnliches Lernen ist keine Prägung im eigentlichen Sinn, wie sie von dem Verhaltensforscher Konrad Lorenz zum Beispiel bei Graugänsen gezeigt wurde. Diese folgen dem ersten, sich bewegenden Objekt, das sie nach dem Schlüpfen wahrnehmen, und werden unumkehrbar darauf geprägt. So sehen etwa auf den Menschen geprägte Gänseküken unumkehrbar nur ihn als Artgenossen an, nicht mehr andere Gänse. Das ist beim prägungsähnlichen Lernen nicht der Fall. Handaufgezogene Wölfe oder Hunde zum Beispiel werden dennoch »echte« Artgenossen auch als solche erkennen. Je höher entwickelt eine Tierart ist, desto weniger gibt es echte Prägung, dafür aber prägungsähnliches Lernen.

① **Die Sozialisierungsphase beginnt,** *Seite 25*

PRIMÄRER VERSTÄRKER

Darunter versteht man alles, was für den Hund sozusagen von Natur aus Belohnung ist. Ein typischer primärer Verstärker ist Futter. Bei einem durstigen Hund kann es Wasser sein, bei einem wasserbegeisterten ein Bad im Bach oder See, bei einem von Natur aus spielbegeisterten Vierbeiner ein Ball oder ein anderes Spielzeug.

⑥ **So funktioniert das Clickertraining,** *Seite 193*

PRIVILEGIEN

Leitwölfe nehmen für sich gewisse Privilegien in Anspruch, zum Beispiel bestimmte Schlafplätze. Diese sind für den Rest des RUDELS (Seite 271) tabu. Das ist eine der Möglichkeiten, mit denen sie den anderen Mitgliedern des Rudels ihren sozialen Status verdeutlichen können. Übertragen auf die Mensch-Hund-Beziehung wäre die Nutzung von Sofa oder Bett des Menschen damit vergleichbar. Oder auch der Zutritt zu strategisch wichtigen Räumen, wie etwa die Küche als Aufbewahrungsort von Nahrung. Besonders bei selbstbewussten Hunden oder wenn es bereits Probleme gibt, sollte man konsequent auf Privilegien gegenüber dem Vierbeiner bestehen.

① **Die Frage der Rangordnung,** *Seite 36*

PRÜFUNGEN

Im Hundewesen gibt es eine Vielzahl gezielter Ausbildungsmöglichkeiten für aktive Vierbeiner. Manche sind auf die typischen Eigenschaften einer bestimmten Rasse zugeschnitten, wie Hütewettbewerbe bei Border Collies, so genannte Workingtests (Apportierprüfungen) für Retriever oder Rennen für Windhunde. Außerdem gibt es Prüfungen für Hunde, die auf der Jagd eingesetzt werden. Um solche Ausbildungen machen zu können, ist häufig eine von der FCI (Seite 263) anerkannte Abstammung des Hundes notwendig. Allen Hunden stehen in der Regel die Angebote von Hundesportvereinen offen, wobei man prüfen muss, was für den individuellen Hund am besten geeignet ist und was nicht. Das gilt besonders für den Schutzdienst.

① **Hier können Sie sich über Züchter informieren,** *Seite 18*

RASSE

Weltweit existieren etwa 400 anerkannte Hunderassen in allen möglichen Größen und Erscheinungsformen. Manche sehen zum Teil so unterschiedlich aus, dass man auf den ersten Blick kaum glauben kann, dass sie derselben Tierart angehören. Die FCI (Seite 263) hat die Rassen in zehn verschiedene Gruppen eingeteilt, wie Gesellschafts- und Begleithunde, Windhunde, Wasser- und Apportierhunde, Hüte- und Treibhunde usw. Wer sich die Vielzahl der Rassen mal live ansehen möchte, dem sei der Besuch einer der großen Hundeausstellungen des VDH (Seite 275) empfohlen. Jährlich finden mehrere dieser Veranstaltungen in verschiedenen Städten statt.

① **Gibt es den »kinderfreundlichen« Hund?** *Seite 22*

REIZARME AUFZUCHT

Davon spricht man, wenn die Welpen in einem Stall, Zwinger oder Ähnlichem aufwachsen und keine Möglichkeit haben, ihre Umwelt zu erkunden und Erfahrungen zu machen, oder ohne ausreichenden Kontakt zu Menschen leben. Eine reizarme Aufzucht wirkt sich fast immer negativ auf die Entwicklung des Hundes aus. Dies verstärkt sich noch, weil in entsprechenden Zuchtstätten häufig auch nicht ausreichend auf das Wesen der Zuchthunde geachtet wird.

① **Die Sozialisierungsphase beginnt,** *Seite 25*

REVIER

Als »Revier« versteht man landläufig den Bereich, den ein Hund als sein Territorium betrachtet. Das ist normalerweise die Wohnung oder das Grundstück um das Haus, in dem der Hund lebt. Es wird mit Urinmarken abgegrenzt. Je nachdem, wie stark der Territorialinstinkt ist, bewacht der Hund sein Revier mehr oder weniger ausgeprägt. Manche Hunde betrachten aber auch einen gewissen Bereich um sich herum als ihr Revier, auch wenn sie nicht zu Hause sind – etwa das Auto, die Ferienwohnung oder im Restaurant oder auf der Parkbank den Bereich um sich herum. Ein stark ausgeprägter Territorialinstinkt kann deshalb problematisch werden.

⑤ **Probleme mit Raufern lösen,** *Seite 175*

RUDEL

Wölfe und andere hundeähnliche Raubtiere (Caniden) leben in sozialen Verbänden, so genannten Rudeln. Ein Rudel wird von einem Leittier, beim Wolf zum Beispiel von einem Elternpaar, angeführt. Der Haushund bildet zusammen mit den Menschen, mit denen er lebt, ein Rudel. Er erwartet einen souveränen Rudelführer, dem er vertrauen und an dem er sich orientieren kann. Antiautoritäre oder kumpelhafte Erziehung geben dem Hund nicht den nötigen Halt. Dann kann er eigentlich nichts anderes tun als das, was er für richtig hält, was dann oft schnell als **DOMINANZ** (Seite 261) bezeichnet wird.

① **Die Frage der Rangordnung,** *Seite 36*

SCHÄRFE

Darunter versteht man bei **GEBRAUCHSHUNDERASSEN** (Seite 264) die Bereitschaft des Hundes, einer Bedrohung (vermeintlich oder echt) aktiv entgegenzutreten. Im Gegensatz zur angstbedingten Schärfe ist diese »sicherheitsbedingte Schärfe« bei vielen Gebrauchshunderassen, wie zum Beispiel beim Rottweiler oder Dobermann, erwünscht, bei anderen (wie beim Labrador- oder Golden Retriever) führen beide Formen dagegen zum Zuchtausschluss. Ein Hund mit Schärfe muss sehr verantwortungsvoll geführt werden, da sich daraus im Alltag leicht Probleme ergeben können, etwa wenn sich der Hund vermeintlich bedroht fühlt.

⑤ **Der unverträgliche Hund,** *Seite 172*

SCHNAUZGRIFF

Der Griff über den Fang ist unter Wölfen und Hunden ein beliebtes Erziehungsmittel. Das Alttier umfasst dabei mit seiner Schnauze die des Welpen – etwa dann, wenn dieser zu sehr nervt oder immer wieder ans Gesäuge möchte. Aber auch Ranghöhere zeigen rangniedrigeren Rudelmitgliedern gegenüber dieses Verhalten, um ihren sozialen Status zu unterstreichen. Ein zartes Umfassen der Schnauze durch den Ranghöheren kann aber auch, je nach gesamter Körpersprache, Zusammengehörigkeit ausdrücken.
Analog dazu kann auch der Mensch den Griff über den Fang mit seiner Hand anwenden.

① **Positive Strafe,** *Seite 30*

SCHWANZ

Der Schwanz ist ein wichtiges Kommunikationsmittel unserer Vierbeiner. Er spielt bei fast jeder Botschaft eine Rolle, egal, ob der Hund aufmerksam, freundlich, ängstlich ist oder Imponierverhalten zeigt. Zum Glück dürfen bei uns und in vielen anderen Ländern seit einigen Jahren Schwänze bis auf wenige Ausnahmen nicht mehr kupiert werden. Wedelt der Hund mit seinem Schwanz, ist das entgegen weit verbreiteter Ansicht nicht zwangsläufig ein Ausdruck von Freude und Freundlichkeit, sondern in erster Linie Aufregung. Die genaue Bedeutung dieses Verhaltens ergibt sich aus der übrigen Körpersprache und aus der Art des Wedelns.

② **So zeigt der Hund Vertrauen,** *Seite 59*

SEKUNDÄRER VERSTÄRKER

Als sekundären Verstärker bezeichnet man einen Reiz, der für den Hund zunächst neutral ist. Erst durch die Verknüpfung mit einem ▶ PRIMÄREN VERSTÄRKER (Seite 269) wird dieser Reiz ebenfalls zu einem Verstärker. Ein typisches Beispiel für einen sekundären positiven Verstärker ist der Clicker (→ Seite 192). Sein Geräusch wird erst durch die Verknüpfung mit Futter (dem primären Verstärker) für den Hund zum sekundären Verstärker. Es gibt auch negative sekundäre Verstärker, etwa das Klappern mit der Disc (→ Seite 226), das durch die Verknüpfung mit Frustration (primärer negativer Verstärker) seine Bedeutung erhält.

⑥ **So funktioniert das Clickertraining,** *Seite 193*

SELBSTBELOHNENDE VERHALTENSWEISEN

Mit einem selbstbelohnenden Verhalten will der Hund kein eigentliches Ziel als Lohn für seine Anstrengung erreichen, sondern das Tun an sich ist für ihn schon ein »Erfolg«. Zu diesen Verhaltensweisen gehört zum Beispiel das Jagen. Schon das Hinterherrennen bereitet dem Hund Lust – egal, ob er Beute macht oder nicht. Auch Spielen ist selbstbelohnend, oder das Herumkauen auf dem kostbaren Teppich oder den neuen Schuhen … Unerwünschtes selbstbelohnendes Verhalten kann nie durch Ignorieren beeinflusst werden.

① **Ignorieren,** *Seite 31*

SICHTZEICHEN

Hunde verständigen sich hauptsächlich durch eine differenzierte Körpersprache. Deshalb sind Sichtzeichen in der Hundeausbildung sinnvoll. Unverständlicherweise sind sie jedoch bei Begleit- und ▶ GEBRAUCHSHUNDEPRÜFUNGEN (Seite 264) meist nicht erlaubt. In anderen Bereichen, wie etwa beim Agility, bei Hütewettbewerben oder auch im jagdlichen Bereich, sind sie durchaus gebräuchlich und oft wirklich notwendig. Sichtzeichen werden mit der Hand gegeben und sollten körpersprachlich sinnvoll sein. Das heißt, dass es für einen Hund zum Beispiel schlecht verständlich wäre, wenn das Sichtzeichen für Sitz eine nach oben gerichtete Handbewegung ist statt wie üblich eine zum Boden weisende. Sichtzeichen sollten, besonders die erste Zeit, sehr deutlich und eindeutig gegeben werden.

③ **So führen Sie Sichtzeichen ein,** *Seite 102*

SIGNAL

Ein Signal ist etwas, das für den Hund durch entsprechendes Training eine ganz bestimmte Bedeutung bekommen hat. Das kann ein verbales Kommando, ein Pfiff, ein ▶ SICHTZEICHEN (Seite 272) oder ein Geräusch sein. Auf ein bestimmtes Signal hin zeigt der Hund ein bestimmtes Verhalten bzw. bricht es auf ein ▶ ABBRUCHSIGNAL (Seite 258) hin ab.

② **Klare Signale geben,** *Seite 53*

SOZIALISIERUNGSPHASE

Sie beginnt im Lauf der dritten Lebenswoche und dauert bis etwa zur 16. bis 18. Lebenswoche. Nur in dieser begrenzten Zeit speichert das Gehirn Erfahrungen besonders einprägsam. Deshalb ist es für das spätere Zusammenleben mit dem Vierbeiner sehr wichtig, diese Phase bewusst zu nutzen. Eine optimale Sozialisierung beginnt bereits beim Züchter. Die Sozialisierung des ▶ FAMILIENHUNDES (Seite 262) in der heutigen Zeit bedeutet, den Hund an verschiedene Menschen und Umweltreize zu gewöhnen sowie den Grundgehorsam anzubahnen und Grenzen zu setzen. Trotz aller Sozialisierung darf man aber die Genetik nicht außer Acht lassen. Ein angeborenes schwaches Nervenkostüm oder ähnliche angeborene ▶ WESENSMÄNGEL (Seite 277) lassen sich nicht einfach »wegsozialisieren«. Auf den in dieser Phase gelegten Grundsteinen von Erziehung und Ausbildung lässt sich dann schön aufbauen, denn lernen kann der Hund sein ganzes Leben lang. Nur nicht mehr so nachhaltig wie in der Welpenzeit.

① **Die Sozialisierungsphase beginnt,** *Seite 25*

SPIELTRIEB

Spielen ist verbunden mit Neugierde und mit Lernen. Im Spiel werden soziale Verhaltensweisen eingeübt und alles Mögliche erkundet und ausprobiert. Am intensivsten spielen Welpen und Junghunde, viele Hunde aber auch noch bis ins Alter. Beim Wolf spielen erwachsene Tiere nicht ganz so ausgeprägt bzw. je nach den Lebensbedingungen. Spielen kostet Energie, und die brauchen Wildtiere wie Wölfe in erster Linie zur Nahrungsbeschaffung. Das Spielverhalten unter Hunden ist sehr unterschiedlich ausgeprägt. Es ist zum Teil rasseabhängig, aber auch individuell verschieden. Spielen ist bindungsfördernd und auch als Belohnung geeignet. So werden zum Beispiel Rettungshunde oder Suchhunde für Drogen und Ähnliches für die Ausbildung auf ein Lieblingsspielzeug konditioniert. Bei erfolgreicher Arbeit winkt dann ein ausgelassenes Spiel mit diesem Gegenstand.

⑥ **Spielen – wozu eigentlich?** *Seite 183*

STARKZWANGMETHODE

Unter diesem Begriff versteht man Erziehungs- und Ausbildungsmethoden, bei denen dem Hund Kommandos unter starker körperlicher Einwirkung oder gar durch Schmerzen beigebracht werden. Dazu gehören zum Beispiel Schläge, die Verwendung von Stachelhalsbändern, dauernder Einsatz starker Leinenrucke (womöglich noch kombiniert mit einem Endlos-Würgehalsband) oder etwa die Methode, den Hund durch rasches Treten auf die durchhängende Leine ins Platz zu reißen. Starkzwangmethoden waren früher ziemlich verbreitet, finden sich aber leider auch heute noch auf manchen Hundeplätzen.

① **»Die« Erziehungsmethode gibt es nicht,** *Seite 15*

STIMMUNG

Ihre Stimmung kann sich auf den Hund übertragen, und er reagiert dann darauf. Je sensibler ein Hund ist, desto deutlicher reagiert er auf entsprechende Stimmungslagen seiner Menschen. Bei der Interpretation solcher Stimmungsübertragungen wird der Hund aber häufig vermenschlicht. Reagiert er auf die Niedergeschlagenheit seines Menschen mit gedrücktem Verhalten, hat das nichts mit »trösten wollen« im menschlichen Sinn zu tun. Der Hund reagiert auf die ungewohnte Stimmung seines Menschen mit Unsicherheit und nimmt daraus in entsprechender Weise Kontakt zum Menschen auf. Andererseits kann sich auch die Stimmung des Hundes auf den Menschen übertragen. Gerade Hundehalter von nervösen Vierbeinern neigen dazu, dann selbst nervös zu werden, was dann wiederum zu noch mehr Nervosität des Hundes führt …

⑦ **Angst vor Geräuschen,** *Seite 238*

STRAFE

Eine Strafe ist eine Sanktion, die auf ein »falsches« Verhalten folgt. Voraussetzung dafür ist allerdings, dass der Hund bereits eindeutig gelernt hat, wie das »richtige« Verhalten aussieht. Andernfalls ist eine Einwirkung für den Hund völlig unverständlich. »Strafe« klingt sehr negativ, besser könnte man dafür »Hemmung« verwenden. Man unterscheidet die positive Strafe (etwas Unangenehmes wird hinzugefügt, zum Beispiel der **SCHNAUZGRIFF** (Seite 271), und die negative Strafe (etwas Angenehmes wird entzogen, wie der Ball). Positiv und negativ beziehen sich hier nur auf das Hinzufügen bzw. Entziehen.
Eine positive Strafe wäre zum Beispiel, wenn der Hund vom Tisch klaut und in dem Moment neben ihm ein Topfdeckel scheppernd zu Boden fällt. Eine negative Strafe ist beispielsweise, wenn der Hund beim Apportieren ohne Kommando »fehlstartet« und ein Helfer dann das bereits am Boden liegende Apportel

aufhebt, sodass der Hund es nicht mehr erreichen kann. So gesehen gibt es Hundeerziehung ohne »Strafe« nicht.

⑦ **Klauen von Lebensmitteln,** *Seite 245*

TABUZONE

Vorbeugend bzw. wenn der Hund sich schon zu viele Freiräume verschafft hat, ist es ratsam, den einen oder anderen Bereich zur Tabuzone zu erklären. Das kann zum Beispiel bereits einige Wochen vor der Geburt eines Babys das zukünftige Kinderzimmer sein oder bei futteraggressiven Hunden etwa die Küche.

⑦ **Die Rechte des Ersthundes wahren,** *Seite 217*

TIMING

Das richtige Timing ist in der Hundeerziehung extrem wichtig. Egal, ob Lob, Tadel oder Korrektur – alles muss in unmittelbarem Zusammenhang (innerhalb weniger Sekunden) mit dem entsprechenden Verhalten stehen. Ansonsten kann der Hund nicht richtig verknüpfen bzw. verknüpft etwas Falsches. Hundebesitzer tun sich häufig schwer, entsprechend rasch und genau zu reagieren. Belohnt man den Hund zum Beispiel mit einem Leckerchen für Sitz, muss aber erst nach dem Häppchen kramen und gibt es dem Hund dann, wenn dieser womöglich schon wieder aufgestanden ist und herumschnüffelt, dann belohnt man ihn für Letzteres. Steht er beispielsweise aus dem Bleib auf, ist schon drei Meter von seinem Platz weg, und Sie rufen ihn dann erst zu sich und bringen ihn wieder an die ursprüngliche Stelle, dauert das alles viel zu lang. Bereits wenn er im Begriff ist aufzustehen, muss ein »Nein« oder ein anderes dem Hund bekanntes ▶ ABBRUCHSIGNAL (Seite 258) kommen. Sie gehen rasch zu ihm und wiederholen die Übung.

① **Das richtige Timing,** *Seite 29*

ÜBERAKTIVITÄT

Manche Hunde sind von Natur aus sehr aktiv. Vor allem solche, die für ihre ursprüngliche rassespezifische Aufgabe viel Ausdauer und Temperament brauchen. Aber man kann den Vierbeiner auch unbewusst »hochfahren«, indem sich zum Beispiel zu Hause ständig jemand mit ihm beschäftigt und der Hund nie zur Ruhe kommt. Dann kommt er unter Umständen nicht damit zurecht, wenn mal wirklich nichts los sein sollte. Gehen Sie mit einem sehr aktiven oder gar nervösen, hektischen Hund ganz gezielt sehr ruhig um. Zu energiehaltiges Futter, etwa ein Hochleistungsfutter für den normalen ▶ FAMILIENHUND (Seite 262), kann ebenfalls zu viel Aktivität und Unruhe nach sich ziehen.

⑦ **Ursachen für Fehlverhalten,** *Seite 229*

ÜBERSPRUNGSHANDLUNG

Übersprungshandlungen sind Verhaltensweisen, die ein Lebewesen zeigt, wenn es im Konflikt zwischen zwei verschiedenen Instinkten oder Handlungen steht. Beim Mensch ist zum Beispiel das Verlegenheitskratzen am Kopf eine solche Übersprungshandlung. Man müsste zum Beispiel dringend

ein paar Dinge erledigen, kann sich aber nicht entscheiden, womit man beginnt – dann kratzt man sich erst mal am Kopf. Ein Beispiel beim Hund: Ihr Rüde möchte unbedingt zu einer Hundedame. Sie lassen ihn aber sitzen. Jetzt kann es sein, dass er sich zwar setzt, sich aber gleichzeitig auch kratzt.
Beim Hund werden Übersprungshandlungen zu den ▸ BESCHWICHTIGUNGSGESTEN (Seite 259) gezählt. Sie dienen aber nicht unbedingt dazu, den anderen zu beruhigen. Bei dem Beispiel will der Rüde also weder die Hündin noch Sie mit dem Kratzen beruhigen.

② **Konflikt- und Beschwichtigungssignale,** *Seite 62*

UNBEDINGTER REIZ

Ein unbedingter Reiz oder Schlüsselreiz ist ein Reiz, der beim Hund (oder bei einem anderen Lebewesen) ohne eine extra trainierte Verknüpfung eine bestimmte Reaktion auslöst. Es handelt sich also um einen angeborenen Auslösemechanismus. Ein typisches Beispiel dafür ist der Speichelfluss bei der Wahrnehmung von Futter. Ein anderes ist die Auslösung des Beutefangverhaltens durch einen starken Bewegungsreiz.

① **Auf welche Weise lernt der Hund?** *Seite 26*

VARIABEL BELOHNEN

Dass der Hund Neues über positive Motivation durch Leckerchen oder andere reizvolle Belohnung lernt, ist artgerecht. Denn der Hund tut nur etwas, das sich für ihn lohnt. Durch häufige Wiederholungen und systematischen Übungsaufbau sitzt das Gelernte zuverlässig. Dann geht man dazu über, den Hund nicht mehr jedes Mal zu belohnen, wenn er etwas richtig macht, sondern variabel, also ab und zu. So bleibt die Erwartungshaltung des Vierbeiners hoch. Die Belohnung wird dann auch erst nach der absolvierten Übung hervorgeholt. Nicht dass der Hund nur dann etwas tut, wenn Sie ein Leckerchen in der Hand haben – dann hätte er nämlich Sie konditioniert statt umgekehrt …

③ **Leckerchen wieder abbauen,** *Seite 84*

VDH

Der Verband für das Deutsche Hundewesen e. V. ist der deutsche Landesverband in der ▸ FCI (Seite 263). Dem VDH sind 167 Mitgliedsvereine angegliedert, davon sind 147 Vereine spezielle Rassehundzuchtverbände, die sich hinsichtlich Zucht und (je nach ▸ RASSE, Seite 270) Ausbildung nur einer oder mehreren verwandten Rassen widmen. Die Züchter sind weitestgehend Hobbyzüchter, die sich aber relativ strengen Zucht- und anderen Bestimmungen unterwerfen müssen. So dürfen Hündinnen zum Beispiel frühestens mit 20 Monaten zum ersten Mal gedeckt werden und nur wenige (manchmal nur drei oder vier) Würfe im Leben haben; mit acht Jahren scheiden sie aus der Zucht aus. Auch der Einsatz der Deckrüden ist geregelt. Nicht jeder Rüde passt zu jeder Hündin, in manchen Vereinen entscheiden gar die Zuchtwarte, wer wen deckt. Um die Zuchtzulassung zu erhalten, sind je nach Rasse einige Hürden in Sachen Gesundheit, Wesen und Ausbildung zu überwinden. Die jeweiligen Ergebnisse der Zuchttiere und der Nachzucht (soweit die Welpenkäufer hier entsprechend mitmachen) werden in Datenbanken gesammelt und in der Zucht berücksichtigt. Sie können von Interessierten eingesehen werden, zum Teil auch im Internet. Verstöße gegen die Zuchtbestimmungen werden geahndet. Natürlich ist, wie überall, auch im VDH nicht alles Gold, was glänzt. Auch hier gibt es schwarze Schafe. Informieren Sie sich also umfassend.

① **Hier können Sie sich über Züchter informieren,** *Seite 18*

VORSITZEN

Sitzt der Hund, nachdem er gerufen wurde, Ihnen dicht gegenüber, heißt das, er »sitzt vor«. Dadurch hat man ihn nach dem Kommen am besten unter Kontrolle. Auch in den meisten Prüfungen wird das so verlangt. Wichtig ist aber, dass er das Sitzen nicht als Zwang empfindet und dadurch langsamer beim Kommen wird. Also kein drohendes »Sitz«, wenn er da ist. Achten Sie am besten darauf, dass er wirklich ganz nah zu Ihnen kommt. Schaut er dann zu Ihnen hoch, sitzt er schon fast automatisch und braucht nur noch ein »normales« Hörzeichen, oder es reicht ein Sichtzeichen. Sehr gut ausgebildete Hunde, die nicht nach dem Kommen wieder durchstarten, kann man auch ohne Vorsitzen gleich bei Fuß kommen lassen. Spätestens hier sollte aber jeder Hund zunächst sitzen.

③ **Kommen und vorsitzen lassen,** *Seite 111*

WACH- UND SCHUTZINSTINKT

Einen gewissen Wachinstinkt in dem Sinn, dass er kurz bellt, wenn es klingelt, zeigt fast jeder Vierbeiner. Die Bereitschaft, sein Territorium aber ernsthaft gegen »Eindringlinge« zu verteidigen und seine Menschen vor Bedrohungen (vermeintliche wie echte) zu schützen (wenn nötig unter Einsatz der Zähne), gehört vor allem bei den Gebrauchshunderassen zu den erwünschten Eigenschaften. Die Ausprägung des Wach- und Schutzinstinktes ist aber unterschiedlich stark. Ein Hund mit deutlichem Wach- und Schutzinstinkt verlangt eine verantwortungsvolle Führung und einen zuverlässigen Gehorsam, um nicht zur Gefahr zu werden. Eine gute Sozialisierung von klein auf ist ebenfalls wichtig, damit der Hund eine große Bandbreite an »normalen« Menschen und Situationen kennen lernt und so später zumindest weniger leicht überreagiert.
Der Wach- und Schutzinstinkt kann bei vorhandener Veranlagung leicht unbewusst gefördert werden, etwa wenn man den Hund durch »Ja, schau mal, wer da ist« oder Ähnliches zusätzlich sensibilisiert.

① **Welche Rasse soll es sein?** *Seite 20*

WELPEN

Hunde bis zum Alter von etwa 16 Wochen bezeichnet man als Welpen. Danach ist der Vierbeiner ein Junghund, bis er je nach Rasse mit ein bis drei Jahren ganz erwachsen ist.

① **Die neonatale Phase,** *Seite 25*

WELPENSCHUTZ

Fälschlicherweise wird immer noch angenommen, ein Welpe hätte erwachsenen Hunden gegenüber bis zum Alter von sechs Monaten Narrenfreiheit. Dem ist nicht so. Einen Welpenschutz gibt es in der Natur nur für die Welpen des eigenen Rudels. Fremden Welpen wird ein Wolf zum Beispiel kaum begegnen. Erwachsene Hunde verhalten sich fremden Welpen gegenüber individuell unterschiedlich. Manche kommen gut mit ihnen zurecht, andere wieder mögen gar keine Welpen.

② **10 Fragen zur Hundesprache,** *Seite 68*

WESEN

Das Wesen eines Hundes setzt sich aus ererbten Eigenschaften sowie Erfahrungen zusammen. Welcher Teil davon nun genau wie viel Prozent ausmacht, ist umstritten und wird wohl auch nie völlig geklärt werden können. Je stärker aber eine ererbte Eigenschaft ausgeprägt ist, umso weniger wird man sie beeinflussen können. Ist ein Welpe zum Beispiel von klein an insgesamt sehr ängstlich und unsicher, wird sich das auch nicht »wegsozialisieren« lassen. Ebenso wenig lässt sich ein starker Wach- und Schutzinstinkt oder Ähnliches dadurch »verhindern«. Andererseits gibt es durchaus Hunde, die trotz schlechter, ▶ **REIZARMER AUFZUCHT** (Seite 270) offen und neugierig auf alles Neue zugehen. Ein gutes Wesen der Eltern ist also auf jeden Fall ein wichtiger Schritt. Dennoch kann man aber auch das Wesen eines genetisch gut ausgestatteten Hundes durch entsprechende Fehler in der Erziehung völlig kaputtmachen.

① **Auf den Züchter kommt es an,** *Seite 18*

WESENSMÄNGEL

Als Wesensmängel gelten Eigenschaften wie Unsicherheit, Ängstlichkeit, Schuss-Scheue oder ausgeprägtes Misstrauen. Aber auch hier kommen eventuell rassespezifische Aspekte hinzu. So ist etwa Misstrauen bei ▶ **HERDENSCHUTZHUNDEN** (Seite 264) erwünscht.

⑦ **Ursachen für Fehlverhalten,** *Seite 230*

WESENSTEST

In manchen Rassehundezuchtverbänden des ▶ **VDH** (Seite 275) gibt es Wesenstests. Für zukünftige Zuchthunde ist ein bestandener Wesenstest zum Teil Pflicht. Es soll dabei in erster Linie überprüft werden, welche angeborenen Veranlagungen der zu prüfende Hund zeigt. Ein erfahrener Wesensrichter erkennt, was eventuell gezielt trainiert wurde und was »echt« ist. Getestet wird dabei zum Beispiel, wie der Hund sich friedlichen Fremden gegenüber verhält, wie sehr er sich von selbst an seinem Menschen orientiert, wie er in beengenden oder belastenden Situationen (etwa enge Menschenmenge, Rückenlage) reagiert, wie er sich optischen und akustischen Reizen gegenüber verhält und ob er schussfest ist. Auch ob und wie er mit seinem Zweibeiner (zum Teil auch mit Fremdpersonen) spielt, wird getestet. Dazu werden je nach Rasse noch bestimmte rassespezifische Anlagen getestet. Hier kann es durchaus sein, dass Eigenschaften, die bei der einen Rasse ausdrücklich erwünscht sind, bei einer anderen zum Nichtbestehen des Tests führen.

① **Hier könnenSie sich über Züchter informieren,** *Seite 18*

ZWANG

Oft wird darüber gestritten, ob und wenn ja wie viel »Zwang« in der Hundeerziehung nötig ist. Schlagwörter wie Hundeerziehung ohne Zwang sind heute »in«. Es kommt aber darauf an, was man unter »Zwang« versteht. Indem man den Hund motiviert (positiv oder negativ), ein bestimmtes Verhalten zu zeigen (sich zum Beispiel zu setzen) oder mit einem Verhalten aufzuhören (etwa am Teppich zu kauen), und darauf besteht, dass er das auch befolgt, wendet man streng genommen Zwang an. Denn der Hund würde das jetzt nicht einfach von sich aus tun. So gesehen ist Hundeerziehung ohne Zwang unmöglich. Landläufig versteht man unter Zwang aber ▶ **STARKZWANGMETHODEN** (Seite 273).

① **Artgerecht zurechtweisen,** *Seite 29*

Sachregister

Halbfett gesetzte Seitenzahlen verweisen auf Abbildungen.
U=Umschlagseiten

A

B

S

T

Adressen, die weiterhelfen

Fédération Cynologique Internationale (FCI)
Place Albert 1er, 13, B-6530 Thuin/Belgien
www.fci.be

Verband für das Deutsche Hundewesen (VDH)
Postfach 104154, D-44041 Dortmund
www.vdh.de

Österreichischer Kynologenverband (ÖKV)
Siegfried-Marcus-Straße 7, A-2362 Biedermannsdorf
www.oekv.at

Schweizerische Kynologische Gesellschaft (SKG/SCS)
Länggassstr. 8, CH-3012 Bern
www.hundeweb.org

Anschriften von Hundeclubs und -vereinen können Sie bei den vorgenannten Verbänden erfragen.

Deutscher Tierschutzbund e. V. (DHV)
Baumschulallee 15, D-53115 Bonn
www.tierschutzbund.de

Deutscher Hundesportverband e. V.
Gustav-Sybrecht-Straße 42, D-44536 Lünen
www.dhv-hundesport.de

Forschungskreis Heimtiere in der Gesellschaft
Postfach 110728, D-28087 Bremen
www.mensch-heimtier.de

IEMT Österreich
Institut für interdisziplinäre Erforschung der Mensch-Tier-Beziehung
Margaretenstraße, A-1050 Wien
www.iemt.at

IEMT Schweiz
Institut für interdisziplinäre Erforschung der Mensch-Tier-Beziehung
Postfach 1273, CH-8032 Zürich
www.iemt.ch

Interessengemeinschaft Deutscher Hundehalter e. V.
Augustusstr. 5, D-22085 Hamburg

Fragen zur Hundehaltung beantworten Ihr Zoofachhändler und der Zentralverband Zoologischer Fachbetriebe Deutschlands e. V., nur telefonische Auskunft möglich: Mo 12–16 Uhr, Do 8–12 Uhr Tel. 0611/44 75 53 32
www.zzf.de

HUNDE-HAFTPFLICHTVERSICHERUNG

Fast alle Versicherungen bieten auch Haftpflichtversicherungen für Hunde an.

KRANKENVERSICHERUNG

Uelzener Versicherungen
Postfach 2163, D-29511 Uelzen
www.uelzener.de

AGILA Haustierversicherung AG
Breite Straße 6–8, D-30159 Hannover
www.agila.de

REGISTRIERUNG VON HUNDEN

Haustierzentralregister für Deutschland e. V. (TASSO)
Frankfurter Straße 20, D-65795 Hattersheim
Tel.: 06190/937300
www.tasso.net
info@tasso.net

Haustierregister, Deutscher Tierschutzbund e. V.
Baumschulallee 15, D-53115 Bonn
Tel.: 0228/60496-0
www.deutsches-haustierregister.de

Internationale Zentrale Tierregistrierung (IFTA)
Weiherstraße 8, D-88145 Maria Thann
Tel.: 00800/4382 0000 (kostenlos)
www.tierregistrierung.de

Wer seinen Hund vor Tierfängern und dem Tod im Versuchslabor schützen will, kann ihn hier registrieren lassen.

ADRESSEN IM INTERNET

www.mypetstop.com (Heimtier-Service)
www.zooshop.de (Ausstattung, Zubehör)
www.ivh-online.de (Infos zu Heimtieren)
www.hunde.com (Infos rund um den Hund)
www.hunde.ch (Hundeseiten Schweiz)
www.hundeadressen.de (Infos zu Sport, Erziehung und Ausbildung, Züchteradressen)
www.ferien-mit-hund.de (Adressen hundefreundlicher Hotels)
www.thmev.de (Tiere helfen Menschen e. V.)
www.Hunde-helfen-kids.de (Hunde helfen Menschen e. V.)
www.hundezeitung.de (Infos über Hunde)
www.brh.info (Bundesverband für das Rettungshundewesen e.V.)

Bücher, die weiterhelfen

Birmelin, I.: *Schlauer Hund.* Gräfe und Unzer Verlag, München

Bloch, G.: *Der Wolf im Hundepelz.* Franckh-Kosmos Verlag, Stuttgart

Coren, S.: *Die Geheimnisse der Hundesprache.* Franckh-Kosmos Verlag, Stuttgart

Feddersen-Petersen, D.: *Hundepsychologie.* Franckh-Kosmos Verlag, Stuttgart

Hegewald-Kawich, H.: *Hunderassen von A bis Z.* Gräfe und Unzer Verlag, München

Ludwig, G.: *Das große GU Praxishandbuch Hunde.* Gräfe und Unzer Verlag, München

Ludwig, G.: *Hunde Spiel-Box.* Gräfe und Unzer Verlag, München

Schlegl-Kofler, K.: *Hunde Erziehungs-Box.* Gräfe und Unzer Verlag, München

Schlegl-Kofler, K.: *Hundeerziehung.* Gräfe und Unzer Verlag, München

Schlegl-Kofler, K.: *Hundesprache richtig deuten & verstehen.* Gräfe und Unzer Verlag, München

Schlegl-Kofler, K.: *Mein Hund.* Gräfe und Unzer Verlag, München

Trumler, E.: *Mit dem Hund auf du.* Piper Verlag, München

Zimen, E.: *Der Hund. Abstammung – Verhalten – Mensch und Hund.* Goldmann Verlag, München

ZEITSCHRIFTEN

Der Hund. Deutscher Bauernverlag GmbH, Berlin

Unser Rassehund. Herausgegeben vom Verband für das Deutsche Hundewesen e. V., Dortmund

Partner Hund. Gong Verlag, Ismaning

Wichtige Hinweise

Die Haltungsregeln dieses Ratgebers beziehen sich auf normal entwickelte Jungtiere aus guter Zucht, also auf gesunde, charakterlich einwandfreie Tiere. Wer einen erwachsenen Hund zu sich nimmt, muss sich bewusst sein, dass dieser bereits wesentliche Prägungen durch den Menschen erfahren hat. Er sollte den Hund besonders genau beobachten, auch in seinem Verhalten zum Menschen; er sollte sich auch den bisherigen Besitzer ansehen. Ist der Hund aus einem Tierheim, so kann dieses über die Herkunft des Hundes und seine Eigenheiten eventuell Auskunft geben. Es gibt Hunde, die aufgrund schlechter Erfahrungen mit Menschen in ihrem Verhalten auffällig sind, vielleicht auch zum Beißen neigen. Diese Hunde sollten nur von erfahrenen Hundehaltern aufgenommen werden. Auch bei gut erzogenen Hunden und sorgfältig beaufsichtigten Hunden besteht die Möglichkeit, dass sie Schäden an fremdem Eigentum anrichten oder gar Unfälle verursachen. Ein ausreichender Versicherungsschutz ist in jedem Fall dringend zu empfehlen.

Die Autorin

Katharina Schlegl-Kofler ist aufgrund ihrer langjährigen und intensiven Beschäftigung mit Hunden und durch den regelmäßigen Besuch von Seminaren zu den Themen Hundeerziehung, -ausbildung und Verhaltensforschung anerkannte Spezialistin in Sachen artgerechter Hundehaltung und erfahrene Hundetrainerin. Seit vielen Jahren führt sie erfolgreich Welpen- und Erziehungskurse für Hunde aller Rassen durch, die enormen Zulauf haben. Sie ist Autorin mehrerer erfolgreicher GU-Ratgeber über Hunde.

Die Fotografin

Christine Steimer, ausgebildete Fotografin und selbst Hundehalterin, hat sich auf Heim- und Haustierfotografie spezialisiert. Sie arbeitet für internationale Buchverlage, Fachzeitschriften und Werbeagenturen. Alle Fotos in diesem Buch stammen von Christine Steimer mit Ausnahme von:

Conny Expose/Frank Aschermann: U1/Cover
Oliver Giel: 65, 141, 151-1, 160-1, 160-2, 161, 196
Juniors/Steimer: 7-u
Tatjana Prawitz: 274
Reinhard-Tierfoto: 39
Ulrike Schanz: 30, 175, 191-3, 191-5
TBK-media: 42, 179-u, 207
Monika Wegler: 38, 126, 191-4, 221, 258, 266, 277

Dank

an die Firma Hunter Hunde- und Reitsportartikel GmbH, Leopoldshöhe für den Artikel »Bucchi Bag« (Seite 128) für die Fotoproduktion.

Impressum

Redaktion: Christine Axmann
Lektorat: Angelika Lang
Bildredaktion: Adriane Andreas
Umschlaggestaltung und Layout:
independent Medien Design, München
Herstellung: Petra Roth
Satz: Ludger Vorfeld
Reproduktion: Penta Repro, München
Druck: Appl, Wemding
Bindung: Conzella, Pfarrkirchen

Printed in Germany
ISBN 978-3-7742-8844-7

2. Auflage: 2007

GRÄFE UND UNZER
100 JAHRE GANSKE VERLAGSGRUPPE

Ein Unternehmen der
GANSKE VERLAGSGRUPPE

DAS ORIGINAL GU MIT GARANTIE

Unsere Garantie

Alle Informationen in diesem Ratgeber sind sorgfältig und gewissenhaft geprüft. Sollte dennoch einmal ein Fehler enthalten sein, schicken Sie uns das Buch mit dem entsprechenden Hinweis an unseren Leserservice zurück. Wir tauschen Ihnen den GU-Ratgeber gegen einen anderen zum gleichen oder ähnlichen Thema um.

Liebe Leserin und lieber Leser,

wir freuen uns, dass Sie sich für ein GU-Buch entschieden haben. Mit Ihrem Kauf setzen Sie auf die Qualität, Kompetenz und Aktualität unserer Ratgeber. Dafür sagen wir Danke! Wir wollen als führender Ratgeberverlag noch besser werden. Daher ist uns Ihre Meinung wichtig. Bitte senden Sie uns Ihre Anregungen, Ihre Kritik oder Ihr Lob zu unseren Büchern. Haben Sie Fragen oder benötigen Sie weiteren Rat zum Thema? Wir freuen uns auf Ihre Nachricht!

Wir sind für Sie da!
Montag - Donnerstag:
8.00 – 18.00 Uhr;
Freitag: 8.00 – 16.00 Uhr
Tel.: 0180 - 5 00 50 54*
Fax: 0180 - 5 01 20 54*
E-Mail:
leserservice@graefe-und-unzer.de

P.S.: Wollen Sie noch mehr Aktuelles von GU wissen, dann abonnieren Sie doch unseren kostenlosen GU-Online-Newsletter und/oder unsere kostenlosen Kundenmagazine.

GRÄFE UND UNZER VERLAG
Leserservice
Postfach 86 03 13
81630 München

*(0,14 €/Min. aus dem dt. Festnetz)

Freude am Tier

GU Tierratgeber – da steckt mehr drin

ISBN 978-3-7742-6642-1
288 Seiten | € 19,90 [D]

ISBN 978-3-7742-8861-4
Die ideale Ergänzung zum Buch: 40 Trainingskarten zum Mitnehmen | € 16,90 [D]

Änderungen und Irrtum vorbehalten.

Das macht GU Praxishandbücher besonders:

Ausführliche Informationen – stets gut beraten

Forschung & Praxis – aktuelles Wissen praktisch genutzt

Quickfinder von A – Z – schnell zum Ziel

G|U

Willkommen im Leben.